理工类本科生

21世纪高等学校数学系列教材

U0383694

新编数学分析（上册）

■ 林元重 著

WUHAN UNIVERSITY PRESS
武汉大学出版社

图书在版编目(CIP)数据

新编数学分析. 上册/林元重著. —武汉:武汉大学出版社,2014.11
21 世纪高等学校数学系列教材. 理工类本科生
ISBN 978-7-307-14486-6

Ⅰ. 新⋯　Ⅱ. 林⋯　Ⅲ. 数学分析—高等学校—教材　Ⅳ. O17

中国版本图书馆 CIP 数据核字(2014)第 234898 号

责任编辑:李汉保　　　责任校对:鄢春梅　　　版式设计:马　佳

出版发行:**武汉大学出版社**　　(430072　武昌　珞珈山)
　　　　　(电子邮件:cbs22@ whu. edu. cn 网址:www. wdp. whu. edu. cn)
印刷:武汉中科兴业印务有限公司
开本:787×1092　1/16　印张:14　　字数:336 千字　插页:1
版次:2014 年 11 月第 1 版　　　2014 年 11 月第 1 次印刷
ISBN 978-7-307-14486-6　　　定价:29.00 元

21世纪高等学校数学系列教材

编 委 会

——微积分是科学史上最伟大的发现，她是数学王国里的一部史诗。我们应该给她谱上美妙的"音符"。

——数学分析就像一座风光无限的泰山，而那些抽象概念和理论就是挡在通往山顶道路上的峭壁。在峭壁上修筑"栈道"是我们的责任。

——数学分析课程就好比是给数学学子定制的"校服"，校服是否"合身"，取决于它的设计——教材内容的编排是否合适。为莘莘学子量身设计完美的"款式"是我们的义务。

内 容 提 要

　　本书是为适应新时期教学与改革的需要而编写的,它是作者长期教学实践的总结和系统研究的成果。本书的重要特色是:注意结合数学思维的特点,浅入深出,从朴素概念出发,通过揭示概念的本质属性建立了抽象概念及其理论体系。解决了抽象概念、抽象理论引入难、讲解难、理解难、掌握难的问题。全书以清新的笔调,朴实的语言,缜密的构思诠释了数学分析的丰富内涵。

　　全书分上、下两册。上册包括极限论、一元函数微分学、一元函数积分学。下册包括级数论、多元函数微分学、多元函数积分学。

　　本书可以供高等学校数学类专业使用,也可以作为理工科专业的参考用书。

序

    数学是研究现实世界中数量关系和空间形式的科学。长期以来,人们在认识世界和改造世界的过程中,数学作为一种精确的语言和一个有力的工具,在人类文明的进步和发展中,甚至在文化的层面上,一直发挥着重要的作用。作为各门科学的重要基础,作为人类文明的重要支柱,数学科学在很多重要的领域中已起到关键性、甚至决定性的作用。数学在当代科技、文化、社会、经济和国防等诸多领域中的特殊地位是不可忽视的。发展数学科学,是推进我国科学研究和技术发展,保障我国在各个重要领域中可持续发展的战略需要。高等学校作为人才培养的摇篮和基地,对大学生的数学教育,是所有的专业教育和文化教育中非常基础、非常重要的一个方面,而教材建设是课程建设的重要内容,是教学思想与教学内容的重要载体,因此显得尤为重要。

    为了提高高等学校数学课程教材建设水平,由武汉大学数学与统计学院与武汉大学出版社联合倡议,策划,组建 21 世纪高等学校数学课程系列教材编委会,在一定范围内,联合多所高校合作编写数学课程系列教材,为高等学校从事数学教学和科研的教师,特别是长期从事教学且具有丰富教学经验的广大教师搭建一个交流和编写数学教材的平台。通过该平台,联合编写教材,交流教学经验,确保教材的编写质量,同时提高教材的编写与出版速度,有利于教材的不断更新,极力打造精品教材。

    本着上述指导思想,我们组织编撰出版了这套 21 世纪高等学校数学课程系列教材,旨在提高高等学校数学课程的教育质量和教材建设水平。

    参加 21 世纪高等学校数学课程系列教材编委会的高校有:武汉大学、华中科技大学、云南大学、云南民族大学、云南师范大学、昆明理工大学、武汉理工大学、湖南师范大学、重庆三峡学院、襄樊学院、华中农业大学、福州大学、长江大学、咸宁学院、中国地质大学、孝感学院、湖北第二师范学院、武汉工业学院、武汉科技学院、武汉科技大学、仰恩大学(福建泉州)、华中师范大学、湖北工业大学等 20 余所院校。

    高等学校数学课程系列教材涵盖面很广,为了便于区分,我们约定在封首上以汉语拼音首写字母缩写注明教材类别,如:数学类本科生教材,注明:SB;理工类本科生教材,注明:LGB;文科与经济类教材,注明:WJ;理工类硕士生教材,注明:LGS,如此等等,以便于读者区分。

    武汉大学出版社是中共中央宣传部与国家新闻出版署联合授予的全国优秀出版社之一。在国内有较高的知名度和社会影响力、武汉大学出版社愿尽其所能为国内高校的教学与科研服务。我们愿与各位朋友真诚合作,力争使该系列教材打造成为国内同类教材中的精品教材,为高等教育的发展贡献力量!

21 世纪高等学校数学系列教材编委会
2014 年 7 月

前　言

　　数学分析作为数学与应用数学专业(或相近专业)的一门基础课,由于内容多、用途广、教学周期特别长,其重要地位不言而喻。

　　但是,社会发展需求的变化,生源知识基础的变化,教学方法和手段的变化,却未能促使数学分析教材的风格变化。教材的编写忽视了对数学概念、理论引入的直观性和实效性。以"抽象解释抽象"的情况时有发生,严重背离"分析"二字,使数学分析几乎成了"抽象——抽象"的代名词。学生难读、教师难教的现象十分严重。教材成了制约教学质量和教学效果的"瓶颈"。《新编数学分析》就是在不断解开这些"瓶颈"的过程中应运而生的。

　　《新编数学分析》是作者长期教学实践的总结和系统研究的成果,具有以下特点:

　　1. 注意结合数学思维的特点,浅入深出,从朴素概念出发,通过揭示概念的本质属性建立了抽象概念及其理论体系。解决了抽象概念、抽象理论引入难、讲解难、理解难、掌握难的问题。

　　2. 语言表达精练、逻辑性强、层次结构清晰、图文并茂,重点突出。

　　3. 将生动有效的教学指导方法融入教材结构,使学生易读,教师易教。

　　4. 对教材结构的编排体系进行改革与创新,使之更具有条理性和完整性。

　　全书分上、下两册共 6 章。为了适应不同层次(如专科、本科)的教学需要,作者将少量难度大的内容用小号字排印,供选学之用。在每一章末尾还有用小字号排印的"解题补缀",以起到解题补充、点缀之作用,同时也可以作为学生今后考研的参考。

　　2014 年 2 月,国家提出了"加快构建以就业为导向的现代职业教育体系,引导地方本科高校向应用技术型高校转型,向职业教育转型"的发展思路。根据这一思路,师资和教材对于院校的转型发展是重要因素。《新编数学分析》正是顺应了这一历史性变革发展的需要,是对数学教材编排体系和思维方法的改革与创新。

　　《新编数学分析》承蒙我的同事刘鹏林教授和武汉大学出版社编辑李汉保先生的认真审改,纠正了一些错误和不妥之处,并提出许多宝贵的意见和建议,他们的辛勤劳动使书稿的质量有了明显的提高。武汉大学出版社王金龙先生为本书的策划出版给予了大力支持。在此向他们表示衷心的感谢!

　　由于作者水平有限,不妥之处在所难免,恳请专家、同行批评指正。

林元重

2014 年 8 月

目　　录

第1章 极 限 论

1.1 引 言

1.1.1 数学分析是什么

数学分析由于其主要内容是微积分,所以也称为微积分学.微积分是研究什么的呢? 让我们来考查以下两个经典问题.

例 1.1(瞬时速度)设一质点作直线运动,其运动规律为 $s=f(t)$,s 为质点在时刻 t 时的位置坐标.求该质点在 t_0 时刻的速度.

考查质点从时刻 t_0 到 t 这段时间内的运动,在这段时间内质点运动的平均速度是

$$\overline{v}=\frac{\Delta s}{\Delta t}=\frac{f(t_0+\Delta t)-f(t_0)}{\Delta t} \tag{1-1}$$

$\overline{v}$ 刻画了在这段时间内质点运动的平均快慢程度,但不能刻画 $t=t_0$ 这一瞬间的快慢程度 v_0.不过,只要 t 愈接近 t_0,$\overline{v}$ 就愈接近 v_0,换句话说,当 t 无限接近于 t_0 时,$\overline{v}$ 将趋近于 v_0.我们把这一事实记成

$$\lim_{t\to t_0}\overline{v}=v_0 \quad 或 \quad \overline{v}\to v_0 \quad (t\to t_0)$$

并说当 $t\to t_0$ 时,$\overline{v}$ 以 v_0 为极限.符号 $\lim$ 表示极限的意思.这样,求瞬时速度就归结为求平均速度的极限,即

$$v_0=\lim_{\Delta t\to 0}\frac{\Delta s}{\Delta t}=\frac{f(t_0+\Delta t)-f(t_0)}{\Delta t} \tag{1-2}$$

由式(1-2)所表示的极限实质上是一种变化率,是因变量 s 依自变量 t 的(瞬时)变化率.

我们通常把这种瞬时变化率称为函数的导数或微商.记为 $s'(t_0)$,即

$$s'(t_0)=\lim_{\Delta t\to 0}\frac{\Delta s}{\Delta t}=\frac{f(t_0+\Delta t)-f(t_0)}{\Delta t} \tag{1-3}$$

有关变化率的问题,在科学和技术问题中是普遍存在的.如力学中求物体变速运动的速度、加速度及角速度;物理、化学中求物质的比热、密度及浓度;经济学中求国民经济的发展速度、劳动生产率;几何学中求曲线的切线斜率,等等,这些具体问题都可以归结为求两变量间的变化率,即函数的导数.研究导数及其应用是微分学中的主要课题.

例 1.2(曲边梯形的面积)设 $f(x)\geqslant 0$,$a\leqslant x\leqslant b$.由曲线 $y=f(x)$,直线 $x=a$ 和 $x=b$ 以及 x 轴所围成的图形(区域)称为曲边梯形(见图 1-1),求该曲边梯形的面积.

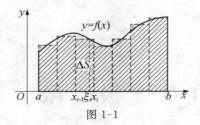

图 1-1

如图 1-1 所示，用平行于 y 轴的直线 $x = x_i (i = 1, 2, \cdots, n-1)$ 将原曲边梯形分割成 n 个小曲边梯形.每个小曲边梯形的面积近似于小矩形的面积，即

$$\Delta S_i \approx f(\xi_i)\Delta x_i, \Delta x_i = x_i - x_{i-1}.$$

原曲边梯形的面积 S 近似于各小矩形的面积之和，即

$$S = \sum_{i=1}^{n} \Delta S_i \approx \sum_{i=1}^{n} f(\xi_i)\Delta x_i \tag{1-4}$$

从图 1-1 中可以看出，当上述分割越来越密时，式(1-4)的近似程度越来越高，即当每个 $\Delta x_i \to 0$(此时，$n \to \infty$)，有 $\sum_{i=1}^{n} f(\xi_i)\Delta x_i \to s$，即

$$S = \lim_{n \to \infty} \sum_{i=1}^{n} f(\xi_i)\Delta x_i \tag{1-5}$$

由式(1-5)所表示的极限称为"和式极限".和式极限问题在科学和技术领域中非常普遍，如力学中求变力做功、物体的重心及转动惯量；物理、化学中求非均匀物体的质量、热量及压力；几何中求曲线的长度，平面图形的面积及物体的体积等，这些具体问题都归结为求类似的和式极限.在积分学中，我们把这类和式极限称为函数的定积分.记为

$$\int_a^b f(x)\mathrm{d}x = \lim_{n \to \infty} \sum_{i=1}^{n} f(\xi_i)\Delta x_i \tag{1-6}$$

研究函数的积分及其应用是积分学中的主要课题.

导数和定积分是一元微积分中两个完全不同的基本概念，二者之间有着密切的联系，这就是微积分学的基本定理，即牛顿 — 莱布尼兹公式.

由于描述现实世界中事物的函数，在更多情形下，是带有多个变量的函数，即多元函数.而我们所描述的事物的性质又和一元函数描述的情形具有很大相似性，这就有了多元微积分.多元微积分是一元微积分的推广.在许多情况下，解决多元微积分的问题需要用到一元微积分的知识.

另外，在科学实验和工程技术中，一些复杂问题可以看成由许多简单问题叠加而成，这就产生了级数理论.级数是有限个数相加的推广，解决级数问题需要微积分方法.

以上所提到的三个方面(一元微积分、多元微积分、级数理论)加上极限理论，就构成了数学分析的全部内容.所谓数学分析就是在极限概念公理化定义的基础上，围绕函数的微积分、级数理论等一系列问题，演绎成的一套完整理论体系. 至于这门课程在数学专业课程中的地位，我们可以这样说："大学数学方法就是数学分析的方法".

1.1.2　关于实数的基本概念和性质

从上面的讨论中我们可以看出，如果把数学分析当成一个集合，那么，构成这个集合的基本元素就是函数,而极限方法就是数学分析的基本方法.在这一节里,为学习新理论奠定基础,我们将归纳有关实数与函数的一些基本概念和性质,其中大部分性质在中学数学课程中已介绍过.

1. 实数及其性质

我们知道,实数由有理数与无理数组成.有理数既可以用分数 $\frac{p}{q}$(p,q 为整数,$q \neq 0$)表示,也可以用(十进制)有限小数或无限循环小数来表示;而十进制无限不循环小数称为无理数.

我们把全体实数构成的集合称为实数域,记为 $\mathbf{R}$;全体有理数构成的集合称为有理数集,记为 $\mathbf{Q}$;全体整数构成的集合称为整数集,记为 $\mathbf{Z}$;全体非负整数构成的集合称为自然数集,记为 $\mathbf{N}$;全体正整数构成的集合记为 $\mathbf{N}_+$.

实数域的任何一个子集都称为数集.常见的数集就是区间,区间有以下几种形式:

开区间 $(a,b) = \{x \mid a < x < b\}$;   闭区间 $[a,b] = \{x \mid a \leqslant x \leqslant b\}$;

半开半闭区间 $(a,b] = \{x \mid a < x \leqslant b\}$; $[a,b) = \{x \mid a \leqslant x < b\}$;

无穷区间 $(-\infty,b) = \{x \mid x < b\}$; $(-\infty,b] = \{x \mid x \leqslant b\}$;

$\qquad (a,+\infty) = \{x \mid x > a\}$; $[a,+\infty) = \{x \mid x \geqslant a\}$; $(-\infty,+\infty) = \mathbf{R}$.

此外,还常用到以下几个特殊的数集:

点 a 的邻域 $U(a,\delta) = \{x \mid |x-a| < \delta\} = (a-\delta,a+\delta)$,简记为 $U(a)$;

点 a 的空心邻域 $U^{\circ}(a,\delta) = \{x \mid 0 < |x-a| < \delta\}$,简记为 $U^{\circ}(a)$;

点 a 的右邻域 $U_+(a,\delta) = [a,a+\delta)$,简记为 $U_+(a)$;

点 a 的左邻域 $U_-(a,\delta) = (a-\delta,a]$,简记为 $U_-(a)$.

实数具有下列性质:

(1)(有序性)任意两个实数 a、b,必满足下述三个关系之一:$a < b$,$a = b$,$a > b$.

(2)(封闭性)任意两个实数的和、差、积、商(除数不为 0)仍然是一个实数.

(3)(稠密性)两个不相等的实数之间必有另一个实数(有理数和无理数).

(4)(连续性)实数域 $\mathbf{R}$ 与数轴上的点存在一一对应关系,即全体实数布满了整个数轴,不存在空隙.而有理数集则不同,有理数集虽然在数轴上的分布是稠密的,但是存在空隙.

在中学数学课程中,我们还学习过实数的绝对值及其简单性质.

实数 a 的绝对值定义为 $|a| = \begin{cases} a, & a \geqslant 0 \\ -a, & a < 0 \end{cases}$.从数轴上看,$|a|$ 等于点 a 到原点的距离.

实数的绝对值有以下一些性质:

(1) $|a| = |-a| \geqslant 0$;当且仅当 $a = 0$ 时有 $|a| = 0$;

(2) $-|a| \leqslant a \leqslant |a|$;

(3)(三角不等式)$|a| - |b| \leqslant |a \pm b| \leqslant |a| + |b|$;

(4) $|ab| = |a| \, |b|$,$\left|\dfrac{a}{b}\right| = \dfrac{|a|}{|b|}$($|b| \neq 0$).

2. 有界数集

定义 1.1   设 E 是一个非空数集,如果存在数 M(或 L),使对一切 $x \in E$,都有 $x \leqslant M$(或 $x \geqslant L$),则称数集 E 有上(下)界,M(或 L)称为数集 E 的一个上(下)界.

如果一个数集既有上界也有下界,则称该数集有界.

显然有界数集也可以按下述方式定义:设 E 是一个非空数集,如果存在正数 M,使对一切 $x \in E$,都有 $|x| \leqslant M$,则称数集 E 有界.

一个数集如果有上界 M,则大于 M 的一切实数都是该数集的上界.因此,有上界的数集必有无穷多个上界.下界的情况也是如此.

例如,数集 $(-\infty, 1)$ 有上界,$[1, +\infty)$ 中的每一个数都是它的上界,并且 1 是它的最小上界;数集 $(-1, +\infty)$ 有下界,$(-\infty, -1]$ 中的每一个数都是它的下界,并且 -1 是它的最大下界;而数集 $(-1, 1)$ 既有上界也有下界,故它是有界集.

1.1.3　函数的基本概念

1. 函数的定义

定义 1.2　设 D 为非空数集,如果存在对应关系 f,使对 D 内每一个 x,都有唯一的一个实数 y 与之对应,则称 f 是定义在数集 D 上的函数,记为

$$y = f(x), \quad x \in D \tag{1-7}$$

数集 D 称为函数 f 的定义域,x 所对应的数 y 称为 f 的函数值,全体函数值所成集合称为函数 f 的值域,记为 $f(D)$,即 $f(D) = \{y \mid y = f(x), x \in D\}$.习惯上称 x 为自变量,称 y 为因变量.

在函数的定义中,定义域和对应关系是确定函数的两要素.两个函数相同是指它们有相同的定义域和对应关系.例如,由 $y = \sqrt{x^2}, x \in [0, +\infty)$ 和 $s = t, t \in [0, +\infty)$ 给出的函数是同一个函数,而 $f(x) = 1, x \in (-\infty, +\infty)$ 和 $g(x) = 1, x \in (-\infty, 0) \bigcup (0, +\infty)$ 是两个不同的函数.

在中学数学课程里,我们知道函数的表示方法主要有三种:解析法(即公式法)、列表法、图像法,其中解析法在数学分析中最常用.用解析法表示函数时,函数的定义域可以省略不写,这时,定义域常取使函数解析式子有意义的自变量值的全体.

有些函数在其定义域的不同部分用不同的式子表达,这类函数通常称为分段函数.下面给出数学分析中几个重要的分段函数的例子.

例 1.3　符号函数

$$\mathrm{sgn}\, x = \begin{cases} 1, & x > 0 \\ 0, & x = 0, \\ -1, & x < 0 \end{cases} \quad \text{其图像如图 1-2 所示.}$$

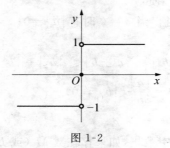

图 1-2

由例 1.3,绝对值函数 $|x| = \begin{cases} x, & x \geqslant 0, \\ -x, & x < 0 \end{cases}$ 可以写成 $|x| = x\,\text{sgn}x$.

例 1.4 狄利克雷(Dirichlet)函数和黎曼(Riemann)函数

狄利克雷函数:$D(x) = \begin{cases} 1, & x \in Q, \\ 0, & x \notin Q \end{cases}$

黎曼函数:$R(x) = \begin{cases} \dfrac{1}{q}, & \text{当}\ x = \dfrac{p}{q}(p,q \in \mathbf{N}_+, \dfrac{p}{q}\ \text{既约真分数}), \\ 0, & x = 0,1\ \text{或}\ x \in (0,1)\backslash Q \end{cases}$

狄利克雷函数和黎曼函数的图像均不能完整地画出,图 1-3 和图 1-4 分别是它们的示意图.

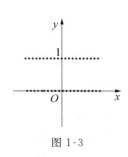

图 1-3

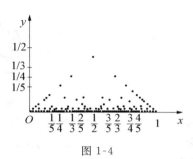

图 1-4

2. 函数的运算

(1)(四则运算)给定两个函数 $f(x),x \in D_1$ 与 $g(x),x \in D_2$,如果 $D = D_1 \bigcap D_2 \neq \varnothing$,这两个函数的和、差、积、商运算定义如下

$$y = (f \pm g)(x) = f(x) \pm g(x), \quad x \in D,$$
$$y = (f \cdot g)(x) = f(x)g(x), \quad x \in D,$$
$$y = \left(\frac{f}{g}\right)(x) = \frac{f(x)}{g(x)}, \quad x \in D, g(x) \neq 0.$$

(2)(复合运算)给定两个函数 $y = f(u),u \in E$ 与 $u = g(x),x \in D$,如果 $D^* = \{x \mid x \in D, g(x) \in E\} \neq \varnothing$,定义这两个函数复合运算如下

$$y = (f \circ g)(x) = f(g(x)), \quad x \in D^*$$

称为复合函数.称 f 为外函数,g 为内函数.

复合函数也可以由多个函数相继复合而成.例如,由三个函数 $y = \mathrm{e}^u, u = \sin v, v = 1 + x^2$ 复合而成的复合函数为 $y = \mathrm{e}^{\sin(1+x^2)}$.

(3)(反函数)设函数 $y = f(x),x \in D$ 满足:对于值域 $f(D)$ 内的每一个值 y,D 内有且只有一个值 x,使得

$$f(x) = y$$

则按此对应关系可以得到一个定义在 $f(D)$ 上的新函数,称为 $y = f(x)$ 的反函数,记为

$$x = f^{-1}(y), y \in f(D)$$

根据定义,函数 f 存在反函数,等价于函数的对应关系是 D 与 $f(D)$ 之间的一一对应关系.反函数可以看成是将函数 f 的自变量与因变量的位置互换而得到的.

在习惯上,我们通常用 x 作为自变量,y 作为因变量,故函数 $y = f(x)$,$x \in D$ 的反函数常写成

$$y = f^{-1}(x), x \in f(D)$$

这样一来,函数 $y = f(x)$,$x \in D$ 与反函数 $y = f^{-1}(x)$,$x \in f(D)$ 的图像是不同的,它们关于直线 $y = x$ 对称,如图 1-5 所示.

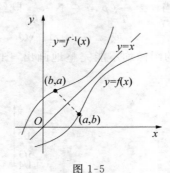

图 1-5

(4)(初等函数)在中学数学课程中,我们已经熟悉以下六类函数:

常量函数　　　$y = c$　(c 为常数);　　　　　幂函数　　$y = x^a$　(a 为常数);

指数函数　　　$y = a^x$ $(a > 0, a \neq 1)$;　　　　对数函数　$y = \log_a x$ $(a > 0, a \neq 1)$;

三角函数　　　$y = \sin x$,$y = \cos x$,$y = \tan x$,$y = \cot x$,$y = \sec x$,$y = \csc x$;

反三角函数　　$y = \arcsin x$,$y = \arccos x$,$y = \arctan x$,$y = \text{arccot} x$.

它们统称为基本初等函数,这些函数的性质及图像,在中学数学课程里有详细的讨论,这里不再赘述.

由基本初等函数经过有限次四则运算与复合运算所得到的函数,称为初等函数.

前述的符号函数、狄利克雷函数、黎曼函数都不是初等函数.

4. 具有某些特性的函数

(1)(有界函数)设 f 为定义在 D 上的函数,如果数集 $f(D)$ 有上(下)界,则称函数在 D 上 f 有上(下)界;也称 f 为 D 上的有界函数.

显然有界函数可以按下述方式定义:设 f 为定义在 D 上的函数,如果存在正数 M,使对一切 $x \in D$,都有 $|f(x)| \leqslant M$,则称 f 为 D 上的有界函数.

例如,正弦函数 $y = \sin x$ 和余弦函数 $y = \cos x$ 为 **R** 上的有界函数;函数 $y = x - [x]$ 也是 **R** 上的有界函数(见图 1-6);正切函数 $y = \tan x$ 是区间 $\left[-\dfrac{\pi}{4}, \dfrac{\pi}{4}\right]$ 上的有界函数,但它在区间 $\left(-\dfrac{\pi}{2}, \dfrac{\pi}{2}\right)$ 上是无界函数.

(2)(单调函数)设 f 为定义在 D 上的函数,如果对任意 $x_1, x_2 \in D$,当 $x_1 < x_2$ 时,恒有:

① $f(x_1) \leqslant f(x_2)$,则称 f 在 D 上递增,当 $f(x_1) < f(x_2)$ 恒成立时,称 f 在 D 上严格递增;

② $f(x_1) \geqslant f(x_2)$,则称 f 在 D 上递减,当 $f(x_1) > f(x_2)$ 恒成立时,称 f 在 D 上严

格递减;

递增函数和递减函数统称为单调函数,严格递增函数和严格递减函数统称为严格单调函数.

例如,三次幂函数 $y=x^3$ 为 **R** 上的严格增函数;正弦函数 $y=\sin x$ 在区间 $\left[-\dfrac{\pi}{2},\dfrac{\pi}{2}\right]$ 上为严格增函数;余弦函数 $y=\cos x$ 在区间 $[0,\pi]$ 上为严格减函数;而阶梯函数 $y=[x]$ 为 **R** 上的(非严格)增函数(见图 1-7).

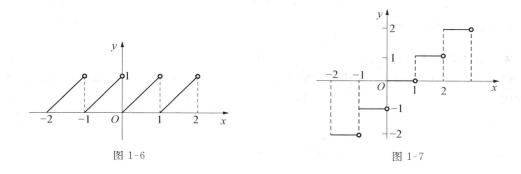

图 1-6   图 1-7

严格单调函数的对应关系是一一对应的,这一特性保证了这类函数存在反函数,并且该反函数也具有相同的单调性.

定理 1.1 设 $y=f(x),x\in D$ 为严格增(减)函数,则该函数必有反函数 $x=f^{-1}(y)$,且反函数在其定义域 $f(D)$ 上也是严格增(减)函数.

证 显然严格单调函数的对应关系是一一对应的,故该函数必有反函数.现设 $y=f(x),x\in D$ 严格增,任取 $y_1,y_2\in f(D),y_1<y_2$,令 $x_1=f^{-1}(y_1),x_2=f^{-1}(y_2)$,则 $y_1=f(x_1),y_2=f(x_2)$,由 $y_1<y_2$ 及 $y=f(x)$ 的严格递增性推知 $x_1<x_2$,即 $f^{-1}(y_1)<f^{-1}(y_2)$.这就证明了反函数 $x=f^{-1}(y)$ 在其定义域 $f(D)$ 上也是严格增函数. 对于 $y=f(x)$ 严格递减的情形,类似地证明结论.

(3)(奇函数与偶函数)设函数 f 在对称于原点的数集 D 上有定义,如果对任意 $x\in D$,都有
$$f(-x)=-f(x)\quad(\text{或}\ f(-x)=f(x)),$$
则称 f 为 D 上的奇(偶)函数.

例如,三次幂函数 $y=x^3$、正弦函数 $y=\sin x$ 和符号函数 $y=\operatorname{sgn}x$ 为 **R** 上的奇函数;余弦函数 $y=\cos x$ 和狄利克雷函数 $D(x)$ 为 **R** 上的偶函数.

从几何上看,奇函数的图像关于原点对称;偶函数的图像关于 y 轴对称.

(4)(周期函数)设 f 为定义在 D 上的函数,如果存在常数 $T\neq0$,使对任意 $x\in D$,都有
$$x+T\in D,\quad\text{且}\quad f(x+T)=f(x),$$
则称 f 为 D 上的周期函数,并称 T 为 f 的一个周期.

显然,若 T 为函数 f 的一个周期,则 nT(n 为非零整数)也为 f 的周期.因此,周期函数的周期有无穷多个.一般情况下,我们所说周期函数的周期是指最小正周期.例如,正弦函数

和余弦函数的周期是 2π;正切函数和余切函数的周期是 π;函数 $y = x - [x]$ 的周期是 1(见图 1-6);而狄利克雷函数 $D(x)$ 为 **R** 上的周期函数,任何有理数都是它的周期,但没有最小正周期(见图 1-3).

1.2 数 列 极 限

由 1.1 所述,微积分理论是建立在极限基础之上的,因此有必要对极限理论作深入的分析和讨论.本节讨论最简单的一类极限 —— 数列极限.

1.2.1 数列极限的概念

为了深入研究数列的极限,我们先来看一个典型例子.

例 1.5   如图 1-8 所示,讨论由抛物线 $y = x^2$、直线 $x = 1$ 以及 x 轴所围成的曲边三角形的面积.

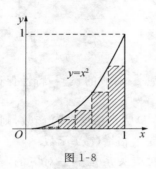

图 1-8

设曲边三角形的面积为 S.将区间 $[0,1]$ 等分为 n 个小区间.分点为 $\dfrac{1}{n}, \dfrac{2}{n}, \cdots, \dfrac{n-1}{n}$,在每一个小区间上作一个小矩形,使其左上顶点在抛物线上(如图 1-8 所示).记这些小矩形的面积之和为 S_n,则有

$$
\begin{aligned}
S_n &= 0 \cdot \frac{1}{n} + \left(\frac{1}{n}\right)^2 \cdot \frac{1}{n} + \left(\frac{2}{n}\right)^2 \cdot \frac{1}{n} + \cdots + \left(\frac{n-1}{n}\right)^2 \cdot \frac{1}{n} \\
&= \frac{1}{n^3} \cdot [1^2 + 2^2 + \cdots + (n-1)^2] \\
&= \frac{(n-1)\,n(2n-1)}{6n^3} = \frac{1}{6}\left(1 - \frac{1}{n}\right)\left(2 - \frac{1}{n}\right)
\end{aligned}
\tag{1-8}
$$

虽然 S_n 不等于 S,但在 n 无限增大的过程中,每个小矩形的面积无限接近曲边梯形.从而,数列 S_n 的值与 S 的值随 n 的增加越来越接近,即:数列 S_n 以 S 为极限.另一方面,由式(1-8)知,数列 S_n 的极限等于 $\dfrac{1}{3}$.因此上述曲边三角形的面积为 $S = \dfrac{1}{3}$.

一般来说,对于数列 $\{a_n\}$,如果当 n 无限增大时,a_n 能无限地接近某一个常数 a,则称数列 $\{a_n\}$ 为收敛数列,常数 a 称为它的极限.

从例 1.5 中可以看出,极限方法在解决某些问题中的作用.但是,我们对数列极限的理解不能停留在这种直观层面上,而是应该对它有更深刻的认识.确切地说就是要弄清楚"当 n 无限增大时,a_n 无限接近常数 a"中所蕴含的数量关系.否则,我们将无法对许多(数学)问题作出正确的判断和推断.

为此,我们先从几何(空间形式)上研究数列极限所反映的特征.图 1-9 显示了数列 $\{a_n\}$ 以 a 为极限的过程.

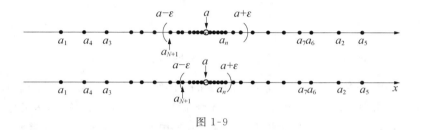

图 1-9

从图 1-9 中可以看出,$\{a_n\}$ 以 a 为极限,反映在数轴上就是:数列 $\{a_n\}$ 的项随着 n 的不断增大向点 a 聚拢.换句话说:对于点 a 的任何邻域 $U(a,\varepsilon)$(不论 ε 多么小),数列 $\{a_n\}$ 中自某项 a_N 开始,后面各项都全部落在这个邻域之内.这句话,恰恰揭示了数列 $\{a_n\}$ 以 a 为极限的几何特征.如图 1-10 所示框图将这一几何特征转化为数量关系.

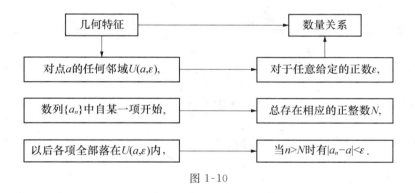

图 1-10

因此,"对于任意给定的正数 ε,总存在相应的正整数 N,当 $n>N$ 时有 $|a_n-a|<\varepsilon$"完全揭示了数列 $\{a_n\}$ 以 a 为极限所蕴含的数量关系.下面,我们根据这一数量关系(特征)给出数列极限(精确)的公理化定义.

定义 1.3　设 $\{a_n\}$ 为数列,a 为一个常数,若对于任给的正数 ε,总存在正整数 N,使当 $n>N$ 时,有 $|a_n-a|<\varepsilon$.则称数列 $\{a_n\}$ 收敛于 a,也称数列 $\{a_n\}$ 以 a 为极限,记为

$$\lim_{n\to\infty}a_n=a \quad 或 \quad a_n\to a(n\to\infty).$$

如果 $\{a_n\}$ 不收敛,则称 $\{a_n\}$ 为发散数列.

定义 1.3 也称"$\varepsilon-N$"定义,俗称"$\varepsilon-N$ 说法"或"$\varepsilon-N$ 语言".该定义的核心为:

"对任意的正数 ε,总存在正整数 N,使当 $n>N$ 时,有 $|a_n-a|<\varepsilon$".

应用时可以简写成:"$\forall\varepsilon>0,\exists N>0$,当 $n>N$,有 $|a_n-a|<\varepsilon$".

下面举例说明如何根据"$\varepsilon-N$"定义来验证数列极限.

例 1.6　证明 $\lim\limits_{n\to\infty}\dfrac{1}{n^a}=0$,其中 $\alpha>0$ 为常数.

分析　按照定义,就是要证,对于 $\forall\varepsilon>0$,能找出相应的正整数 N,使当 $n>N$ 时,有 $\left|\dfrac{1}{n^a}-0\right|<\varepsilon$. 由于该不等式等价于 $n>\left(\dfrac{1}{\varepsilon}\right)^{\frac{1}{\alpha}}$,这样就找到了相应于 ε 的正整数为 $N=\left[\left(\dfrac{1}{\varepsilon}\right)\right]+1$.

证　$\forall\varepsilon>0$,取 $N=\left[\left(\dfrac{1}{\varepsilon}\right)\right]+1$,当 $n>N$ 时,就有 $\left|\dfrac{1}{n^a}-0\right|<\varepsilon$.证毕.

在定义 1.3 中,正数 ε 的任意性是必不可少的,正因为有 ε 的任意性,才可以保证 a_n 与 a 接近到任何程度.此外,定义 1.3 中的 N 一般依 ε 而变,ε 越小,N 会越大,因此常把 N 写做 $N(\varepsilon)$(见例 1.6 和下面例子),但这并不意味着 N 是由 ε 唯一确定,例如,当 $n>N$ 时,有 $|a_n-a|<\varepsilon$,则当 $n>N+1$ 时,自然有 $|a_n-a|<\varepsilon$.重要的是 N 的存在性,而不在于 N 的大小.正因为如此,我们在证明数列极限时,有时为简便起见,不直接通过解 $|a_n-a|<\varepsilon$ 来找出所需的 N,而是将 $|a_n-a|$ 适当放大,比如 $|a_n-a|<b_n$(b_n 必须可以任意小),通过解 $b_n<\varepsilon$ 来找出符合定义的 N.

例 1.7　设 $\{S_n\}$ 为例 1.5 所得的数列,证明 $\lim\limits_{n\to\infty}S_n=\dfrac{1}{3}$.

分析　由例 1.5 得 $S_n=\dfrac{2n^2-3n+2}{6n^2}$,$\left|S_n-\dfrac{1}{3}\right|=\dfrac{3n-2}{6n^2}$.$\forall\varepsilon>0$,直接解 $\dfrac{3n-2}{6n^2}<\varepsilon$ 不是很简便,因此适当放大:$\dfrac{3n-2}{6n^2}<\dfrac{3n}{6n^2}=\dfrac{1}{2n}$(注意右边项必须趋于 0),只要当 $\dfrac{1}{2n}<\varepsilon$ 即 $n>\dfrac{1}{2\varepsilon}$ 时,就有 $\dfrac{3n-2}{6n^2}<\varepsilon$,这就找到了所需的 $N=\left[\left(\dfrac{1}{2\varepsilon}\right)\right]+1$.

证　$\forall\varepsilon>0$,取 $N=\left[\left(\dfrac{1}{2\varepsilon}\right)\right]+1$,当 $n>N$ 时,有 $\left|S_n-\dfrac{1}{3}\right|=\dfrac{3n-2}{6n^2}<\dfrac{1}{2n}<\varepsilon$.证毕.

例 1.8　证明 $\lim\limits_{n\to\infty}q^n=0(|q|<1)$.

证　若 $q=0$,则对 $\forall\varepsilon>0$,只要取 N 为任何正整数,那么都有 $|q^n-0|=0<\varepsilon$.

现设 $0<|q|<1$,则 $|q^n-0|<\varepsilon$ 等价于 $n>\dfrac{\log\varepsilon}{\log|q|}$.故对 $\forall\varepsilon>0$,取 $N=\left[\left|\dfrac{\log\varepsilon}{\log|q|}\right|\right]+1$,则当 $n>N$ 时,就有 $|q^n-0|<\varepsilon$.证毕.

用极限的 $\varepsilon-N$ 定义(或后面 $\varepsilon-\delta$ 定义)论证数学命题是数学分析的重要方法,该方法贯穿于微积分学和级数论的重要理论之中,如果说上述诸例中的极限是显而易见的事实,而并不需要用这种方法论证,那么,对数学分析中的许多重要定理就不那么显而易见了,因而就离不开这种论证方法了.我们不妨称这种论证方法为"ε 方法",ε 方法在数学的许多分支中都有应用.因此我们必须学会 ε 方法,而且需要从这些显而易见的例子学起.

◎ **思考题**　① 验证 $\lim\limits_{n\to\infty}\dfrac{3n^2+2}{2n^2-n}=\dfrac{3}{2}$;② 试用另一种方法证明 $\lim\limits_{n\to\infty}q^n=0(|q|<1)$.

由数列极限的 $\varepsilon-N$ 定义可以立刻推得以下定理:

定理 1.2 数列 $\{a_n\}$ 收敛于 a 的充要条件是:数列 $\{a_n-a\}$ 收敛于 0.

根据数列极限的几何特征,数列极限也可以按下述方式定义:任给 $\forall\varepsilon>0$,若在点 a 的邻域 $U(a,\varepsilon)$ 之外至多只有数列 $\{a_n\}$ 的有限多项,则称数列 $\{a_n\}$ 收敛于 a. 这一定义称为数列极限的邻域定义.

根据数列极限的邻域定义,可得重要结论:一个数列增加、减少或改变有限个项后,不影响其敛散性,且在收敛时两者的极限相等.

◎ **思考题** ①在数列极限的 $\varepsilon-N$ 定义中,"$n>N$"能否换成"$n\geqslant N$"?"$|a_n-a|<\varepsilon$"能否换成"$|a_n-a|\leqslant\varepsilon$"或者"$|a_n-a|<2\varepsilon$"等.②语句"$\exists N>0,\forall\varepsilon>0$,当 $n>N$,有 $|a_n-a|<\varepsilon$"表达的是什么意思?③设 $a_n>0,\lim_{n\to\infty}a_n=a$,证明 $\lim_{n\to\infty}\sqrt{a_n}=\sqrt{a}$;④如何用 $\varepsilon-N$ 语言叙述 $\lim_{n\to\infty}a_n\neq a$?

1.2.2 收敛数列的性质

收敛数列有以下一些重要性质:

性质 1.1(唯一性)若数列 $\{a_n\}$ 收敛,则 $\{a_n\}$ 只有一个极限.

证 假设 a、b 都是数列 $\{a_n\}$ 的极限,要证 $a=b$.由数列极限的定义,$\forall\varepsilon>0$,分别存在正整数 N_1 和 N_2,当 $n>N_1$ 时有 $|a_n-a|<\varepsilon$;当 $n>N_2$ 时有 $|a_n-b|<\varepsilon$.于是当 $n>N=\max\{N_1,N_2\}$ 时有

$$|a-b|<|a_n-a|+|a_n-b|<\varepsilon+\varepsilon=2\varepsilon.$$

再由 ε 的任意性推知 $|a-b|=0$,从而 $a=b$.

性质 1.2(有界性)若数列 $\{a_n\}$ 收敛,则 $\{a_n\}$ 有界,即 $\exists M>0,\forall n\in\mathbf{N}_+$,有 $|a_n|\leqslant M$.

证明方法不难从数列极限的几何特征(或几何意义,见图 1-9)得到启发.

证 设 $\lim_{n\to\infty}a_n=a$.由定义,对于正数 $\varepsilon=1,\exists N>0$,当 $n>N$ 时,有 $|a_n-a|<1$,即 $a-1<a_n<a+1$.取 $M=\max\{|a_1|,|a_2|,\cdots,|a_N|,|a-1|,|a+1|\}$,则 $\forall n\in\mathbf{N}_+$,有 $|a_n|\leqslant M$.

◎ **思考题** 性质 1.2 的逆命题成立吗? 考查数列 $\{(-1)^n\}$.

性质 1.3(保号性) 设 $\lim_{n\to\infty}a_n=a>a'>0$(或 $a<a'<0$),则 $\exists N>0$,使得当 $n>N$ 时,有 $a_n>a'>0$(或 $a_n<a'<0$).

性质 1.3 的几何意义如图 1-11 所示,其证明方法不难从中得到启发.

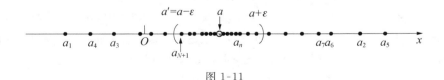

图 1-11

证 设 $\lim_{n\to\infty}a_n=a>a'>0$.取 $\varepsilon=a-a'(>0)$,则存在 N,使得当 $n>N$ 时有 $|a_n-a|<\varepsilon$,即 $a-\varepsilon<a_n<a+\varepsilon$,从而 $a_n>a-\varepsilon=a-(a-a')=a'$.这就证得了结

果. 对于 $a < a' < 0$ 的情形, 可以类似地证明.

性质 1.4（保不等式性）设 $\{a_n\}$, $\{b_n\}$ 均为收敛数列, 如果存在正整数 N_0, 使得当 $n > N_0$ 时有 $a_n \leqslant b_n$, 则 $\lim\limits_{n\to\infty} a_n \leqslant \lim\limits_{n\to\infty} b_n$.

证　设 $\lim\limits_{n\to\infty} a_n = a$, $\lim\limits_{n\to\infty} b_n = b$, 要证 $a \leqslant b$. 用反证法: 倘若 $a > b$, 对 $\varepsilon = \dfrac{a-b}{2}$, 由数列极限的定义知, 存在正整数 N_1, N_2, 使得:

当 $n > N_1$ 时, 有 $a - \varepsilon < a_n < a + \varepsilon$, 从而

$$\frac{a+b}{2} = a - \varepsilon < a_n; \tag{1-9}$$

当 $n > N_2$ 时, 有 $b - \varepsilon < b_n < b + \varepsilon$, 从而

$$b_n < b + \varepsilon = \frac{a+b}{2}. \tag{1-10}$$

取 $N = \max\{N_0, N_1, N_2\}$, 则当 $n > N$ 时, 根据不等式 (1-9) 和不等式 (1-10) 有

$$b_n < \frac{a+b}{2} < a_n$$

但这与性质 1.4 之条件 "当 $n > N_0$ 时有 $a_n \leqslant b_n$" 相矛盾, 因此 $\lim\limits_{n\to\infty} a_n \leqslant \lim\limits_{n\to\infty} b_n$.

◎ **思考题**　如果把性质 1.4 的条件 $a_n \leqslant b_n$ 换成严格不等式 $a_n < b_n$, 试问能否把结论也换成严格不等式 $\lim\limits_{n\to\infty} a_n < \lim\limits_{n\to\infty} b_n$? 考查两数列 $\left\{\dfrac{1}{2n}\right\}$, $\left\{\dfrac{1}{n+1}\right\}$.

性质 1.5（四则运算）若 $\{a_n\}$、$\{b_n\}$ 为收敛数列, 则 $\{a_n \pm b_n\}$, $\{a_n \cdot b_n\}$ 也都收敛, 且有

$$\lim_{n\to\infty}(a_n \pm b_n) = \lim_{n\to\infty} a_n \pm \lim_{n\to\infty} b_n$$
$$\lim_{n\to\infty}(a_n \cdot b_n) = \lim_{n\to\infty} a_n \cdot \lim_{n\to\infty} b_n \tag{1-11}$$

特别地当 $b_n = c$（常数）时, 有

$$\lim_{n\to\infty}(a_n + c) = \lim_{n\to\infty} a_n + c, \quad \lim_{n\to\infty} c a_n = c \lim_{n\to\infty} a_n. \tag{1-12}$$

再若 $b_n \neq 0$ 及 $\lim\limits_{n\to\infty} b_n \neq 0$, 则数列 $\left\{\dfrac{a_n}{b_n}\right\}$ 也收敛, 且有

$$\lim_{n\to\infty}\left(\frac{a_n}{b_n}\right) = \frac{\lim\limits_{n\to\infty} a_n}{\lim\limits_{n\to\infty} b_n} \tag{1-13}$$

证　设 $\lim\limits_{n\to\infty} a_n = a$, $\lim\limits_{n\to\infty} b_n = b$, $|b_n| < M$（常数）, 则对 $\forall \varepsilon > 0$, $\exists N_1$, 使得 $n > N_1$ 时, 恒有 $|a_n - a| < \varepsilon$ 及 $|b_n - b| < \varepsilon$, 从而有

1. $|(a_n \pm b_n) - (a \pm b)| \leqslant |a_n - a| + |b_n - b| < 2\varepsilon \Rightarrow \lim\limits_{n\to\infty}(a_n \pm b_n) = a \pm b$.

2. $|a_n \cdot b_n - a \cdot b| \leqslant |(a_n - a)b_n + a(b_n - b)| \leqslant |a_n - a| \, |b_n| + |a| \, |b_n - b|$
$$< (M + |a|)\varepsilon \Rightarrow \lim_{n\to\infty}(a_n \cdot b_n) = a \cdot b.$$

3. 由 $\lim\limits_{n\to\infty} b_n = b \neq 0$ 及数列极限之保号性知, $\exists N_2$, 使得当 $n > N_2$ 时, 有 $|b_n| > \dfrac{1}{2}|b|$.

取 $N = \max\{N_1, N_2\}$, 则当 $n > N$ 时

$$\left|\frac{1}{b_n} - \frac{1}{b}\right| = \left|\frac{b_n - b}{b_n b}\right| < \frac{2|b_n - b|}{b^2} < \frac{2\varepsilon}{b^2} \Rightarrow \lim_{n\to\infty}\frac{1}{b_n} = \frac{1}{b}$$

于是有 $\quad \lim\limits_{n\to\infty}\dfrac{a_n}{b_n}=\lim\limits_{n\to\infty}a_n\cdot\lim\limits_{n\to\infty}\dfrac{1}{b_n}=a\cdot\dfrac{1}{b}=\dfrac{a}{b}.$

在求数列的极限时,常需要使用极限的四则运算法则.

例 1.9　求 $\lim\limits_{n\to\infty}\dfrac{4n^2+1}{2n^2+5n-6}.$

解　$\lim\limits_{n\to\infty}\dfrac{4n^2+1}{2n^2+5n-6}=\lim\limits_{n\to\infty}\dfrac{4+\dfrac{1}{n^2}}{2+\dfrac{5}{n}-\dfrac{6}{n^2}}=\dfrac{\lim\limits_{n\to\infty}\left(4+\dfrac{1}{n^2}\right)}{\lim\limits_{n\to\infty}\left(2+\dfrac{5}{n}-\dfrac{6}{n^2}\right)}$

$$=\dfrac{4+\lim\limits_{n\to\infty}\dfrac{1}{n^2}}{2+\lim\limits_{n\to\infty}\dfrac{5}{n}-\lim\limits_{n\to\infty}\dfrac{6}{n^2}}=\dfrac{4}{2}=2.$$

类似可求得

$$\lim_{n\to\infty}\frac{a_m n^m+a_{m-1}n^{m-1}+\cdots+a_1 n+a_0}{b_k n^k+b_{k-1}n^{k-1}+\cdots+b_1 n+b_0}=\begin{cases}\dfrac{a_m}{b_m}, & k=m\\[2mm] 0, & k>m\end{cases},\text{其中 } a_m\neq 0, b_k\neq 0.$$

例 1.10　求 $\lim\limits_{n\to\infty}\dfrac{a^n}{a^n+1}$,其中 $a\neq-1.$

解　当 $|a|<1$ 时,$\lim\limits_{n\to\infty}a^n=0$,故 $\lim\limits_{n\to\infty}\dfrac{a^n}{1+a^n}=\dfrac{\lim\limits_{x\to\infty}a^n}{1+\lim\limits_{x\to\infty}a^n}=0.$

当 $a=1$ 时,$\lim\limits_{n\to\infty}a^n=1$,故 $\lim\limits_{n\to\infty}\dfrac{a^n}{1+a^n}=\dfrac{\lim\limits_{n\to\infty}a^n}{1+\lim\limits_{n\to\infty}a^n}=\dfrac{1}{2}.$

当 $|a|>1$ 时,$\lim\limits_{n\to\infty}\dfrac{1}{a^n}=0$,故得

$$\lim_{n\to\infty}\frac{a^n}{1+a^n}=\lim_{n\to\infty}\frac{1}{1+1/a^n}=\frac{1}{1+\lim\limits_{n\to\infty}(1/a^n)}=1.$$

例 1.11　求 $\lim\limits_{n\to\infty}\sqrt{n}(\sqrt{n+1}-\sqrt{n}).$

解　因为 $\sqrt{n}(\sqrt{n+1}-\sqrt{n})=\dfrac{\sqrt{n}}{\sqrt{n+1}+\sqrt{n}}=\dfrac{1}{\sqrt{1+(1/n)}+1}$,且 $\lim\limits_{n\to\infty}\left(1+\dfrac{1}{n}\right)=1,$

故　$\lim\limits_{n\to\infty}\sqrt{n}(\sqrt{n+1}-\sqrt{n})=\lim\limits_{n\to\infty}\dfrac{1}{\sqrt{1+(1/n)}+1}=\dfrac{1}{\sqrt{1}+1}=\dfrac{1}{2}.$

1.2.3　数列收敛的准则

1. 夹逼准则

定理 1.3（夹逼准则）设 $\lim a_n=\lim b_n=a$,且数列 $\{a_n\}$,$\{b_n\}$,$\{c_n\}$ 满足:存在正整数 N_0,使得当 $n>N_0$ 时有 $a_n\leqslant c_n\leqslant b_n$,则数列 $\{c_n\}$ 收敛,且 $\lim\limits_{n\to\infty}c_n=a.$

证　$\forall\varepsilon>0$,由 $\lim\limits_{n\to\infty}a_n=\lim\limits_{n\to\infty}b_n=a$ 知,存在正整数 N_1,N_2,使得:

当 $n > N_1$ 时,有 $|a_n - a| < \varepsilon$,从而

$$a - \varepsilon < a_n \tag{1-14}$$

当 $n > N_2$ 时,有 $|b_n - a| < \varepsilon$,从而

$$b_n < a + \varepsilon \tag{1-15}$$

取 $N = \max\{N_0, N_1, N_2\}$,则当 $n > N$ 时,根据定理条件及不等式(1-14)和不等式(1-15)有

$$a - \varepsilon < a_n \leqslant c_n \leqslant b_n < a + \varepsilon,$$

从而 $|c_n - a| < \varepsilon$.定理得证.

夹逼准则又称为迫敛性,定理 1.3 不仅给出了判定数列收敛的一种方法,而且也提供了一个求数列极限的工具.

例 1.12 设 $a_n \geqslant 0 (n = 1, 2, \cdots)$,$\lim\limits_{n\to\infty} a_n = a$.证明 $\lim\limits_{n\to\infty} \sqrt[m]{a_n} = \sqrt[m]{a}$($m$ 为正整数).

证 由题设条件及数列极限之保号性可得 $a \geqslant 0$.

若 $a = 0$,则由 $\lim\limits_{n\to\infty} a_n = 0$,$\forall \varepsilon > 0$,$\exists N$,使得当 $n > N$ 时,$0 \leqslant a_n \leqslant \varepsilon^m$,从而 $0 \leqslant \sqrt[m]{a_n}$ $\leqslant \varepsilon$,即 $0 \leqslant |\sqrt[m]{a_n} - 0| \leqslant \varepsilon$,故 $\lim\limits_{n\to\infty} \sqrt[m]{a_n} = 0 = \sqrt[m]{a}$.

若 $a > 0$,则有 $|\sqrt[m]{a_n} - \sqrt[m]{a}| < \dfrac{|a_n - a|}{(\sqrt[m]{a})^{m-1}}$.于是根据定理 1.2 及夹逼准则立刻推得

$$\lim\limits_{n\to\infty} |\sqrt[m]{a_n} - \sqrt[m]{a}| = 0, \quad \text{因此} \quad \lim\limits_{n\to\infty} \sqrt[m]{a_n} = \sqrt[m]{a}.$$

例 1.13 证明 $\lim\limits_{n\to\infty} \sqrt[n]{a} = 1 (a > 0)$.

证 当 $a = 1$ 时,结论显然成立.

当 $a > 1$ 时,令 $b_n = \sqrt[n]{a} - 1$,则 $a = (1 + b_n)^n \geqslant n b_n$,于是有 $0 \leqslant b_n \leqslant \dfrac{a}{n} (n = 1, 2, \cdots)$.由于 $\lim\limits_{n\to\infty} \dfrac{a}{n} = 0$,故由夹逼准则推得 $\lim\limits_{n\to\infty} \sqrt[n]{a} = 1$.

当 $0 < a < 1$ 时,令 $b = \dfrac{1}{a}$,则 $b > 1$,于是由上述结果便得

$$\lim\limits_{n\to\infty} \sqrt[n]{a} = \lim\limits_{n\to\infty} \sqrt[n]{\dfrac{1}{b}} = \lim\limits_{n\to\infty} \dfrac{1}{\sqrt[n]{b}} = \dfrac{1}{1} = 1.$$

例 1.14 求 $\lim\limits_{n\to\infty} \sqrt[n]{n}$.

解 令 $h_n = \sqrt[n]{n} - 1$,当 $n \geqslant 2$ 时,有 $n = (1 + h_n)^n \geqslant \dfrac{n(n-1)}{2} h_n^2$,因而 $h_n \leqslant \sqrt{\dfrac{2}{n-1}}$,于是 $1 \leqslant \sqrt[n]{n} = 1 + h_n \leqslant 1 + \sqrt{\dfrac{2}{n-1}}$.由于 $\lim\limits_{n\to\infty} 1 = \lim\limits_{n\to\infty} \left(1 + \sqrt{\dfrac{2}{n-1}}\right) = 1$,故由夹逼准则求得

$$\lim\limits_{n\to\infty} \sqrt[n]{n} = 1.$$

◎ **思考题** 求 ① $\lim\limits_{n\to\infty} \dfrac{n}{2^n} = 0$;② $\lim\limits_{n\to\infty} \sqrt[n]{2^n + n^2}$.

2. 单调有界准则

在论述单调有界准则(定理)之前,我们还得介绍数集的确界概念及确界原理.

一个数集的最小上界和最大下界是数学分析中的重要概念,二者分别称为上确界和下

确界.二者的(精确) 公理化定义是:

定义 1.4 设 E 是一个非空数集,如果存在数 η 满足:

(1) 对一切 $x \in E$,都有 $x \leqslant \eta$,即 η 是 E 的上界;

(2) 对任何 $\alpha < \eta$,存在 $\alpha' \in E$,使得 $\alpha' > \alpha$,即小于 η 的任何数都不是 E 的上界,则称数 η 为数集 E 的上确界,记为 $\eta = \sup E$.

类似地可以写出下确界的定义为:设 E 是一个非空数集,如果存在数 ξ 满足:

(1) 对一切 $x \in E$,都有 $x \geqslant \xi$,即 ξ 是 E 的下界;

(2) 对任何 $\beta > \xi$,存在 $\beta' \in E$,使得 $\beta' < \beta$,即大于 ξ 的任何数都不是 E 的下界,则称数 η 为数集 E 的下确界,记为 $\xi = \inf E$.

上确界与下确界统称为数集的确界.

例 1.15 设 $E = \left\{ \dfrac{1}{n} \,\middle|\, n \in \mathbf{N}_+ \right\}$,试按定义验证 $\sup E = 1$,$\inf E = 0$.

解 先验证 $\sup E = 1$:(1) 对一切 $\dfrac{1}{n} \in E$,都有 $\dfrac{1}{n} \leqslant 1$,即 1 是 E 的上界;(2) 由于 $1 \in E$,因此小于 1 的任何数都不是 E 的上界.这就验证了 $\sup E = 1$.

再验证 $\inf E = 0$:(1) 对一切 $\dfrac{1}{n} \in E$,都有 $\dfrac{1}{n} > 0$,即 0 是 E 的下界;(2) 对于任何 $\beta > 0$,只要取正整数 n 足够大,就可使 $\beta' = \dfrac{1}{n} < \beta$ 且 $\beta' = \dfrac{1}{n} \in E$.即任何正数都不是 E 的上界.这就验证了 $\inf E = 0$.

关于数集确界的存在性,我们有下面的确界原理.

定理 1.4(确界原理)任何非空有上(下)界的数集,必存在上(下)确界.

确界原理反映了实数集的一种特性,我们把定理 1.4 作为公理使用,定理 1.4 的正确性不难从实数在数轴上的表示中理解.

下面我们讨论单调有界数列.

若数列 $\{a_n\}$ 满足性质:$a_1 \leqslant a_2 \leqslant \cdots \leqslant a_n \leqslant a_{n+1} \leqslant \cdots (a_1 \geqslant a_2 \geqslant \cdots \geqslant a_n \geqslant a_{n+1} \geqslant \cdots)$ 则称 $\{a_n\}$ 为递增 (递减) 数列.递增数列和递减数列统称为单调数列.例如 $\left\{1 - \dfrac{1}{n}\right\}$ 和 $\{-n\}$ 分别为递增数列和递减数列.

我们已经知道,收敛数列一定有界,但有界数列不一定收敛.那么有界单调数列会出现怎样的结果呢? 为此,我们来考查图 1-12.

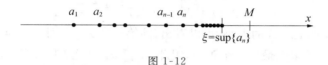

图 1-12

图 1-12 显示的是一个递增且有上界的数列在数轴上的变化趋势.我们发现,随着 n 的不断增加,当 n 充分大时,数列 $\{a_n\}$ 的项都聚集在某一点 ξ 的邻近,换句话说,数列 $\{a_n\}$ 收敛于 ξ.而且还可以推猜到 ξ 就是 $\{a_n\}$ 的上确界(这时把数列当做数集).对于递减且有下界的

数列也有类似的性质.于是就有了下面的定理.

定理 1.5　单调有界数列一定存在极限.

证　不妨设$\{a_n\}$递增且有上界.由确界原理,上确界$\xi = \sup\{a_n\}$存在.现证ξ就是数列$\{a_n\}$的极限.根据上确界的定义知,① 对$\{a_n\}$中的所有项都有$a_n \leqslant \xi$;② 对于$\forall \varepsilon > 0 \exists a_N \in \{a_n\}$,使得$\xi - \varepsilon < a_N$.

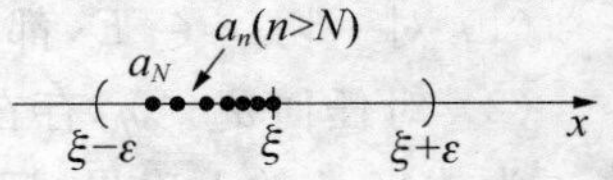

图 1-13

如图 1-13 所示,因$\{a_n\}$为递增数列,故当$n > N$时有$\xi - \varepsilon < a_N \leqslant a_n \leqslant \xi < \xi + \varepsilon$,这就证得$\lim\limits_{n\to\infty} a_n = \xi$.

例 1.16　设$a_1 = \sqrt{2}, a_2 = \sqrt{2 + \sqrt{2}}, a_3 = \sqrt{2 + \sqrt{2 + \sqrt{2}}}, \cdots, a_n = \sqrt{2 + \sqrt{2 + \cdots + \sqrt{2}}}$（$n$个根号）,$\cdots$,求$\lim\limits_{n\to\infty} a_n$.

解　易见$\{a_n\}$是一递增数列,此外,由数学归纳法易得:对一切正整数n,恒有$a_n < 2$.因此$\{a_n\}$为单调有界数列,由定理 1.5,$\lim\limits_{n\to\infty} a_n$存在,记为$a$.由$a_{n+1} = \sqrt{2 + a_n}$得$a_{n+1}^2 = 2 + a_n$,取极限得$a^2 = 2 + a$.由此解得$a = -1, 2$.由于$0 < a_n < 2$,故有

$$\lim_{n\to\infty} a_n = a = 2.$$

◎ **思考题**　下面的推导是否正确?这一问题说明了什么?

"设$a_n = 2^n, n = 1, 2, \cdots$,则有$a_{n+1} = 2^{n+1} = 2a_n$.于是有

$$\lim_{n\to\infty} a_n = \lim_{n\to\infty} a_{n+1} = \lim_{n\to\infty}(2a_n) = 2\lim_{n\to\infty} a_n \Rightarrow \lim_{n\to\infty} a_n = 0, \text{即} \lim_{n\to\infty} 2^n = 0."$$

例 1.17　证明极限$\lim\limits_{n\to\infty} \left(1 + \dfrac{1}{n}\right)^n$存在.

证　设$a_n = \left(1 + \dfrac{1}{n}\right)^n$,我们来证$\{a_n\}$单调增加并且有界.首先,由二项式定理,有

$$a_n = 1 + n \cdot \frac{1}{n} + \frac{n(n-1)}{2!} \cdot \frac{1}{n^2} + \frac{n(n-1)(n-2)}{3!} \cdot \frac{1}{n^3} + \cdots + \frac{n(n-1)\cdots 3 \cdot 2 \cdot 1}{n!} \cdot \frac{1}{n^n}$$

$$= 2 + \frac{1}{2!}\left(1 - \frac{1}{n}\right) + \frac{1}{3!}\left(1 - \frac{1}{n}\right)\left(1 - \frac{2}{n}\right) + \cdots + \frac{1}{n!}\left(1 - \frac{1}{n}\right)\left(1 - \frac{2}{n}\right)\cdots\left(1 - \frac{n-1}{n}\right)$$

于是$a_{n+1} = \left(1 + \dfrac{1}{n+1}\right)^{n+1} = 2 + \dfrac{1}{2!}\left(1 - \dfrac{1}{n+1}\right) + \dfrac{1}{3!}\left(1 - \dfrac{1}{n+1}\right)\left(1 - \dfrac{2}{n+1}\right) + \cdots +$

$$\frac{1}{n!}\left(1 - \frac{1}{n+1}\right)\left(1 - \frac{2}{n+1}\right)\cdots\left(1 - \frac{n-1}{n+1}\right) +$$

$$\frac{1}{(n+1)!}\left(1 - \frac{1}{n+1}\right)\left(1 - \frac{2}{n+1}\right)\cdots\left(1 - \frac{n}{n+1}\right)$$

比较a_n和a_{n+1}的展开式的大小,可以看出,除第一项为 2 之外,a_n的每一项都小于a_{n+1}的对应项,而且a_{n+1}还多了最后一个正项,因此$a_n < a_{n+1}$,这表明$\{a_n\}$是递增的.

其次,由a_n的展开式可得,

$$a_n < 2 + \frac{1}{2!} + \frac{1}{3!} + \cdots + \frac{1}{n!} \leqslant 2 + \frac{1}{1 \cdot 2} + \frac{1}{2 \cdot 3} + \cdots + \frac{1}{(n-1) \cdot n}$$

$$= 2 + \left(1 - \frac{1}{2}\right) + \left(\frac{1}{2} - \frac{1}{3}\right) + \cdots + \left(\frac{1}{n-1} - \frac{1}{n}\right) = 3 - \frac{1}{n} < 3$$

这表明 $\{a_n\}$ 又是有界的,由单调有界准则推知 $\lim\limits_{n\to\infty}\left(1+\dfrac{1}{n}\right)^n$ 存在.

我们把这个极限的值记为 e,即 $\lim\limits_{n\to\infty}\left(1+\dfrac{1}{n}\right)^n=\mathrm{e}$,e 就是自然对数的底,在工程中应用十分广泛,我们以后可以求出它的值 $\mathrm{e}=2.718\ 281\ 828\ 459\cdots$,是一个无理数.

3. 柯西收敛准则

单调有界准则只是数列收敛的充分条件,这里将给出数列收敛的充要条件.为此我们先引入子列概念.

定义 1.5　对于数列 $\{a_n\}$,设 $\{n_k\}$ 为正整数集 $\mathbf{N}_+$ 的无限子集,且 $n_1<n_2<\cdots<n_k<\cdots$,则数列 $a_{n_1},a_{n_2},\cdots,a_{n_k},\cdots$ 称为数列 $\{a_n\}$ 的一个子列,简记为 $\{a_{n_k}\}$.

简而言之,子列 $\{a_{n_k}\}$ 就是从 $\{a_n\}$ 中取出无限多项,并按照它们原来的先后次序所组成的新数列.例如,子列 $\{a_{2k}\}$ 由数列 $\{a_n\}$ 的所有偶数项所组成,而子列 $\{a_{2k-1}\}$ 则由 $\{a_n\}$ 的所有奇数项所组成.而 $\{a_n\}$ 本身也是 $\{a_n\}$ 的一个子列.子列 $\{a_{n_k}\}$ 中的 n_k 表示 a_{n_k} 是 $\{a_n\}$ 中的第 n_k 项,故总有 $n_k>k$.

数列 $\{a_n\}$ 本身以及 $\{a_n\}$ 去掉有限项以后得到的子列,称为 $\{a_n\}$ 的平凡子列;其他子列称为 $\{a_n\}$ 的非平凡子列.如 $\{a_{2k}\}$,$\{a_{2k-1}\}$ 都是 $\{a_n\}$ 的非平凡子列.

显然,数列 $\{a_n\}$ 与它的任一平凡子列同为收敛或发散,且在收敛时有相同的极限.

数列 $\{a_n\}$ 与其非平凡子列的收敛性关系有下面重要结论:

定理 1.6　数列 $\{a_n\}$ 收敛的充要条件是:$\{a_n\}$ 的任何非平凡子列都收敛.

定理 1.6 的证明留作习题.定理 1.6 可以用来判断数列发散.例如,设 $a_n=(-1)^n\left(1-\dfrac{1}{n}\right)$,则有 $\lim\limits_{k\to\infty}a_{2k-1}=-\lim\limits_{k\to\infty}\left(1-\dfrac{1}{2k-1}\right)=-1$;$\lim\limits_{k\to\infty}a_{2k}=\lim\limits_{k\to\infty}\left(1-\dfrac{1}{2k}\right)=1$,因此该数列发散.

引理 1.1（致密性定理）有界数列必有收敛的子列.

证　设 $a<x_n<b,n=1,2,\cdots$.将区间 $[a,b]$ 等分为两个子区间,则至少有其中一个子区间含数列 $\{x_n\}$ 的无穷多项,在这无穷多项中任意取定一个项记为 x_{n_1},并记这个子区间为 $[a_1,b_1]$,则有

$$a\leqslant a_1\leqslant x_{n_1}\leqslant b_1\leqslant b,\quad b_1-a_1=\frac{b-a}{2}$$

再将 $[a_1,b_1]$ 等分为两个子区间,则同样有其中一个子区间含数列 $\{x_n\}$ 的无穷多项,在这无穷多项中再任意选取一个项记为 x_{n_2},并使 $n_2>n_1$,记这个子区间为 $[a_2,b_2]$,则同样有

$$a_1\leqslant a_2\leqslant x_{n_2}\leqslant b_2\leqslant b_1,\quad b_2-a_2=\frac{b-a}{2^2}$$

当这个过程进行到第 k 步时,子区间 $[a_k,b_k]$ 含数列 $\{x_n\}$ 的无穷多项,在这无穷多项中任意选取一个项记为 x_{n_k},并使 $n_k>n_{k-1}$,且有

$$a_{k-1}\leqslant a_k\leqslant x_{n_k}\leqslant b_k\leqslant b_{k-1},b_k-a_k=\frac{b-a}{2^k}\tag{1-16}$$

将上述过程不断地进行下去,可以得到两个单调有界数列 $\{a_k\}$ 与 $\{b_k\}$ 以及数列 $\{x_n\}$ 的一个子列 $\{x_{n_k}\}$,且当 $k\geqslant2$ 时,它们的各项满足式(1-16).根据单调有界准则,数列 $\{a_k\}$ 和 $\{b_k\}$ 均收敛,又由数列极限的运算法则推知

$$\lim_{k\to\infty}b_k = \lim_{k\to\infty}a_k + \lim_{k\to\infty}\frac{b-a}{2^k} = \lim_{k\to\infty}a_k$$

最后由夹逼准则推得　　　　　　$\lim_{k\to\infty}x_{nk} = \lim_{k\to\infty}a_k = \lim_{k\to\infty}b_k.$

这就证明了引理的结论.

由致密性定理可以推导出下面重要的柯西收敛准则.

定理 1.7（柯西(Cauchy)收敛准则）数列$\{a_n\}$收敛的充要条件是：$\forall\varepsilon>0,\exists N>0,$
当$n,m>N$时,恒有$|a_n-a_m|<\varepsilon.$

证（必要性）设$\lim_{n\to\infty}a_n=a.$由数列极限的$\varepsilon-N$定义,$\forall\varepsilon>0,\exists N>0$使得当$n,m>$
N时有

$$|a_n-a|<\frac{\varepsilon}{2} \quad 及 \quad |a_m-a|<\frac{\varepsilon}{2}$$

从而　　　　　　$|a_n-a_m|<|a_n-a|+|a_m-a|<\frac{\varepsilon}{2}+\frac{\varepsilon}{2}=\varepsilon.$

（充分性）先证明数列$\{a_n\}$有界.根据柯西条件,对于$\varepsilon_0=1,\exists N_0,$使得对$\forall n\geqslant N_0$有
$|a_n-a_{N_0}|<1,$即数列$\{a_n\}$自第N_0项始,后面各项全落在区间$(a_{N_0}-1,a_{N_0}+1)$内（见图
1-14）.

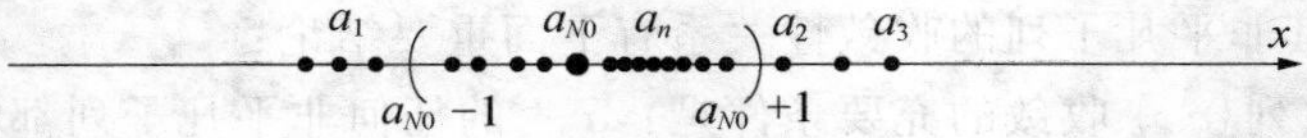

图 1-14

令$M=\max\{|a_1|,|a_2|,\cdots,|a_{N_0}|,|a_{N_0+1}|+1\}$,则对一切正整数$n$都有$|a_n|\leqslant M,$
因此数列$\{a_n\}$有界.

由于数列$\{a_n\}$有界,根据致密性定理,数列$\{a_n\}$必有收敛子列：$\lim_{k\to\infty}a_{nk}=\xi.$于是：
$\forall\varepsilon>0,\exists N_1>0,$当$k>N_1$时

$$|a_{nk}-\xi|<\frac{\varepsilon}{2} \tag{1-17}$$

又由柯西条件,对该$\varepsilon,\exists N_2>0,$当$n,m>N_2$时

$$|a_n-a_m|<\frac{\varepsilon}{2} \tag{1-18}$$

取$N=\max\{N_1+1,N_2+1\}$,则当$n>N$时,根据不等式(1-17)和不等式(1-18)推
得

$$|a_n-\xi|<|a_n-a_{nN}|+|a_{nN}-\xi|<\frac{\varepsilon}{2}+\frac{\varepsilon}{2}=\varepsilon$$

这就证得数列$\{a_n\}$收敛.

柯西收敛准则的条件称为柯西条件.满足柯西条件的数列称为柯西数列.柯西收敛准则
揭示了这样的事实：收敛数列各项越到后面越"挤"在一起；反之,若数列各项越到后面越
"挤"在一起,那么该数列收敛.

例 1.18　若$a_n=\frac{\sin 1}{2}+\frac{\sin 2}{2^2}+\cdots+\frac{\sin n}{2^n}$,则数列$\{a_n\}$收敛.

证 不妨设 $n > m$,则有

$$|a_n - a_m| = \left| \frac{\sin(m+1)}{2^{m+1}} + \frac{\sin(m+2)}{2^{m+2}} + \cdots + \frac{\sin n}{2^n} \right|$$

$$\leqslant \frac{1}{2^{m+1}} + \frac{1}{2^{m+2}} + \cdots + \frac{1}{2^n} = \frac{1}{2^m}\left(1 - \frac{1}{2^{n-m}}\right) \leqslant \frac{1}{2^m} < \frac{1}{m}$$

$\forall \varepsilon > 0$,取 $N = \left[\dfrac{1}{\varepsilon}\right]$,则当 $n > m > N$ 时有 $|a_n - a_m| < \varepsilon$.

由柯西收敛准则推知该数列 $\{a_n\}$ 收敛.

确界原理、单调有界准则以及柯西收敛准则,从不同的角度反映了实数的连续性(或实数的完备性),这些定理是极限理论的基础.在本章最后一节,我们将看到,这些基本定理是等价的,与它们等价的还有几个基本定理.

习题 1. 2

1.按 ε-N 定义证明:

(1) $\displaystyle\lim_{n\to\infty} \frac{n}{2n+1} = \frac{1}{2}$;

(2) $\displaystyle\lim_{n\to\infty} \frac{\sin n}{n} = 0$;

(3) $\displaystyle\lim_{n\to\infty} \frac{n^2 + 2n}{2n^2 - 1} = \frac{1}{2}$;

(4) $\displaystyle\lim_{n\to\infty}(\sqrt{n+1} - \sqrt{n}) = 0$.

2.试用 ε-N 语言叙述 $\displaystyle\lim_{n\to\infty} a_n \neq a$,并证明数列 $\{(-1)^n\}$.

3.判断下列命题的正误.

(1) $\displaystyle\lim_{n\to\infty} a_n = a \Leftrightarrow \forall \varepsilon > 0, \exists N > 0$,当 $n \geqslant N$ 时有 $|a_n - a| \leqslant \varepsilon^2$;

(2) $\displaystyle\lim_{n\to\infty} a_n = a \Leftrightarrow \forall k \in \mathbf{N}_+, \exists N \in \mathbf{N}_+$,当 $n \geqslant N$ 时有 $|a_n - a| \leqslant \dfrac{1}{k}$;

(3) $\displaystyle\lim_{n\to\infty} a_n = a \Leftrightarrow$ 数 a 的任何邻域都含有数列 $\{a_n\}$ 的无限多项;

(4) $\displaystyle\lim_{n\to\infty} a_n = a \Leftrightarrow$ 对于数 a 的任何邻域 $U(a,\varepsilon)$,数列 $\{a_n\}$ 中至多有有限个项不在 $U(a,\varepsilon)$ 内.

4.设 $\displaystyle\lim_{n\to\infty} a_n = a$,证明 $\displaystyle\lim_{n\to\infty} |a_n| = |a|$.反之成立吗?

5.设 $\displaystyle\lim_{n\to\infty} a_n = a$,证明 $\displaystyle\lim_{n\to\infty} a_{n+p} = a$.

6.设 $\displaystyle\lim_{n\to\infty} a_n = a$,$\displaystyle\lim_{n\to\infty} b_n = b$,且 $a < b$.证明 $\exists N \in \mathbf{N}_+$,当 $n \geqslant N$ 时有 $a_n < b_n$.

7.求下列极限:

(1) $\displaystyle\lim_{n\to\infty} \frac{2n^3 + 3n^2 - 2}{3n^3 - 2n + 1}$;

(2) $\displaystyle\lim_{n\to\infty} \frac{(-2)^n + 3^{n+1}}{3^n + (-2)^{n+1}}$;

(3) $\displaystyle\lim_{n\to\infty} \frac{1 + a + a^2 + \cdots + a^{n-1}}{1 + b + b^2 + \cdots + b^{n-1}} (|a| < 1, |b| < 1)$;

(4) $\displaystyle\lim_{n\to\infty} \left(\frac{1}{2} + \frac{3}{2^2} + \frac{5}{2^3} + \cdots + \frac{2n-1}{2^n} \right)$;

(5) $\displaystyle\lim_{n\to\infty}(\sqrt{n^2 + n} - n)$;

(6) $\displaystyle\lim_{n\to\infty} \sqrt[n]{a^n + b^n} (0 < a < b)$;

(7) $\displaystyle\lim_{n\to\infty} \left(\frac{1}{n^2 + 1} + \frac{1}{n^2 + 2} + \cdots + \frac{1}{n^2 + n} \right)$;

(8) $\displaystyle\lim_{n\to\infty} \left(1 + \frac{1}{n+2} \right)^n$;

(9) $\lim\limits_{n\to\infty}\left(\dfrac{1}{\sqrt{n^2+1}}+\dfrac{1}{\sqrt{n^2+2}}+\cdots+\dfrac{1}{\sqrt{n^2+n}}\right)$;

(10) $\lim\limits_{n\to\infty}\left(1+\dfrac{1}{2n}\right)^n$;

(11) $\lim\limits_{n\to\infty}\left(1-\dfrac{1}{2n}\right)^n$; $\qquad\qquad\qquad$ (12) $\lim\limits_{n\to\infty}\left(1+\dfrac{1}{n^2}\right)^n$.

8.证明下列等式:

(1) $\lim\limits_{n\to\infty}nq^n=0\,(\,|q|<1)$; $\qquad\qquad$ (2) $\lim\limits_{n\to\infty}\dfrac{a^n}{n!}=0$.

9.应用单调有界定理证明下列数列 $\{a_n\}$ 存在极限并求其值:

(1) $a_n=\left(1+\dfrac{1}{2}\right)\left(1+\dfrac{1}{2^{2^1}}\right)\cdots\left(1+\dfrac{1}{2^{2^n}}\right)$; $\quad$ (2) $a_n=\left(1-\dfrac{1}{2^2}\right)\left(1-\dfrac{1}{3^2}\right)\cdots\left(1-\dfrac{1}{n^2}\right)$;

(3) $a_1=\sqrt{c}\,(c>0),a_2=\sqrt{c+\sqrt{c}},\cdots,a_n=\sqrt{c+\sqrt{c+\cdots+\sqrt{c}}}$ (n 重根号),$\cdots$.

10.应用单调有界定理证明数列 $a_n=1+\dfrac{1}{2^\alpha}+\dfrac{1}{3^\alpha}+\cdots\dfrac{1}{n^\alpha}\,(\alpha>1)$ 存在极限.

11.设 $a_n>0$ 且 $\lim\limits_{n\to\infty}\dfrac{a_{n+1}}{a_n}=q<1$,试用单调有界定理证明数列 $\{a_n\}$ 存在极限,且 $\lim\limits_{n\to\infty}a_n=0$.

12.应用柯西收敛准则证明下列数列 $\{a_n\}$ 存在极限:

(1) $a_n=1+\dfrac{1}{2^2}+\dfrac{1}{3^2}+\cdots+\dfrac{1}{n^2}$; $\qquad$ (2) $a_n=q+\dfrac{q^2}{2}+\dfrac{q^3}{3}+\cdots+\dfrac{q^n}{n}$;

(3) $\{a_n\}$ 满足:存在常数 $M>0$,使得对一切正整数 n 有 $|a_2-a_1|+|a_3-a_2|+\cdots+|a_n-a_{n-1}|\leqslant M$.

13.试用 $\varepsilon-N$ 语言叙述数列 $\{a_n\}$ 不满足柯西条件:即数列 $\{a_n\}$ 发散的充要条件,并以此证明下列数列发散.

(1) $a_n=1+\dfrac{1}{2}+\dfrac{1}{3}+\cdots+\dfrac{1}{n}$; $\qquad$ (2) $a_n=\sin\dfrac{n\pi}{2}$.

1.3　函数极限的概念与性质

这一节中,我们把数列极限的概念与性质推广到一般的函数极限中去.作为数列极限的推广,函数极限与数列极限之间既有密切联系,又有许多不同.

1.3.1　函数极限的概念

1.自变量 x 趋于 ∞ 时的函数极限

函数极限有几种情形,我们先研究当自变量 x 趋于无穷大时的函数极限.为此我们来考查 $y=\arctan x$ 与 $y=\dfrac{\sin x}{x}$ 这两个函数当自变量 x 的绝对值无限增大时的变化趋势(参见图

1-15 和图 1-16).

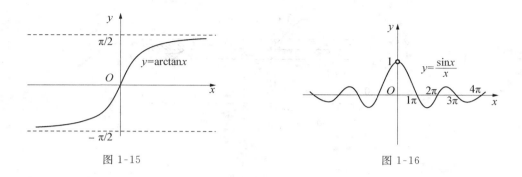

图 1-15   图 1-16

从图 1-15 和图 1-16 可见,对于函数 $y=\arctan x$,当自变量的值 x 取正数且无限增大时,所对应的函数值无限接近于 $\dfrac{\pi}{2}$;当 x 取负数且其绝对值无限增大时,所对应的函数值无限接近于 $-\dfrac{\pi}{2}$.而对函数 $y=\dfrac{\sin x}{x}$ 来说,不论自变量取正数还是负数,只要 x 的绝对值无限增大,所对应的函数值无限接近于 0.

以上例子反映了函数的三种不同类型的变化趋势.一般地,设函数 $f(x)$ 在区间 $[a,+\infty)$ 内有定义,若当自变量 x 取正值且无限增大时,所对应的函数值 $f(x)$ 无限接近于常数 A,则称函数 $f(x)$ 当 $x\to+\infty$ 时以 A 为极限,记为 $\lim\limits_{x\to+\infty}f(x)=A$.

同学们可以类似地描述另外两种函数极限 $\lim\limits_{x\to-\infty}f(x)=A$ 与 $\lim\limits_{x\to\infty}f(x)=A$.

正如数列极限概念所述的那样,我们需要将函数极限的这种描述性定义转化为严密的公理化定义.由于数列 $\{a_n\}$ 可以看做定义在全体正整数集上的函数.故可以将数列极限的 " ε-N " 定义按照下面箭头方向移植到函数极限 $\lim\limits_{x\to+\infty}f(x)=A$ 的情形中去.

$$\lim_{n\to\infty}a_n=a \qquad\longrightarrow\qquad \lim_{x\to+\infty}f(x)=A$$

$$\downarrow \qquad\qquad\qquad\qquad\qquad \uparrow$$

$$\forall\varepsilon>0,\exists N>0,当 n>N 时有 \qquad\longrightarrow\qquad \forall\varepsilon>0,\exists M>0,当 n>M 时有$$

$$|a_n-a|<\varepsilon \qquad\qquad\qquad\qquad |f(x)-A|<\varepsilon$$

这里的 M 表示自变量 x 取值充分大的程度.因此便有了以下函数极限的 $\varepsilon-M$ 定义.

定义 1.6　设函数 $f(x)$ 在区间 $[a,+\infty)$ 上有定义,A 为定数.如果对于任给的 $\varepsilon>0$,总存在相应的 $M(\geqslant a)>0$,使得当 $x>M$ 时,有 $|f(x)-A|<\varepsilon$.则称函数 $f(x)$ 当 x 趋于无穷大时以 A 为极限,记为

$$\lim_{x\to+\infty}f(x)=A \quad 或 \quad f(x)\to A(x\to+\infty).$$

定义 1.6 的核心内容就是上述的" $\forall\varepsilon>0,\exists M>0,当 x>M 时有 |f(x)-A|<\varepsilon$ ".

定义 1.6 的几何意义如图 1-17 所示,在直线 $x=M$ 的右方,函数 $f(x)$ 的图像全部落在以直线 $y=A$ 为中线,宽为 2ε 的带形区域内.

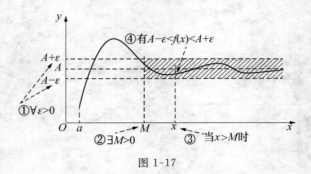

图 1-17

对照定义 1.6,我们不难写出另两种函数极限的 $\varepsilon - M$ 定义:

$$\lim_{x \to -\infty} f(x) = A \Leftrightarrow \forall \varepsilon > 0, \exists M > 0, \text{当 } x < -M \text{ 时有 } |f(x) - A| < \varepsilon.$$

$$\lim_{x \to \infty} f(x) = A \Leftrightarrow \forall \varepsilon > 0, \exists M > 0, \text{当 } |x| > M \text{ 时有 } |f(x) - A| < \varepsilon.$$

显然,上述三种函数极限之间有以下关系:

$$\lim_{x \to \infty} f(x) = A \Leftrightarrow \lim_{x \to +\infty} f(x) = \lim_{x \to -\infty} f(x) = A.$$

例 1.19 证明 $\lim\limits_{x \to \infty} \dfrac{1}{x} = 0$.

证 $\forall \varepsilon > 0, \exists M = \dfrac{1}{\varepsilon}$,则当 $|x| > M$ 时,有 $\left| \dfrac{1}{x} - 0 \right| = \dfrac{1}{|x|} < \dfrac{1}{M} = \varepsilon$.

例 1.20 证明 (1) $\lim\limits_{x \to +\infty} \arctan x = \dfrac{\pi}{2}$; (2) $\lim\limits_{x \to -\infty} \arctan x = -\dfrac{\pi}{2}$.

证 $\forall \varepsilon > 0$,设 $\varepsilon < \dfrac{\pi}{2}, x > 0$,要使 $\left| \arctan x - \dfrac{\pi}{2} \right| = \dfrac{\pi}{2} - \arctan x < \varepsilon$,即 $\arctan x$ $> \dfrac{\pi}{2} - \varepsilon$,只需 $x > \tan\left(\dfrac{\pi}{2} - \varepsilon \right)$.故取 $M = \tan\left(\dfrac{\pi}{2} - \varepsilon \right)$,则当 $x > M$ 时,有

$$\left| \arctan x - \frac{\pi}{2} \right| = \frac{\pi}{2} - \arctan x < \varepsilon$$

这就证明了 $\lim\limits_{x \to +\infty} \arctan x = \dfrac{\pi}{2}$,类似地可证 $\lim\limits_{x \to -\infty} \arctan x = -\dfrac{\pi}{2}$.

由例 1.19 知,极限 $\lim\limits_{x \to \infty} \arctan x$ 不存在.

◎ **思考题 1** 试用 $\varepsilon - M$ 定义证明 $\lim\limits_{x \to \infty} \sin\dfrac{1}{x} = 0$.

2. 自变量 x 趋于定数 x_0 时的函数极限

为了讨论当自变量 x 趋于定数 x_0 时的函数极限,我们先来考查函数 $\sin x$ 当 x 趋于 0 时的变化趋势,以及函数 $\dfrac{x^2 - 1}{x - 1}$ 当 x 趋于 1 时的变化趋势.

由图 1-18 和图 1-19 可知,当 x 趋于 0 时,$y = \sin x$ 所对应的函数值趋于 0;当 x 趋于 1 时,$y = \dfrac{x^2 - 1}{x - 1}$ 所对应的函数值趋于 2.

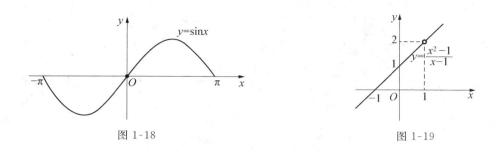

图 1-18   图 1-19

一般地,设函数 $f(x)$ 在点 x_0 的某空心邻域 $U°(x_0)$ 内有定义,如果当自变量 x 趋于 x_0 但不等于 x_0 时,所对应的函数值 $f(x)$ 趋于定数 A,则称 $f(x)$ 当 x 趋于 x_0 时以 A 为极限.

现在我们对照定义 1.6 将这种函数极限用精确的数学语言来表达.

$$\lim_{x \to +\infty} f(x) = A \qquad\longrightarrow\qquad \lim_{x \to x_0} f(x) = A$$

$\downarrow$ $\qquad\qquad\qquad\qquad\qquad\qquad\qquad\qquad\uparrow$

$\forall \varepsilon > 0, \exists M > 0,$当 $n > M$ 时有 $\qquad\longrightarrow\qquad \forall \varepsilon > 0, \exists \delta > 0,$当 $|x - x_0| < \delta$ 时有

$|f(x) - A| < \varepsilon$ $\qquad\qquad\qquad\qquad\qquad\qquad |f(x) - A| < \varepsilon$

其中正数 δ 和 M 间的差异在于:M 是用来表示 x 取值充分大的程度;而 δ 是用来表示 x 取值充分接近 x_0 的程度.于是便有了以下函数极限的 $\varepsilon - \delta$ 定义.

定义 1.7　设函数 $f(x)$ 在点 x_0 的某空心邻域 $U°(x)$ 内有定义,A 是一个常数.若对任给的 $\varepsilon > 0$,总存在相应的 $\delta > 0$,使得当 $0 < |x - x_0| < \delta$ 时,有 $|f(x) - A| < \varepsilon$,则称 $f(x)$ 当 $x \to x_0$ 时以 A 为极限,记为 $\lim\limits_{x \to x_0} f(x) = A$ 或 $f(x) \to A (x \to x_0)$.

$\varepsilon - \delta$ 定义的几何意义如图 1-20 所示.任给 $\varepsilon > 0$,必存在 $\delta > 0$,使得函数 $y = f(x)$ 在空心邻域 $U°(x_0, \delta)$ 内的图像全部落在以 $y = A$ 为中心线,宽为 2ε 的带形区域内.但点 $(x_0, f(x_0))$ 可能例外或无意义.

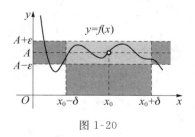

图 1-20

例 1.21　证明 $\lim\limits_{x \to 1} \dfrac{x^2 - 1}{x - 1} = 2$.

证　$\forall \varepsilon > 0$,要使 $\left| \dfrac{x^2 - 1}{x - 1} - 2 \right| = |x - 1| < \varepsilon$（注意 $x \neq 1$）,只要取 $\delta = \varepsilon$,则当

$0 < |x-1| < \delta$ 时，就有 $\left| \dfrac{x^2-1}{x-1} - 2 \right| < \varepsilon$.

例 1.22 证明 $\lim\limits_{x \to 2} \dfrac{x^2}{x+2} = 1$.

证 由 $\left| \dfrac{x^2}{x+2} - 1 \right| = \left| \dfrac{x^2-x-2}{x+2} \right| = \dfrac{|x-2||x+1|}{|x+2|}$，当 $|x-2| < 1$ 即 $1 < x < 3$ 时，有

$$\left| \frac{x^2}{x+2} - 1 \right| = \frac{|x-2||x+1|}{|x+2|} \leqslant \frac{4}{3}|x-2|$$

$\forall \varepsilon > 0$，要使 $\left| \dfrac{x^2}{x+2} - 1 \right| < \varepsilon$，只要 $|x-2| < 1$ 且 $\dfrac{4}{3}|x-2| < \varepsilon$ 即可，故取 $\delta = \min\left\{1, \dfrac{3}{4}\varepsilon\right\}$，则当 $0 < |x-2| < \delta$ 时，就有 $\left| \dfrac{x^2}{x+2} - 1 \right| < \varepsilon$.

例 1.23 证明 $\lim\limits_{x \to x_0} \sqrt{x} = \sqrt{x_0} \ (x_0 > 0)$.

证 由于 $\left| \sqrt{x} - \sqrt{x_0} \right| = \dfrac{|x-x_0|}{\sqrt{x} + \sqrt{x_0}} < \dfrac{|x-x_0|}{\sqrt{x_0}}$，要使 $\dfrac{|x-x_0|}{\sqrt{x_0}} < \varepsilon$，即 $|x-x_0| < \sqrt{x_0} \cdot \varepsilon$. 因此，$\forall \varepsilon > 0$，取 $\delta = \sqrt{x_0} \cdot \varepsilon$，则当 $|x-x_0| < \delta$ 时，有 $\left| \sqrt{x} - \sqrt{x_0} \right| < \varepsilon$.

例 1.24 证明 (1) $\lim\limits_{x \to x_0} \sin x = \sin x_0$；(2) $\lim\limits_{x \to x_0} \cos x = \cos x_0$.

证 先设 $0 < x < \dfrac{\pi}{2}$. 如图 1-21 所示，在单位圆内，

$$|\overline{BC}| < |\overline{AB}| < |\overset{\frown}{AB}| \Rightarrow \sin x < x.$$

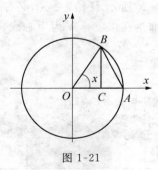

图 1-21

又当 $x \geqslant \dfrac{\pi}{2}$ 时有 $\sin x \leqslant 1 < x$，故对一切 $x > 0$，有 $\sin x < x$. 因为 $\sin x$ 和 x 都是奇函数，故对一切 $x \in R$，都有

$$|\sin x| \leqslant |x| \tag{1}$$

现证(1). 由式(1) 得

$$|\sin x - \sin x_0| = 2\left| \cos \frac{x+x_0}{2} \right| \left| \sin \frac{x-x_0}{2} \right| \leqslant |x-x_0|$$

所以 $\forall \varepsilon > 0$，取 $\delta = \varepsilon$，则当 $0 < |x - x_0| < \delta$ 时有

$$|\sin x - \sin x_0| < \varepsilon$$

这就证明了 $\lim\limits_{x \to x_0} \sin x = \sin x_0$，同理可证 $\lim\limits_{x \to x_0} \cos x = \cos x_0$.

3. 单侧极限

有些函数在其定义域上某些点左侧或右侧的解析式不同（如分段函数），或函数仅在某些点的一侧有定义，这时函数在那些点的极限只能单侧地定义.

定义 1.8 设函数 $f(x)$ 在点 x_0 的空心右邻域 $U^{\circ}_+(x)$（或空心左邻域 $U^{\circ}_-(x)$）内有定义，A 是一个常数.若对 $\forall \varepsilon > 0$，$\exists \delta > 0$，使当 $0 < x - x_0 < \delta$（或 $-\delta < x - x_0 < 0$）时，有 $|f(x) - A| < \varepsilon$，则称 $f(x)$ 当 $x \to x_0^+$（或 $x \to x_0^-$）时以 A 为右（左）极限，记为

$$\lim\limits_{x \to x_0^+} f(x) = A (\lim\limits_{x \to x_0^-} f(x) = A).$$

右极限和左极限统称为单侧极限，二者也可以分别记为

$$\lim\limits_{x \to x_0^+} f(x) = f(x_0 + 0) \text{ 和 } \lim\limits_{x \to x_0^-} f(x) = f(x_0 - 0).$$

例 1.25 讨论函数 $f(x) = \dfrac{|x|}{x}$ 在点 $x = 0$ 处的单侧极限.

解 因为 $f(x) = \dfrac{|x|}{x} = \begin{cases} 1, & x > 0 \\ -1, & x < 0 \end{cases}$，所以

$$\lim\limits_{x \to 0+} f(x) = \lim\limits_{x \to 0+} \frac{|x|}{x} = \lim\limits_{x \to 0+} 1 = 1, \quad \lim\limits_{x \to 0-} f(x) = \lim\limits_{x \to 0-} \frac{|x|}{x} = \lim\limits_{x \to 0+} (-1) = -1.$$

显然，函数在一点的极限及其单侧极限之间有如下关系：

$$\lim\limits_{x \to x_0} f(x) = A \Leftrightarrow \lim\limits_{x \to x_0^+} f(x) = \lim\limits_{x \to x_0^-} f(x) = A.$$

由此知例 1.24 的极限 $\lim\limits_{x \to 0} \dfrac{|x|}{x}$ 不存在.

◎ **思考题 2** ① 用 $\varepsilon - \delta$ 定义证明：$\lim\limits_{x \to x_0} x = x_0$.② 试证明 $\lim\limits_{x \to 0} f(x) = A \Leftrightarrow \lim\limits_{x \to \infty} f\left(\dfrac{1}{x}\right) = A$ 和 $\lim\limits_{x \to x_0} f(x) = A \Leftrightarrow \lim\limits_{\Delta x \to 0} f(x_0 + \Delta x) = A$.

1.3.2 函数极限的性质

函数极限具有与数列极限相类似的一些性质，下面以 $\lim\limits_{x \to x_0} f(x)$ 为代表来叙述并证明这些性质.至于其他类型极限的性质及其证明，可以仿此写出.

性质 1.6（唯一性） 若极限 $\lim\limits_{x \to x_0} f(x)$ 存在，则此极限是唯一的.

证 设 $\lim\limits_{x \to x_0} f(x) = A$，又 $\lim\limits_{x \to x_0} f(x) = B$.由函数极限的 $\varepsilon - \delta$ 定义，有 $\forall \varepsilon > 0$，$\exists \delta_1 > 0$ 及 $\delta_2 > 0$，使得：

当 $0 < |x - x_0| < \delta_1$ 时，$|f(x) - A| < \dfrac{\varepsilon}{2}$；

当 $0 < |x - x_0| < \delta_2$ 时，$|f(x) - B| < \dfrac{\varepsilon}{2}$，

取 $\delta = \min\{\delta_1, \delta_2\}$，则当 $0 < |x - x_0| < \delta$ 时，上述两不等式同时成立，因此

$$| A - B | \leqslant | f(x) - A | + | f(x) - B | < \frac{\varepsilon}{2} + \frac{\varepsilon}{2} = \varepsilon$$

由 ε 的任意性,推知 $A = B$.

性质 1.7（局部有界性）若 $\lim\limits_{x \to x_0} f(x)$ 存在,则函数 $f(x)$ 在 x_0 的某空心邻域内有界.

由 $\varepsilon - \delta$ 定义的几何意义不难写出这一性质的证明方法(参见图 1-20).

证　取 $\varepsilon = 1$,由 $\varepsilon - \delta$ 定义,存在 $\delta_1 > 0$,当 $0 < | x - x_0 | < \delta_1$ 时,有

$$| f(x) - A | < 1 \Rightarrow | f(x) | < | A | + 1.$$

这就证明了函数 $f(x)$ 在空心邻域 $U^\circ(x_0, \delta_1)$ 内有界.

◎ **思考题 3**　试比较函数极限与数列极限的有界性之间的差异,试问函数极限的局部有界性中的"局部"可以去掉吗? 试考查极限 $\lim\limits_{x \to 1} \dfrac{1}{x}$ 的存在性和函数 $\dfrac{1}{x}$ 在区间 $(0, 2)$ 上的有界性.

性质 1.8　(局部保号性) 设 $\lim\limits_{x \to x_0} f(x) = A > 0$(或 < 0),则对 $\forall r \in (0, A)$(或 $r \in (A, 0)$),$\exists \delta > 0$,使得当 $x \in U^0(x_0, \delta)$ 时有 $f(x) > r > 0$(或 $f(x) < r < 0$).

证　不妨设 $A > 0$,取 $\varepsilon = A - r$,则由 $\varepsilon - \delta$ 定义,$\exists \delta > 0$,使得当 $0 < | x - x_0 | < \delta$ 时有

$$| f(x) - A | < \varepsilon \Rightarrow f(x) > A - \varepsilon = r > 0$$

对于 $A < 0$ 的情形可类似地证明.

性质 1.9（保不等式性）　设 $\lim\limits_{x \to x_0} f(x)$ 和 $\lim\limits_{x \to x_0} g(x)$ 都存在,且在某邻域 $U^0(x_0, \delta_0)$ 内有 $f(x) \leqslant g(x)$,则

$$\lim_{x \to x_0} f(x) \leqslant \lim_{x \to x_0} g(x).$$

证　设 $\lim\limits_{x \to x_0} f(x) = A$, $\lim\limits_{x \to x_0} g(x) = B$,那么对任给 $\varepsilon > 0$,存在正数 δ_1, δ_2,使得:

当 $0 < | x - x_0 | < \delta_1$ 时有　$f(x) > A - \varepsilon$;

当 $0 < | x - x_0 | < \delta_2$ 时有　$g(x) < B + \varepsilon$.

令 $\delta = \min\{\delta_0, \delta_1, \delta_2\}$,则当 $0 < | x - x_0 | < \delta$ 时,就有

$$A - \varepsilon < f(x) \leqslant g(x) < B + \varepsilon \Rightarrow A < B + 2\varepsilon.$$ 由 ε 的任意性即知,$A \leqslant B$.

性质 1.10（四则运算法则）若 $\lim\limits_{x \to x_0} f(x)$ 和 $\lim\limits_{x \to x_0} g(x)$ 都存在,则函数 $f \pm g, f \cdot g$ 在点 x_0 的极限也存在,且

$$\lim_{x \to x_0} [f(x) \pm g(x)] = \lim_{x \to x_0} f(x) \pm \lim_{x \to x_0} g(x) \tag{1-19}$$

$$\lim_{x \to x_0} (f(x) \cdot g(x)) = \lim_{x \to x_0} f(x) \cdot \lim_{x \to x_0} g(x) \tag{1-20}$$

又若 $\lim\limits_{x \to x_0} g(x) \neq 0$,则 $\dfrac{f(x)}{g(x)}$ 当 $x \to x_0$ 时极限也存在,且有

$$\lim_{x \to x_0} \frac{f(x)}{g(x)} = \frac{\lim\limits_{x \to x_0} f(x)}{\lim\limits_{x \to x_0} g(x)} \tag{1-21}$$

性质 1.10 的证明与数列极限相应性质的证明类似,从略.

例 1.26　给定多项式函数 $P(x) = a_0 x^n + a_1 x^{n-1} + a_2 x^{n-2} + \cdots + a_{n-1} x + a_n$ 及 $Q(x) = b_0 x^m + b_1 x^{m-1} + b_2 x^{m-2} + \cdots + b_{m-1} x + b_m$,由 $\lim\limits_{x \to x_0} x = x_0$ 及上述四则运算法则立刻可以推

得

$$\lim_{x \to x_0} P(x) = a_0 x_0^n + a_1 x_0^{n-1} + a_2 x_0^{n-2} + \cdots + a_{n-1} x_0 + a_n = P(x_0)$$

$$\lim_{x \to x_0} \frac{P(x)}{Q(x)} = \frac{P(x_0)}{Q(x_0)} (Q(x_0) \neq 0).$$

◎ **思考题 4** 设 $R(x) = \dfrac{a_0 x^m + a_1 x^{m-1} + a_2 x^{m-2} + \cdots + a_{m-1} x + a_m}{b_0 x^n + b_1 x^{n-1} + b_2 x^{n-2} + \cdots + b_{n-1} x + b_n}(a_0 \neq 0, b_0 \neq 0,$ $m \leqslant n)$，则 $\lim\limits_{x \to \infty} R(x) =$?

性质 1.11（变量代换法则）设 $\lim\limits_{u \to u_0} f(u)$ 存在，$\lim\limits_{x \to x_0} g(x) = u_0$，且在某邻域 $U^{\circ}(x_0)$ 内，$g(x) \neq u_0$，则 $\lim\limits_{x \to x_0} f[g(x)]$ 存在，且 $\lim\limits_{x \to x_0} f[g(x)] = \lim\limits_{u \to u_0} f(u)$.

证 设 $\lim\limits_{u \to u_0} f(u) = A$，则 $\forall \varepsilon > 0, \exists \eta > 0$，使得当 $0 < |u - u_0| < \eta$ 时，$|f(u) - A| < \varepsilon$.
对上述的 $\eta > 0$，由 $\lim\limits_{x \to x_0} g(x) = u_0$ 及 $g(x) \neq u_0$ 得，$\exists \delta > 0$，使得当 $0 < |x - x_0| < \delta$ 时有 $0 < |g(x) - u_0| < \eta$，从而 $|f[g(x)] - A| < \varepsilon$. 因此

$$\lim_{x \to x_0} f[g(x)] = A, \qquad 即 \qquad \lim_{x \to x_0} f[g(x)] = \lim_{u \to u_0} f(u).$$

例 1.27 求极限 $\lim\limits_{x \to 0} \dfrac{\sqrt[n]{1+x} - 1}{x}$.

解 $\lim\limits_{x \to 0} \dfrac{\sqrt[n]{1+x} - 1}{x} \xlongequal{令 \sqrt[n]{1+x} = u} \lim\limits_{u \to 1} \dfrac{u - 1}{u^n - 1} = \lim\limits_{u \to 1} \dfrac{1}{u^{n-1} + u^{n-2} + \cdots + u + 1} = \dfrac{1}{n}.$

在性质 1.11 中，条件"在某邻域 $U^{\circ}(x_0)$ 内，$g(x) \neq u_0$"不能去掉.例如函数 $g(x) \equiv 0$ 与

$$f(u) = \begin{cases} \dfrac{\sin u}{u}, & u \neq 0 \\ 0, & u = 0 \end{cases}$$

的复合函数 $f[g(x)]$，取 x_0 为任意点，$u_0 = 0$，则 $f[g(x)] \equiv 0$，$\lim\limits_{x \to x_0} g(x) = u_0$，且 $\lim\limits_{u \to u_0} f(u) = 1$（参见 1.4 节重要极限），但 $\lim\limits_{x \to x_0} f(g(x)) = 0 \neq \lim\limits_{u \to u_0} f(u)$.

另外，将性质 1.11 中的 x_0 或 u_0 换成 ∞，有类似的变量代换法则（见 1.4 节中例 1.35 等）.

习题 1.3

1.按 $\varepsilon - M$ 定义或 $\varepsilon - \delta$ 定义证明：

(1) $\lim\limits_{x \to +\infty} \dfrac{x}{2x+1} = \dfrac{1}{2}$；

(2) $\lim\limits_{x \to \infty} \dfrac{\sin x}{x} = 0$；

(3) $\lim\limits_{x \to +\infty} (\sqrt{x+1} - \sqrt{x}) = 0$；

(4) $\lim\limits_{x \to 1} (x^2 + 2x - 1) = 2$；

(5) $\lim\limits_{x \to 2^+} \sqrt{x-2} = 0$；

(6) $\lim\limits_{x \to 0} x \sin \dfrac{1}{x} = 0$.

2.设 $\lim\limits_{x \to x_0} f(x) = A$，证明 $\lim\limits_{x \to x_0} |f(x)| = |A|$.

3.试用 $\varepsilon\text{-}\delta$ 语言叙述 $\lim\limits_{x\to x_0}f(x)\neq A$.

4.求下列函数极限：

(1) $\lim\limits_{x\to 1}\dfrac{x^2-1}{2x^2-x-1}$;

(2) $\lim\limits_{x\to\infty}\dfrac{x^2-1}{2x^2-x-1}$;

(3) $\lim\limits_{x\to 1}\left(\dfrac{3}{1-x^3}-\dfrac{1}{1-x}\right)$;

(4) $\lim\limits_{x\to +\infty}(\sqrt{x+2}-\sqrt{x+1})$;

(5) $\lim\limits_{x\to 1}\dfrac{x^m-1}{x^n-1}(m,n\in\mathbf{N}_+)$;

(6) $\lim\limits_{x\to 1}\dfrac{x+\cdots+x^n-n}{x-1}$;

(7) $\lim\limits_{x\to 0}\dfrac{\sqrt{1+x}-\sqrt{1-x}}{x}$;

(8) $\lim\limits_{x\to +\infty}(\sqrt{x^2+2x}-\sqrt{x^2+1})$.

5.试证明性质 1.10(四则运算法则).

1.4　函数极限存在的准则与两个重要极限

1.4.1　函数极限存在的准则

下面仍以 $\lim\limits_{x\to x_0}f(x)$ 为代表来叙述并证明函数极限存在的几个准则.

1. 夹逼准则

定理 1.8　（夹逼准则）设 $\lim\limits_{x\to x_0}f(x)=\lim\limits_{x\to x_0}g(x)=A$，且在 $U^0(x_0,\delta_0)$ 内有 $f(x)\leqslant h(x)\leqslant g(x)$，则

$$\lim h(x)=A.$$

证　因 $\lim\limits_{x\to x_0}f(x)=\lim\limits_{x\to x_0}g(x)=A$，故对 $\forall\varepsilon>0$，$\exists\delta\in(0,\delta_0)$，使得当 $x\in U^0(x_0,\delta)$ 时有

$$A-\varepsilon<f(x)<A+\varepsilon\quad\text{及}\quad A-\varepsilon<g(x)<A+\varepsilon.$$

又当 $x\in U^0(x_0,\delta)$ 时有　　$f(x)\leqslant h(x)\leqslant g(x)$.

于是推得，当 $x\in U^0(x_0,\delta)$ 时,恒有 $A-\varepsilon<f(x)\leqslant h(x)\leqslant g(x)<A+\varepsilon$.

因此 $\lim\limits_{x\to x_0}h(x)=A$.

例 1.28　求极限 $\lim\limits_{x\to 0}x\left[\dfrac{1}{x}\right]$.

解　由取整函数的定义知　　$\dfrac{1}{x}-1<\left[\dfrac{1}{x}\right]\leqslant\dfrac{1}{x}$.

当 $x>0$ 时有 $1-x<x\left[\dfrac{1}{x}\right]\leqslant 1$,于是由夹逼准则推得 $\lim\limits_{x\to 0+}x\left[\dfrac{1}{x}\right]=1$.

当 $x<0$ 时有 $1-x>x\left[\dfrac{1}{x}\right]\geqslant 1$,同样推得 $\lim\limits_{x\to 0-}x\left[\dfrac{1}{x}\right]=1$.

综上所述,得 $\lim\limits_{x\to 0}x\left[\dfrac{1}{x}\right]=1$.

例 1.29　求证 $\lim\limits_{x\to 0}a^x=1(a>0)$.

证 当 $a=1$ 时,结论显然成立.当 $a>1$ 时,作两个阶梯函数如下

$$f(x)=\frac{1}{\sqrt[n]{a}}=a^{-\frac{1}{n}},\quad \frac{1}{n+1}<|x|\leqslant\frac{1}{n}(n=1,2,\cdots);$$

$$g(x)=\sqrt[n]{a}=a^{\frac{1}{n}},\quad \frac{1}{n+1}<|x|\leqslant\frac{1}{n}(n=1,2,\cdots).$$

则当 $0<|x|<1$ 时,有 $f(x)\leqslant a^{-|x|}\leqslant a^x\leqslant a^{|x|}\leqslant g(x)$.

根据 1.2 节中例 1.13,$\lim\limits_{x\to0}f(x)=\lim\limits_{n\to\infty}\frac{1}{\sqrt[n]{a}}=1,\lim\limits_{x\to0}g(x)=\lim\limits_{n\to\infty}\sqrt[n]{a}=1$.故由夹逼准则推知 $\lim\limits_{x\to0}a^x=1$.

当 $0<a<1$ 时,令 $b=\frac{1}{a}$,则 $b>1$,由上述结果便得

$$\lim\limits_{x\to0}a^x=\lim\limits_{n\to0}\left(\frac{1}{b}\right)^x=\lim\limits_{n\to0}\frac{1}{b^x}=\frac{1}{1}=1.$$

◎ **思考题 1** 设 $f(x)>0,\lim\limits_{x\to x_0}f(x)=A$,证明:$\lim\limits_{x\to x_0}\sqrt[n]{f(x)}=\sqrt[n]{A}$.

2. 归结原则

定理 1.9(归结原则)设函数 $f(x)$ 在邻域 $U^0(x_0,\delta_0)$ 内有定义,$\lim\limits_{x\to x_0}f(x)$ 存在 $\Leftrightarrow$ 对任何含于 $U^0(x_0,\delta_0)$ 且以 x_0 为极限的数列 $\{x_n\}$,极限 $\lim\limits_{n\to\infty}f(x_n)$ 都存在且相等.

证(必要性)设 $\lim\limits_{x\to x_0}f(x)=A$,则 $\forall\varepsilon>0,\exists\delta>0$,使当 $0<|x-x_0|<\delta$ 时有 $|f(x)-A|<\varepsilon$

又因 $\{x_n\}\subset U^0(x_0,\delta_0)$ 且 $x_n\to x_0$,故对上述 $\delta>0,\exists N>0$,使得当 $n>N$ 时有 $0<|x_n-x_0|<\delta$,从而有 $|f(x_n)-A|<\varepsilon$.因此 $\lim\limits_{n\to\infty}f(x_n)=A$.

(充分性)用反证法.设对任何 $\{x_n\}\subset U^0(x_0,\delta_0)$ 且 $\lim\limits x_n=x_0$,都有 $\lim\limits f(x_n)=A$,但 $\lim\limits_{x\to x_0}f(x)\neq A$,则 $\exists\varepsilon_0>0,\forall\delta\in(0,\delta_0),\exists x_\delta\in U^0(x_0,\delta_0)$,虽然 $0<|x_\delta-x_0|<\delta$,但有 $|f(x_\delta)-A|\geqslant\varepsilon_0$.于是,任取定一个 $\delta\in(0,\delta_0)$,并依次令 $\delta'=\delta,\frac{\delta}{2},\frac{\delta}{3},\cdots,\frac{\delta}{n},\cdots$,则存在相应的 $x_1,x_2,x_3,\cdots,x_n,\cdots\in U^0(x_0,\delta_0)$,使得

$$0<|x_n-x_0|<\frac{\delta}{n},但 |f(x_n)-A|\geqslant\varepsilon_0,n=1,2,3,\cdots.$$

显然这个数列 $\{x_n\}\subset U^0(x_0,\delta_0)$ 且 $\lim\limits_{n\to\infty}x_n=x_0$,但 $\lim\limits_{n\to\infty}f(x_n)\neq A$.这与已知条件相矛盾,所以 $\lim\limits_{x\to x_0}f(x)=A$.

同学们可以类似地叙述其他几种类型的函数极限的归结原则.归结原则也称海涅(Heine)定理,其意义在于把函数极限 $\lim\limits_{x\to x_0}f(x)$ 归结为数列极限 $\lim\limits_{n\to\infty}f(x_n)(x_n\to x_0)$ 来讨论.

根据归结原则可知:如果存在点列 $x_n\to x_0$,但 $\lim\limits_{n\to\infty}f(x_n)$ 不存在,或存在两个点列 $x'_n\to x_0$ 和 $x''_n\to x_0$,使 $\lim\limits_{n\to\infty}f(x'_n)\neq\lim\limits_{n\to\infty}f(x''_n)$,则函数极限 $\lim\limits_{x\to x_0}f(x)=A$ 不存在.

例 1.30 证明 $\lim\limits_{x\to0}\sin\frac{1}{x}$ 不存在.

证　取 $x'_n = \dfrac{1}{n\pi}, x''_n = \dfrac{1}{2n\pi + \dfrac{\pi}{2}}$ $(n=1,2,\cdots)$，显然有 $x'_n \to 0, x''_n \to 0$ 及

$$\sin \frac{1}{x'_n} \to 0, \sin \frac{1}{x''_n} \to 1 (n \to \infty).$$

所以由归结原则知，$\lim\limits_{x \to 0} \sin \dfrac{1}{x}$ 不存在.

函数 $y = \sin \dfrac{1}{x}$ 在原点附近的图像如图 1-22 所示. 在点 $x=0$ 的任何邻域内，$y = \sin \dfrac{1}{x}$ 的函数值无限次地在 -1 与 1 之间震荡，故 $\lim\limits_{x \to 0} \sin \dfrac{1}{x}$ 不存在.

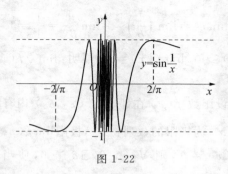

图 1-22

对于 $x \to x_0^+, x \to x_0^-, x \to +\infty, x \to -\infty$ 这四种类型的单侧极限，相应的归结原则可以表示为更强的形式. 如当 $x \to x_0^+$ 时有：

设函数 $f(x)$ 在 x_0 的某右（空心）邻域 $U_+^0(x_0)$ 内有定义，$\lim\limits_{x \to x_0^+} f(x) = A \Leftrightarrow$ 对任何以 x_0 为极限的递减 数列 $\{x_n\} \subset U_+^0(x_0)$，有 $\lim\limits_{n \to \infty} f(x_n) = A$.

◎ **思考题 2**　归结原则与定理"数列 $\{a_n\}$ 收敛的充要条件是 $\{a_n\}$ 的任何非平凡子列都收敛"（见 1.2 节中定理 1.6）之间有何联系？归结原则中极限"相等"二字是否可以省略？

相应于数列极限的单调有界定理（准则），关于函数的四类单侧极限也有相应的定理（准则）. 如 $x \to x_0^+$ 时有　设函数 $f(x)$ 在 x_0 的某 $U_+^0(x_0)$ 内单调且有界，则右极限 $\lim\limits_{x \to x_0^+} f(x)$ 存在. 同学们可以仿照 1.2 节中定理 1.5 来证明该结论.

3. 柯西准则

定理 1.10（Cauchy 准则）设函数 $f(x)$ 在邻域 $U^0(x_0, \delta_0)$ 内有定义，$\lim\limits_{x \to x_0} f(x)$ 存在 $\Leftrightarrow$ 任给 $\varepsilon > 0$，存在正数 $\delta(<\delta_0)$，使得对任何 $x', x'' \in U^0(x_0, \delta)$ 有 $|f(x') - f(x'')| < \varepsilon$.

证　必要性是显然的，下面证充分性.

根据归结原则，只要证，对于任意点列 $\{x'_n\}, \{x''_n\} \subset U^0(x_0, \delta_0)$ 且 $\lim\limits_{n \to \infty} x'_n = \lim\limits_{n \to \infty} x''_n = x_0$，恒有 $\lim\limits_{n \to \infty} f(x'_n) = \lim\limits_{n \to \infty} f(x''_n)$. 事实上，由于 $\forall \varepsilon > 0, \exists \delta \in (0, \delta_0)$，当 $x', x'' \in U^0(x_0, \delta)$ 时，恒有 $|f(x') - f(x'')| < \varepsilon$. 故对上述 $\delta \in (0, \delta_0)$ 及上述点列 $\{x'_n\}$ 和 $\{x''_n\}$，必存在 $N > 0$，使得当 $m, n > N$ 时，恒有 $x'_n, x''_n, x'_m, x''_m \in U^0(x_0, \delta)$，从而有

$$| f(x'_n) - f(x'_m) | < \varepsilon, \ | f(x''_n) - f(x''_m) | < \varepsilon, \ | f(x'_n) - f(x''_n) | < \varepsilon$$

由上面前两个不等式及数列的柯西收敛准则知 $\lim\limits_{n \to \infty} f(x'_n), \lim\limits_{n \to \infty} f(x''_n)$ 都存在,结合后一不等式得

$$| \lim\limits_{n \to \infty} f(x'_n) - \lim\limits_{n \to \infty} f(x''_n) | < \varepsilon$$

故由 ε 的任意性得 $\lim\limits_{n \to \infty} f(x'_n) = \lim\limits_{n \to \infty} f(x''_n)$. 最后由归结原则知极限 $\lim\limits_{x \to x_0} f(x)$ 存在.

由 Cauchy 准则知,$\lim\limits_{x \to x_0} f(x)$ 不存在的充要条件是:$\exists \varepsilon > 0, \forall \delta > 0, \exists x', x'' \in U^0(x_0, \delta)$,使得 $| f(x') - f(x'') | \geqslant \varepsilon$. 由此又可得到极限 $\lim\limits_{x \to x_0} f(x)$ 不存在的另一充要条件:

$\exists \varepsilon > 0$ 与点列 $\{x_n\}$ 和 $\{y_n\}$,虽然 $x_n, y_n \to x_0$,但有 $| f(x_n) - f(y_n) | \geqslant \varepsilon_0$.

例 1.31 试用 Cauchy 准则证明 $\lim\limits_{x \to 0} \sin \dfrac{1}{x}$ 不存在.

证 取 $x_n = \dfrac{1}{2n\pi}, y_n = 1 \Big/ \Big(2n\pi + \dfrac{\pi}{2}\Big)$ 及 $\varepsilon_0 = \dfrac{1}{2}$,则 $x_n \to 0, y_n \to 0$,但有 $\left| \sin \dfrac{1}{x_n} - \sin \dfrac{1}{y_n} \right| > \varepsilon_0 = \dfrac{1}{2}$. 所以由 Cauchy 准则知 $\lim\limits_{x \to 0} \sin \dfrac{1}{x}$ 不存在.

1.4.2 两个重要极限

1. 证明 $\lim\limits_{x \to 0} \dfrac{\sin x}{x} = 1$.

证 先设 $0 < x < \dfrac{\pi}{2}$. 如图 1-23 所示,在单位圆内有 $S_{\triangle OAD} < S_{扇形 OAD} < S_{\triangle OAB}$,即

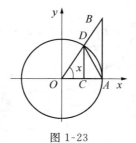

图 1-23

$$\frac{1}{2} \sin x < \frac{1}{2} x < \frac{1}{2} \tan x,$$

故
$$\sin x < x < \tan x \tag{1-22}$$

用 $\sin x$ 除式(1-22)中各项,得

$$1 < \frac{x}{\sin x} < \frac{1}{\cos x}$$

或
$$\cos x < \frac{\sin x}{x} < 1 \tag{1-23}$$

用 $-x$ 代替式(1-23)中的 x 时,式(1-23)不变,故式(1-23)当 $0 < |x| < \dfrac{\pi}{2}$ 时恒成立.

由于 $\lim\limits_{x \to 0}\cos x = 1$(见 1.3 节中例 1.23),故由夹逼准则知 $\lim\limits_{x \to 0} \dfrac{\sin x}{x} = 1$.

一般地,若 $\lim f(x) = \lim g(x) = 0, g(x) \neq 0$,则称极限 $\lim \dfrac{f(x)}{g(x)}$ 为 $\dfrac{0}{0}$ 型不定式(这里,变量 x 的趋向可以是 $x \to x_0, x \to \infty, x \to x_0{}^+, x \to x_0{}^-, x \to +\infty, x \to -\infty$ 中的任何一种).重要极限 $\lim\limits_{x \to 0} \dfrac{\sin x}{x} = 1$ 就属于 $\dfrac{0}{0}$ 型不定式.我们可以利用这一重要极限计算一些含三角函数的 $\dfrac{0}{0}$ 型不定式.

例 1.32　$\lim\limits_{x \to 0} \dfrac{\tan x}{x} = \lim\limits_{x \to 0} \dfrac{\sin x}{x} \cdot \dfrac{1}{\cos x} = \lim\limits_{x \to 0} \dfrac{\sin x}{x} \cdot \lim\limits_{x \to 0} \dfrac{1}{\cos x} = 1 \cdot 1 = 1.$

例 1.33　$\lim\limits_{x \to 0} \dfrac{1 - \cos x}{x^2} = \lim\limits_{x \to 0} \dfrac{2 \sin^2(x/2)}{x^2} = \lim\limits_{x \to 0} \dfrac{1}{2}\left(\dfrac{\sin(x/2)}{x/2}\right)^2 = \dfrac{1}{2} \cdot 1 = \dfrac{1}{2}.$

例 1.34　$\lim\limits_{n \to \infty} 2^n \sin \dfrac{\pi}{2^n} = \pi \lim\limits_{n \to \infty} \dfrac{\sin\left(\dfrac{\pi}{2}{}^{n}\right)}{\pi/2^n} = \pi \cdot 1 = \pi.$

例 1.35　求 $\lim\limits_{x \to \pi/3} \dfrac{1 - 2\cos x}{\sin\left(x - \dfrac{\pi}{3}\right)}.$

解　令 $x - \dfrac{\pi}{3} = t$,则 $x = t + \dfrac{\pi}{3}$,且当 $x \to \dfrac{\pi}{3}$ 时,$t \to 0$.又

$$1 - 2\cos x = 1 - 2\cos\left(\dfrac{\pi}{3} + t\right) = 1 - 2\left(\cos \dfrac{\pi}{3} \cdot \cos t - \sin \dfrac{\pi}{3} \cdot \sin t\right).$$
$$= 1 - \cos t + \sqrt{3}\sin t$$

故　$\lim\limits_{x \to \pi/3} \dfrac{1 - 2\cos x}{\sin\left(x - \dfrac{\pi}{3}\right)} = \lim\limits_{t \to 0} \dfrac{1 - \cos t + \sqrt{3}\sin t}{\sin t} = \lim\limits_{t \to 0}\left(\tan \dfrac{t}{2} + \sqrt{3}\right) = \sqrt{3}.$

2. 证明 $\lim\limits_{x \to \infty}\left(1 + \dfrac{1}{x}\right)^x = \mathrm{e}.$

证　由 1.2 节中例 1.16,$\lim\limits_{n \to \infty}\left(1 + \dfrac{1}{n}\right)^n = \mathrm{e}$,以下证明 $\lim\limits_{x \to +\infty}\left(1 + \dfrac{1}{x}\right)^x = \mathrm{e}$ 与 $\lim\limits_{x \to -\infty}\left(1 + \dfrac{1}{x}\right)^x = \mathrm{e}.$

为此,先设 $x \geqslant 1$,并令 $[x] = n$,作两个阶梯函数如下

$$f(x) = \left(1 + \dfrac{1}{[x]+1}\right)^{[x]} = \left(1 + \dfrac{1}{n+1}\right)^n, \quad g(x) = \left(1 + \dfrac{1}{[x]}\right)^{[x]+1} = \left(1 + \dfrac{1}{n}\right)^{n+1}.$$

则有　$f(x) \leqslant \left(1 + \dfrac{1}{x}\right)^x \leqslant g(x), 1 \leqslant x < \infty,$

且 $$\lim_{x\to+\infty} f(x)=\lim_{n\to\infty}\left(1+\frac{1}{n+1}\right)^n=e,\quad \lim_{x\to+\infty} g(x)=\lim_{n\to\infty}\left(1+\frac{1}{n}\right)^{n+1}=e,$$

故由函数极限的夹逼准则知

$$\lim_{x\to+\infty}\left(1+\frac{1}{x}\right)^x=e \tag{1-24}$$

当 $x<0$,令 $x=-y$,则 $y>0$,且当 $x\to-\infty$ 时有 $y\to+\infty$,故

$$\lim_{x\to-\infty}\left(1+\frac{1}{x}\right)^x=\lim_{y\to+\infty}\left(1-\frac{1}{y}\right)^{-y}=\lim_{y\to+\infty}\left(1+\frac{1}{y-1}\right)^y$$

$$=\lim_{y\to+\infty}\left(1+\frac{1}{y-1}\right)^{y-1}\cdot\left(1+\frac{1}{y-1}\right)=e\cdot 1=e \tag{1-25}$$

结合式(1-24)、式(1-25)二式便得 $\lim_{x\to\infty}\left(1+\frac{1}{x}\right)^x=e$.

重要极限 $\lim_{x\to\infty}\left(1+\frac{1}{x}\right)^x=e$ 常写成另一种形式: $\lim_{\alpha\to0}(1+\alpha)^{\frac{1}{\alpha}}=e$.

一般来说,如果 $\lim f(x)=1,\lim g(x)=\infty$,则称极限 $\lim [f(x)]^{g(x)}$(这里自变量的趋向可以是 $x\to x_0, x\to\infty, x\to x_0^+, x\to x_0^-, x\to+\infty, x\to-\infty$ 中的任何一种)为 1^∞ 型不定式.重要极限 $\lim_{x\to\infty}\left(1+\frac{1}{x}\right)^x$ 就是 1^∞ 型不定式,我们可以利用这一重要极限来求解其他 1^∞ 型不定式的值.

例 1.36 $\lim_{x\to\infty}\left(\frac{x+3}{x+1}\right)^x=\lim_{x\to\infty}\left(1+\frac{2}{x+1}\right)^x\left(令\frac{2}{x+1}=\alpha\right)$

$$=\lim_{\alpha\to0}(1+\alpha)^{\frac{2}{\alpha}-1}=\lim_{\alpha\to0}(1+\alpha)^{\frac{2}{\alpha}}(1+\alpha)^{-1}=e^2.$$

例 1.37 $\lim_{x\to\infty}\left(1-\frac{2}{x}\right)^x\xrightarrow{令\alpha=-2/x}\lim_{\alpha\to0}(1+\alpha)^{\frac{-2}{\alpha}}=\lim_{\alpha\to0}\left[(1+\alpha)^{\frac{-2}{\alpha}}\right]^{-2}=e^{-2}.$

例 1.38 $\lim_{x\to0}(1-\tan x)^{\cot x}\xrightarrow{令\alpha=-\tan x}\lim_{\alpha\to0}(1+\alpha)^{\frac{-1}{\alpha}}=\lim_{\alpha\to0}\left[(1+\alpha)^{\frac{1}{\alpha}}\right]^{-1}=e^{-1}.$

例 1.39 求 $\lim_{n\to\infty}\left(1+\frac{1}{n}-\frac{1}{n^2}\right)^n$.

解 $\left(1+\frac{1}{n}-\frac{1}{n^2}\right)^n=\left(1+\frac{n-1}{n^2}\right)^{\frac{n^2}{n-1}\cdot\frac{n-1}{n}}=\left(1+\frac{n-1}{n^2}\right)^{\frac{n^2}{n-1}}\left(1+\frac{n-1}{n^2}\right)^{-\frac{n}{n-1}}.$

根据归结原则有

$$\lim_{n\to\infty}\left(1+\frac{n-1}{n^2}\right)^{\frac{n^2}{n-1}}=\lim_{\alpha\to0}(1+\alpha)^{\frac{1}{\alpha}}=e \tag{1-26}$$

又因 $\left(1+\frac{n-1}{n^2}\right)^{-2}\leqslant\left(1+\frac{n-1}{n^2}\right)^{-\frac{n}{n-1}}\leqslant 1(n\geqslant2)$,故由夹逼准则可得

$$\lim_{n\to\infty}\left(1+\frac{n-1}{n^2}\right)^{-\frac{n}{n-1}}=\lim_{n\to\infty}\left(1+\frac{n-1}{n^2}\right)^{-2}=1 \tag{1-27}$$

结合式(1-26)、式(1-27)便得

$$\lim_{n\to\infty}\left(1+\frac{1}{n}-\frac{1}{n^2}\right)^n=\lim_{n\to\infty}\left(1+\frac{n-1}{n^2}\right)^{\frac{n^2}{n-1}}\lim_{n\to\infty}\left(1+\frac{n-1}{n^2}\right)^{-\frac{n}{n-1}}=e\cdot1=e.$$

习题 1. 4

1.求下列函数极限：

(1) $\lim\limits_{x \to 0} x \sin \dfrac{1}{x}$;

(2) $\lim\limits_{x \to \infty} \dfrac{[x]}{x}$;

(3) $\lim\limits_{x \to +\infty} \left(\dfrac{1}{\sqrt{x^2+1}} + \dfrac{1}{\sqrt{x^2+2}} + \cdots + \dfrac{1}{\sqrt{x^2+[x]}} \right)$;

(4) $\lim\limits_{x \to 0} \dfrac{\sqrt[n]{x+1}-1}{x}$;

(5) $\lim\limits_{x \to 0+} \left[\sqrt{\dfrac{1}{x}+\sqrt{\dfrac{1}{x}+\sqrt{\dfrac{1}{x}}}} - \sqrt{\dfrac{1}{x}-\sqrt{\dfrac{1}{x}+\sqrt{\dfrac{1}{x}}}} \right]$;

(6) $\lim\limits_{x \to 0+} \left(\sqrt{x+\sqrt{x+\sqrt{x}}} - \sqrt{x} \right)$;

(7) $\lim\limits_{x \to 0+} \dfrac{\mathrm{e}^{1/x}-\mathrm{e}^{-1/x}}{\mathrm{e}^{1/x}+\mathrm{e}^{-1/x}}$;

(8) $\lim\limits_{x \to +\infty} \left(\sin\sqrt{x+1} - \sin\sqrt{x} \right)$.

2.叙述函数极限 $\lim\limits_{x \to x_0} f(x)$ 的归结原则，用该原则证明 $\lim\limits_{x \to \infty} \sin x$ 不存在.

3.叙述函数极限 $\lim\limits_{x \to x_0} f(x)$ 的柯西准则，用该准则证明 $\lim\limits_{x \to \infty} \sin x$ 不存在.

4.求下列极限：

(1) $\lim\limits_{x \to 0} \dfrac{\sin\alpha x}{\sin\beta x}(\beta \neq 0)$;

(2) $\lim\limits_{x \to \frac{\pi}{2}} \dfrac{\sin x}{x}$;

(3) $\lim\limits_{x \to \infty} \dfrac{\sin x}{x}$;

(4) $\lim\limits_{x \to a} \dfrac{\sin x - \sin a}{x-a}$;

(5) $\lim\limits_{n \to \infty} 2^n \sin\dfrac{x}{2^n}$;

(6) $\lim\limits_{x \to 0} \dfrac{\sin 3x - \sin x}{x}$;

(7) $\lim\limits_{x \to 0} \dfrac{\tan x - \sin x}{\sin^3 x}$;

(8) $\lim\limits_{x \to 0} \dfrac{\cos x - \cos 3x}{x^2}$;

(9) $\lim\limits_{x \to 0} \dfrac{\sin 2x}{2\cos\left(\dfrac{\pi}{2}-x\right)}$;

(10) $\lim\limits_{x \to 0} (1-x)^{\frac{1}{x}}$;

(11) $\lim\limits_{x \to 0} \left(\dfrac{1+x}{1-x} \right)^{\frac{1}{x}}$;

(12) $\lim\limits_{x \to \infty} \left(\dfrac{x-1}{x+1} \right)^{2x}$;

(13) $\lim\limits_{x \to 0} (1+3\tan^2 x)^{\cot^2 x}$;

(14) $\lim\limits_{n \to \infty} \left(1+\dfrac{1}{n}+\dfrac{1}{n^2} \right)^n$;

(15) $\lim\limits_{n \to \infty} \sin(\pi\sqrt{n^2+1})$;

(16) $\lim\limits_{x \to 0} \left[\lim\limits_{n \to \infty} \left(\cos x \cdot \cos\dfrac{x}{2} \cdot \cdots \cdot \cos\dfrac{x}{2^n} \right) \right]$.

1. 5　无穷小量与无穷大量

1. 5. 1　无穷小量及其阶的比较

在各类变量中，极限为零的变量有着重要意义，这种变量称为无穷小量.无穷小量依自变量的不同趋向可以分为各种类型，下面以自变量趋向"$x \to x_0$"为例给出其确切定义：

定义 1. 9　如果 $\lim\limits_{x \to x_0} f(x) = 0$，则称 $f(x)$ 当 $x \to x_0$ 时为无穷小量.记为 $f(x) = o(1)(x \to x_0)$.

如果函数 $f(x)$ 在点 x_0 的某邻域 $U^0(x_0)$ 内有界，则称 $f(x)$ 当 $x \to x_0$ 时为有界量.

记为 $f(x) = O(1)(x \to x_0)$.

类似地定义自变量为其他趋向时的无穷小量和有界量.

例如,$\sin x$,$\tan x$,$1 - \cos x$ 当 $x \to 0$ 时都是无穷小量,$\dfrac{1}{x^2}$,$\dfrac{1}{2^{|x|}}$,$\dfrac{1}{\ln|x|}$ 当 $x \to \infty$ 时都是无穷小量,数列 $\dfrac{1}{n^2}$,$\dfrac{1}{2^n}$,$q^n(|q| < 1)$ 也都是无穷小量,而 $\sin x$,$\cos x$ 当 $x \to \infty$ 时都是有界量.

我们称某变量为无穷小量或有界量时必须注意自变量变化趋向的前提条件,例如 $\sin\dfrac{1}{x}$ 当 $x \to \infty$ 时是无穷小量,即 $\sin\dfrac{1}{x} = o(1)(x \to \infty)$;但当 $x \to 0$ 时 $\sin\dfrac{1}{x}$ 是有界量,即 $\sin\dfrac{1}{x} = O(1)(x \to 0)$.又如 $2^{\frac{1}{x}}$ 当 $x \to 0^-$ 时为无穷小量,而当 $x \to 0^+$ 时 $2^{\frac{1}{x}}$ 是无界量.

由无穷小量的定义易知无穷小量有以下性质:

性质 1.12　两个(相同类型的)无穷小量之和、差、积仍为无穷小量.

性质 1.13　无穷小量与有界量的乘积为无穷小量.

◎ **思考题 1**　"有界量"与"有界函数"有何区别? 两个无穷小量的商是否为无穷小量? 下面运算

$$\lim_{x \to 0} x \sin\frac{1}{x} = \lim_{x \to 0} x \cdot \lim_{x \to 0} \sin\frac{1}{x} = 0 \cdot \lim_{x \to 0} \sin\frac{1}{x} = 0$$

正确吗? 为什么?

显然,无穷小量与极限存在的变量有以下关系:

$$\lim_{x \to x_0} f(x) = A \Leftrightarrow \alpha = f(x) - A \text{ 是当 } x \to x_0 \text{ 时的无穷小量.}$$

两个无穷小量的商不一定为无穷小量.例如当 $x \to 0$ 时,x^2,$\sin x$,$1 - \cos x$ 都是无穷小量,但 $\lim\limits_{x \to 0}\dfrac{1 - \cos x}{\sin x} = 0$,$\lim\limits_{x \to 0}\dfrac{\sin x}{x^2} = \infty$,$\lim\limits_{x \to 0}\dfrac{1 - \cos x}{x^2} = \dfrac{1}{2}$,$\lim\limits_{x \to 0}\dfrac{\sin x}{x} = 1$.

两个无穷小量之比的极限的不同情况,反映了不同的无穷小量趋于 0 的"快慢"程度.就上面的式子来说,$x^2 \to 0$ 比 $\sin x \to 0$"快";$\sin x \to 0$ 比 $1 - \cos x \to 0$"慢";$1 - \cos x \to 0$ 与 $x^2 \to 0$ 的"快慢"相仿,而 $\sin x \to 0$ 与 $x \to 0$ 的"快慢"几乎一样.知道无穷小量趋于 0 的快慢程度,在计算和应用中有时是很方便的.因此有必要引入无穷小量阶的概念:

定义 1.10　设函数 $\alpha(x)$,$\beta(x)$ 为(自变量 x 的趋向相同)两个无穷小量,$\lim\dfrac{\beta(x)}{\alpha(x)}$ 为这一趋向下的函数极限.

(1) 如果 $\lim\dfrac{\beta(x)}{\alpha(x)} = 0$,则称 $\beta(x)$ 是 $\alpha(x)$ 的高阶无穷小量,或称 $\alpha(x)$ 是 $\beta(x)$ 的低阶无穷小量,记为 $\beta(x) = o(\alpha(x))$.

(2) 如果存在常数 $m > 0$ 和 $M > 0$,使得在自变量的这一变化趋向下,恒有 $m \leqslant \left|\dfrac{\beta(x)}{\alpha(x)}\right| \leqslant M$,则称 $\beta(x)$ 与 $\alpha(x)$ 是同阶无穷小量,记为 $\beta(x) = O(\alpha(x))$.特别地,当 $\lim\dfrac{\beta(x)}{\alpha(x)} = 1$ 时,称 $\beta(x)$ 与 $\alpha(x)$ 是等价无穷小量,记为 $\alpha(x) \sim \beta(x)$.

（3）如果存在常数 $m>0$、$M>0$ 和 $k>0$，使得在自变量的这一变化趋向下，恒有 $m\leqslant \left|\dfrac{\beta(x)}{\alpha^k(x)}\right|\leqslant M$，则称 β 是 α 的 k 阶无穷小量，记为 $\beta(x)=O(\alpha^k(x))$.

◎ **思考题 2**　高阶无穷小量与低阶无穷小量之间，哪个趋于零的速度更快？如果两个无穷小量之比的极限 $\lim\dfrac{\beta(x)}{\alpha(x)}=c\neq 0$，试问 $\alpha(x)$ 与 $\beta(x)$ 是同阶无穷小量吗？为什么？

需要注意的是，我们称两个无穷小量之间具有上述关系之一，必须明确自变量是哪一种趋向的前提条件.例如，当 $x\to 0$ 时，$1-\cos x$ 是 $\sin x$ 的高阶无穷小量；$1-\cos x$ 与 x^2 是同阶无穷小量；而 $\sin x$ 与 x 是等价无穷小量，即

$$1-\cos x=o(\sin x)(x\to 0),\ 1-\cos x=O(x^2)(x\to 0),\ \sin x\sim x(x\to 0).$$

又如当 $x\to\infty$ 时，$\dfrac{1}{x}(2+\sin x)$ 与 $\dfrac{1}{x}$ 都是无穷小量，由于当 x 充分大时，它们之比的绝对值满足 $1\leqslant|2+\sin x|\leqslant 3$，所以当 $x\to\infty$ 时，$\dfrac{1}{x}(2+\sin x)$ 与 $\dfrac{1}{x}$ 是同阶无穷小量，即

$$\frac{2+\sin x}{x}=O\left(\frac{1}{x}\right)(x\to\infty).$$

再如 $\sin\dfrac{1}{x}$ 当 $x\to\infty$ 时是无穷小量，即 $\sin\dfrac{1}{x}=o(1)(x\to\infty)$；但当 $x\to 0$ 时 $\sin\dfrac{1}{x}$ 是有界量，即 $\sin\dfrac{1}{x}=O(1)(x\to 0)$.

特别指出，等价无穷小量有以下重要性质：

定理 1.11　设 $\alpha(x),\bar\alpha(x),\beta(x),\bar\beta(x)$ 为（自变量）同一趋向下的无穷小量，若 $\alpha(x)\sim\bar\alpha(x),\beta(x)\sim\bar\beta(x)$，且 $\lim\dfrac{\bar\beta(x)}{\bar\alpha(x)}$ 存在，则 $\lim\dfrac{\beta(x)}{\alpha(x)}=\lim\dfrac{\bar\beta(x)}{\bar\alpha(x)}$.

证　$\lim\dfrac{\beta(x)}{\alpha(x)}=\lim\dfrac{\beta(x)}{\bar\beta(x)}\cdot\dfrac{\bar\beta(x)}{\bar\alpha(x)}\cdot\dfrac{\bar\alpha(x)}{\alpha(x)}=1\cdot\left(\lim\dfrac{\bar\beta(x)}{\bar\alpha(x)}\right)\cdot 1=\lim\dfrac{\bar\beta(x)}{\bar\alpha(x)}.$

上述这一性质也称为等价无穷小量代换.

例 1.40　求极限 $\lim\limits_{x\to 0}\dfrac{\sin 3x}{x^2+4x}$.

解　由于 $\sin 3x\sim 3x(x\to 0)$，$x^2+4x\sim 4x(x\to 0)$，故由定理 1.11 得

$$\lim_{x\to 0}\frac{\sin 3x}{x^2+4x}=\lim_{x\to 0}\frac{3x}{4x}=\frac{3}{4}.$$

例 1.41　求极限 $\lim\limits_{x\to 0}\dfrac{\tan x-\sin x}{\sin^3 x}$.

解　将函数表达式改写成 $\dfrac{\tan x-\sin x}{\sin^3 x}=\dfrac{\frac{1}{\cos x}-1}{\sin^2 x}=\dfrac{1}{\cos x}\cdot\dfrac{1-\cos x}{\sin^2 x}$

由于 $1-\cos x\sim\dfrac{1}{2}x^2(x\to 0)$，$\sin^2 x\sim x^2(x\to 0)$，故

$$\lim_{x\to 0}\frac{\tan x-\sin x}{\sin^3 x}=\lim_{x\to 0}\frac{1}{\cos x}\cdot\frac{1-\cos x}{\sin^2 x}=\lim_{x\to 0}\frac{1}{\cos x}\cdot\frac{\frac{1}{2}x^2}{x^2}=\frac{1}{2}.$$

◎ **思考题 3**　下面的计算是否正确？为什么？

因为 $\tan x \sim x (x \to 0), \sin x \sim x (x \to 0)$，所以 $\lim\limits_{x \to 0} \dfrac{\tan x - \sin x}{x^3} = \lim\limits_{x \to 0} \dfrac{x - x}{x^3} = 0$.

在利用等价无穷小量代换求极限时，无穷小量作为（分子或分母的）因式可以用它的等价无穷小量来代替，而作为和式中的项则不能随意代替.

1.5.2　无穷大量

与无穷小量相对立的变量是无穷大量.无穷大量也依自变量的不同趋向分为各种类型，我们以自变量趋向"$x \to x_0$"为例给出其确切定义.

定义 1.11　设函数 $f(x)$ 在某邻域 $U^0(x_0)$ 内有定义，如果任给 $G > 0$，总存在相应的 $\delta > 0$，使得当 $x \in U^0(x_0, \delta)(\subset U^0(x_0))$ 时，有 $f(x) > G$（或 $f(x) < -G, |f(x)| > G$），则称函数 $f(x)$ 当 $x \to x_0$ 时为无穷大量.记为 $\lim\limits_{x \to x_0} f(x) = +\infty$（或 $-\infty, \infty$）.

这里的 G 表示变量 $f(x)$ 充分大的程度，它与前述 ε 的意义截然相反，后者表示变量充分小的程度，故用不同的记号来表示.

类似地定义自变量为其他趋向时的无穷大量.简言之，无穷大量就是其绝对值无限增大的变量.

例如，$\lim\limits_{x \to 1} \dfrac{1}{x-1} = \infty, \lim\limits_{x \to +\infty} \ln x = +\infty, \lim\limits_{x \to 0+} \ln x = -\infty, \lim\limits_{n \to \infty} 2^n = +\infty$.

根据无穷大量的定义容易推得下列结论：

(1) 两个无穷大量的乘积仍为无穷大量；

(2) 无穷大量与有界量的和为无穷大量；

(3) 无穷大量与不等于零的无穷小量互为倒数.

对两个无穷大量，也可以定义高阶、同阶和等价无穷大量的概念，其形式与无穷小量阶的比较完全相同，这里就不赘述了.

◎ **思考题 4**　无穷大量与无界量有何区别？当 $x \to \infty$ 时，$x \sin x$ 是无穷大量还是无界量？

习题 1.5

1.证明下列各式：

(1) $x^2 \sin x + x = O(x)(x \to 0)$；

(2) $x^2 \sin x + x = O(x^3)(x \to \infty)$；

(3) $\sqrt{x + \sqrt{x + \sqrt{x}}} \sim \sqrt[8]{x}(x \to 0)$；

(4) $\sqrt{x + \sqrt{x + \sqrt{x}}} \sim \sqrt{x}(x \to \infty)$；

(5) $(1+x)^m - (1+mx) = o(x)(x \to 0)$；

(6) $(1+x)^m - (1+mx) = O(x^m)(x \to \infty)$；

(7) $o(f(x)) + O(f(x)) = O(f(x))(x \to x_0)$；

(8) $o(f(x)) \cdot O(f(x)) = o(f^2(x))(x \to x_0)$.

2.试确定 α 的值,使下列式子成立.

(1) $\sqrt{1-\cos x} + \sqrt[3]{x \sin x} = O(x^\alpha)(x \to 0)$;

(2) $\sqrt{1+x} - 1 \sim \dfrac{1}{2} x^\alpha (x \to 0)$;

(3) $\sqrt{1+\tan x} - \sqrt{1-\sin x} = O(x^\alpha)(x \to 0)$;

(4) $\tan x - \sin x = O(x^\alpha)(x \to 0)$;

(5) $\sin(2\pi \sqrt{n^2+1}) \sim \dfrac{\pi}{n^\alpha}(n \to \infty)$.

(6) $\sqrt{x^2+x^3} \sim x^\alpha (x \to +\infty)$;

(7) $x - x^2(2 + \sin x) = O(x^\alpha)(x \to \infty)$.

3.应用等价无穷小量代换计算下列极限.

(1) $\lim\limits_{x \to 0} \dfrac{\sqrt{\cos x} - \cos x}{\tan^2 2x}$; 　　(2) $\lim\limits_{x \to \frac{\pi}{3}} \dfrac{\sin\left(x - \frac{\pi}{3}\right)}{1 - 2\cos x}$; 　　(3) $\lim\limits_{x \to 0} \dfrac{\sqrt{1+x^2} - 1}{\sin^2 x}$.

1.6　函数的连续性概念

1.6.1　连续性定义

连续函数是数学分析中常见且重要的函数,也是数学应用中经常遇到的函数.什么是连续函数呢? 我们先来观察图 1-24.

可以看出,图 1-24(a)的函数 $y = f(x)$ 的图像是一条连续不断的曲线,而图 1-24(b)的函数 $y = g(x)$ 所表示的曲线在点 x_0 处却是间断的.因此,我们说函数 $y = f(x)$ 在点 x_0 处是连续的,而函数 $y = g(x)$ 点 x_0 处是不连续(或间断)的.

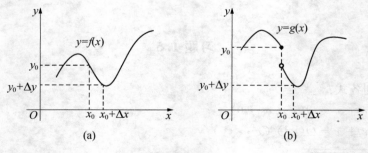

图 1-24

显然,我们不能仅凭上述关于连续的直观概念来判断一个函数是否连续,因为有许多函数的图像,我们并不知道它是怎样的情形,因此我们还需要知道函数连续的特征,即数量关系.

从图 1-24 中可以看出，对于函数 $y = f(x)$ 来说，在点 x_0 处，当自变量的增量（或改变量）$\Delta x \to 0(\Delta x = x - x_0)$ 时，有因变量的增量（或改变量）$\Delta y \to 0(\Delta y = f(x_0 + \Delta x) - f(x_0))$.而函数 $y = g(x)$ 在点 x_0 处却不具备上述这一性质，即没有"当 $\Delta x \to 0$ 时，$\Delta y \to 0$".因此"当 $\Delta x \to 0$ 时，$\Delta y \to 0$"是函数在一点连续的特征.由此，我们就有了下面的定义：

定义 1.12 如果当自变量增量 $\Delta x = x - x_0$ 趋近于零时，函数增量 $\Delta y = f(x_0 + \Delta x) - f(x_0)$ 也趋近于零，即

$$\lim_{\Delta x \to 0}[f(x + x_0) - f(x_0)] = 0 \tag{1-28}$$

则称函数 $f(x)$ 在点 x_0 处连续.

由于式(1-28)等价于 $\lim\limits_{x \to x_0} f(x) = f(x_0)$，所以函数 $f(x)$ 在点 x_0 处连续的定义也可以叙述为：

定义 1.13 如果 $$\lim_{x \to x_0} f(x) = f(x_0) \tag{1-29}$$

则称函数 $f(x)$ 在点 x_0 处连续.

例 1.42 考查函数 $f(x) = \begin{cases} x\sin\dfrac{1}{x}, & x \neq 0 \\ 0, & x = 0 \end{cases}$ 在点 $x = 0$ 处的连续性.

解   因为 $\lim\limits_{x \to 0} f(x) = \lim\limits_{x \to 0} x\sin\dfrac{1}{x} = f(0)$，所以该函数在点 $x = 0$ 处连续.

函数 $y = x\sin\dfrac{1}{x}$ 的图像如图 1-25 所示，在点 $x = 0$ 的近旁，$x\sin\dfrac{1}{x}$ 发生无限密集的振荡，其振幅被两条直线 $y = \pm x$ 所限制，该函数为偶函数，当 $x > \dfrac{2}{\pi}$ 时，$x\sin\dfrac{1}{x}$ 递增，当 $x \to \infty$ 时 $x\sin\dfrac{1}{x}$ 趋于 1.

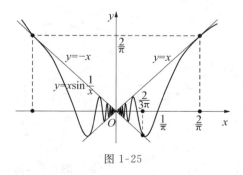

图 1-25

由于函数在一点的连续性是通过极限来定义的，因而也可以直接用 $\varepsilon\text{-}\delta$ 方式来叙述：

定义 1.14 若对 $\forall \varepsilon > 0$，$\exists \delta > 0$，使得当 $|x - x_0| < \delta$ 时有

$$|f(x) - f(x_0)| < \varepsilon \tag{1-30}$$

则称函数 $f(x)$ 在点 x_0 处连续.

◎ **思考题**   在定义 1.13 中，为什么可以将函数极限定义中的 $0 < |x - x_0| < \delta$ 改成

$|x-x_0|<\delta$?

例 1.43　用 ε-δ 定义验证函数 $f(x)=xD(x)$ 在点 $x=0$ 处连续,$D(x)$ 为狄利克雷函数.

证　由 ε-δ 定义、$f(0)=0$ 及 $|D(x)|\leqslant 1$ 可得,$\forall\varepsilon>0$,只要取 $\delta=\varepsilon$,则当 $|x|<\delta$ 时,就有 $|f(x)-f(0)|=|xD(x)|\leqslant|x|<\varepsilon$,因此 $f(x)=xD(x)$ 在点 $x=0$ 处连续.

相应于单侧极限的概念,单侧连续的概念有以下定义:

定义 1.15　设函数 $f(x)$ 在某右邻域 $U_+(x_0)$(或左邻域 $U_-(x_0)$)内有定义,如果
$$\lim_{x\to x_0^+}f(x)=f(x_0)\quad(\text{或}\lim_{x\to x_0^-}f(x)=f(x_0)),$$
则称函数 $f(x)$ 在点 x_0 处右连续(或左连续).

显然,函数 $f(x)$ 在点 x_0 处连续等价于函数 $f(x)$ 在点 x_0 处既左连续也右连续.

由函数连续性定义及上面的讨论可知,函数连续反映到几何上,就是函数的图像不间断.此外,自然界中有许多现象,如气温的变化、河水的流动、植物的生长等,都是连续变化的.这些现象在函数关系上的反映,就是函数的连续性.例如从气温的变化来看,当时间作微小的变动时,气温的变化也很微小,这种特点就是函数的连续性.因此函数的连续性概念有着广泛的实际意义.

例 1.44　设有温度为 $-10\,^\circ\mathrm{C}$ 的冰 1 克,加热后变为 $10\,^\circ\mathrm{C}$ 的水,求在水温的变化过程中,水体所吸收的热量 q(焦)和水温 t($^\circ\mathrm{C}$)的函数关系.水的比热 $4.2\,\mathrm{J/(g\cdot{}^\circ C)}$,冰的比热是 $2.1\,\mathrm{J/(g\cdot{}^\circ C)}$,冰的溶解热是 $336\,\mathrm{J/g}$.

解　当 $t<0\,(^\circ\mathrm{C})$ 时,$q=2.1(t+10)\,(\mathrm{J})$;当 $t>0\,(^\circ\mathrm{C})$ 时,$q=2.1\times10+336+4.2t\,(\mathrm{J})$.故所求函数关系为:
$$q=\begin{cases}2.1t+21,&-10\leqslant t<0\\4.2t+357,&0<t\leqslant10\end{cases}$$
上式是一个分段函数,在 $x=0$ 处无定义,如图 1-26 所示.

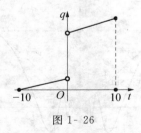

图 1-26

因为客观事物的变化过程中很少有只在一点连续的情形,因此,我们还需引进函数在一个区间上连续的概念.

如果函数 $f(x)$ 在开区间 (a,b) 内(或闭区间 $[a,b]$ 上)每一点都连续,则称函数 $f(x)$ 在 (a,b) 内(或 $[a,b]$ 上)连续,或者说 $f(x)$ 是该区间上的连续函数.函数 $f(x)$ 在区间端点处的连续性是指单侧连续(即在左端点右连续、在右端点左连续).

例 1.45　正弦函数 $\sin x$ 和余弦函数 $\cos x$ 都是实数集 $\mathbf{R}$ 上的连续函数(参见 1.3 节中例 1.24);

多项式函数 $P(x) = a_0 x^n + a_1 x^{n-1} + a_2 x^{n-2} + \cdots + a_{n-1} x + a_n$ 在 **R** 上连续(见 1.3 节中例 1.26).

1.6.2 函数的间断点及其分类

定义 1.16 设函数 $f(x)$ 在点 x_0 的某邻域 $U^\circ(x_0)$ 内有定义.若 $f(x)$ 在点 x_0 无定义,或 $f(x)$ 在点 x_0 有定义但不连续,则称点 x_0 为函数 $f(x)$ 的间断点.

例 1.46 $x = 0$ 是函数 $y = \dfrac{\sin x}{x}$ 的间断点,且极限 $\lim\limits_{x\to 0}\dfrac{\sin x}{x} = 1$ 存在,我们称 $x = 0$ 是函数 $\dfrac{\sin x}{x}$ 的可去间断点(参见图 1-16).

例 1.47 $t = 0$ 是函数 $q = \begin{cases} 2.1t + 21, & -10 \leqslant t < 0 \\ 4.2t + 357, & 0 < t \leqslant 10 \end{cases}$ 的间断点,这是因为

$$\lim_{t\to 0^-} q(t) = \lim_{t\to 0^-}(2.1t + 21) = 21, \lim_{t\to 0^+} q(t) = \lim_{t\to 0^+}(4.2t + 357) = 357,$$

这种间断点称为跳跃间断点(见图 1-26).

一般地,如果 x_0 为 $f(x)$ 的间断点,且 $\lim\limits_{x\to x_0^-} f(x)$ 和 $\lim\limits_{x\to x_0^+} f(x)$ 都存在,则称 x_0 是 $f(x)$ 的第一类间断点(若二者相等就称为可去间断点,否则就称为跳跃间断点).因此,例 1.46 和例 1.47 所述间断点是第一类间断点.又如分段函数 $y = x - [x]$ 与阶梯函数 $y = [x]$ 的每一分段点 $x = n(n = 0, \pm 1, \pm 2, \cdots)$ 都是第一类间断点且为跳跃间断点.

如果 x_0 为 $f(x)$ 的间断点,但不是第一类间断点,则称 x_0 是 $f(x)$ 的第二类间断点.

例 1.48 $x = 0$ 是 $y = \sin\dfrac{1}{x}$ 的第二类间断点,在该点邻近,函数值在 -1 与 1 之间变动无限次(参见图 1-22).

例 1.49 $x = \dfrac{\pi}{2}$ 是 $y = \tan x$ 的第二类间断点,如图 1-27 所示,在该点处,$\lim\limits_{x\to\frac{\pi}{2}}\tan x = \infty$.

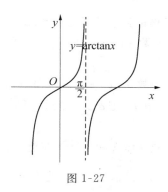

图 1-27

例 1.50 对于狄利克雷函数 $D(x)$,其定义域上每一点 x 都是函数的第二类间断点(见图 1-3).

习题 1.6

1.讨论下列函数的连续性并说明其间断点的类型：

(1) $f(x) = \text{sgn}(\sin x)$;　　　　　　　(2) $f(x) = x - [x]$;

(3) $f(x) = \dfrac{\sin x}{|x|}$;　　　　　　　(4) $f(x) = x\left[\dfrac{1}{x}\right]$;

(5) $f(x) = \dfrac{e^{\frac{1}{x}} - e^{-\frac{1}{x}}}{e^{\frac{1}{x}} + e^{-\frac{1}{x}}}$;　　　　　(6) $f(x) = \begin{cases} x^2, & 0 \leqslant x \leqslant 1 \\ 2-x, & 1 < x \leqslant 2 \end{cases}$;

(7) $f(x) = \lim\limits_{n \to \infty} \dfrac{1}{1+x^n}$;　　　　(8) $f(x) = \begin{cases} \sin \pi x, & x \text{ 为有理数} \\ 0, & x \text{ 为无理数} \end{cases}$;

(9) $f(x) = [\sin x]$.

2.定义或改变下列函数在间断点处的值,使函数处处连续.

(1) $f(x) = \dfrac{2x^2 - 3x + 1}{x - 1}$;　　　　(2) $f(x) = \sin x \sin \dfrac{1}{x}$;

(3) $f(x) = \begin{cases} \dfrac{\sin x}{x}, & x \neq 0 \\ 0, & x = 0 \end{cases}$.

3.证明：若 $f(x)$ 在 x_0 连续,则 $|f(x)|$ 在 x_0 也连续.试举例说明其逆不成立.

1.7　连续函数的局部性质与初等函数的连续性

1.7.1　连续函数的局部性质

我们知道,函数 $f(x)$ 在点 x_0 处连续是指 $\lim\limits_{x \to x_0} f(x) = f(x_0)$.因此有关函数极限的某些局部性质和运算性质可以直接移植到连续函数中来.

性质 1.14（局部有界性）若函数 $f(x)$ 在点 x_0 处连续,则函数 $f(x)$ 在点 x_0 的某邻域 $U(x_0)$ 有界.

性质 1.15（局部保号性）若函数 $f(x)$ 在点 x_0 处连续,且 $f(x_0) > 0$（或 < 0）,则对 $\forall r \in (0, f(x_0))$（或 $r \in (f(x_0), 0)$）,$\exists \delta > 0$,使得当 $x \in U^0(x_0, \delta)$ 时,有 $f(x) > r > 0$（或 $f(x) < r < 0$）.

性质 1.16（四则运算）若函数 $f(x)$ 和 $g(x)$ 在点 x_0 处连续,则函数 $f(x) \pm g(x)$、$f(x) \cdot g(x)$ 及 $\dfrac{f(x)}{g(x)}$（$g(x_0) \neq 0$）也都在点 x_0 处连续.

以上三个性质的证明,都可以从函数极限的相应性质直接推出.

例 1.51　根据 1.6 节例 1.44,应用连续函数的四则运算性质可得,有理函数 $R(x) = \dfrac{P(x)}{Q(x)}$（$P(x)$、$Q(x)$ 为多项式函数）在其定义域内的每一点都连续；正切函数 $\tan x$ 和余切函数 $\cot x$ 在其定义域内的每一点都连续.

性质 1.17（复合函数的连续性）若函数 $f(u)$ 在点 u_0 处连续,函数 $g(x)$ 在点 x_0 处连续,且 $u_0 = g(x_0)$,则复合函数 $g[f(x)]$ 在点 x_0 处连续.即

$$\lim_{x \to x_0} f[g(x)] = f[g(x_0)] \tag{1-31}$$

证 由于 $\lim\limits_{u \to u_0} f(u) = f(u_0)$,$\lim\limits_{x \to x_0} g(x) = g(x_0) = u_0$,根据函数极限的变量代换法则(1.3 节性质 1.11)知

$$\lim_{x \to x_0} f[g(x)] = \lim_{u \to u_0} f(u) = f(u_0) = f[g(x_0)]$$

因此复合函数 $f[g(x)]$ 在点 x_0 处连续.

例 1.52 证明指数函数 $y = a^x (0 < a \neq 1)$ 在 **R** 上连续.

证 由 1.4 例 1.28 知 $\lim\limits_{x \to 0} a^x = 1 = a^0$,即 $y = a^x$ 在 $x = 0$ 处连续.当 $x_0 \neq 0$ 时,由函数极限的变量代换法则及上述结果得

$$\lim_{x \to x_0} a^x = \lim_{x \to x_0} a^{x_0 + x - x_0} = a^{x_0} \cdot \lim_{x \to x_0} a^{x - x_0} = a^{x_0} \cdot \lim_{u \to 0} a^u = a^{x_0} \cdot a^0 = a^{x_0}.$$

性质 1.18（反函数的连续性）若函数 $f(x)$ 在区间 $[a,b]$ 上严格单调并连续,则反函数 $f^{-1}(y)$ 在区间 $[f(a), f(b)]$ 或 $[f(b), f(a)]$ 上连续.

证 不妨设 $f(x)$ 严格增,则由定理 1.1 知,反函数 $x = f^{-1}(y)$ 在区间 $[f(a), f(b)]$ 上也严格增.任取 $y_0 \in (f(a), f(b))$,则

$$x_0 = f^{-1}(y_0) \in (a, b).$$

$\forall \varepsilon > 0$,取 $x_1, x_2 \in (a, b)$ 使得

$$0 < x_0 - x_1 < \varepsilon, \quad 0 < x_2 - x_0 < \varepsilon.$$

设 $y_1 = f(x_1)$,$y_2 = f(x_2)$,由 $f(x)$ 严格增知 $y_1 < y_0 < y_2$(见图 1-28).取 $\delta = \min\{y_2 - y_0, y_0 - y_1\}$,则当 $0 < |y - y_0| < \delta$ 时,恒有 $x_1 < x = f^{-1}(y) < x_2$,从而 $|f^{-1}(y) - f^{-1}(y_0)| = |x - x_0| < \varepsilon$.这就证明了反函数 $f^{-1}(y)$ 在点 y_0 连续,由 y_0 的任意性知 $f^{-1}(y)$ 在开区间 $(f(a), f(b))$ 内连续.类似地证明 $f^{-1}(y)$ 在区间的两个端点处单侧连续.

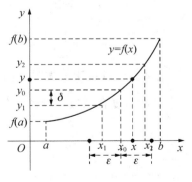

图 1-28

例 1.53 由于三角函数 $\sin x, \cos x, \tan x, \cot x$ 分别在区间 $\left[-\dfrac{\pi}{2}, \dfrac{\pi}{2} \right]$,$[0, \pi]$,

$\left(-\dfrac{\pi}{2},\dfrac{\pi}{2}\right)$，$(0,\pi)$ 上严格单调且连续，故反三角函数 $\arcsin x$，$\arccos x$，$\arctan x$，$\mathrm{arccot}\,x$ 分别在各自的定义区间 $[-1,1]$，$[-1,1]$，$(-\infty,+\infty)$，$(-\infty,+\infty)$ 上连续.

例 1.54　由于指数函数 $y=a^x(0<a\neq1)$ 在 **R** 上严格单调且连续，故其反函数对数函数

$$y=\log_a x\,(0<a\neq1)$$

在其定义域上 $(0,+\infty)$ 上连续.

例 1.55　由于幂函数 $y=x^a(\alpha>0)$ 可以写成 $y=\mathrm{e}^{\alpha\ln x}(\alpha>0)$，故由复合函数的连续性知，幂函数 $y=x^a(\alpha>0)$ 在其定义域 $(0,+\infty)$ 上连续.

1.7.2　初等函数的连续性

至此，我们已经证得六类函数在其定义域上连续，它们是：

常量函数 $y=C$；　　　　　　　　　　幂函数 $y=x^a$；

指数函数 $y=a^x(a>0,a\neq1)$；　　　对数函数 $y=\log_a x(a>0,a\neq1)$；

三角函数 $y=\sin x$，$\cos x$，$\tan x$，$\cot x$；

反三角函数 $y=\arcsin x$，$\arccos x$，$\arctan x$，$\mathrm{arccot}\,x$.

因此，我们获得重要结论：基本初等函数都在其定义域上连续. 由于初等函数是由基本初等函数经过有限次四则运算及复合运算而形成的，故由连续函数的四则运算性质及复合函数的连续性便推得下面重要定理：

定理 1.12　初等函数在其定义区间上连续.

利用初等函数的连续性，我们可以很方便地求出许多极限.

例 1.56　$\displaystyle\lim_{x\to\sqrt3}\frac{x^2+\ln(2-x)}{3\arctan x}=\frac{3+\ln(2-\sqrt3)}{3\arctan\sqrt3}=\frac{3+\ln(2-\sqrt3)}{\pi}$（直接代入即可）.

例 1.57　$\displaystyle\lim_{x\to0}\frac{\sqrt{1+x}-1}{x}=\lim_{x\to0}\frac{(\sqrt{1+x}-1)(\sqrt{1+x}+1)}{x(\sqrt{1+x}+1)}=\lim_{x\to0}\frac{x}{x(\sqrt{1+x}+1)}$

$$=\lim_{x\to0}\frac{1}{\sqrt{1+x}+1}=\frac{1}{\sqrt{1+0}+1}$$

$$=\frac12\text{（约去分母中的无穷小因式后，方可代入）.}$$

例 1.58　根据初等函数的连续性与复合函数连续性，有

(1) $\displaystyle\lim_{x\to0}\frac{\ln(1+x)}{x}=\lim_{x\to0}\ln(1+x)^{\frac1x}=\ln[\lim_{x\to0}(1+x)^{\frac1x}]=\ln\mathrm{e}=1.$

(2) $\displaystyle\lim_{x\to0}\sqrt{2-\frac{\sin x}{x}}=\sqrt{\lim_{x\to0}\left(2-\frac{\sin x}{x}\right)}=\sqrt{2-1}=1.$

(3) $\displaystyle\lim_{x\to\infty}\sqrt{2-\frac{\sin x}{x}}=\sqrt{\lim_{x\to\infty}\left(2-\frac{\sin x}{x}\right)}=\sqrt{2-0}=\sqrt2.$

例 1.59　（极限的幂指运算性质）若 $\displaystyle\lim_{x\to x_0}f(x)=a>0$ 且 $\displaystyle\lim_{x\to x_0}g(x)=b$，则有

$$\lim_{x\to x_0}[f(x)]^{g(x)}=a^b.$$

证 $\lim\limits_{x \to x_0} [f(x)]^{g(x)} = \lim\limits_{x \to x_0} e^{g(x)\ln f(x)}$（由复合函数连续性，下一等号成立）

$$= e^{\lim\limits_{x \to x_0} [g(x)\ln f(x)]} = e^{b\ln a} = a^b.$$

例 1.60 求 $\lim\limits_{n \to \infty} \left(1 + \dfrac{1}{n} - \dfrac{1}{n^2}\right)^n$.

解 $\lim\limits_{n \to \infty} \left(1 + \dfrac{1}{n} - \dfrac{1}{n^2}\right)^n = \lim\limits_{n \to \infty} \left(1 + \dfrac{n-1}{n^2}\right)^{\frac{n^2}{n-1} \cdot \frac{n}{n-1}}$

$$= \lim\limits_{n \to \infty} \left(1 + \dfrac{n-1}{n^2}\right)^{\frac{n^2}{n-1}} \lim\limits_{n \to \infty} \left(1 + \dfrac{n-1}{n^2}\right)^{-\frac{n}{n-1}} = e \cdot 1^{-1} = e$$

上述连等式中的第三步利用了重要极限和极限的幂指运算性质.

<h2 align="center">习题 1.7</h2>

1.利用初等函数的连续性和复合函数的连续性计算下列极限：

(1) $\lim\limits_{x \to 1} \dfrac{x^2 + \ln(2-x)}{4\arctan x}$；

(2) $\lim\limits_{x \to a} \arcsin \log_a x \, (a > 0, a \neq 1)$；

(3) $\lim\limits_{x \to +\infty} \left(2 + \dfrac{1}{x}\right)^{\frac{x^2}{2x^2-1}}$；

(4) $\lim\limits_{x \to +\infty} \sin(\sqrt{x+1} - \sqrt{x})$；

(5) $\lim\limits_{x \to +\infty} x[\ln(x+1) - \ln x]$；

(6) $\lim\limits_{x \to +\infty} \arccos(\sqrt{x^2 + x} - x)$；

(7) $\lim\limits_{x \to 0} \dfrac{a^x - 1}{x}$；

(8) $\lim\limits_{x \to 0} \left(\dfrac{a^x + b^x}{2}\right)^{\frac{1}{x}}$.

2.设函数 $f(x)$ 为区间 I 上的连续函数,常数 $c > 0$.证明函数 $F(x)$ 在 I 上也连续.

其中
$$F(x) = \begin{cases} -c, & \text{当 } f(x) < -c \\ f(x), & \text{当 } |f(x)| \leqslant c, x \in I. \\ c, & \text{当 } f(x) > c \end{cases}$$

（提示：$F(x) = \dfrac{1}{2}(|f(x) + c| - |f(x) - c|)$）.

3.设 $f(x), g(x)$ 为区间 I 上的连续函数.证明函数 $F(x)$ 和 $G(x)$ 在 I 上也连续.

其中 $F(x) = \max\{f(x), g(x)\}, G(x) = \min\{f(x), g(x)\}$.

（提示：$F(x) = \dfrac{1}{2}[f(x) + g(x) + |f(x) - g(x)|], G(x) = \dfrac{1}{2}[f(x) + g(x) - |f(x) - g(x)|]$）.

<h2 align="center">1.8　闭区间上连续函数的性质</h2>

本节讨论闭区间上连续函数的整体性质.这些性质在数学分析的理论和应用中很重要.

1.8.1　闭区间上连续函数的基本性质

我们知道,在一天的气温中,有最高气温,也有最低气温.另外,介于最高气温和最低气温之间的任一温度，必在这一天的某一时刻达到．这些现象在数学上表现为：闭区间上的连续函数具有最大（小）值和介值性．

引理 1.2（有界性定理）　若函数 $f(x)$ 在闭区间 $[a,b]$ 上连续，则 $f(x)$ 在 $[a,b]$ 上有界．

证　倘若 $f(x)$ 在 $[a,b]$ 上无界，则对 $\forall n \in \mathbf{N}_+$，$\exists x_n \in [a,b]$，使 $|f(x_n)| > n$．由于 $\{x_n\}$ 是有界数列，根据致密性定理（见 1.2 节中引理 1.1）知，$\{x_n\}$ 存在收敛的子列 $\{x_{nk}\}$，使得

$$\lim_{k \to \infty} x_{nk} = x_0 \in [a,b],$$

故由 $f(x)$ 在点 x_0 的连续性及归结原则，得到

$$\lim_{k \to \infty} f(x_{nk}) = \lim_{x \to x_0} f(x) = f(x_0).$$

因此 $\{f(x_{nk})\}$ 亦为有界数列，但这与 $\{f(x_{nk})\}$ 为无穷大量相矛盾．

定理 1.13（最大值、最小值定理）若函数 $f(x)$ 在闭区间 $[a,b]$ 上连续，则 $f(x)$ 在 $[a,b]$ 上一定能取到其上确界和下确界．即在 $[a,b]$ 中（至少）存在两点 ξ 和 η，使得

$$f(\xi) = \sup_{x \in [a,b]} f(x), \quad f(\eta) = \inf_{x \in [a,b]} f(x).$$

定理中的这两个函数值 $f(\xi)$ 和 $f(\eta)$ 分别称为 $f(x)$ 在 $[a,b]$ 上的最大值和最小值，通常记为

$$M = \max_{x \in [a,b]} f(x) \text{ 和 } m = \min_{x \in [a,b]} f(x).$$

证　由引理 1.2 和确界原理，上确界 $M = \sup\limits_{x \in [a,b]} f(x)$ 与下确界 $m = \inf\limits_{x \in [a,b]} f(x)$ 都存在．下面证明 $\exists \xi \in [a,b]$，使得 $f(\xi) = M$．倘若不是这样，则对 $\forall x \in [a,b]$，都有 $f(x) < M$．于是函数 $g(x) = \dfrac{1}{M - f(x)}$ 在 $[a,b]$ 上连续且取正值，故 $g(x)$ 在 $[a,b]$ 上也有界．即存在 $L > 0$，使得对 $\forall x \in [a,b]$，都有 $0 < g(x) = \dfrac{1}{M - f(x)} \leqslant L$，从而得到

$$f(x) \leqslant M - \frac{1}{L} \quad (x \in [a,b])$$

这与 M 为上确界相矛盾．因此 $\exists \xi \in [a,b]$，使得 $f(\xi) = \sup\limits_{x \in [a,b]} f(x)$，即 $f(x)$ 在 $[a,b]$ 上有最大值．

同理可证 $f(x)$ 在 $[a,b]$ 上有最小值．

定理 1.13 中区间为"闭"的条件不可少，例如 $\sin x$ 在闭区间 $\left[-\dfrac{\pi}{2}, \dfrac{\pi}{2}\right]$ 上的最大值为 1，最小值为 -1，但 $\sin x$ 在开区间 $\left(-\dfrac{\pi}{2}, \dfrac{\pi}{2}\right)$ 内既无最大值，又无最小值．又如函数 $\mathrm{e}^{-1/\sqrt{1-x^2}}$ 虽然在 $(-1,1)$ 内连续且有界，但它在 $(-1,1)$ 内无最小值．

定理 1.14（介值定理）若函数 $f(x)$ 在闭区间 $[a,b]$ 上连续，且 $f(a) \neq f(b)$．那么，对于介于 $f(a)$ 与 $f(b)$ 之间的任何数 μ（即 $f(a) < \mu < f(b)$ 或 $f(a) > \mu > f(b)$），至少存在一点 $\xi \in (a,b)$，使得

$$f(\xi) = \mu.$$

介值定理的几何意义如图 1-29 所示．

为了证明介值定理，我们先来证明它的一个等价命题，即下面的引理：

引理 1.3（零点存在定理）若函数 $f(x)$ 在闭区间 $[a,b]$ 上连续,且 $f(a)\cdot f(b)<0$.那么,至少存在一点 $\xi\in(a,b)$,使得 $f(\xi)=0$.

从图 1-30 可以看到,引理 1.3 的成立是显然的.下面用分析的性质证明之.

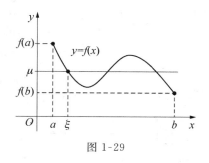

图 1-29

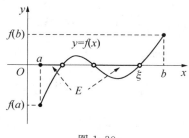

图 1-30

证　不妨设 $f(a)<0<f(b)$,并设 $E=\{x\,|\,f(x)<0,x\in[a,b]\}$(见图 1-30),则 $a\in E\subset[a,b]$,因此 E 为非空有界数集,故上确界 $\xi=\sup E$ 存在.下证 $f(\xi)=0$.

首先由 $f(a)<0<f(b)$ 及连续函数的局部保号性知,存在 $\delta>0(a+\delta<b-\delta)$,使得:当 $a\leqslant x<a+\delta$ 时,有 $f(x)<0$;当 $b-\delta<x\leqslant b$ 时,有 $f(x)>0$,因此 $a<\xi<b$.

倘若 $f(\xi)<0$,则由连续函数的局部保号性知,存在 $\delta'>0$,使当 $\xi\leqslant x<\xi+\delta'$ 时,有 $f(x)<0$.这与 $\xi=\sup E$ 的定义相矛盾.

倘若 $f(\xi)>0$,则同样存在 $\delta'>0$,使当 $\xi-\delta'<x\leqslant\xi$ 时,有 $f(x)>0$,这说明对于满足 $\xi-\delta'<x\leqslant\xi$ 的一切 x,都有 $x\notin E$,这同样与 $\xi=\sup E$ 相矛盾.

综上所述,即得 $f(\xi)=0$.

显然,零点存在定理是介值定理的一个特例.

定理 1.14 的证明　令 $g(x)=f(x)-\mu$,则函数 $g(x)$ 在闭区间 $[a,b]$ 上也连续,且

$$g(a)\cdot g(b)=[f(a)-\mu]\cdot[f(b)-\mu]<0.$$

于是由引理 1.3 知,至少存在一点 $\xi\in(a,b)$,使 $g(\xi)=0$,即 $f(\xi)=\mu$.

介值定理表明,若函数 $f(x)$ 在闭区间 $[a,b]$ 上连续,则有

$$[f(a),f(b)]\subset f[a,b]\quad\text{或}\quad[f(a),f(b)]\subset f[a,b].$$

例 1.61　证明方程 $x^3-4x^2+1=0$ 在区间 $(0,1)$ 内至少有一个实根.

证　函数 $f(x)=x^3-4x^2+1$ 在闭区间 $[0,1]$ 上连续,又 $f(0)=1>0$,$f(1)=-2<0$,故由零点存在定理,在开区间 $(0,1)$ 内至少有一点 ξ,使 $f(\xi)=\xi^3-4\xi^2+1=0$.这就证明了方程 $x^3-4x^2+1=0$ 在区间 $(0,1)$ 内至少有一个实根.

1.8.2　一致连续性

这里,我们将讨论一个重要概念 —— 一致连续性.为此,先看一个熟悉的例子.

例 1.62　设 $f(x)=\dfrac{1}{x}$,试用 ε-δ 定义证明 $f(x)$:(1) 在 $(0,1]$ 上连续;(2) 在 $[1,+\infty)$ 上连续.

证 （1）任取 $x_0 \in (0,1)$，并限制 $\dfrac{x_0}{2} < x \leqslant 1$，则有 $\left| \dfrac{1}{x} - \dfrac{1}{x_0} \right| = \dfrac{|x - x_0|}{x \cdot x_0} <$

$\dfrac{2|x - x_0|}{x_0^2}$.故对 $\forall \varepsilon > 0$，只要取 $\delta = \min\left\{ \dfrac{x_0}{2}, 1 - x_0, \dfrac{\varepsilon x_0^2}{2} \right\}$，则当 $|x - x_0| < \delta$ 时，有

$\left| \dfrac{1}{x} - \dfrac{1}{x_0} \right| < \dfrac{2|x - x_0|}{x_0^2} < \dfrac{2\delta}{x_0^2} < \varepsilon$.

由 x_0 的任意性知 $f(x) = \dfrac{1}{x}$ 在 $(0,1]$ 内连续.

（2）$\forall x_0, x \in [1, +\infty)$，有 $\left| \dfrac{1}{x} - \dfrac{1}{x_0} \right| = \dfrac{|x - x_0|}{x \cdot x_0} < |x - x_0|$.故对 $\forall \varepsilon > 0$，只要取

$\delta = \varepsilon$，则当 $|x - x_0| < \delta$ 时，对一切 $x_0, x \in [1, +\infty)$ 有 $\left| \dfrac{1}{x} - \dfrac{1}{x_0} \right| < |x - x_0| < \varepsilon$.故

$f(x) = \dfrac{1}{x}$ 在 $[1, +\infty)$ 上连续.

比较上例（1）和（2）中的 δ 会发现，二者本质上的区别在于：一个含 x_0，而另一个不含 x_0.（1）中的 δ 既与 ε 有关，又与 x_0 有关，当 ε 固定时，δ 会随 x_0 接近 0 而变小，且找不到最小的 δ.而（2）中的 δ 仅与 ε 有关，而与 x_0 无关，即这个 δ 具有一致性：对一切 $x_0, x \in (1, +\infty)$，只要 $|x - x_0| < \delta$，就有 $|f(x) - f(x_0)| < \varepsilon$.简言之，（2）中的连续具有一致性，这种连续是一种更强的连续性，这种连续性有着重要的意义，现把这种连续概括成一数学概念.

定义 1.17 设 $f(x)$ 为定义在区间 I 上的函数.若对任给的 $\varepsilon > 0$，总存在一个相应的 $\delta > 0$，使得对一切 $x', x'' \in I$，只要 $|x' - x''| < \delta$，就有

$$| f(x') - f(x'') | < \varepsilon$$

则称函数 $f(x)$ 在区间 I 上一致连续.

这个定义的核心为：

"$\forall \varepsilon > 0, \exists \delta > 0, \forall x'、x'' \in I$，只要 $|x' - x''| < \delta$，就有 $|f(x') - f(x'')| < \varepsilon$".

通俗地说：不论两点 x', x'' 处在什么位置，只要它们的距离 $|x' - x''|$ 一致地充分小，所对应的两点 y', y'' 的距离 $|f(x') - f(x'')|$ 也一致地充分小.

例 1.63 证明：（1）$f(x) = \dfrac{1}{x}$ 在 $[1, +\infty)$ 上一致连续；（2）$\sin x$ 在 $(-\infty, +\infty)$ 上一致连续.

证 （1）由于当 $x', x'' \in [1, +\infty)$ 时，有 $\left| \dfrac{1}{x'} - \dfrac{1}{x''} \right| = \dfrac{|x' - x''|}{x' \cdot x''} \leqslant |x' - x''|$，故对

$\forall \varepsilon > 0$，取 $\delta = \varepsilon$，则对一切 $x', x'' \in [1, +\infty)$，只要 $|x' - x''| < \delta$，就有 $\left| \dfrac{1}{x'} - \dfrac{1}{x''} \right| \leqslant$

$|x' - x''| < \varepsilon$.所以 $f(x) = \dfrac{1}{x}$ 在 $[1, +\infty)$ 上一致连续.

（2）$\forall \varepsilon > 0$，由于当 $x', x'' \in (-\infty, +\infty)$ 时，有

$$|\sin x' - \sin x''| = 2\left| \cos\left(\dfrac{x' + x''}{2} \right) \right| \left| \sin\left(\dfrac{x' - x''}{2} \right) \right| \leqslant 2\left| \dfrac{x' - x''}{2} \right| = |x' - x''|$$

故取 $\delta = \varepsilon$，则当 $|x' - x''| < \delta$ 时便有 $|\sin x' - \sin x''| \leqslant |x' - x''| < \varepsilon$.所以 $\sin x$ 在 $(-\infty, +\infty)$ 上一致连续.

根据一致连续性定义,函数 $f(x)$ 在区间 I 上不一致连续等价于:
$\exists \varepsilon_0 > 0, \forall \delta > 0, \exists x', x'' \in I$,虽然 $|x'-x''| < \delta$,但

$$|f(x') - f(x'')| \geqslant \varepsilon_0. \qquad (1\text{-}32)$$

例 1.64 证明函数 $y = \dfrac{1}{x}$ 在 $(0,1]$ 上不一致连续.

分析 首先要确定 ε_0 的值,使对 $\forall \delta > 0$,可以找到两点 x', x'',虽然 $|x'-x''| < \delta$,但有 $\left| \dfrac{1}{x'} - \dfrac{1}{x''} \right| = \dfrac{|x'-x''|}{x'x''} \geqslant \varepsilon_0$. 注意到 $x', x'' \in (0,1]$,当 $x', x'' (x' \neq x'')$ 都充分小时,虽然 $|x'-x''|$ 也充分小,但 $x' \cdot x''$ 可以更小,于是它们的比值 $\dfrac{|x'-x''|}{x'x''}$ 就可能大于某一个正数 ε_0,考虑到 $x'' \neq x'$,可令 $x'' = 2x'$,这样就有 $\dfrac{|x'-x''|}{x'x''} = \dfrac{1}{2x'} > \dfrac{1}{2}$,于是取 $\varepsilon_0 = \dfrac{1}{2}$ 即可.

证 取 $\varepsilon_0 = \dfrac{1}{2}$,$\forall \delta > 0$,取 $0 < x' < \min\left\{ \dfrac{1}{2}, \delta \right\}$ 及 $x'' = 2x'$,虽然 x'、$x'' \in (0,1]$ 且 $|x'-x''| < \delta$,但 $\left| \dfrac{1}{x'} - \dfrac{1}{x''} \right| = \dfrac{|x'-x''|}{x'x''} = \dfrac{1}{2x'} > \dfrac{1}{2} (= \varepsilon_0)$.

我们从图像上来观察造成 $y = \dfrac{1}{x}$ 在 $(0,1]$ 上不一致连续的原因. 从图 1-31 中可以看出,在 $y = \dfrac{1}{x}$ 的邻近,只要自变量 x 的值有微小的改变,就会引起因变量 y 值的巨大改变,这就是 $y = \dfrac{1}{x}$ 在 $(0,1]$ 上不一致连续的原因所在. 所以只要 $0 < \delta_0 < 1$,该函数在 $[\delta_0, 1]$ 上总是一致连续的.

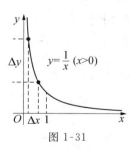

图 1-31

例 1.65 证明函数 $y = \sin \dfrac{1}{x}$ 在 $(0,1]$ 上不一致连续.

证 取 $\varepsilon_0 = \dfrac{1}{2}$,$\forall \delta > 0$,取 $x' = \dfrac{1}{2n\pi + \left(\dfrac{\pi}{2}\right)}$,$x'' = \dfrac{1}{n\pi}$,使 $0 < x', x'' < \min\{\delta, 1\}$,这时虽然 $|x'-x''| < \delta$,但 $\left| \sin \dfrac{1}{x'} - \sin \dfrac{1}{x''} \right| = \left| \sin \left(2n\pi + \dfrac{\pi}{2}\right) - \sin n\pi \right| = 1 > \varepsilon_0$.

◎ **思考题** 函数 $f(x)$ 在区间 I 上连续与一致连续之间有何差异(参见表 1-1)?

表 1-1

	函数 $f(x)$ 在 I 上连续	$f(x)$ 在 I 上一致连续
ε-δ 定义	$\forall x_0 \in I, \forall \varepsilon > 0, \exists \delta > 0$，使得当 $\lvert x' - x_0 \rvert < \delta$ 时有 $\lvert f(x') - f(x_0) \rvert < \varepsilon$	$\forall \varepsilon > 0, \exists \delta > 0$，使得当 $x', x'' \in I$ 及 $\lvert x' - x'' \rvert < \delta$ 时有 $\lvert f(x') - f(x'') \rvert < \varepsilon$
δ 的差异	δ 的取值除依赖于 ε 外，还与 x_0 有关，通常以 $\delta = \delta(\varepsilon; x_0)$ 来表示 δ 与 ε 和 x_0 有关.	δ 的取值只与 ε 有关，与 x_0 无关，即存在适合于 I 上所有点 x_0 的公共的 $\delta = \delta(\varepsilon)$.
局部与整体的差异	$f(x)$ 只在区间中每一点连续，$f(x)$ 在各点连续之间不受一致性约束，这是局部性质.	既要 $f(x)$ 在区间中每一点连续，又要 $f(x)$ 在各点连续之间受到一致性 (δ) 约束，这是整体性质.

虽然一个 $f(x)$ 函数在区间 I 上连续，$f(x)$ 可能在 I 上不一致连续，但如果这个区间是闭区间，那么结果就不一样了，对此，我们有以下重要定理：

定理 1.15（康托 (Cantor) 一致连续性定理）若函数 $f(x)$ 在闭区间 $[a,b]$ 上连续，则 $f(x)$ 在 $[a,b]$ 上一致连续.

证 倘若 $f(x)$ 在 $[a,b]$ 上不一致连续，则 $\exists \varepsilon_0 > 0$，使得 $\forall \delta > 0$，都 $\exists x', x'' \in [a,b]$，虽然 $\lvert x' - x'' \rvert < \delta$，但有 $\lvert f(x') - f(x'') \rvert \geqslant \varepsilon_0$. 据此，依次取 $\delta = \frac{1}{n} (n = 1,2,3,\cdots)$，则存在相应的 $x'_n, x''_n \in [a,b]$，虽然 $\lvert x'_n - x''_n \rvert < \frac{1}{n}$，但有

$$\lvert f(x'_n) - f(x''_n) \rvert \geqslant \varepsilon_0 \quad (n = 1,2,3,\cdots) \tag{1-33}$$

根据致密性定理，点列 $\{x'_n\}$ 存在收敛的子列 $\{x'_{n_k}\}$，同理点列 $\{x''_{n_k}\}$ 也存在收敛的子列，（为方便起见）仍记为 $\{x''_{n_k}\}$，总之，点列 $\{x'_n\}$ 和 $\{x''_n\}$ 都存在收敛的子列 $\{x'_{n_k}\}$ 和 $\{x''_{n_k}\}$，且各对应项在原点列中的序号相同. 设

$$\lim_{k \to \infty} x'_{n_k} = x_0, \lim_{k \to \infty} x''_{n_k} = y_0, \text{则 } x_0, y_0 \in [a,b].$$

由于 $\lvert x'_{n_k} - x''_{n_k} \rvert < \frac{1}{n_k} < \frac{1}{k}$，所以只要令 $k \to \infty$，取极限便得 $y_0 = x_0$. 又因函数 $f(x)$ 在点 x_0 处连续，且根据式 (1-33) 有 $\lvert f(x'_{n_k}) - f(x''_{n_k}) \rvert \geqslant \varepsilon_0 (k = 1,2,3,\cdots)$，两边取极限又得

$$\lim_{k \to \infty} \lvert f(x'_{n_k}) - f(x''_{n_k}) \rvert = \lvert f(x_0) - f(x_0) \rvert = 0 \geqslant \varepsilon_0.$$

这样就导出了矛盾. 因此 $f(x)$ 在 $[a,b]$ 上一致连续.

习题 1.8

1. 设函数 $f(x)$ 在闭区间 $[a,b]$ 上连续. 证明函数 $m(x)$ 和 $M(x)$ 在 $[a,b]$ 上也连续. 其中 $M(x) = \max\limits_{a \leqslant t \leqslant x} \{f(t)\}, m(x) = \min\limits_{a \leqslant t \leqslant x} \{f(x)\}, (x \in [a,b])$.

提示：设 $x_1 < x_2$，则 $0 \leqslant M(x_2) - M(x_1) \leqslant \max\limits_{x_1 \leqslant x \leqslant x_2} \{f(x)\} - f(x_1)$，

$$0 \leqslant m(x_1) - m(x_2) \leqslant f(x_1) - \min_{x_1 \leqslant x \leqslant x_2} \{f(x)\}.$$

2.设函数 $f(x)$ 在区间 $[a, +\infty)$ 上连续,且 $\lim\limits_{x \to +\infty} f(x)$ 存在.证明 $f(x)$ 在 $[a, +\infty)$ 上有界.又问 $f(x)$ 在 $[a, +\infty)$ 上能否取到最值?

3.设函数 $f(x)$ 在区间 (a, b) 上连续,且 $x_1, x_2, \cdots, x_n \in (a, b)$.证明存在 $\xi \in (a, b)$,使得

$$f(\xi) = \frac{1}{n}[f(x_1) + f(x_2) + \cdots + f(x_n)].$$

4.证明无界函数 $f(x) = x + \sin x$ 在区间 $(-\infty, +\infty)$ 上一致连续.

5.证明区间 $(0, 1)$ 上的有界连续函数 $f(x) = \sin \dfrac{\pi}{x}$ 在 $(0, 1)$ 上不一致连续.

6.证明有界连续函数 $f(x) = \sin x^2$ 在 $(-\infty, +\infty)$ 上不一致连续.

7.设函数 $f(x)$ 在区间 $[a, +\infty)$ 上连续,且 $\lim\limits_{x \to +\infty} f(x)$ 存在.证明 $f(x)$ 在 $[a, +\infty)$ 上一致连续.

1.9 实数的连续性、上(下)极限

我们曾经指出,确界原理、柯西收敛准则以及单调有界准则,从不同的角度反映了实数的连续性(或实数域的完备性)(参见本章 1.2 节).本节指出,反映实数的连续性除上述三个定理外,还有聚点定理、闭区间套定理和有限覆盖定理,它们是极限理论的基础.此外,我们将证明上述六个定理的等价性,并应用聚点定理和确界原理来阐述数列的上极限和下极限.

1.9.1 聚点定理与上(下)极限

从 1.2 节的致密性定理(即有界数列必存在收敛的子列)证明中,可以提炼出一个基本定理 —— 闭区间套定理.

定理 1.16(闭区间套定理)设 $\{[a_n, b_n]\}$ 是一列闭区间,满足:$[a_n, b_n] \supset [a_{n+1}, b_{n+1}]$,$n = 1, 2, \cdots$,且 $\lim\limits_{n \to \infty}(b_n - a_n) = 0$,则存在唯一的点 ξ,使得 $\xi \in [a_n, b_n]$,$n = 1, 2, \cdots$,即 $a_n \leqslant \xi \leqslant b_n$,$n = 1, 2, \cdots$.

证 由条件 $[a_n, b_n] \supset [a_{n+1}, b_{n+1}]$,$n = 1, 2, \cdots$,得 $a_1 \leqslant a_2 \leqslant \cdots \leqslant a_n \leqslant \cdots \leqslant b_n \leqslant \cdots \leqslant b_2 \leqslant b_1$,依单调有界准则,极限 $\lim\limits_{n \to \infty} a_n = \xi = \sup\{a_n\}$ 存在,且有 $a_n \leqslant \xi$,$n = 1, 2, \cdots$.

同理极限 $\lim\limits_{n \to \infty} b_n = \eta = \inf\{b_n\}$ 也存在,且有 $a_n \leqslant \xi \leqslant \eta \leqslant b_n$,$n = 1, 2, \cdots$,即结论中 ξ 的存在性得证.

又由条件 $\lim\limits_{n \to \infty}(b_n - a_n) = 0$ 推得 $\xi = \sup\{a_n\} = \lim\limits_{n \to \infty} a_n = \lim\limits_{n \to \infty} b_n = \inf\{b_n\} = \eta$,即结论中 ξ 的唯一性得证.

定义 1.18 设 $E \subset \mathbf{R}$ 是一点(数)集,ξ 为定点(ξ 可能属于 E,也可能不属于 E).如果 ξ 的任何邻域内都含 E 中无穷多个点,则称 ξ 为点集 E 的一个聚点.

例如,闭区间 $[a, b]$ 上的每一点都是区间 (a, b) 的聚点;数集 $E = \left\{\dfrac{1}{n}\right\}$ 有一个聚点 $\xi = 0$;数集 $E = \left\{(-1)^n + \dfrac{1}{n}\right\}$ 有两个聚点 $\xi = 1$ 和 $\xi = -1$;$E = \{n^2\}$ 没有聚点.

根据聚点的定义,容易证明下列命题成立:

1.点 ξ 为点集 E 的聚点 $\Leftrightarrow \xi$ 的任何邻域内都含有 E 中异于 ξ 的点.

2.点 ξ 为点集 E 的聚点 $\Leftrightarrow$ 存在各项互异的收敛数列 $\{x_n\} \subset E$,使得 $\lim\limits_{n \to \infty} x_n = \xi$.

定理 1.17　(魏尔斯特拉斯(Weierstrass)聚点定理) 实轴上任何有界无限点集至少有一个聚点.

证　我们应用闭区间套定理来证明聚点定理.

设 $E \subset \mathbf{R}$ 是一有界无限点集,则存在有限闭区间 $[a_1, b_1]$,使得 $E \subset [a_1, b_1]$.

将 $[a_1, b_1]$ 等分为两个子区间,则至少其中一个子区间含有 E 中的无限多个点,记该子区间为 $[a_2, b_2]$,它满足:$[a_2, b_2] \subset [a_1, b_1], b_2 - a_2 = \dfrac{1}{2}(b_1 - a_1), [a_2, b_2]$ 含有 E 中的无限多个点.

再将 $[a_2, b_2]$ 等分为两子区间,则至少其中一个含有 E 中的无限多个点,记该区间为 $[a_3, b_3]$,同样满足:$[a_3, b_3] \subset [a_2, b_2], b_3 - a_3 = \dfrac{1}{2}(b_2 - a_2) = \dfrac{1}{2^2}(b_1 - a_1), [a_3, b_3]$ 含有 E 中的无限多个点.

将上述过程不断地进行下去,可以得到一闭区间列 $\{[a_n, b_n]\}$,对一切正整数 n 都有:$[a_{n+1}, b_{n+1}] \subset [a_n, b_n], b_3 - a_3 = \dfrac{1}{2^{n-1}}(b_1 - a_1), [a_n, b_n]$ 含有 E 中的无限多个点.

由闭区间套定理知道,存在唯一一点 $\xi \in [a_n, b_n], n = 1, 2, \cdots$,且有 $\xi = \lim\limits_{n \to \infty} a_n = \lim\limits_{n \to \infty} b_n$. 于是对于 ξ 的任何邻域 $U(\xi, \varepsilon)$,由 $\xi = \lim\limits_{n \to \infty} a_n = \lim\limits_{n \to \infty} b_n$ 得,存在正整数 N,当 $n > N$ 时,恒有 $a_n, b_n \in U(\xi, \varepsilon)$,从而 $[a_n, b_n] \subset U(\xi, \varepsilon)$,这就证得 $U(\xi, \varepsilon)$ 含有 E 中的无限多个点,按定义 ξ 为 E 的一个聚点.

定义 1.19　对于数列 $\{a_n\}$ 及定数 a,若 a 的任何邻域内都含 $\{a_n\}$ 中无穷个项,则称 a 为数列 $\{a_n\}$ 的一个聚点.

例如,数列 $\left\{\dfrac{1}{n}\right\}$ 有一个聚点 $a = 0$;数列 $\left\{(-1)^n + \dfrac{1}{n}\right\}$ 有两个聚点 $a = 1$ 和 $a = -1$;数列 $\{n^2\}$ 没有聚点.

◎ **思考题**　数列 $\{(-1)^n\}$ 有聚点吗? 数集 $E = \{(-1)^n\}$ 有聚点吗? 由此知道,把数列作为数集来看待时,数列与该数集的聚点是有区别的.

相应于有界无限点(数)集的聚点定理,有界数列也有类似的定理:任何有界数列 $\{a_n\}$ 至少有一个聚点. 这个结果是聚点定理的直接推论,这是因为把 $\{a_n\}$ 作为数集时,若 $\{a_n\}$ 为有限集,则数列 $\{a_n\}$ 中必有无穷多个项等于同一个数(点). 则这个数(点)就是数列 $\{a_n\}$ 的一个聚点;若 $\{a_n\}$ 为有界无限集,则点集 $\{a_n\}$ 至少有一个聚点,这个聚点自然是 $\{a_n\}$ 作为数列时的聚点.易知,数列的聚点其实就是其收敛子列的极限.因此本章 1.2 节中介绍的引理即致密性定理就是聚点定理的推论.

作为聚点定理的重要应用之一,下面利用它来研究数列的上极限、下极限及极限.

定义 1.20　设 $\{a_n\}$ 是一有界数列,令 $\xi_n = \sup\{a_k | k \geqslant n\}, \eta_n = \inf\{a_k | k \geqslant n\}$,则
$$\xi_1 \geqslant \xi_2 \geqslant \cdots \geqslant \xi_n \geqslant \xi_{n+1} \geqslant \cdots \geqslant \eta_{n+1} \geqslant \eta_n \geqslant \cdots \geqslant \eta_2 \geqslant \eta_1$$

即 $\{\xi_n\}$ 和 $\{\eta_n\}$ 皆为单调有界数列.我们称极限

$$\overline{a}=\lim\xi_n=\limsup\{a_k\,|\,k\geqslant n\}\quad\text{与}\quad \underline{a}=\lim\eta_n=\liminf\{a_k\,|\,k\geqslant n\}$$

分别为数列 $\{a_n\}$ 的上极限和下极限,记为 $\overline{a}=\varlimsup\limits_{n\to\infty}a_n,\underline{a}=\varliminf\limits_{n\to\infty}a_n.$

设 $\{a_n\}$ 是一有界数列,由定义知 $\varliminf\limits_{n\to\infty}a_n\leqslant\varlimsup\limits_{n\to\infty}a_n.$

定理 1.18 设 $\{a_n\}$ 是一有界数列,则上极限 $\varlimsup\limits_{n\to\infty}a_n$ 是 $\{a_n\}$ 的最大聚点,下极限 $\varliminf\limits_{n\to\infty}a_n$ 是 $\{a_n\}$ 的最小聚点.

证 我们只对上极限是最大聚点给出证明,下极限是最小聚点可类似地证明.

先证 $\overline{a}=\varlimsup\limits_{n\to\infty}a_n$ 是 $\{a_n\}$ 的聚点. $\forall\varepsilon>0$,因 $\overline{a}=\lim\xi_n=\inf\{\xi_n\}$,所以对一切正整数 n 都有 $\overline{a}-\varepsilon<\xi_n$,并且存在正整数 n_0,使得当 $n\geqslant n_0$ 时,有 $\xi_n<\overline{a}+\varepsilon.$

由于对一切 n 都有 $\overline{a}-\varepsilon<\xi_n=\sup\{a_k\,|\,k\geqslant n\}$,则必有 $\{a_n\}$ 的无穷多项 $a_n>\overline{a}-\varepsilon.$ 否则,若只有有限个项 $a_n>\overline{a}-\varepsilon$,则存在 n_1,使 $n\geqslant n_1$ 时,有 $a_n\leqslant\overline{a}-\varepsilon,\Rightarrow\xi_n=\sup\{a_k\,|\,k\geqslant n\}\leqslant\overline{a}-\varepsilon(n\geqslant n_1)$,矛盾.

另一方面,由于当 $n\geqslant n_0$ 时,有 $\xi_n=\sup\{a_k\,|\,k\geqslant n\}<\overline{a}+\varepsilon,\Rightarrow a_n\leqslant\overline{a}+\varepsilon(n\geqslant n_0).$

综上所述,邻域 $(\overline{a}-\varepsilon,\overline{a}+\varepsilon)$ 内必含有 $\{a_n\}$ 的无穷多项,由 ε 的任意性知 $\overline{a}$ 是 $\{a_n\}$ 的聚点.

再证 $\overline{a}=\varlimsup\limits_{n\to\infty}a_n$ 是最大的聚点.只要证对任何 $a>\overline{a}$,a 都不是 $\{a_n\}$ 的聚点.事实上,取 $\varepsilon=\dfrac{a-\overline{a}}{2}$,则 $a-\varepsilon=\dfrac{a+\overline{a}}{2}>\overline{a}$,由数列极限之保号性,存在正整数 n_0,使得当 $n\geqslant n_0$ 时,有 $\xi_n<a-\varepsilon$,特别有 $\xi_{n_0}=\sup\{a_n\,|\,n\geqslant n_0\}<a-\varepsilon$,因而当 $n\geqslant n_0$ 时,有 $a_n<a-\varepsilon.$ 可见落在邻域 $(a-\varepsilon,a+\varepsilon)$ 内的 a_n 至多有有限个项,所以 a 都不是 $\{a_n\}$ 的聚点.这就证明了 $\overline{a}$ 是 $\{a_n\}$ 的最大聚点.

定理 1.19 有界数列 $\{a_n\}$ 存在极限的充要条件是 $\varliminf\limits_{n\to\infty}a_n=\varlimsup\limits_{n\to\infty}a_n.$ 此时 $\lim\limits_{n\to\infty}a_n=\varlimsup\limits_{n\to\infty}a_n=\varliminf\limits_{n\to\infty}a_n.$

证(必要性) 设 $\lim a_n=a$,则 $\forall\varepsilon>0,\exists N>0$,当 $n>N$ 时,有 $a-\varepsilon<a_n<a+\varepsilon.$ 因而当 $n>N$ 时,有

$$a-\varepsilon<\sup\{a_k\,|\,k\geqslant n\}\leqslant a+\varepsilon,$$

即 $a-\varepsilon<\xi_n\leqslant a+\varepsilon.$ 于是有 $a-\varepsilon<\lim\limits_{n\to\infty}\xi_n\leqslant a+\varepsilon$,

即 $a-\varepsilon<\varlimsup\limits_{n\to\infty}a_n\leqslant a+\varepsilon.$ 由 ε 的任意性知 $\varlimsup\limits_{n\to\infty}a_n=a.$ 类似可证得 $\varliminf\limits_{n\to\infty}a_n=a$,于是 $\varlimsup\limits_{n\to\infty}a_n=\varliminf\limits_{n\to\infty}a_n.$

(充分性) 设 $\varliminf\limits_{n\to\infty}a_n=\varlimsup\limits_{n\to\infty}a_n=a.$ 对于 $\forall\varepsilon>0$,由上极限与下极限的定义,$\exists N>0$,当 $n>N$ 时,有

$$a-\varepsilon<\inf\{a_k\,|\,k\geqslant n\}\leqslant\sup\{a_k\,|\,k\geqslant n\}\leqslant a+\varepsilon$$

从而当 $n>N$ 时,有 $a-\varepsilon<a_n<a+\varepsilon$,这就证得 $\lim\limits_{n\to\infty}a_n=a$,即 $\lim\limits_{n\to\infty}a_n=\varlimsup\limits_{n\to\infty}a_n=\varliminf\limits_{n\to\infty}a_n.$

1.9.2 有限覆盖定理及几个基本定理的等价性

定理 1.20(波雷尔(Borel)有限覆盖定理) 设 H 是由一系列开区间所组成的集合(它可

以是无限集),$[a,b]$ 是一闭区间.如果开区间集 H 覆盖了 $[a,b]$,即对任何 $x \in [a,b]$,都有 H 中的某一开区间 I,使得 $x \in I$,那么,在 H 中一定存在有限多个开区间 $I_1,I_2,\cdots,I_m$,这些开区间就完全覆盖了 $[a,b]$.

证　我们应用闭区间套定理并利用反证法来证明该定理.倘若定理的结论不成立,即不能用 H 中的有限个开区间来覆盖 $[a,b]$.将 $[a,b]$ 等分为两个子区间,则至少其中一个子区间不能被 H 中的有限个开区间所覆盖,记这个子区间为 $[a_1,b_1]$.又将 $[a_1,b_1]$ 等分为两个子区间,则同样有其中一个子区间不能被 H 中的有限个开区间所覆盖,记这个子区间为 $[a_2,b_2]$,不断重复这个过程,就可以得到一列闭区间 $\{[a_n,b_n]\}$,它满足

$$[a_{n+1},b_{n+1}] \subset [a_n,b_n], b_n - a_n = \frac{1}{2^n}(b-a),$$

每个 $[a_n,b_n]$ 都不能被 H 中的有限个开区间所覆盖.

由闭区间套定理知,存在唯一一点 $\xi \in [a_n,b_n] \subset [a,b]$,$n=1,2,\cdots$.由于 H 覆盖了 $[a,b]$,所以在 H 中存在一开区间 $I=(\alpha,\beta)$,使得 $\xi \in (\alpha,\beta)$.但由于 $\xi = \lim\limits_{n\to\infty} a_n = \lim\limits_{n\to\infty} b_n$,故当 n 充分大后,恒有 $a_n, b_n \in (\alpha,\beta)$,于是 $[a_n,b_n] \subset (\alpha,\beta)$,即这样的闭区间 $[a_n,b_n]$ 被 H 中的一个开区间 $I=(\alpha,\beta)$ 就覆盖了,这与"每个 $[a_n,b_n]$ 都不能被 H 中的有限个开区间所覆盖"相矛盾.因此定理结论成立.

作为有限覆盖定理的一个应用,下面用它来证明一致连续性定理.

证　设函数 $f(x)$ 在闭区间 $[a,b]$ 上连续.对任意给定的 $\varepsilon > 0$,则对于 $[a,b]$ 的每一点 x,存在 $\delta_x > 0$,使得当 $x' \in U(x,2\delta_x) \bigcap [a,b]$ 时,有 $|f(x') - f(x)| < \frac{\varepsilon}{2}$.对每一 $x \in [a,b]$,都对应着一个 $\delta_x > 0$,也对应着一个邻域 $U(x,\delta_x)$,所有这样的邻域 $U(x,\delta_x)$ 所形成的开区间集 H 自然覆盖了闭区间 $[a,b]$.于是由有限覆盖定理,必存在有限多个这样的邻域

$$U(x_1,\delta_{x_1}), U(x_2,\delta_{x_2}), \cdots, U(x_m,\delta_{x_m})$$

它们也覆盖了 $[a,b]$.令 $\delta = \min\{\delta_{x_1},\delta_{x_2},\cdots,\delta_{x_m}\}$,则对一切 $x',x'' \in [a,b]$ 且 $|x' - x''| < \delta$,x' 必属于上述的某一邻域 $U(x_i,\delta_{x_i})$,从而

$$|x' - x_i| < \delta_{x_i} < 2\delta_{x_i} \text{ 且 } |x'' - x_i| \leqslant |x'' - x'| + |x' - x_i| < \delta + \delta_{x_i} < 2\delta_{x_i}$$

即 $x',x'' \in U(x_i,2\delta_{x_i})$,于是有 $|f(x') - f(x_i)| < \frac{\varepsilon}{2}$ 及 $|f(x'') - f(x_i)| < \frac{\varepsilon}{2}$,因而

$$|f(x') - f(x'')| \leqslant |f(x') - f(x_i)| + |f(x_i) - f(x'')| < \frac{\varepsilon}{2} + \frac{\varepsilon}{2} = \varepsilon$$

由于 $\delta = \min\{\delta_{x_1},\delta_{x_2},\cdots,\delta_{x_m}\} > 0$ 仅与 $\varepsilon > 0$ 有关,所以这就推得函数 $f(x)$ 在闭区间 $[a,b]$ 上一致连续.

至此,我们已经介绍了有关实数连续性的六个基本定理:1.确界原理;2.单调有界定理;3.闭区间套定理;4.聚点定理;5.柯西收敛准则;6.有限覆盖定理.现在我们来推导它们的等价性.

$1 \Rightarrow 2$、$2 \Rightarrow 3$、$3 \Rightarrow 4$ 及 $4 \Rightarrow 5$ 分别见 1.2 节中定理 1.5、定理 1.7 和本节定理 1.16、定理 1.17 的证明.

5⇒6 用柯西收敛准则证明有限覆盖定理.倘若定理的结论不成立,即不能用 H 中的有限个开区间来覆盖闭区间$[a,b]$.将$[a,b]$等分为两个子区间,则至少其中一个子区间不能被 H 中的有限个开区间所覆盖,记这个子区间为$[a_1,b_1]$,并任取一点 $x_1 \in [a_1,b_1]$.又将$[a_1,b_1]$等分为两个子区间,则同样有其中一个子区间不能被 H 中的有限个开区间所覆盖,记这个子区间为$[a_2,b_2]$,并任取一点 $x_2 \in [a_2,b_2]$.不断重复这个过程,就可以得到一闭区间列$\{[a_n,b_n]\}$和一数列$\langle x_n\rangle$,它们满足

$$x_n \in [a_n,b_n],[a_{n+1},b_{n+1}] \subset [a_n,b_n],b_n - a_n = \frac{1}{2^n}(b-a),n=1,2,\cdots$$

且每个$[a_n,b_n]$都不能被 H 中的有限个开区间所覆盖.显然对一切正整数 p 有 x_{n+p},a_{n+p},$b_{n+p} \in [a_n,b_n]$,于是

$$|x_{n+p} - x_n| \leqslant \frac{1}{2^n}(b-a),|a_{n+p} - a_n| \leqslant \frac{1}{2^n}(b-a),|b_{n+p} - b_n| \leqslant \frac{1}{2^n}(b-a)$$

因此数列$\{x_n\}$、$\{a_n\}$及$\{b_n\}$满足柯西收敛条件,故它们皆收敛,并且有$\lim\limits_{n\to\infty} x_n = \lim\limits_{n\to\infty} a_n = \lim\limits_{n\to\infty} b_n = \xi \in [a,b]$.由于 H 覆盖了$[a,b]$,所以在 H 中存在一开区间$I=(\alpha,\beta)$,使得$\xi \in (\alpha,\beta)$.但由于$\xi = \lim\limits_{n\to\infty} a_n = \lim\limits_{n\to\infty} b_n$,故当 n 充分大后,恒有 $a_n,b_n \in (\alpha,\beta)$,于是$[a_n,b_n] \subset (\alpha,\beta)$,即这样的闭区间$[a_n,b_n]$被 H 中的一个开区间$I=(\alpha,\beta)$就覆盖了,这与"每个$[a_n,b_n]$都不能被 H 中的有限个开区间所覆盖"相矛盾.因此定理结论成立.

6⇒1 用有限覆盖定理证明确界原理.设 M 为非空数集 E 的一个上界.倘若数集 E 没有上确界(即无最小上界),任取一点 $x_0 \in E$,那么对任意 $x \in [x_0,M]$,必出现下列两种情况之一:

(1) 当 x 是 E 的上界时,还有更小的上界$a_x < x$,因而开区间$(a_x,x+\delta_0)$内的点都是 E 的上界.

(2) 当 x 不是 E 的上界时,自然存在$b_x \in E$,使得$x < b_x$,因而开区间$(x-\delta_0,b_x)$内的点都不是 E 的上界.

因此,对于$[x_0,M]$上的每一点 x,都可以得到一个含 x 的开区间 I_x,使得 I_x 的每一点都是 E 的上界或者都不是 E 的上界(二者必居其一),所有这样的开区间所成的集合 H 显然覆盖了闭区间$[x_0,M]$.

根据有限覆盖定理,在 H 中必存在有限多个开区间 $I_1,I_2,\cdots,I_m$,它们也覆盖了$[x_0,M]$.这样一来,由于 M 是 E 的上界,故 M 点所在的那个开区间 I_i 内的所有点都是 E 的上界,继而与 I_i 相交的开区间 I_j 内的所有的点也都是 E 的上界,如此地从一个开区间传递到与之相交的另一个开区间直至传遍 $I_1,I_2,\cdots,I_m$ 中所有的开区间,从而得到其中每个 I_k 内的点都是 E 的上界.于是就得到 x_0 所在的那个开区间 I_l 内所有的点都是 E 的上界,这就导出了矛盾.从而证得有上界的非空数集一定存在上确界.

同理可证,有下界的非空数集一定存在下确界.

1.10 解 题 补 缀

例 1.66 设$\lim\limits_{n\to\infty} a_n = a$,证明:(1) $\lim\limits_{n\to\infty} \frac{a_1+a_2+\cdots+a_n}{n} = a$;(2) $\lim\limits_{n\to\infty} \sqrt[n]{a_1 a_2 \cdots a_n} = a$.

证　(1) 由于 $\lim\limits_{n\to\infty}a_n=a$，所以 $\forall\varepsilon>0$，$\exists N_1>0$，当时 $n>N_1$ 有 $|a_n-a|<\dfrac{\varepsilon}{2}$．令 $n>N_1$，则有

$$\left|\frac{a_1+a_2+\cdots+a_n}{n}-a\right|\leqslant\frac{1}{n}(|a_1-a|+|a_2-a|+\cdots+|a_{N_1}-a|)+$$

$$\frac{1}{n}(|a_{N_1+1}-a|+\cdots+|a_n-a|)$$

$$<\frac{c}{n}+\frac{n-N_1}{n}\cdot\frac{\varepsilon}{2}\leqslant\frac{c}{n}+\frac{\varepsilon}{2},$$

$$其中\ c=|a_1-a|+|a_2-a|+\cdots+|a_{N_1}-a|.$$

另一方面，对于上述的 $N_1>0$，显然存在 $N>N_1$，使得当 $n>N$ 时有 $\dfrac{c}{n}<\dfrac{\varepsilon}{2}$．

综上所述，当 $n>N$ 时有　$\left|\dfrac{a_1+a_2+\cdots+a_n}{n}-a\right|<\dfrac{c}{n}+\dfrac{\varepsilon}{2}<\dfrac{\varepsilon}{2}+\dfrac{\varepsilon}{2}=\varepsilon$，于是结论(1) 得证．

(2) 由于 n 个正数的调和平均值不大于其几何平均值，而几何平均值不大于算术平均值，即

$$\frac{n}{a_1^{-1}+a_2^{-1}+\cdots+a_n^{-1}}\leqslant\sqrt[n]{a_1a_2\cdots a_n}\leqslant\frac{a_1+a_2+\cdots+a_n}{n}.$$

所以当 $\lim\limits_{n\to\infty}a_n=a\neq0$ 时亦有 $\lim\limits_{n\to\infty}\dfrac{n}{a_1^{-1}+a_2^{-1}+\cdots+a_n^{-1}}=\lim\limits_{n\to\infty}\dfrac{1}{\dfrac{a_1^{-1}+a_2^{-1}+\cdots+a_n^{-1}}{n}}=$

$\dfrac{1}{a^{-1}}=a$．于是根据(1) 的结论及夹逼准则推知 $\lim\limits_{n\to\infty}\sqrt[n]{a_1a_2\cdots a_n}=a$．

当 $\lim\limits_{n\to\infty}a_n=a=0$ 时，在由 $0<\sqrt[n]{a_1a_2\cdots a_n}\leqslant\dfrac{a_1+a_2+\cdots+a_n}{n}\to0$ 直接推得结论(2) 亦成立．

例 1.67　设对一切正整数 n 都有 $a_n>0$，且 $\lim\limits_{n\to\infty}\dfrac{a_{n+1}}{a_n}=q$，证明 $\lim\limits_{n\to\infty}\sqrt[n]{a_n}=q$．

证　记 $b_1=a_1,b_2=\dfrac{a_2}{a_1},\cdots,b_n=\dfrac{a_n}{a_{n-1}},\cdots$，则 $\sqrt[n]{a_n}=\sqrt[n]{b_1b_2\cdots b_n}$．由已知条件知 $\lim\limits_{n\to\infty}b_n=q$，且 $b_n>0$．于是根据例 1.66 的结论知 $\lim\limits_{n\to\infty}\sqrt[n]{a_n}=\lim\limits_{n\to\infty}\sqrt[n]{b_1b_2\cdots b_n}=q$．

◎ **思考题**　(1) 设 $\lim\limits_{n\to\infty}a_n=+\infty$，证明 $\lim\limits_{n\to\infty}\dfrac{a_1+a_2+\cdots+a_n}{n}=+\infty$；$\lim\limits_{n\to\infty}\sqrt[n]{a_1a_2\cdots a_n}=+\infty$．

(2) 设 $\lim\limits_{n\to\infty}a_n=a$，$\lim\limits_{n\to\infty}b_n=b$，证明 $\lim\limits_{n\to\infty}\dfrac{a_1b_n+a_2b_{n-1}+\cdots+a_nb_1}{n}=ab$．

例 1.68　求极限 $\lim\limits_{n\to\infty}\dfrac{(2n-1)!!}{(2n)!!}$，其中 $(2n-1)!!=1\cdot3\cdot5\cdot\cdots\cdot(2n-1)$，$(2n)!!=2\cdot4\cdot6\cdot\cdots\cdot(2n)$．

解　令 $a_n=\dfrac{(2n-1)!!}{(2n)!!}=\dfrac{1}{2}\cdot\dfrac{3}{4}\cdot\dfrac{5}{6}\cdot\cdots\cdot\dfrac{2n-1}{2n}$，则有

$$a_n^2 = \left(\frac{1}{2}\right)^2 \cdot \left(\frac{3}{4}\right)^2 \cdot \left(\frac{5}{6}\right)^2 \cdot \cdots \cdot \left(\frac{2n-1}{2n}\right)^2$$

$$< \left(\frac{1}{2} \cdot \frac{2}{3}\right) \cdot \left(\frac{3}{4} \cdot \frac{4}{5}\right) \cdot \left(\frac{5}{6} \cdot \frac{6}{7}\right) \cdot \cdots \cdot \left(\frac{2n-1}{2n} \cdot \frac{2n}{2n+1}\right) = \frac{1}{2n+1}$$

故得 $0 < a_n < \dfrac{1}{\sqrt{2n+1}}$，由此推得 $\lim\limits_{n\to\infty} a_n = 0$ 即 $\lim\limits_{n\to\infty} \dfrac{(2n-1)!!}{(2n)!!} = 0$.

例 1.69　设 $0 < a_0 = a < b = b_0, a_n = \dfrac{2a_{n-1}b_{n-1}}{a_{n-1}+b_{n-1}}, b_n = \dfrac{a_{n-1}+b_{n-1}}{2}$，证明 $\lim\limits_{n\to\infty} a_n = \lim\limits_{n\to\infty} b_n = \sqrt{ab}$.

证　由于 $\dfrac{a_n}{b_n} = \dfrac{4a_{n-1}b_{n-1}}{(a_{n-1}+b_{n-1})^2} \leqslant \dfrac{2a_{n-1}b_{n-1}+a_{n-1}^2+b_{n-1}^2}{(a_{n-1}+b_{n-1})^2} = 1$，故有 $a_n \leqslant b_n$.于是

$$a_n = \frac{2a_{n-1}b_{n-1}}{a_{n-1}+b_{n-1}} \geqslant \frac{2a_{n-1}b_{n-1}}{b_{n-1}+b_{n-1}} = a_{n-1}, b_n = \frac{a_{n-1}+b_{n-1}}{2} \leqslant \frac{b_{n-1}+b_{n-1}}{2} = b_{n-1}.$$

因此数列 $\{a_n\}$ 递增且有上界 b，$\{b_n\}$ 递减且有下界 a，因而极限 $\lim\limits_{n\to\infty} a_n = A$ 和 $\lim\limits_{n\to\infty} b_n = B$ 皆存在.

对 $b_n = \dfrac{a_{n-1}+b_{n-1}}{2}$ 取极限得 $B = \dfrac{A+B}{2}$，即 $B = A$.

又因为　$a_nb_n = \dfrac{2a_{n-1}b_{n-1}}{a_{n-1}+b_{n-1}} \cdot \dfrac{b_{n-1}+b_{n-1}}{2} = a_{n-1}b_{n-1} = \cdots = \dfrac{2a_0b_0}{a_0+b_0} \cdot \dfrac{a_0+b_0}{2} = ab$，取极限便得 $AB = ab$，从而 $A^2 = B^2 = ab$，这就证得 $\lim\limits_{n\to\infty} a_n = \lim\limits_{n\to\infty} b_n = \sqrt{ab}$.

◎ **思考题**　设 $a_0 > 0, a_n = \dfrac{1}{2}\left(a_{n-1} + \dfrac{1}{a_{n-1}}\right)$，证明 $\lim\limits_{n\to\infty} a_n = 1$.

例 1.70　设数列 $\{a_n\}$ 满足：存在正数 $0 < q < 1$，使得对一切正整数 n 都有 $a_{n+2} - a_{n+1} \leqslant q(a_{n+1} - a_n)$（这种数列称为压缩变差数列），证明数列 $\{a_n\}$ 收敛.

证　因为对一切正整数 n 有 $|a_{n+1} - a_n| \leqslant q|a_n - a_{n-1}| \leqslant q^2|a_{n-1} - a_{n-2}| \leqslant \cdots \leqslant q^{n-1}|a_2 - a_1|$，所以对任何正整数 n 和 p 有

$$|a_{n+p} - a_n| \leqslant |a_{n+p} - a_{n+p-1}| + |a_{n+p-1} - a_{n+p-2}| + \cdots + |a_{n+1} - a_n|$$
$$\leqslant q^{n+p-1}|a_2 - a_1| + q^{n+p-2}|a_2 - a_1| + \cdots + q^{n-1}|a_2 - a_1|$$
$$= q^{n-1} \cdot \frac{1-q^{p+1}}{1-q} \cdot |a_2 - a_1|.$$

又因为 $0 < q < 1$，所以 $|a_{n+p} - a_n| \leqslant \dfrac{q^{n-1}}{1-q}|a_2 - a_1| \to 0 (n \to \infty)$.故 $\forall \varepsilon > 0, \exists N > 0$，当 $n > N$ 时，对一切正整数 p 都有 $|a_{n+p} - a_n| \leqslant \dfrac{q^{n-1}}{1-q}|a_2 - a_1| < \varepsilon$，根据柯西准则知数列 $\{a_n\}$ 收敛.

例 1.71　设函数 $f(x)$ 在区间 I 上有界，证明 $\sup\limits_{x',x''\in I} |f(x') - f(x'')| = \sup\limits_{x\in I} f(x) - \inf\limits_{x\in I} f(x)$.

证　记 $M = \sup\limits_{x\in I} f(x), m = \inf\limits_{x\in I} f(x)$，则对任意 $x', x'' \in I$ 有 $m \leqslant f(x') \leqslant M, m \leqslant f(x'') \leqslant M$.

从而
$$|f(x'')-f(x')|\leqslant M-m,\ \sup_{x',x''\in I}|f(x')-f(x'')|\leqslant M-m.$$

另一方面,根据确界定义,$\forall \varepsilon>0,\exists x',x''\in I$,使得 $f(x')>M-\dfrac{\varepsilon}{2},f(x'')<m+$

$\dfrac{\varepsilon}{2}$,从而

$$|f(x')-f(x'')|\geqslant f(x')-f(x'')>M-m-\varepsilon,\ \sup_{x',x''\in I}|f(x')-f(x'')|\geqslant M-m.$$

例 1.72　设函数 $f(x)$ 在区间 $(a,+\infty)$ 内有定义,在任何有限区间 (a,b) 有界,且有

$\lim\limits_{x\to+\infty}[f(x+1)-f(x)]=A$,则 $\lim\limits_{x\to+\infty}\dfrac{f(x)}{x}=A$.

证　$\forall \varepsilon>0$,由 $\lim\limits_{x\to+\infty}[f(x+1)-f(x)]=A$ 知,存在正整数 $N>a$,使得当 $x>N$ 时有

$$\left|f(x+1)-f(x)-A\right|<\frac{\varepsilon}{2}.$$

现令 $x>N+1$,并设 $\theta=x-[x]$,则 $0\leqslant\theta<1$,且

$$\left|\frac{f(x)}{x}-A\right|=\left|\frac{f(x)-xA}{x}\right|=\frac{|f([x]+\theta)-([x]+\theta)A|}{x}$$

$$\leqslant\frac{|f([x]+\theta)-[x]A|}{[x]}+\frac{\theta|A|}{[x]}$$

$$\leqslant\frac{|f([x]+\theta)-[x]A|}{[x]}+\frac{\theta|A|}{[x]}$$

由于 $|f([x]+\theta)-[x]A|=|\{f([x]+\theta)-f([x]+\theta-1)-A\}+\{f([x]+\theta-$

$$1)-f([x]+\theta-2)-A\}+\cdots+\{f(N+\theta+1)-$$

$$f(N+\theta)-A\}+\{f(N+\theta)-NA\}|$$

$$\leqslant|f([x]+\theta)-f([x]+\theta-1)-A|+|f([x]+\theta-$$

$$1)-f([x]+\theta-2)-A|+\cdots+|f(N+\theta+1)-$$

$$f(N+\theta)-A|+|f(N+\theta)-NA|$$

故 $\left|\dfrac{f(x)}{x}-A\right|\leqslant\dfrac{|f([x]+\theta)-f([x]+\theta-1)-A|+|f([x]+\theta-1)-f([x]+\theta-2)-A|}{[x]}$

$$+\frac{+\cdots+|f(N+\theta+1)-f(N+\theta)-A|}{[x]}+\frac{|f(N+\theta)-NA|+\theta|A|}{[x]}$$

$$\leqslant\frac{[x]-N}{[x]}\cdot\frac{\varepsilon}{2}+\frac{|f(N+\theta)-NA|+\theta|A|}{[x]}$$

对上述的 $\varepsilon>0$ 及 $N>a$,函数 $f(N+\theta)$ 在区间 $\theta\in[0,1)$ 内有界,故 $|f(N+\theta)|+(N+\theta)|A|$ 在 $\theta\in[0,1)$ 内也有界.因此存在正数 $M>N$,使得当 $x>M$ 时有

$$\frac{|f(N+\theta)-NA|+\theta|A|}{[x]}\leqslant\frac{|f(N+\theta)|+(N+\theta)|A|}{[x]}<\frac{\varepsilon}{2}$$

于是当 $x>M$ 时,综上所述有 $\left|\dfrac{f(x)}{x}-A\right|\leqslant\dfrac{[x]-N}{[x]}\cdot\dfrac{\varepsilon}{2}+\dfrac{\varepsilon}{2}<\varepsilon$.得证.

例 1.73　证明黎曼函数 $R(x)$ 在其定义区间的端点 $0,1$ 及开区间 $(0,1)$ 内的任何无理点都连续,在开区间 $(0,1)$ 内的有理点都不连续.

证　在 $[0,1]$ 上,分母为 2 的有理点有一个: $\frac{1}{2}$;分母为 3 的有理点有两个: $\frac{1}{3}$, $\frac{2}{3}$;分母为 4 的有理点有两个: $\frac{1}{4}$, $\frac{3}{4}$;分母为 5 的有理点有四个: $\frac{1}{5}$, $\frac{2}{5}$, $\frac{3}{5}$, $\frac{4}{5}$.一般来讲,对任何正整数 k ,在 $[0,1]$ 上,分母小于或等于 k 的有理点只有有限个(不会超过 $\frac{1}{2}k(k-1)$ 个).

$\forall x_0 \in [0,1]$,那么 $\forall \varepsilon > 0$,令 $k = \left[\frac{1}{\varepsilon}\right]$,由于在 $[0,1]$ 上分母小于或等于 k 有理点只有有限个,设它们为 $r_1, r_2, \cdots, r_m$,并取 $\delta = \min\{|r_i - x_0| \mid 1 \leqslant i \leqslant m, r_i \neq x_0\}$,显然 $\delta > 0$,且分母小于或等于 k 有理点全部落在邻域 $U(x_0, \delta)$ 之外.因此当 $x \in U(x_0, \delta) \bigcap [0,1]$ 时,若 x 是无理点,则 $R(x) = 0$;若 x 是无理点,则因其分母 $q > k$,故有 $R(x) = \frac{1}{q} \leqslant$ $\frac{1}{k+1} = \frac{1}{[1/\varepsilon]+1} < \frac{1}{1/\varepsilon} = \varepsilon$.

总之,当 $x \in U(x_0, \delta) \bigcap [0,1]$ 时,恒有 $0 \leqslant R(x) < \varepsilon$.因此 $\lim\limits_{x \to x_0} R(x) = 0$.

于是,当 $x_0 \in (0,1)$ 为有理点时,有 $\lim\limits_{x \to x_0} R(x) = 0 \neq R(x_0)$,即 $R(x)$ 在点 x_0 处不连续;而当 $x_0 \in (0,1)$ 为无理点时,有 $\lim\limits_{x \to x_0} R(x) = 0 = R(x_0)$,即 $R(x)$ 在 x_0 连续.

例 1.74　设非负函数 $f(x)$ 在 $[a, b]$ 上连续,且对任何 $x \in [a, b]$,存在 $y \in [a, b]$,使 $f(y) < \frac{1}{2} f(x)$,则存在 $\xi \in [a, b]$,使得 $f(\xi) = 0$.

证　由连续函数最值定理知, $[0,1]$ 上,函数 $f(x)$ 在 $[a, b]$ 上可取得最小值 m ,即 $\exists \xi \in [a, b]$,使得
$$f(\xi) = m, \text{且} f(x) \geqslant m (x \in [a, b]).$$

现在来证 $f(\xi) = m = 0$.倘若 $f(\xi) = m \neq 0$,由 $f(x)$ 的非负性知 $f(\xi) = m > 0$.于是根据题设条件存在 $y \in [a, b]$,使 $f(y) < \frac{1}{2} f(\xi) < f(\xi) = m$,这与 m 为 $f(x)$ 的最小值相矛盾,得证.

例 1.75　设函数 $f(x)$ 在 $[a, +\infty)$ 上连续,且 $\lim\limits_{x \to +\infty} [f(x) - cx - d] = 0$,其中 c, d 为常数,证明函数 $f(x)$ 在 $[a, +\infty)$ 上一致连续.

证　$\forall \varepsilon > 0$ 上,由 $\lim\limits_{x \to +\infty} [f(x) - cx - d] = 0$ 知,存在 $M > a$,使得当 $x > M$ 时有 $|f(x) - cx - d| \leqslant \frac{\varepsilon}{3}$.

因为 $f(x)$ 在闭区间 $[a, M+1]$ 上必一致连续,故存在 $\delta > 0 \left(\text{其中} \delta < \min\left\{\frac{\varepsilon}{3|c|+1}, 1\right\}\right)$,使得对一切 $x_1, x_2 \in [a, M+1]$,只要 $|x_1 - x_2| < \delta$,就有 $|f(x_1) - f(x_2)| \leqslant \varepsilon$.

所以当 $x_1, x_2 \in [a, +\infty)$ 且 $|x_1 - x_2| < \delta$ (注意到 $\delta < 1$)时, x_1, x_2 必属于两种情形:或 $x_1, x_2 \in [a, M+1]$,或 $x_1, x_2 \in [M, +\infty)$.

若 $x_1, x_2 \in [a, M+1]$,自然有 $|f(x_1) - f(x_2)| \leqslant \varepsilon$;若 $x_1, x_2 \in [M, +\infty)$,则
$$|f(x_1) - f(x_2)| = |[f(x_1) - cx_1 - d] - [f(x_2) - cx_2 - d] + c(x_1 - x_2)|$$
$$\leqslant |f(x_1) - cx_1 - d| + |f(x_2) - cx_2 - d| + |c||x_1 - x_2|$$

$$< \frac{\varepsilon}{3} + \frac{\varepsilon}{3} + \frac{\varepsilon}{3} = \varepsilon.$$

这就证得 $f(x)$ 在 $[a, +\infty)$ 上一致连续.

◎ **思考题** 设函数 $f(x)$ 在 $[a, +\infty)$ 上一致连续,且对 $\forall x > a$ 有 $\lim\limits_{n \to \infty} f(x+n) = 0$,则 $\lim\limits_{x \to +\infty} f(x) = 0$.

第 2 章　　一元函数微分学

一元函数的微分学包括导数与微分理论及其应用.其中导数是微分学的核心概念,导数既是研究因变量与自变量关系的产物,又是深刻研究函数性态的有力工具.凡是涉及"变化率"的问题,都离不开导数.

2.1　导数的概念

2.1.1　导数的定义

导数思想最早由法国数学家费马(Fermat)在研究极值问题中提出.后来,英国数学家牛顿(Newton)和德国数学家莱布尼兹(Leibniz)在前人创造性研究的基础上发现了导数,并各自独立地创立了微积分.下面我们以质点运动的瞬时速度和曲线的切线斜率这两个经典问题为背景来引入导数的概念.

1. 两个经典问题

(1)(变速运动的瞬时速度)设一质点作直线运动,其运动的方程为 $s = f(t)$,其中 s 为质点在时刻 t 时的位置坐标.根据第 1 章 1.1 节中的讨论知,该质点在 t_0 时刻的瞬时速度为

$$v_0 = \lim_{\Delta t \to 0} \frac{\Delta s}{\Delta t} = \frac{f(t_0 + \Delta t) - f(t_0)}{\Delta t}$$

(2)(曲线的切线斜率)如图 2-1 所示,曲线方程为 $y = f(x)$,$M(x_0, y_0)$ 是曲线上的一个定点,$N(x_0 + \Delta x, y_0 + \Delta y)$ 是曲线上的一个动点,点 N 的位置是随着 Δx 的变化沿曲线变动的.作割线 MN,设其倾角(即与 x 轴的夹角)为 φ.则割线 MN 的斜率为

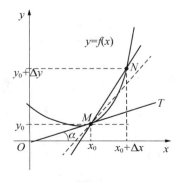

图 2-1

$$\tan\varphi = \frac{\Delta y}{\Delta x} = \frac{f(x_0 + \Delta x) - f(x_0)}{\Delta x}$$

当 $\Delta x \to 0$ 时,动点 N 沿曲线趋近于定点 M,从而割线 MN 也随之转动而趋于极限位置 MT.直线 MT 就是曲线在点 M 处的切线.相应地,割线 MN 的斜率 $\tan\varphi$ 也随 $\Delta x \to 0$ 而趋于切线 MT 的斜率 $\tan\alpha$,即

$$\tan\alpha = \lim_{\Delta x \to 0} \frac{\Delta y}{\Delta x} = \lim_{\Delta x \to 0} \frac{f(x_0 + \Delta x) - f(x_0)}{\Delta x}$$

2. 导数的定义

上述两个问题,从表面上看似乎没有联系,但反映在数学上,有着共同的本质,二者都归结为求函数增量与自变量的增量之比的极限.类似这种极限问题是相当普遍的,因此,我们引入导数概念如下:

定义 2.1　设函数 $y = f(x)$ 在点 x_0 的某邻域内有定义,如果极限

$$\lim_{\Delta x \to 0} \frac{\Delta y}{\Delta x} = \lim_{\Delta x \to 0} \frac{f(x_0 + \Delta x) - f(x_0)}{\Delta x} \tag{2-1}$$

存在,则称函数 $f(x)$ 在点 x_0 处可导,并称该极限为 $f(x)$ 在点 x_0 处的导数,记为 $f'(x_0)$.

如果式(2-1)极限不存在,则称 $f(x)$ 在点 x_0 处不可导.函数 $f(x)$ 在点 x_0 处的导数也可以写成

$$f'(x_0) = \lim_{x \to x_0} \frac{f(x) - f(x_0)}{x - x_0} \tag{2-2}$$

或

$$f'(x_0) = \lim_{h \to 0} \frac{f(x_0 + h) - f(x_0)}{h} \tag{2-3}$$

由于导数是因变量增量 Δy 与自变量增量 Δx 之比 $\dfrac{\Delta y}{\Delta x}$ 的极限,所以导数刻画了这两个变量之间的(瞬时)变化率.因此,导数具有广泛的实际用途.

例 2.1　求函数 $f(x) = x^2 + 2$ 在点 $x = 1$ 处的导数.

解　$\dfrac{f(1 + \Delta x) - f(1)}{\Delta x} = \dfrac{(\Delta x^2 + 2\Delta x + 3) - 3}{\Delta x} = \Delta x + 2$,

$$f'(1) = \lim_{\Delta x \to 0} \frac{f(1 + \Delta x) - f(1)}{\Delta x} = \lim_{\Delta x \to 0}(\Delta x + 2) = 2.$$

例 2.2　设 $f(x) = \begin{cases} x^2 \sin\dfrac{1}{x}, & x \neq 0 \\ 0, & x = 0 \end{cases}$,求 $f'(0)$.

解　$\dfrac{f(x) - f(0)}{x - 0} = \dfrac{1}{x}\left(x^2 \sin\dfrac{1}{x} - 0\right) = x\sin\dfrac{1}{x}$,$f'(0) = \lim_{x \to 0} \dfrac{f(x) - f(0)}{x - 0} = \lim_{x \to 0} x\sin\dfrac{1}{x} = 0.$

例 2.3　证明函数 $f(x) = |x|$ 在点 $x = 0$ 处不可导.

证　由于 $\dfrac{f(x) - f(0)}{x - 0} = \dfrac{|x|}{x}$,又显然极限 $\lim_{x \to 0} \dfrac{|x|}{x}$ 不存在,即 $\lim_{x \to 0} \dfrac{f(x) - f(0)}{x}$ 不存在,所以函数 $f(x) = |x|$ 在点 $x = 0$ 处不可导,如图 2-2 所示.

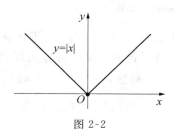

图 2-2

3. 单侧导数

类似于函数的单侧极限,我们可以定义函数在一点的单侧导数.

定义 2.2 设函数 $y = f(x)$ 在点 x_0 的某右邻域 $(x_0, x_0 + \delta)$ 上有定义,如果右极限

$$\lim_{\Delta x \to 0^+} \frac{\Delta y}{\Delta x} = \lim_{\Delta x \to 0^+} \frac{f(x_0 + \Delta x) - f(x_0)}{\Delta x}.$$

存在,则称该极限为函数 $f(x)$ 在点 x_0 处的右导数,记为 $f'_+(x_0)$.

类似地,函数 $f(x)$ 在点 x_0 处的左导数定义为:

$$f_-{}'(x_0) = \lim_{x_0 \to 0^-} \frac{\Delta y}{\Delta x} = \lim_{\Delta x \to 0^-} \frac{f(x_0 + \Delta x) - f(x_0)}{\Delta x}.$$

函数的左导数和右导数统称为函数的单侧导数.显然,导数与单侧导数之间有以下关系:

导数 $f'(x_0)$ 存在的充要条件是:左导数 $f_-{}'(x_0)$ 与右导数 $f'_+(x_0)$ 都存在且相等.

例 2.4 设 $f(x) = \begin{cases} x, & x \leqslant 0 \\ 1 - \cos x, & x > 0 \end{cases}$,确定函数 $f(x)$ 在点 $x = 0$ 处的可导性.

解 $\dfrac{f(x) - f(0)}{x - 0} = \begin{cases} 1, & x < 0 \\ \dfrac{1 - \cos x}{x}, & x > 0 \end{cases}$,

$$f_-(0) = \lim_{x \to 0^-} 1 = 1, \quad f_+(0) = \lim_{x \to 0^+} \frac{1 - \cos x}{x} = 0,$$

因为 $$f_-(0) \neq f_+(0)$$

所以函数 $f(x)$ 在点 $x = 0$ 处不可导,如图 2-3 所示.

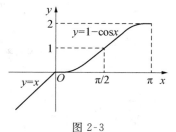

图 2-3

2.1.2　导函数及几个基本导数公式

如果函数 $f(x)$ 在区间 I 上的每一点都可导(对于区间端点,仅考虑单侧导数),则称 $f(x)$ 在区间 I 上可导,或称 $f(x)$ 是区间 I 上的可导函数.这时,对于 I 上的任一点 x,都有一个导数 $f'(x)$(或单侧导数)与之对应,这样 $f'(x)$ 就是定义在 I 上一个新函数,称为 $f(x)$ 在 I 上的导函数.导函数 $f'(x)$ 也简称为导数,记为 y',$\dfrac{\mathrm{d}y}{\mathrm{d}x}$ 或 $\dfrac{\mathrm{d}f}{\mathrm{d}x}$.相应地,导数 $f'(x_0)$ 也写为 $y'\big|_{x=x_0}$,$\dfrac{\mathrm{d}y}{\mathrm{d}x}\Big|_{x=x_0}$ 或 $\dfrac{\mathrm{d}f}{\mathrm{d}x}\Big|_{x=x_0}$.

根据定义,导函数即为　$f'(x)=\lim\limits_{\Delta x\to 0}\dfrac{f(x+\Delta x)-f(x)}{\Delta x},x\in I.$

下面,我们根据导数定义来计算几个基本初等函数的导数.

1.(常量函数的导数)　设 $f(x)=C$(C 是常数),则有

$$f'(x)=\lim\limits_{\Delta x\to 0}\frac{\Delta y}{\Delta x}=\lim\limits_{\Delta x\to 0}\frac{C-C}{\Delta x}=0$$

所以　　　　　　　　　　　　　$(C)'=0$ 　　　　　　　　　　　　　　(2-4)

2.(幂函数的导数)　设 $f(x)=x^n$(n 为正整数),则有

$$f'(a)=\lim\limits_{x\to a}\frac{f(x)-f(a)}{x-a}=\lim\limits_{x\to a}\frac{x^n-a^n}{x-a}=\lim\limits_{x\to a}(x^{n-1}+ax^{n-2}+\cdots+a^{n-1})=na^{n-1},$$

所以　　$f'(x)=nx^{n-1}$　　即　　$(x^n)'=nx^{n-1}$

一般地,对于幂函数 $y=x^\alpha$(α 为常数),有

$$(x^\alpha)'=\alpha x^{\alpha-1}$$ 　　　　　　　　　(2-5)

这是幂函数的导数公式,这个公式的证明将在下一节给出,利用这个公式,可以很方便地求出一些常见的幂函数的导数,例如

$$\left(x^{\frac{1}{2}}\right)'=\frac{1}{2}x^{\frac{1}{2}-1}=\frac{1}{2}x^{-\frac{1}{2}}\quad 即\quad (\sqrt{x})'=\frac{1}{2\sqrt{x}}.$$

$$(x^{-1})'=(-1)x^{-1-1}=-x^{-2}\quad 即\quad \left(\frac{1}{x}\right)'=-\frac{1}{x^2}.$$

3.(正弦函数与余弦函数的导数)　设 $f(x)=\sin x$,则有

$$f'(x)=\lim\limits_{h\to 0}\frac{f(x+h)-f(x)}{h}=\lim\limits_{h\to 0}\frac{\sin(x+h)-\sin x}{h}$$

$$=\lim\limits_{h\to 0}\frac{1}{h}2\cos\left(x+\frac{h}{2}\right)\sin\frac{h}{2}=\lim\limits_{h\to 0}\cos\left(x+\frac{h}{2}\right)\frac{\sin\frac{h}{2}}{\frac{h}{2}}=\cos x.$$

所以　　　　　　　　　　　　　$(\sin x)'=\cos x$ 　　　　　　　　　　　　(2-6)

用类似的方法,可以求得　　　　$(\cos x)'=-\sin x.$ 　　　　　　　　　　(2-7)

4.(对数函数的导数)　设 $f(x)=\log_a x$,则有

$$f'(x)=\lim\limits_{h\to 0}\frac{f(x+h)-f(x)}{h}=\lim\limits_{h\to 0}\frac{\log_a(x+h)-\log_a x}{h}$$

$$= \lim_{h \to 0} \frac{1}{h} \log_a \left(1 + \frac{h}{x}\right) = \lim_{h \to 0} \frac{1}{x} \log_a \left(1 + \frac{h}{x}\right)^{\frac{x}{h}} = \frac{1}{x} \log_a \mathrm{e} = \frac{1}{x \ln a}.$$

所以
$$(\log_a x)' = \frac{1}{x \ln a}, \quad (\ln x)' = \frac{1}{x} \tag{2-8}$$

这是对数函数的导数公式.特别地,当 $a = \mathrm{e}$ 时,得到自然对数的导数公式

以上几个基本初等函数的导数公式,需要记住.

2.1.3 函数可导的局部性质与导数的几何意义

设函数 $f(x)$ 在点 x_0 处可导,根据无穷小量与极限存在的变量之间的关系(参见 1.6 节)知,$\varepsilon = f'(x_0) - \dfrac{\Delta y}{\Delta x}$ 是当 $\Delta x \to 0$ 时的无穷小量,于是函数 $f(x)$ 在点 x_0 处的增量 Δy 可以表示成

$$\Delta y = f'(x_0) \Delta x + o(\Delta x) \tag{2-9}$$

称式(2-9)为增量 —— 微分公式(见 2.4 节).据此即可推得函数可导的一局部性质:

定理 2.1　如果函数 $f(x)$ 在点 x_0 处可导,则 $f(x)$ 在点 x_0 处连续.

值得注意的是函数在某点连续仅仅是函数在该点可导的必要条件.如例2.3和例2.4中所给函数均在点 $x = 0$ 处连续,但不可导.

由第一段的讨论知,函数 $f(x)$ 在点 x_0 处的导数 $f'(x_0)$ 正是曲线 $y = f(x)$ 在点(x_0, y_0) 处的切线斜率.这就是导数的几何意义.于是,曲线 $y = f(x)$ 在点(x_0, y_0) 处的切线方程是

$$y - y_0 = f'(x_0)(x - x_0) \tag{2-10}$$

例 2.5　求等边双曲线 $y = \dfrac{1}{x}$(见图 1-31)在点$(1,1)$处的切线方程和法线方程.

解　根据导数的几何意义及公式(2-5)知,所求切线的斜率为 $k = \dfrac{\mathrm{d}y}{\mathrm{d}x}\bigg|_{x=1} = -\dfrac{1}{x^2}\bigg|_{x=1} = -1$,故所求

切线方程为:$y - 1 = -(x - 1)$ 即 $x + y = 2$.

法线方程为:$y - 1 = (x - 1)$　即 $x - y = 0$.

◎ **思考题**　若函数 $f(x)$ 在点 x_0 处不可导,则曲线 $y = f(x)$ 在点(x_0, y_0)是否存在切线?考查函数 $y = \sqrt[3]{x - 1}$ 在点 $x = 0$ 处的可导性及其图像,如图 2-4 所示.

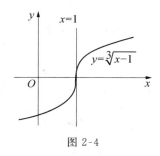

图 2-4

习题 2.1

1.过抛物线 $y=x^2$ 上两点 $A(2,4)$ 和 $B(2+\Delta x,4+\Delta y)$ 作割线 AB，分别求出当 $\Delta x=1,\Delta x=0.1$ 及 $\Delta x=0.01$ 时，割线 AB 的斜率，并求该抛物线在 A 点的切线斜率.

2.已知质点沿 Ox 轴运动的方程为 $x=10t+5t^2$（t 以秒计，x 以米计），试分别求出当 $\Delta t=1,\Delta t=0.1$ 及 $\Delta t=0.01$ 时，质点在 $t=1$ 至 $t=1+\Delta t$ 这段时间内的平均速度，并求质点在 $t=1$ 的瞬时速度.

3.按导数的定义求下列函数的导数.

(1) $f(x)=x^2\sin(x-2)$，求 $f'(2)$；

(2) $f(x)=x+(x-1)\arcsin\sqrt{\dfrac{x}{x+1}}$，求 $f'(1)$；

(3) $f(x)=(x-1)(x-2)^2(x-3)^2$，求 $f'(1),f'(2),f'(3)$.

4.a,b 取何值时，函数 $f(x)=\begin{cases}x^2,&x\geqslant 1\\ax+b,&x<1\end{cases}$ 在点 $x=1$ 处可导？并求 $f'(1)$.

5.讨论下列函数在点 $x=0$ 处是否可导.

(1) $f(x)=\begin{cases}\sin x,&x\geqslant 0\\x,&x<0\end{cases}$；　　(2) $f(x)=\begin{cases}x^2,&x\geqslant 0\\x,&x<0\end{cases}$.

6.设 $f(x)=(x-a)\varphi(x)$，其中函数 $\varphi(x)$ 在点 $x=a$ 处连续且 $\varphi(a)\neq 0$，求 $f'(a)$.

7.设 $f(x)=|x-a|\varphi(x)$，其中函数 $\varphi(x)$ 在点 $x=a$ 处连续，证明函数 $f(x)$ 在点 $x=a$ 处可导 $\Leftrightarrow\varphi(a)=0$.

8.设函数 $f(x)$ 在点 x_0 处可导，数列 $\{\alpha_n\}$ 和 $\{\beta_n\}$ 满足 $\alpha_n<x_0<\beta_n(n\geqslant 1)$，且 $\lim\limits_{n\to\infty}\alpha_n=\lim\limits_{n\to\infty}\beta_n=x_0$，证明 $\lim\limits_{t\to 0}\dfrac{f(\alpha_n)-f(\beta_n)}{\alpha_n-\beta_n}=f'(x_0)$.

2.2　导数的运算法则

在上一节，我们按定义求出了一些简单函数的导数，对于一般函数，若仍按定义求导，往往比较繁琐.本节将介绍一些求导法则，利用这些法则，能方便地求出初等函数的导数.

2.2.1　导数的四则运算法则

定理2.2　设函数 $u(x)$ 和 $v(x)$ 都在点 x 可导，则函数 $y=u(x)\pm v(x)$ 和 $y=u(x)\cdot v(x)$ 在点 x 也都可导，且

(1) $$[u(x)\pm v(x)]'=u'(x)\pm v'(x) \tag{2-11}$$

(2) $$[u(x)v(x)]'=u'(x)v(x)+u(x)v'(x) \tag{2-12}$$

又若 $v(x)\neq 0$，则函数 $y=\dfrac{u(x)}{v(x)}$ 在点 x 也可导，且

(3) $$\left[\dfrac{u(x)}{v(x)}\right]'=\dfrac{u'(x)v(x)-u(x)v'(x)}{v^2(x)} \tag{2-13}$$

证 (1) 因 $\Delta y=[u(x+\Delta x)-u(x)]\pm[v(x+\Delta x)-v(x)]=\Delta u\pm\Delta v$,

故 $y'=\lim\limits_{\Delta x\to 0}\dfrac{\Delta y}{\Delta x}=\lim\limits_{\Delta x\to 0}\dfrac{\Delta u}{\Delta x}\pm\lim\limits_{\Delta x\to 0}\dfrac{\Delta v}{\Delta x}=u'(x)\pm v'(x)$

即 $$[u(x)\pm v(x)]'=u'(x)\pm v'(x).$$

(2) $\Delta y=u(x+\Delta x)\cdot v(x+\Delta x)-u(x)\cdot v(x)$

$\qquad=[u(x)+\Delta u]\cdot[v(x)+\Delta v]-u(x)\cdot v(x)$

$\qquad=\Delta u\cdot v(x)+u(x)\cdot\Delta v+\Delta u\cdot\Delta v,$

$[u(x)\cdot v(x)]'=\lim\limits_{\Delta x\to 0}\dfrac{\Delta y}{\Delta x}=\lim\limits_{\Delta x\to 0}\left[\dfrac{\Delta u}{\Delta x}\cdot v(x)+u(x)\cdot\dfrac{\Delta v}{\Delta x}+\dfrac{\Delta u}{\Delta x}\cdot\Delta v\right]$

$\qquad=\lim\limits_{\Delta x\to 0}\left[\dfrac{\Delta u}{\Delta x}\cdot v(x)+u(x)\cdot\dfrac{\Delta v}{\Delta x}+\dfrac{\Delta u}{\Delta x}\cdot\Delta v\right]$

$\qquad=\lim\limits_{\Delta x\to 0}\dfrac{\Delta u}{\Delta x}\cdot v(x)+u(x)\cdot\lim\limits_{\Delta x\to 0}\dfrac{\Delta v}{\Delta x}+\lim\limits_{\Delta x\to 0}\dfrac{\Delta u}{\Delta x}\cdot\lim\limits_{\Delta x\to 0}\Delta v$

$\qquad=u'(x)\cdot v(x)+u(x)\cdot v'(x)+u'(x)\cdot 0$

$\qquad=u'(x)\cdot v(x)+u(x)\cdot v'(x).$

(3) $\Delta y=\dfrac{u(x+\Delta x)}{v(x+\Delta x)}-\dfrac{u(x)}{v(x)}=\dfrac{u(x+\Delta x)\cdot v(x)-u(x)\cdot v(x+\Delta x)}{v(x+\Delta x)\cdot v(x)}$

$\qquad=\dfrac{[u(x)+\Delta u]\cdot v(x)-u(x)\cdot[v(x)+\Delta v]}{v(x+\Delta x)\cdot v(x)}=\dfrac{\Delta u\cdot v(x)-u(x)\cdot\Delta v}{v(x+\Delta x)\cdot v(x)},$

$\left[\dfrac{u(x)}{v(x)}\right]'=\lim\limits_{\Delta x\to 0}\dfrac{\Delta y}{\Delta x}=\lim\limits_{\Delta x\to 0}\left[\dfrac{\Delta u}{\Delta x}\cdot v(x)-u(x)\cdot\dfrac{\Delta v}{\Delta x}\right]\lim\limits_{\Delta x\to 0}\dfrac{1}{v(x+\Delta x)\cdot v(x)}$

$\qquad=[u'(x)\cdot v(x)-u(x)\cdot v'(x)]\cdot\dfrac{1}{v^2(x)}$

$\qquad=\dfrac{u'(x)\cdot v(x)-u(x)\cdot v'(x)}{v^2(x)}.$

法则(1)与法则(2)可以分别推广到有限个函数代数和与有限个函数乘积的情形.例如

$$(u\pm v\pm w)'=u'\pm v'\pm w' \qquad\qquad (2\text{-}14)$$

$$(u\cdot v\cdot w)'=u'\cdot v\cdot w+u\cdot v'\cdot w+u\cdot v\cdot w' \qquad\qquad (2\text{-}15)$$

当 C 为常数时,由法则(2)可得 $\quad[C\cdot u(x)]'=C\cdot u'(x).$

又由法则(3)可得 $$\left(\dfrac{1}{v}\right)'=-\dfrac{v'}{v^2} \qquad\qquad (2\text{-}16)$$

例 2.6 求下列函数的导数:

(1) $f(x)=x^3+4\cos x-\ln x+\sin\pi$,求 $f'(\pi)$;

(2) $y=e^x(\sin x+\cos x)$,求 y'.

解 (1) 因 $f'(x)=(x^3)'+4(\cos x)'-(\ln x)'+(\sin\pi)'$

$\qquad\qquad=3x^2+4(-\sin x)-\dfrac{1}{x}+0=3x^2-4\sin x-\dfrac{1}{x},$

故 $f'(\pi)=3\pi^2-4\sin\pi-\dfrac{1}{\pi}=3\pi^2-\dfrac{1}{\pi}.$

(2) $y'=(e^x)'(\sin x+\cos x)+e^x(\sin x+\cos x)'$

$\qquad=e^x(\sin x+\cos x)+e^x(\cos x-\sin x)=2e^x\cos x.$

例 2.7 证明 (1) $(\tan x)' = \sec^2 x$，$(\cot x)' = \csc^2 x$；

(2) $(\sec x)' = \sec x \tan x$，$(\csc x)' = -\csc x \cot x$.

证 (1) 由法则(3)得

$$(\tan x)' = \left(\frac{\sin x}{\cos x}\right)' = \frac{(\sin x)'\cos x - \sin x(\cos x)'}{\cos^2 x}$$

$$= \frac{\cos^2 x + \sin^2 x}{\cos^2 x} = \frac{1}{\cos^2 x} = \sec^2 x.$$

同理可证 $(\cot x)' = \csc^2 x$.

(2) 由法则(3)得 $(\sec x)' = \left(\frac{1}{\cos x}\right)' = -\frac{(\cos x)'}{\cos^2 x} = \frac{\sin x}{\cos^2 x} = \sec x \tan x.$

同理可证 $(\csc x)' = -\csc x \cot x$.

2.2.2 反函数的求导法则

我们已经求得对数函数和三角函数的导数,为了求得它们的反函数的导数,先来证明反函数的求导法则

定理 2.3 设函数 $f(x)$ 在点 x 可导;在点 x 的某邻域内连续、严格单调,且 $f'(x) \neq 0$,则反函数 $f^{-1}(y)$ 在点 x 对应点 y 处也可导,且

$$f^{-1'}(y) = \frac{1}{f'(x)} \quad 或写成 \quad \frac{\mathrm{d}x}{\mathrm{d}y} = \frac{1}{\frac{\mathrm{d}y}{\mathrm{d}x}}.$$

证 设 $\Delta y = f(x+\Delta x) - f(x)$,则 $\Delta x = f^{-1}(y+\Delta y) - f^{-1}(y)$,由于 $f(x)$ 在点 x 的某邻域内连续、严格单调,故 $f^{-1}(y)$ 也在对应点 y 的某邻域内连续、严格单调,因此 $\Delta x \to 0 \Leftrightarrow \Delta y \to 0$,且 $\Delta x = 0 \Leftrightarrow \Delta y = 0$,又由于 $f'(x) \neq 0$,所以

$$f^{-1'}(y) = \lim_{\Delta y \to 0} \frac{\Delta x}{\Delta y} = \lim_{\Delta x \to 0} \frac{\Delta x}{\Delta y} = \frac{1}{\lim_{\Delta x \to 0} \frac{\Delta y}{\Delta x}} = \frac{1}{f'(x)}.$$

例 2.8 证明:$(a^x)' = a^x \ln a \ (a > 0, a \neq 0)$,特别地 $(\mathrm{e}^x)' = \mathrm{e}^x$.

证 由于 $y = a^x (x \in \mathbf{R})$ 为对数函数 $x = \log_a y (y \in (0, +\infty))$ 的反函数,故由反函数的求导法则得

$$(a^x)' = \frac{1}{(\log_a y)'} = \frac{y}{\log_a \mathrm{e}} = a^x \ln a.$$

例 2.9 证明:(1) $(\arcsin x)' = \frac{1}{\sqrt{1-x^2}}$，$(\arccos x)' = -\frac{1}{\sqrt{1-x^2}}$；

(2) $(\arctan x)' = \frac{1}{1+x^2}$，$(\text{arccot} x)' = -\frac{1}{1+x^2}$.

证 (1) 由于 $y = \arcsin x \left(x \in \left(-\frac{\pi}{2}, \frac{\pi}{2}\right)\right)$ 为 $x = \sin y (y \in (-1,1))$ 的反函数,所以

$$(\arcsin x)' = \frac{1}{(\sin y)'} = \frac{1}{\cos y} = \frac{1}{\sqrt{1-\sin^2 y}} = \frac{1}{\sqrt{1-x^2}}.$$

同理可证 $(\arccos x)' = -\frac{1}{\sqrt{1-x^2}}$.

(2) 由于 $y=\arctan x\left(x\in\left(-\dfrac{\pi}{2},\dfrac{\pi}{2}\right)\right)$ 为 $x=\tan y(y\in(-\infty,+\infty))$ 的反函数,所以

$$(\arctan x)'=\frac{1}{(\tan y)'}=\frac{1}{\sec^2 y}=\frac{1}{1+\tan^2 y}=\frac{1}{1+x^2}.$$

同理可证 $(\text{arccot}x)'=-\dfrac{1}{1+x^2}.$

2.2.3 复合函数的求导法则

1. 链式法则

定理 2.4 设内函数 $u=g(x)$ 在点 x 处可导;外函数 $y=f(u)$ 在对应点 u 处可导,则复合函数 $y=f\circ g(x)(=f(g(x)))$ 在点 x 处也可导,且

$$(f\circ g)'(x)=f'(u)\cdot g'(x)=f'(g(x))\cdot g'(x) \tag{2-17}$$

证 设 $\Delta u=g(x+\Delta x)-g(x),\Delta y=f(u+\Delta u)-f(u).$

由于 $f(u)$ 可导,根据上一节公式(2-9),Δy 可写成 $\Delta y=f'(u)\Delta u+o(\Delta u)$,于是有

$$\lim_{\Delta x\to 0}\frac{\Delta y}{\Delta x}=\lim_{\Delta x\to 0}\left[f'(u)\cdot\frac{\Delta u}{\Delta x}+o\left(\frac{\Delta u}{\Delta x}\right)\right]=f'(u)\cdot\lim_{\Delta x\to 0}\frac{\Delta u}{\Delta x}+\lim_{\Delta x\to 0}o\left(\frac{\Delta u}{\Delta x}\right)$$
$$=f'(u)\cdot g'(x).$$

即 $$(f\circ g)'(x)=f'(g(x))\cdot g'(x).$$

复合函数的求导法则也称为链式法则,常写成

$$\frac{dy}{dx}=\frac{dy}{du}\cdot\frac{du}{dx} \tag{2-18}$$

◎ **思考题** 这种写法$[f(g(x))]'=f'(g(x))$对吗?

例 2.10 求下列函数的导数:

(1) $y=\sin x^2$; (2) $y=\ln\dfrac{2x}{1+x^2}.$

解 (1) $y=\sin x^2$ 可以看做由 $y=\sin u,u=x^2$ 复合而成,因此
$$(\sin x^2)'=(\sin u)'\cdot(x^2)'=\cos u\cdot 2x=2x\cos x^2.$$

(2) $y=\ln\dfrac{2x}{1+x^2}$ 由 $y=\ln u,u=\dfrac{2x}{1+x^2}$ 复合而成.

因为 $\dfrac{dy}{du}=\dfrac{1}{u}=\dfrac{1+x^2}{2x}$, $\dfrac{du}{dx}=\left(\dfrac{2x}{1+x^2}\right)'=\dfrac{2(1+x^2)-(2x)^2}{(1+x^2)^2}=\dfrac{2(1-x^2)}{(1+x^2)^2}$,

所以 $\left(\ln\dfrac{2x}{1+x^2}\right)'=\dfrac{dy}{dx}=\dfrac{dy}{du}\cdot\dfrac{du}{dx}=\dfrac{1+x^2}{2x}\cdot\dfrac{2(1-x^2)}{(1+x^2)^2}=\dfrac{1-x^2}{x(1+x^2)^2}.$

对链式法则熟练之后,可以省略引入中间变量的步骤,直接按下例方法计算.

例 2.11 求下列函数的导数:

(1) $y=\sqrt{x^2+1}$; (2) $y=\ln\sin x.$

解 (1) $(\ln\sin x)'=\dfrac{1}{\sin x}\cdot(\sin x)'=\dfrac{1}{\sin x}\cdot\cos x=\cot x.$

(2) $(\sqrt{1+x^2})'=\dfrac{1}{2}(1+x^2)^{-\frac{1}{2}}(1+x^2)'=\dfrac{1}{2}(1+x^2)^{-\frac{1}{2}}(2x)=\dfrac{x}{\sqrt{1+x^2}}.$

对于多重复合函数,仍可应用链式法则(由外向里逐层)求导.此外,有些函数的构成,既有四则运算步骤,又有复合运算步骤,每一步骤应采用相应的求导法则求导.

例 2.12　求下列函数的导函数:

(1) $y = \tan^2 \dfrac{1}{x}$;　　　　　　　(2) $y = \sqrt{1 + x^2}\sin 3x$;

(3) $y = \ln(x + \sqrt{1 + x^2})$;　　　　(4) $y = \arcsin \dfrac{1 - x^2}{1 + x^2}\ (x > 0)$.

解　(1) $\left(\tan^2 \dfrac{1}{x}\right)' = 2\tan \dfrac{1}{x} \cdot \left(\tan \dfrac{1}{x}\right)' = 2\tan \dfrac{1}{x} \cdot \sec^2 \dfrac{1}{x} \cdot \left(\dfrac{1}{x}\right)'$

$$= -\frac{2}{x^2}\tan \frac{1}{x} \cdot \sec^2 \frac{1}{x}.\ (由外向里逐层求导).$$

(2) $(\sqrt{1 + x^2}\sin 3x)' = (\sqrt{1 + x^2})' \cdot \sin 3x + \sqrt{1 + x^2}(\sin 3x)'$　(四则运算法则)

$$= \frac{1}{2\sqrt{1 + x^2}}(1 + x^2)'\sin 3x + \sqrt{1 + x^2} \cdot \sin 3x\ (3x)'$$

(链式法则)

$$= \frac{x}{\sqrt{1 + x^2}}\sin 3x + 3\sqrt{1 + x^2}\sin 3x.$$

(3) $(\ln(x + \sqrt{1 + x^2}))' = \dfrac{1}{x + \sqrt{1 + x^2}}(x + \sqrt{1 + x^2})'$　(链式法则)

$$= \frac{1}{x + \sqrt{1 + x^2}}((x)' + (\sqrt{1 + x^2})')\ (四则运算法则)$$

$$= \frac{1}{x + \sqrt{1 + x^2}}\left(1 + \frac{x}{\sqrt{1 + x^2}}\right) = \frac{1}{\sqrt{1 + x^2}}.$$

(4) $\left(\arcsin \dfrac{1 - x^2}{1 + x^2}\right)' = \dfrac{1}{\sqrt{1 - \left(\dfrac{1 - x^2}{1 + x^2}\right)^2}}\left(\dfrac{1 - x^2}{1 + x^2}\right)'$　(链式法则)

$$= \frac{1}{\sqrt{1 - \left(\dfrac{1 - x^2}{1 + x^2}\right)^2}}\frac{-2x(1 + x^2) - 2x(1 - x^2)}{(1 + x^2)^2}$$

$$= \frac{-2}{1 + x^2}.\ (四则运算法则)$$

2. 幂函数的导数与对数求导法

$$(x^a)' = ax^{a-1}\ (a\ 为任意实数)$$

公式推导: 由于 $\ln x^a = a\ln x$,故 $(\ln x^a)' = (a\ln x)'$,即 $\dfrac{1}{x^a}(x^a)' = \dfrac{a}{x}$,

从而得到
$$(x^a)' = \frac{a}{x} \cdot x^a = ax^{a-1}.$$

上述推导中所采用的方法称为对数求导法.

例 2.13　求下列函数的导函数:

(1) $y = \dfrac{x^2}{1-x^2} \sqrt[3]{\dfrac{x-3}{(x+3)^2}}$; (2) $y = (\sin x)^x$.

解 （1）应用对数求导法：$\ln y = 2\ln x - \ln(1-x^2) + \dfrac{1}{3}\ln(x-3) - \dfrac{2}{3}\ln(x+3)$ ，

对上式两边分别求导（其中 $\ln y$ 应看成自变量为 x 的复合函数），得

$$\frac{1}{y} \cdot y' = \frac{2}{x} - \frac{-2x}{1-x^2} + \frac{1}{3} \cdot \frac{1}{x-3} - \frac{2}{3} \cdot \frac{1}{x+3}$$

因此 $\quad y' = \dfrac{x^2}{1-x^2}\sqrt[3]{\dfrac{x-3}{(x+3)^2}}\left(\dfrac{2}{x} - \dfrac{-2x}{1-x^2} + \dfrac{1}{3} \cdot \dfrac{1}{x-3} - \dfrac{2}{3} \cdot \dfrac{1}{x+3}\right)$.

（2）**解法 1** 由于 $\ln y = x\ln\sin x$ ，故有

$$\frac{1}{y} \cdot y' = \ln\sin x + x \cdot \frac{1}{\sin x} \cdot \cos x,$$

整理后得到 $\qquad y' = (\sin x)^x(\ln\sin x + x\cot x)$.

解法 2 由于 $y = (\sin x)^x = e^{x\ln\sin x}$ ，应用链式法则，得

$$y' = (e^{x\ln\sin x})' = e^{x\ln\sin x}(x\ln\sin x)' = (\sin x)^x(\ln\sin x + x\cot x).$$

2.2.4 基本求导法则与公式

我们已经获得了基本求导法则和基本初等函数的导数公式，利用它们可以求出任何初等函数的导数. 现把它们罗列如下：

1. **基本求导法则**

(1) $(u \pm v)' = u' \pm v'$; (2) $(uv)' = u'v + uv'$;

(3) $(Cu)' = Cu'$ （C 为常数）; (4) $\left(\dfrac{u}{v}\right)' = \dfrac{u'v - uv'}{v^2}$, $\left(\dfrac{1}{v}\right)' = -\dfrac{v'}{v^2}$;

(5) $\dfrac{dx}{dy} = \dfrac{1}{\dfrac{dy}{dx}}$ ，或 $f^{-1\,\prime}(y) = \dfrac{1}{f'(x)}$;

(6) $\dfrac{dy}{dx} = \dfrac{dy}{du} \cdot \dfrac{du}{dx}$ 或 $(f \circ g)'(x) = f'(g(x)) \cdot g'(x)$.

2. **基本导数公式**

(1) $(C)' = 0$ （C 为常数）; (2) $(x^\alpha)' = \alpha x^{\alpha-1}$ （α 为常数）;

(3) $(a^x)' = a^x\ln a$, $(e^x)' = e^x$; (4) $(\log_a x)' = \dfrac{1}{x\ln a}$, $(\ln x)' = \dfrac{1}{x}$;

(5) $(\sin x)' = \cos x$, $(\cos x)' = -\sin x$, $(\tan x)' = \sec^2 x$,
   $(\cot x)' = -\csc^2 x$, $(\sec x)' = \sec x \cdot \tan x$, $(\csc x)' = -\csc x \cdot \cot x$;

(6) $(\arcsin x)' = \dfrac{1}{\sqrt{1-x^2}}$, $(\arccos x)' = -\dfrac{1}{\sqrt{1-x^2}}$,
   $(\arctan x)' = \dfrac{1}{1+x^2}$, $(\text{arccot}\,x)' = -\dfrac{1}{1+x^2}$.

习题 2.2

1. 求下列函数的导数.

(1) $y = x^2 + 3\sin x$；　　　　(2) $y = x^2 \cos x$；　　　　(3) $y = x^2 \cdot \ln x \cdot \sin x$；

(4) $y = \dfrac{2x}{1 - x^2}$；　　　　(5) $y = \dfrac{\ln x}{x}$；　　　　(6) $y = \dfrac{\sin x}{x}$；

(7) $y = x\tan x$；　　　　(8) $y = \dfrac{x}{\tan x}$；　　　　(9) $y = x\arcsin x$；

(10) $y = (1 + x^2)\arctan x$；　(11) $y = 2^x \log_2 x$；　　(12) $y = a^x x^a$；

(13) $y = \dfrac{\sin x - x\cos x}{\cos x + x\sin x}$；　　(14) $f(x) = x^2 + 3\sin x - 2\ln x + \cos\pi$，求 $f'\left(\dfrac{\pi}{4}\right)$．

2.求下列函数的导数.

(1) $y = \dfrac{1}{(1 - x)^2}$；　　　(2) $y = \sqrt{1 - x^2}$；　　　(3) $y = x\sqrt{1 + x^2}$；

(4) $y = \cos 2x - 2\sin x$；　　(5) $y = \ln[\ln(\ln x)]$；　　(6) $y = \sqrt{x + \sqrt{x + \sqrt{x}}}$；

(7) $y = \tan\dfrac{x}{2} - \cot\dfrac{x}{2}$；　　(8) $y = \sec^2\dfrac{x}{2} + \csc^2\dfrac{x}{2}$；　(9) $y = \sin[\cos^2(\tan^3 x)]$；

(10) $y = \mathrm{e}^{-x^2}$；　　　(11) $y = 2^{\tan\frac{1}{x}}$；　　(12) $y = \left(\dfrac{a}{b}\right)^x \left(\dfrac{b}{x}\right)^a \left(\dfrac{x}{a}\right)^b$；

(13) $y = \arctan x^2$；　　　(14) $y = \arccos\dfrac{2x}{1 + x^2}$；　(15) $y = (\operatorname{arccot} x^2)^3$；

(16) $y = \mathrm{e}^x\sqrt{1 - \mathrm{e}^{2x}} + \arcsin \mathrm{e}^x$；　　　　(17) $y = \lg^3 x^2$；

(18) $y = x^{aa} + a^{xa} + a^{ax}$；　(19) $y = \mathrm{e}^{-x}\sin 2x$；　　(20) $y = (\ln x)^x$；

(21) $y = \sqrt[x]{x}$；　　　　(22) $y = x^{xa} + x^{ax} + a^{xx}$；

(23) $y = x^{x^x}$；　　　　(24) $y = \ln(\cos^2 x + \sqrt{1 + \cos^4 x})$；

(25) $y = \dfrac{x}{2}\sqrt{a^2 + x^2} + \dfrac{a^2}{2}\ln(x + \sqrt{a^2 + x^2})$；

(26) $y = \dfrac{x}{2}\sqrt{a^2 - x^2} + \dfrac{a^2}{2}\arcsin\dfrac{x}{a}\,(a > 0)$；

(27) $y = \dfrac{1}{4}\ln\dfrac{\sqrt[4]{1 + x^4} + x}{\sqrt[4]{1 + x^4} - x} - \dfrac{1}{2}\arctan\dfrac{\sqrt[4]{1 + x^4}}{x}$；

(28) $y = \dfrac{1}{2}\arctan(\sqrt[4]{1 + x^4}) + \dfrac{1}{4}\ln\dfrac{\sqrt[4]{1 + x^4} + 1}{\sqrt[4]{1 + x^4} - 1}$．

3.已知函数 $u(x), v(x)$ 皆可导,求下列函数 y 的导数.

(1) $y = \sqrt{u^2(x) + v^2(x)}$；　　(2) $y = [u(x)]^{v(x)}$；　　(3) $y = \log_{v(x)} u(x)$．

4.设 $f(x) = |x - 1|(x^2 + x - 2)$，求 $f'(x)$．

5.证明:(1) 可导的偶函数的导函数为奇函数,可导的奇函数的导数为偶函数;

(2) 可导的周期函数的导数为周期函数.

6.设函数 $f(x)$ 在点 $x = 0$ 可导,令 $g(x) = \begin{cases} x^2\sin\left(\dfrac{1}{x}\right), & x \neq 0 \\ 0, & x = 0 \end{cases}$,求复合函数 $f[g(x)]$

在 $x = 0$ 的导数.

7.设 $f(x) = \begin{cases} g(x)\sin\left(\dfrac{1}{x}\right), & x \neq 0 \\ 0, & x = 0 \end{cases}$,其中函数 $g(x)$ 满足 $g(0) = g'(0) = 0$,求 $f'(0)$.

8.当实数 α 分别取何值时,函数 $f(x) = \begin{cases} x^{\alpha}\sin\left(\dfrac{1}{x}\right), & x \neq 0 \\ 0, & x = 0 \end{cases}$

(1) 在 $x = 0$ 连续;　　(2) 在 $x = 0$ 可导;　　(3) 导函数 $f'(x)$ 在 $x = 0$ 连续.

2.3　参变量函数和隐函数的导数

2.3.1　参变量函数的求导法则

我们知道,参数方程 $\begin{cases} x = a\cos t \\ y = b\sin t \end{cases}$ $(0 \leqslant t \leqslant 2\pi)$ 所表示的曲线是一椭圆.从函数图像法的角度来看,这个参数方程可以确定两个函数 $y = f(x)$ 和 $y = g(x)$.一般地,由参数方程

$$\begin{cases} x = \varphi(t) \\ y = \psi(t) \end{cases} (\alpha \leqslant t \leqslant \beta) \tag{2-19}$$

所确定的函数 $y = y(x)$ 称为参变量函数.通常仍以式(2-19)来表示该参变量函数.

参变量函数式(2-19)的对应关系是通过 $x \xrightarrow[x = \varphi(t)]{t = \varphi^{-1}(x)} t \xrightarrow{y = \psi(t)} y$ 来实现的,根据复合函数和反函数的求导法则,可立刻推得参变量函数式(2-19)的求导法则为

$$\frac{\mathrm{d}y}{\mathrm{d}x} = \frac{\mathrm{d}y}{\mathrm{d}t} \cdot \frac{\mathrm{d}t}{\mathrm{d}x} = \frac{\mathrm{d}y}{\mathrm{d}t} \Big/ \frac{\mathrm{d}x}{\mathrm{d}t} = \frac{\psi'(t)}{\varphi'(t)} (\varphi'(t) \neq 0). \tag{2-20}$$

由于参变量函数式(2-19)与参数方程式(2-19)在局部范围内表示同一条曲线,如图 2-5 所示,所以公式(2-20)的几何意义仍表示该曲线 C 在其上的点 M 处的切线斜率,即

$$\tan\alpha = \frac{\mathrm{d}y}{\mathrm{d}x} = \frac{\psi'(t)}{\varphi'(t)}.$$

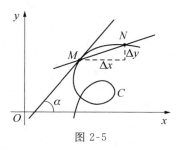

图 2-5

例 2.14　求椭圆 $\begin{cases} x = a\cos t \\ y = b\sin t \end{cases}$ $(0 \leqslant t \leqslant 2\pi)$ 所确定的参变量函数的导数,并求该椭圆在 $t = \dfrac{\pi}{4}$ 的对应点处的切线方程.

解　由求导法则式(2-20),得　$\dfrac{\mathrm{d}y}{\mathrm{d}x} = \dfrac{(b\sin t)'}{(a\cos t)'} = \dfrac{b\cos t}{-a\sin t} = -\dfrac{b}{a}\cot t.$

当 $t = \dfrac{\pi}{4}$ 时,有 $x = \dfrac{a}{\sqrt{2}}$ 及 $y = \dfrac{b}{\sqrt{2}}$.于是得切点坐标为 $\left(\dfrac{a}{\sqrt{2}}, \dfrac{b}{\sqrt{2}}\right)$;切线斜率为

$$k = \dfrac{\mathrm{d}y}{\mathrm{d}x}\bigg|_{t=\frac{\pi}{4}} = -\dfrac{b}{a}\cot t\bigg|_{t=\frac{\pi}{4}} = -\dfrac{b}{a}\cot\dfrac{\pi}{4} = -\dfrac{b}{a}.$$

故所求切线的方程为　$y - \dfrac{b}{\sqrt{2}} = -\dfrac{b}{a}\left(x - \dfrac{a}{\sqrt{2}}\right)$　即　$bx + ay = \sqrt{2}ab.$

例 2.15　在不计空气阻力的情况下,以发射角 α 及初速度 v_0 射出的炮弹,其运动轨迹由参数方程 $\begin{cases} x = v_0 t \cdot \cos\alpha \\ y = v_0 t \cdot \cos\alpha - \left(\dfrac{1}{2}\right) gt^2 \end{cases}$ 给出,其中 t 为时间参数.试求炮弹在任意时刻 t 的速度和方向.

解　炮弹的轨迹曲线是一条抛物线,如图 2-6 所示,炮弹的水平分速度和垂直分速度分别为

$$v_x = \dfrac{\mathrm{d}x}{\mathrm{d}t} = (v_0 t \cdot \cos\alpha)' = v_0\cos\alpha \text{ 和 } v_y = \dfrac{\mathrm{d}y}{\mathrm{d}t} = \left(v_0 t \cdot \cos\alpha - \dfrac{1}{2}gt^2\right)' = v_0\sin\alpha - gt,$$

所以,炮弹在时刻 t 的速度 v 等于向量 $\boldsymbol{v} = (v_x, v_y)$ 的模,即

$$v = |\boldsymbol{v}| = \sqrt{v_x^2 + v_y^2} = \sqrt{v_0^2 - 2v_0\sin\alpha \cdot gt + g^2 t^2}.$$

炮弹的飞行方向就是向量 $\boldsymbol{v} = (v_x, v_y)$ 的方向,其斜率为 $\dfrac{\mathrm{d}y}{\mathrm{d}x} = \dfrac{v_y}{v_x} = \dfrac{v_0\sin\alpha - gt}{v_0\cos\alpha}.$

◎ **思考题**　对数螺线的极坐标方程为 $r = \mathrm{e}^{\theta}$,如图 2-7 所示,试用 θ 的函数表示它的切线斜率 $\tan\alpha$.对数螺线 $r = \mathrm{e}^{\theta}$ 的直角坐标方程为 $\ln\sqrt{x^2 + y^2} = \arctan\dfrac{y}{x}.$

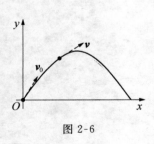

图 2-6

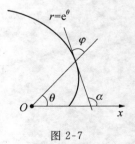

图 2-7

2.3.2　隐函数的求导法

和参数方程类似,一个含变元 x 和 y 的二元方程 $F(x, y) = 0$ 一般也可以确定函数关系,这种函数称为隐函数.例如可以从方程 $y^3 - x^2 = 1$ 和 $x^2 + y^2 = 1$ 中分别解出 $y = \sqrt[3]{1 + x^2}$ 和 $y = \pm\sqrt{1 - x^2}$,这个过程称为隐函数的显化(后者称为显函数).把隐函数化成显函数一般是困难的.例如,我们很难从方程 $y^5 + 2y - x - 3x^7 = 0$ 中解出以 y 表示为 x 的

显函数.

从理论上讲,关于隐函数需解决三个问题,即存在性、可导性以及如何求导.这里,我们仅仅用一些例子来说明如何求导,至于隐函数存在性、可导性以及隐函数求导的一般公式,将在多元函数微分学中讨论.

例 2.16 设方程 $xy - e^x + e^y = 0$ 确定了一个隐函数 $y = y(x)$,试求 $\dfrac{dy}{dx}$.

分析 由于隐函数 $y = y(x)$ 是由方程 $F(x,y) = 0$ 所确定的,将隐函数代入原方程后应成为恒等式,故两边的导数也应相等.通过求方程两边的导数,可以解出该隐函数的导数 $\dfrac{dy}{dx}$.

解 将方程中的 y 看成 x 的函数,应用基本求导法则两边求导,得

$$y + x\frac{dy}{dx} - e^x + e^y \cdot \frac{dy}{dx} = 0$$

由此可以解出

$$\frac{dy}{dx} = \frac{-y + e^x}{x + e^y}.$$

◎ **思考题** 在隐函数导数 $\dfrac{dy}{dx}$ 的等号右边表达式中,所出现的 y 是否仍是 x 的函数?

例 2.17 求方程 $y^5 + 2y - x - 3x^7 = 0$ 所确定的隐函数在 $x = 0$ 处的导数 $\dfrac{dy}{dx}\Big|_{x=0}$.

解 将 y 看成 x 的函数,两边求导,得

$$5y^4\frac{dy}{dx} + 2\frac{dy}{dx} - 1 - 21x^6 = 0$$

由此解得

$$\frac{dy}{dx} = \frac{1 + 21x^6}{2 + 5y^4}$$

当 $x = 0$ 时,由原方程解得 $y = 0$,故 $\dfrac{dy}{dx}\Big|_{x=0} = \dfrac{1 + 21x^6}{2 + 5y^4}\Big|_{\substack{x=0\\y=0}} = \dfrac{1}{2}$.

和参变量函数类似,隐函数方程所表示的曲线在其上一点处的切线斜率,等于该方程所确定的隐函数在对应点处的导数.

例 2.18 试求曲线 $(5y + 2)^3 = (2x + 1)^5$ 在点 $\left(0, -\dfrac{1}{5}\right)$ 处的切线方程 $\dfrac{dy}{dx}\Big|_{x=0}$.

解 将该曲线方程中的 y 看成 x 的函数,两边求导,得

$$3(5y + 2)^2 \cdot 5\frac{dy}{dx} = 5(2x + 1)^4 \cdot 2$$

由此解得 $\dfrac{dy}{dx} = \dfrac{2}{3}\dfrac{(2x + 1)^4}{(5y + 2)^2}$, $\dfrac{dy}{dx}\Big|_{x=0} = \dfrac{2}{3}\dfrac{(2x + 1)^4}{(5y + 2)^2}\Big|_{\substack{x=0\\y=-1/5}} = \dfrac{2}{3}$

故所求切线方程为 $y + \dfrac{1}{5} = \dfrac{2}{3}x$ 即 $10x - 15y = 3$.

2.3.3 相关变化率

设 $x = x(t)$ 与 $y = y(t)$ 都是可导函数,变量 x 与 y 之间存在某种函数关系,从而变化

率 $\dfrac{\mathrm{d}x}{\mathrm{d}t}$ 与 $\dfrac{\mathrm{d}y}{\mathrm{d}t}$ 之间也存在函数关系,这两个相互依赖的变化率称为相关变化率,在实际问题中,有时需要从两个相关变化率中的一个来确定另一个.

例 2.19　地面上空 2km 处有一架飞机作水平飞行,时速为每小时 200km.机上观察员正在瞄准前方矿山,用航空摄影进行地面测量.因为飞机的位置在改变,必须转动摄影机才能保持矿山在镜头之内,试问当俯角为 90° 时,摄影机的角速度是多少?

解　首先选择变量,并确定它们之间的关系.设飞机的垂直投影点 A 与矿山 C 之间的距离为 x,俯角为 θ,如图 2-8 所示,它们都是时间 t 的函数,且有

$$x = 2\cot\theta.$$

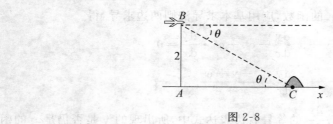

图 2-8

其次,确定飞行速度 $\dfrac{\mathrm{d}x}{\mathrm{d}t}$ 与摄影机转动角速度 $\dfrac{\mathrm{d}\theta}{\mathrm{d}t}$ 之间的关系.上式两边对 t 求导,得

$$\frac{\mathrm{d}x}{\mathrm{d}t} = -2\csc^2\theta \cdot \frac{\mathrm{d}\theta}{\mathrm{d}t} \Rightarrow \frac{\mathrm{d}\theta}{\mathrm{d}t} = -\frac{1}{2}\sin^2\theta \cdot \frac{\mathrm{d}x}{\mathrm{d}t} \tag{1}$$

因为 $x = x(t)$ 为减函数,故 $\dfrac{\mathrm{d}x}{\mathrm{d}t} < 0$,于是将 $\dfrac{\mathrm{d}x}{\mathrm{d}t} = -200$、$\theta = \dfrac{\pi}{2}$ 代入式(1),得

$$\frac{\mathrm{d}\theta}{\mathrm{d}t}\bigg|_{\theta=\frac{\pi}{2}} = -\frac{1}{2}\sin^2\frac{\pi}{2} \cdot (-200) = 100(\text{弧度／时}).$$

例 2.20　曲柄连杆机构如图 2-9 所示,当曲柄 OC 绕点 O 旋转时,连杆 BC 在 OS 轴的上下摆动,且推动滑块 B 作往复直线运动.由三角知识可得,滑块 B 的位移 s 与 θ 的关系为

$$s = r\cos\theta + \sqrt{l^2 - r^2\sin^2\theta}$$

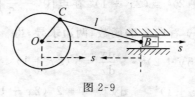

图 2-9

已知曲柄 OC 旋转的角速度恒为 2 周／秒,曲柄 OC 的长 $r = 0.5(\mathrm{m})$,连杆 BC 的长 $l = 2(\mathrm{m})$,试求当 $\theta = 90°$ 时,滑块 B 的速度 v 和连杆 BC 摆动的角速度 ω.

解　先求滑块 B 运动的速度

$$v = \frac{\mathrm{d}s}{\mathrm{d}t} = r\,\frac{\mathrm{d}}{\mathrm{d}t}(\cos\theta) + \frac{\mathrm{d}}{\mathrm{d}t}\sqrt{l^2 - r^2\sin^2\theta} = -r\sin\theta \cdot \frac{\mathrm{d}\theta}{\mathrm{d}t} + \frac{-2r^2\sin\theta\cos\theta}{2\sqrt{l^2 - r^2\sin^2\theta}} \cdot \frac{\mathrm{d}\theta}{\mathrm{d}t}$$

$$= -r\sin\theta\left(1 + \frac{r\cos\theta}{\sqrt{l^2 - r^2\sin^2\theta}}\right) \cdot \frac{\mathrm{d}\theta}{\mathrm{d}t}.$$

将 $\dfrac{\mathrm{d}\theta}{\mathrm{d}t} = 2(\text{周}/\text{秒}) = 4\pi(\text{弧度}/\text{秒})$、$\theta = \dfrac{\pi}{2}$、$r = 0.5(\text{m})$、$l = 2(\text{m})$ 代入上式得

$$v\big|_{\theta=90°} = -r\sin\theta \cdot \frac{\mathrm{d}\theta}{\mathrm{d}t} = -\frac{1}{2} \cdot 4\pi = -2\pi(\text{m/s}) \approx -6.28(\text{m/s}).$$

再求连杆摆动的角速度.设连杆与 OS 轴的夹角为 β,则

$$\frac{r}{\sin\beta} = \frac{l}{\sin\theta} \quad \text{或} \quad l\sin\beta = r\sin\theta \tag{1}$$

式(1)两边对 t 求导,得 $\quad l\cos\beta\,\dfrac{\mathrm{d}\beta}{\mathrm{d}t} = r\cos\theta\,\dfrac{\mathrm{d}\theta}{\mathrm{d}t},$

$$\Rightarrow \frac{\mathrm{d}\beta}{\mathrm{d}t} = \frac{r\cos\theta}{l\cos\beta}\frac{\mathrm{d}\theta}{\mathrm{d}t} = \frac{r\cos\theta}{l\sqrt{1-\sin^2\beta}}\frac{\mathrm{d}\theta}{\mathrm{d}t} = \frac{r\cos\theta}{\sqrt{l^2 - r^2\sin^2\theta}}\frac{\mathrm{d}\theta}{\mathrm{d}t}$$

故所求角速度为 $\omega\big|_{\theta=90°} = \dfrac{\mathrm{d}\beta}{\mathrm{d}t}\big|_{\theta=90°} = 0.$

习题 2.3

1.求下列参数方程所确定的函数的导数 $\dfrac{\mathrm{d}y}{\mathrm{d}x}$.

(1) $\begin{cases} x = \ln(1+t^2); \\ y = t - \arctan t \end{cases}$;   (2) $\begin{cases} x = a(t - \sin t) \\ y = a(1 - \cos t) \end{cases}$;   (3) $\begin{cases} x = \sqrt{1+t} \\ y = \sqrt{1-t} \end{cases}$,求 $\dfrac{\mathrm{d}y}{\mathrm{d}x}\big|_{t=0}$.

2.求星形线(内摆线) $\begin{cases} x = a\cos^3 t \\ y = a\sin^3 t \end{cases}$ 上点 $\left(\dfrac{\sqrt{2}}{4}a, \dfrac{\sqrt{2}}{4}a\right)$ 处的切线方程.

3.求下列隐函数的导数 $\dfrac{\mathrm{d}y}{\mathrm{d}x}$.

(1) $x^3 + y^3 - 3xy = 0$;   (2) $\arctan\dfrac{y}{x} = \ln\sqrt{x^2+y^2}$;   (3) $e^y + xy = e, \dfrac{\mathrm{d}y}{\mathrm{d}x}\big|_{x=0}$.

4.当 a 取何值时,直线 $y = x$ 与对数曲线 $y = \log_a x$ 相切? 并求该切点的坐标.

5.曲线 $y = f(x) = x^n$(n 为正整数)上点 $(1,1)$ 处的切线交 x 轴于点 $(\xi_n, 0)$,求极限 $\lim\limits_{n\to\infty} f(\xi_n)$.

6.证明:(1) 抛物线 $\sqrt{x} + \sqrt{y} = \sqrt{a}$ 上任意一点处的切线所截两坐标轴的截距之和为定值;

(2) 双曲线 $xy = a^2$ 上任意一点处的切线与两坐标轴所围成的三角形面积为定值;

(3) 内摆线 $x^{\frac{2}{3}} + y^{\frac{2}{3}} = a^{\frac{2}{3}}$ 上任意一点处的切线介于两坐标轴之间的线段长为定值.

7.有一长为 5m 的梯子,贴靠在铅直的墙上,若梯子下端沿地板以 3m/s 的速度离开墙角滑动.求:(1)当梯子下端距离墙角 1.4m 时,梯子上端沿墙壁下滑的速度;(2)当梯子下端距

离墙角多远时？梯子上端的下滑速度与梯子下端移动的速度相同；(3) 当梯子下端距离墙角多远时？梯子上端的下滑速度为 4m/s.

8.某山区积雪融化后流入水库，水库近似一长为 l(m)、顶角为 2α 的等腰水槽（见图 2-10），已知水流入水库的流量为 q(m²/s)，水库的初始水深为 h_0(m)，求该水库水面上升的速率.

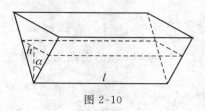

图 2-10

2.4　微　　分

2.4.1　微分的概念

微分是微分学中另一重要基本概念.为了引入微分的概念,先来看下面两个例子.

例 2.21　一块边长为 x 的正方形铁板,受热后发生膨胀,假定膨胀后仍为正方形,并假定膨胀后边长增加了 0.01%,试问铁板的面积约增加百分之多少?

解　正方形的面积 S 是边长 x 的函数,当边长的增量为 Δx 时,相应地面积 S 的增量为
$$\Delta S = (x + \Delta x)^2 - x^2 = 2x\Delta x + (\Delta x)^2.$$
取 $x = 1$,则 $\Delta x = 0.01\% = 0.0001$,代入上式可得
$$\Delta S = 2 \times 0.0001 + (0.0001)^2 \approx 0.02\%.$$
故铁板的面积约增加了 0.02%.

例 2.22　设已经测得正方体零件的边为 10cm,且已知绝对误差不超过 0.01cm,试估计所引起的正方体零件的体积的绝对误差.

解　正方体的体积 V 是边长 x 的函数,当边长的增量为 Δx 时,相应地体积 V 的增量为
$$\Delta V = (x + \Delta x)^3 - x^3 = 3x^2\Delta x + 3x(\Delta x)^2 + (\Delta x)^3.$$
取 $x = 10$,则 $\Delta x = 0.01$,代入上式可得
$$|\Delta V| \leqslant 3 \times 10^2 \times 0.01 + 3 \times 10 \times (0.01)^2 + (0.01)^3 \approx 3.$$
故所引起的正方体零件的体积的绝对误差约为 3cm³.

类似于上面两个例子的问题在一些实际工作中经常遇到.因此有必要对这类问题进行研究,寻求解决这类问题的简便方法和理论依据.

在上面两个例子的计算中,分别用到了下面两个近似公式:
$$\Delta S = 2x\Delta x + (\Delta x)^2 \approx 2x\Delta x \qquad\qquad (2\text{-}21)$$
$$\Delta V = 3x^2\Delta x + 3x(\Delta x)^2 + (\Delta x)^3 \approx 3x^2\Delta x \qquad\qquad (2\text{-}22)$$

现在来分析这两个近似公式的理论依据.对 ΔS 来说,ΔS 包含两个部分,第一部分为 $2x\Delta x$,它是 $\Delta x(\Delta x \to 0, \Delta x \neq 0)$ 的同阶无穷小;第二部分为 $(\Delta x)^2$,它是 Δx 的高阶无穷

小.因此,当 Δx 很小时,面积的增量 ΔS 可以近似地用第一部分 $2x\Delta x$ 来代替,略去的仅仅是 Δx 的高阶无穷小,它比第一部分小得多.这一点从图 2-11 中也能反映出来.对于 ΔV 来说,情形也类似.总之,保留部分是 Δx 的同阶无穷小,而略去的部分是 Δx 的高阶无穷小.因此,当 Δx 很小时,式(2-21)和式(2-22)都具有较高的近似程度.

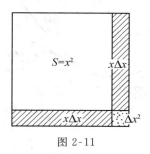

图 2-11

我们要问:对于一般函数 $y=f(x)$,当满足什么条件时,函数的增量 $\Delta y=f(x+\Delta x)-f(x)$ 也可以表示成类似的形式呢? 即当 $f(x)$ 满足什么条件时,有

$$\Delta y = A(x)\Delta x + o(\Delta x)$$

成立呢? 这一问题的解决既是数学理论的需要,也是实际应用的需要.为此,我们引进微分的概念.

定义 2.3　设函数 $y=f(x)$ 在点 x_0 的某邻域 $U(x_0)$ 内有定义,如果存在常数 A,使得 $\forall x_0 + \Delta x \in U(x_0)$,函数 $y=f(x)$ 的增量 $\Delta y=f(x_0+\Delta x)-f(x_0)$ 可以表示为

$$\Delta y = A\Delta x + o(\Delta x) \tag{2-23}$$

则称函数 $f(x)$ 在点 x_0 处可微,并称 Δy 的线性主部 $A\Delta x$ 为 $f(x)$ 在点 x_0 处的微分,记为

$$\mathrm{d}y\big|_{x_0} = A\Delta x \quad \text{或} \quad \mathrm{d}f(x)\big|_{x_0} = A\Delta x.$$

由定义可见,增量 Δy 与微分$\mathrm{d}y\big|_{x_0} = A\Delta x$ 仅相差一个高阶无穷小量 $o(\Delta x)$,因此,当 $|\Delta x|$ 很小时,用$\mathrm{d}y\big|_{x_0}$ 代替 Δy,在近似计算中,既简单又具有较高的精确度.

◎ **思考题**　若函数可微,在式(2-23)中,$A=$?(参考式(2-21)、式(2-22)两式和 2.1 节中增量 — 微分公式)

定理 2.5　函数 $f(x)$ 在点 x_0 可微等价于 $f(x)$ 在点 x_0 可导,这时有$\mathrm{d}y\big|_{x_0} = f'(x_0)\Delta x$.

证　若函数 $f(x)$ 在点 x_0 可微,即 $\Delta y = A\Delta x + o(\Delta x)$,便有

$$\frac{\Delta y}{\Delta x} = A + \frac{o(\Delta x)}{\Delta x} = A + o(1)$$

于是推得

$$\lim_{\Delta x \to 0} \frac{f(x_0+\Delta x)-f(x_0)}{\Delta x} = \lim_{\Delta x \to 0}[A + o(1)] = A$$

即 $f'(x_0)=A$.

反之,若 $f'(x_0)$ 存在,则根据 2.1 节中增量 — 微分公式(即式(2-9)）$\Delta y = f'(x_0)\Delta x + o(\Delta x)$ 知,函数 $f(x)$ 在点 x_0 可微,且$\mathrm{d}y\big|_{x_0} = f(x_0)\Delta x$.

微分的几何意义如图 2-12 所示,Δy 是曲线 $y=f(x)$ 上点的纵坐标的增量,$\mathrm{d}y$ 是曲线

的切线上点的纵坐标的相应增量.当 $\Delta x \rightarrow 0$ 时, $\Delta y - \mathrm{d}y$ 是 Δx 的高阶无穷小.这一点也能从图像上反映出来:在切点 M 的邻近,曲线与切线几乎贴在一起,因此可以用切线段来近似代替曲线段.

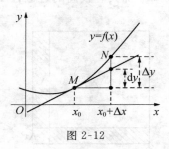

图 2-12

若函数 $y = f(x)$ 在区间 I 上每一点都可微,则称 $f(x)$ 为 I 上的可微函数.函数 $f(x)$ 在 I 上任一点 x 的微分记为 $\mathrm{d}f(x)$ 或 $\mathrm{d}y$,即

$$\mathrm{d}y = \mathrm{d}f(x) = f'(x)\Delta x , x \in I \tag{2-24}$$

由于函数 $y = x$ 的导数 $(x)' = 1$,所以这个函数的微分为 $\mathrm{d}x = (x)'\Delta x = \Delta x$.即自变量 x 的微分 $\mathrm{d}x$ 等于 x 自身的增量 Δx,因此函数的微分常写成

$$\mathrm{d}y = \mathrm{d}f(x) = f'(x)\mathrm{d}x. \tag{2-25}$$

即函数的微分等于函数的导数与自变量的微分之积.从而导数 $f'(x)$ 等于因变量微分 $\mathrm{d}y$ 与自变量微分 $\mathrm{d}x$ 之商,即 $f'(x) = \dfrac{\mathrm{d}y}{\mathrm{d}x}$.因此导数又称为微商.至此,$\dfrac{\mathrm{d}y}{\mathrm{d}x}$ 不仅仅是导数的一种记号,它还表示因变量微分与自变量微分之商.

例 2.23　(1) 求函数 $y = \sin 2x$ 在点 $x = 0$ 的微分;

(2) 求函数 $y = x^3$ 当 $x = 10, \Delta x = 0.01$ 时的微分.

解　(1) $\mathrm{d}y = \mathrm{d}(\sin 2x) = (\sin x)'\mathrm{d}x = 2\cos x \,\mathrm{d}x$, $\mathrm{d}y\big|_{x=0} = 2\cos 0 \mathrm{d}x = 2\mathrm{d}x = 2\Delta x$.

(2) $\mathrm{d}y = \mathrm{d}(x^3) = 3x^2 \mathrm{d}x = 3x^2 \Delta x$, $\mathrm{d}y \bigg|_{\substack{x=10 \\ \Delta x=0.01}} = 3 \times 10^2 \times 0.01 = 3$.

◎ **思考题**　设函数 $y = f(x)$ 可微,试问 $\Delta y - \mathrm{d}y = o(\Delta x)(\Delta x \rightarrow 0)$ 对吗?

2.4.2　微分的运算法则

根据导数与微分的关系,可以立刻推导出以下微分法则:

1.$\mathrm{d}(u \pm v) = \mathrm{d}u \pm \mathrm{d}v$;　　　　　　2.$\mathrm{d}(uv) = u\mathrm{d}v + v\mathrm{d}u$;

3.$\mathrm{d}(Cu) = C\mathrm{d}u$ (C 为常数);　　4.$\mathrm{d}\left(\dfrac{u}{v}\right) = \dfrac{v\mathrm{d}u - u\mathrm{d}v}{v^2}(v \neq 0)$;

5.$\mathrm{d}\{f[\varphi(x)]\} = f'[\varphi(x)]\varphi'(x)\mathrm{d}x = f'[\varphi(x)]\mathrm{d}\varphi(x)$.

最后一式为复合函数的微分法则,又称一阶微分形式的不变性.在这一法则中,若令 $u = \varphi(x)$,则这个法则可以写成 $\mathrm{d}f(u) = f'(u)\mathrm{d}u$.这说明,不论 u 是自变量或是中间变量,函数 $f(u)$ 的微分形式都是一样的.

例 2.24　求下列函数的微分

(1) $y = (x^2 + 1)\sin x + \cos 2x$;　　　　　(2) $y = \ln(1 + x^2)$.

解 (1) $dy = \sin x \, d(x^2+1) + (x^2+1) \, d(\sin x) + d(\cos 2x)$

$= 2x\sin x \, dx + (x^2+1)\cos x \, dx - 2\sin 2x \, dx$

$= [2x\sin x + (x^2+1)\cos x - 2\sin 2x]dx.$

(2) $dy = d\ln(1+x^2) = \dfrac{1}{1+x^2}d(1+x^2) = \dfrac{2x}{1+x^2}dx.$

我们还可以应用微分法则求隐函数和参变量函数的导数.

例 2.25 求由方程 $x + y - e^{xy} = 0$ 确定的隐函数的导数 $\dfrac{dy}{dx}$.

解 方程两边微分,得 $d(x+y-e^{xy}) = 0.$ 应用微分法则,有

$d(x+y-e^{xy}) = dx + dy - de^{xy} = dx + dy - e^{xy}d(xy)$

$= dx + dy - e^{xy}(y\,dx + x\,dy)$

$= (1-ye^{xy})dx + (1-xe^{xy})dy$

于是得 $(1-ye^{xy})dx + (1-xe^{xy})dy = 0,$ 由此解得

$$\frac{dy}{dx} = \frac{ye^{xy}-1}{1-xe^{xy}} = \frac{y(y+x)-1}{1-x(y+x)} = \frac{y^2+xy-1}{1-xy-x^2}.$$

例 2.26 求曲线 $x^2 + y^4 = 5$ 在点 $(2,1)$ 处的切线方程.

解 方程两边微分,得 $2x\,dx + 4y^3\,dy = 0,$ 解得 $\dfrac{dy}{dx} = -\dfrac{x}{2y^3},$ 由此算得曲线在点 $(2,1)$ 处的切线的斜率为

$$\frac{dy}{dx}\bigg|_{\substack{x=2\\y=1}} = -\frac{x}{2y^3}\bigg|_{\substack{x=2\\y=1}} = -1.$$

故所求切线方程为

$$y - 1 = -(x-2) \quad 即 \quad x + y = 3.$$

2.4.3 微分的应用

根据函数增量与微分的关系 $\Delta y = dy + o(\Delta x)$ 可得

$$f(x_0+\Delta x) = f(x_0) + f'(x_0)\Delta x + o(\Delta x)$$

或写成 $\qquad f(x) = f(x_0) + f'(x_0)(x-x_0) + o((x-x_0)) \qquad (2\text{-}26)$

因此,当 Δx 很小时,有近似公式

$$f(x_0+\Delta x) \approx f(x_0) + f'(x_0)\Delta x, \qquad (2\text{-}27)$$

或 $\qquad f(x) \approx f(x_0) + f'(x_0)(x-x_0) \qquad (2\text{-}28)$

下面列举几个运用微分求近似值的例子.

例 2.27 设已经测得圆钢的直径为 43cm,且已知绝对误差不超过 0.1cm,求由此所引起的圆钢截面积的绝对误差.

解 设直径为 D,则圆钢的截面积 $S = \dfrac{1}{4}\pi D^2,$ S 的绝对误差为 $|\Delta S|,$ D 的绝对误差为 $|\Delta D| = 0.1.$ 由于 $\Delta S \approx dS = \dfrac{1}{2}\pi D\Delta D,$ 将 $D = 43$ 及 $|\Delta D| = 0.1$ 代入其中,即得圆钢截面积的绝对误差为 $|\Delta S| \approx \dfrac{1}{2} \times 3.14 \times 43 \times 0.1 \approx 6.75(\text{cm}^2).$

例 2.28　钟摆原来的周期是 1s.冬季摆长缩短了 0.01cm,试问这个钟每天大约快多少?

解　物理学相关知识告诉我们,单摆的周期 T 与摆长 l 之间存在关系 $T=2\pi\sqrt{l/g}$.其中,g 为重力加速度,现因天冷摆长有了改变量 $\Delta l=-0.01$,于是引起周期有相应的改变量 ΔT.

由于 $T=2\pi\sqrt{l/g}$,故有

$$\mathrm{d}T=\frac{2\pi}{\sqrt{g}}\cdot\frac{1}{2\sqrt{l}}\mathrm{d}l=\frac{\pi}{\sqrt{g}\sqrt{l}}\Delta l=\frac{\pi}{\sqrt{g}}\cdot\frac{2\pi}{\sqrt{g}}\cdot\frac{1}{T}\Delta l=\frac{2\pi^2}{g}\cdot\frac{1}{T}\Delta l.$$

于是 $\Delta T\approx\mathrm{d}T=\dfrac{2\pi^2}{g}\cdot\dfrac{1}{T}\Delta l$.将 $T=1,\Delta l=-0.01,g=980$ 代入其中,便得

$$\Delta T\approx\frac{2\cdot(3.14)^2}{980}(-0.01)\approx-0.0002(\mathrm{s}).$$

这表示:由于钟摆缩短了 0.01cm,摆的周期也缩短了大约 0.0002s.也就是说,每秒大约快 0.0002s.因此每天大约快 $86400\times0.0002=17.28(\mathrm{s})$.

例 2.29　求 $\sqrt{2}$ 的近似值.

解　令 $y=\sqrt{x}$,则 $\mathrm{d}y=\dfrac{1}{2\sqrt{x}}\Delta x$.当 Δx 很小时,有

$$\Delta y=\sqrt{x+\Delta x}-\sqrt{x}\approx\mathrm{d}y=\frac{1}{2\sqrt{x}}\Delta x,得\ \sqrt{x+\Delta x}\approx\sqrt{x}+\frac{1}{2\sqrt{x}}\Delta x.$$

将 $x=1.96,\Delta x=2-1.96=0.04$,代入上式中,便得

$$\sqrt{2}=\sqrt{1.96+0.04}\approx\sqrt{1.96}+\frac{1}{2\sqrt{1.96}}\times0.04\approx1.414.$$

例 2.30　求 $\sin30°30'$ 的近似值.

解　令 $y=\sin x$,则 $\mathrm{d}y=\cos x\Delta x$.当 Δx 很小时,有

$$\sin(x+\Delta x)-\sin x\approx\cos x\cdot\Delta x\quad即\quad\sin(x+\Delta x)\approx\sin x+\cos x\cdot\Delta x.$$

将 $x=30°=\dfrac{\pi}{6},\Delta x=30'=\dfrac{\pi}{360}$,代入上式便得

$$\sin30°30'\approx\sin30°+\cos30°\cdot\frac{\pi}{360}=\frac{1}{2}+\frac{\sqrt{3}}{2}\cdot\frac{\pi}{360}\approx0.5+0.0076=0.5076.$$

习题 2.4

1.设 $f(x)=x^3-2x+1$,分别对 $\Delta x=1$、$\Delta x=0.1$ 及 $\Delta x=0.01$,求出相应的 $\Delta f(1)-\mathrm{d}f(1)$.

2.求下列函数的微分.

(1) $y=x\ln x-x$;　　　(2) $y=\mathrm{e}^{-ax}\sin bx$;　　　(3) $y=\ln\left(1+\dfrac{\sin x}{1+x^2}\right)$;

(4) $y=\arctan\dfrac{1-x^2}{1+x^2}$;　　(5) $y=\tan(x+y)$;　　(6) $\arctan\dfrac{y}{x}=\ln\sqrt{x^2+y^2}$.

3.利用微分求近似值.

(1) $\sqrt[3]{1.02}$ ；　　　　　　(2) arctan1.05；　　　　　(3) sin 29°

4.重力加速度随海拔高度变化的计算公式为 $g=g_0\left(1+\dfrac{h}{R}\right)^{-2}$，其中 g_0 为海平面的重力加速度，h 为海拔高度，R 为地球半径，试用微分求 g 的近似公式.

2.5　高阶导数与高阶微分

2.5.1　高阶导数

我们知道一个函数 $y=f(x)$ 的导数仍是 x 的函数，如果导函数 $y'=f'(x)$ 是可微（或可导）的，则它的导数就称为 $y=f(x)$ 的二阶导数，记为

$$f''(x),y'',\frac{\mathrm{d}^2y}{\mathrm{d}x^2}\quad 或\quad \frac{\mathrm{d}^2f}{\mathrm{d}x^2}$$

同理，如果二阶导函数 $y''=f''(x)$ 仍可微，它的导数称为 $y=f(x)$ 的三阶导数，记为

$$f'''(x),y''',\frac{\mathrm{d}^3y}{\mathrm{d}x^3}\quad 或\quad \frac{\mathrm{d}^3f}{\mathrm{d}x^3}$$

一般地，函数 $y=f(x)$ 的 $n-1$ 阶导函数的导数称为 $y=f(x)$ 的 n 阶函数，记为

$$f^{(n)}(x),y^{(n)},\frac{\mathrm{d}^ny}{\mathrm{d}x^n}\quad 或\quad \frac{\mathrm{d}^nf}{\mathrm{d}x^n}$$

而函数 $y=f(x)$ 在一点 x_0 的 n 阶导数记为

$$f^{(n)}(x_0),y^{(n)}\big|_{x=x_0},\frac{\mathrm{d}^ny}{\mathrm{d}x^n}\bigg|_{x=x_0}\quad 或\quad \frac{\mathrm{d}^nf}{\mathrm{d}x^n}\bigg|_{x=x_0}$$

二阶及二阶以上的导数统称为高阶导数.自然地，称原来的导数 $f'(x)$ 为一阶导数.

高阶导数也是具有许多实际背景的.例如，我们知道，加速度 a 是速度函数 $v(t)$ 的（关于时间 t）变化率，因而加速度 a 是速度函数 $v(t)$ 对时间 t 的导数.但速度 $v(t)$ 本身也是路程函数 $s=s(t)$ 对时间 t 的导数，因此加速度 a 是路程对时间的二阶导数，即 $a=v'(t)=s''(t)$.此外，高阶导数还有许多重要应用，将在以后几节里讨论.当然引进高阶导数的意义不能仅从它的实际应用中去估量.

显然，求高阶导数只需一次一次地求导，一般不需要新的方法.

例 2.31　$y=\mathrm{e}^{-x}\cos x$，求 $y^{(3)}$.

解　$y'=(\mathrm{e}^{-x})'\cos x+\mathrm{e}^{-x}(\cos x)'=-\mathrm{e}^{-x}(\cos x+\sin x)$

$y''=-[\mathrm{e}^{-x}(\cos x+\sin x)]'=-[-\mathrm{e}^{-x}(\cos x+\sin x)+\mathrm{e}^{-x}(\cos x-\sin x)]$

$\quad=2\mathrm{e}^{-x}\sin x$

$y^{(3)}=2(\mathrm{e}^{-x}\sin x)'=2\mathrm{e}^{-x}(\cos x-\sin x)$.

例 2.32　设 $p(x)=a_0+a_1(x-x_0)+a_2(x-x_0)^2+\cdots+a_n(x-x_0)^n$，则

$p'(x)=a_1+2a_2(x-x_0)+3a_3(x-x_0)^2+\cdots+na_n(x-x_0)^{n-1}$

$p''(x)=2a_2+3\cdot2a_3(x-x_0)+4\cdot3a_4(x-x_0)^2+\cdots+n(n-1)a_n(x-x_0)^{n-2}$

$\vdots\qquad\vdots$

$$p^{(n)}(x) = n!\, a_n, \quad \text{当 } k > n \text{ 时,} \quad p^{(k)}(x) = 0$$

例 2.33　设 $y = x^a$(α 不为正整数),则

$$y' = \alpha x^{\alpha-1},$$
$$y'' = \alpha(\alpha-1) x^{\alpha-2}$$
$$y''' = \alpha(\alpha-1)(\alpha-2) x^{\alpha-3},$$
$$y^{(4)} = \alpha(\alpha-1)(\alpha-2)(\alpha-3) x^{\alpha-4}$$
$$\vdots \qquad \vdots$$
$$(x^a)^{(n)} = \alpha(\alpha-1)\cdots(\alpha-n+1) x^{\alpha-n}.$$

例 2.34　设 $y = \sin x$,则

$$y' = \cos x = \sin\left(x + \frac{\pi}{2}\right),$$
$$y'' = \cos\left(x + \frac{\pi}{2}\right) = \sin\left(x + 2\cdot\frac{\pi}{2}\right)$$
$$y''' = \cos\left(x + 2\cdot\frac{\pi}{2}\right) = \sin\left(x + 3\cdot\frac{\pi}{2}\right),$$
$$y^{(4)} = \cos\left(x + 3\cdot\frac{\pi}{2}\right) = \sin\left(x + 4\cdot\frac{\pi}{2}\right)$$
$$\vdots \qquad \vdots$$
$$\sin^{(n)} x = \sin\left(x + n\cdot\frac{\pi}{2}\right).$$

类似地可以求得以下公式

$$[\ln(1+x)]^{(n)} = (-1)^{n-1} \frac{(n-1)!}{(1+x)^n}, \qquad \cos^{(n)} x = \cos\left(x + n\cdot\frac{\pi}{2}\right).$$

在很多情况下,只要求出函数的前几阶导数,就能发现其规律,写出其 n 阶导数.

需要指出的是,高阶导数有一个重要的运算法则,即以下的莱布尼兹(Leibniz)求导法则.

$$(uv)^{(n)} = u^{(n)} v^{(0)} + C_n^1 u^{(n-1)} v^{(1)} + C_n^2 u^{(n-2)} v^{(2)} + \cdots +$$
$$C_n^k u^{(n-k)} v^{(k)} + \cdots + C_n^{n-1} u^{(1)} v^{(n-1)} + u^{(0)} v^{(n)} \tag{2-29}$$

公式(2-29)与二项式公式极为相似,常写成 $(uv)^{(n)} = \sum_{k=0}^{n} C_n^k u^{(n-k)} v^{(k)}$.其中,零阶导数应理解为函数本身.公式(2-29)的推导可以用数学归纳法完成,这里就不赘述了.为了使同学们能正确地掌握这个公式,我们来验证它的前三阶导数

$$(uv)' = u'v + uv' = \sum_{k=0}^{1} C_1^k u^{(1-k)} v^{(k)}$$

$$(uv)'' = (u'v + uv')' = u''v + 2u'v' + uv'' = \sum_{k=0}^{2} C_2^k u^{(2-k)} v^{(k)}$$

$$(uv)''' = (u''v + 2u'v' + uv'')' = u'''v + 3u''v' + 3u'v'' + uv''' = \sum_{k=0}^{3} C_3^k u^{(3-k)} v^{(k)}.$$

例 2.35　$y = x^2 e^{2x}$,求 $y^{(20)}$.

解　设 $u = e^{2x}$,求 $v = x^2$,则

$$u^{(k)} = 2^k e^{2x} (k=1,2,\cdots), v'=2x, v''=2, v^{(k)}=0(k \geqslant 3)$$

代入莱布尼兹公式,得

$$y^{(20)} = (uv)^{(20)} = \sum_{k=0}^{20} C_{20}^k u^{(20-k)} v^{(k)} = \sum_{k=0}^{2} C_{20}^k u^{(20-k)} v^{(k)}$$

$$= 2^{20} e^{2x} \cdot x^2 + C_{20}^1 \cdot 2^{19} e^{2x} \cdot 2x + C_{20}^2 \cdot 2^{18} e^{2x} \cdot 2 = 2^{20} e^{2x} (x^2 + 20x + 95).$$

◎ **思考题**　如何用极限式来表示 $f''(x)$? 设 $f(x) = \begin{cases} x^2, & x \geqslant 0 \\ -x^2, & x < 0 \end{cases}$, 应如何计算 $f'(0)$ 和 $f''(0), f''(0)$?

下面举两个求参变量函数和隐函数的二阶导数的例子

例 2.36　旋轮线的参数方程为 $\begin{cases} x = a(t-\sin t) \\ y = a(1-\cos t) \end{cases}$, 试求二阶导数 $\dfrac{d^2 y}{dx^2}$.

解　根据参变量函数的求导法则得 $\dfrac{dy}{dx} = \dfrac{(a(1-\cos t))'}{(a(t-\sin t))'} = \dfrac{\sin t}{1-\cos t} = \cot \dfrac{t}{2}$

因为二阶导数 $\dfrac{d^2 y}{dx^2}$ 是一阶导数 $\dfrac{dy}{dx}$ 的导数,且导数又是因变量微分与自变量微分之商,所以二阶导数 $\dfrac{d^2 y}{dx^2}$ 是因变量微分 $d\left(\dfrac{dy}{dx}\right)$ 与自变量微分 dx 之商.于是

$$\frac{d^2 y}{dx^2} = \frac{d\left(\dfrac{dy}{dx}\right)}{dx} = \frac{d\left(\cot \dfrac{t}{2}\right)}{d(a(t-\sin t))} = \frac{-\dfrac{1}{2} \csc^2 \dfrac{t}{2} dt}{a(1-\cos t)dt} = -\frac{1}{4a} \csc^4 \frac{t}{2}.$$

对于一般参变量函数 $\begin{cases} x = \varphi(t) \\ y = \psi(t) \end{cases}$, 仿照例 2.36 的计算方法可得

$$\frac{d^2 y}{dx^2} = \frac{d(dy/dx)}{dx} = \frac{d(\psi'(t)/\varphi'(t))}{d(\varphi(t))} = \frac{(\psi'(t)/\varphi'(t))' dt}{\varphi'(t)dt} = \frac{\psi''\varphi' - \psi'\varphi''}{[\varphi']^3} \quad (2\text{-}30)$$

例 2.37　设隐函数方程为 $x^2 + y^2 = 4$, 试求二阶导数 $\dfrac{d^2 y}{dx^2}$.

解　根据隐函数求导法得 $2x + 2y \cdot y' = 0 \Rightarrow \dfrac{dy}{dx} = -\dfrac{x}{y}$

根据导数的运算法则得 $\dfrac{d^2 y}{dx^2} = -\left(\dfrac{x}{y}\right)' = -\dfrac{y-xy'}{y^2}$ （括号中的 y 是隐函数）

故得 $\dfrac{d^2 y}{dx^2} = -\dfrac{y-x(-x/y)}{y^2} = -\dfrac{x^2+y^2}{y^3} = -\dfrac{4}{y^3}$

此例也可以应用微分法则解答(参见上节例 2.25 和本节例 2.36 的解法).

2.5.2　高阶微分

我们知道,一个函数的微分 $dy = f'(x)dx$ 既与 x 有关,又与 dx 有关.现将 dx 作为固定的常数,即将 $dy = f'(x)dx$ 只作为 x 的函数,如果 $f(x)$ 二阶可导,那么对 $dy = f'(x)dx$ 再求微分得

$$d(dy) = d(f'(x)dx) = d(f'(x)) \cdot dx = f''(x)dx \cdot dx = f''(x)(dx)^2$$

即 $$d(dy) = f''(x)(dx)^2 \quad (2\text{-}31)$$

称上式为函数 $y=f(x)$ 的二阶微分.记为

$$d^2y=f''(x)dx^2 \tag{2-32}$$

一般地,称 $d(d^{n-1}y)=d(f^{(n-1)}(x)dx^{n-1})=f^{(n)}(x)dx^n$ 为 n 阶微分,记为 d^ny,即

$$d^ny=f^{(n)}(x)dx^n \tag{2-33}$$

二阶及二阶以上的微分统称为高阶微分.自然地,称 $f'(x)dx$ 为一阶微分.

引进了高阶微分的概念之后,n 阶导数的记号 $\dfrac{d^ny}{dx^n}$ 就表示因变量的 n 阶微分 d^ny 与自变量微分的 n 次方 $dx^n(=(dx)^n)$ 之商的意思了.

◎ 思考题　三个记号 d^2x、dx^2、$d(x^2)$ 有何区别?

首先,d^2x 表示 $y=x$ 的二阶微分,故 $d^2x=0$,即自变量 x 的二阶微分等于 0.其次,dx^2 表示 x 的微分的平方,即 $dx^2=(dx)^2$.最后,$d(x^2)$ 表示 x^2 的微分,因此 $d(x^2)=2xdx$.这三个记号不能混淆,特别要注意 $dx^2\neq d(x^2)$.

我们知道,一阶微分具有形式不变性.但对于高阶微分来说,就不具备这一性质了.下面以二阶微分为例来说明这一点.对于 $y=f(u)$ 来说,当 u 为自变量时,它的二阶微分为

$$d^2y=f''(u)du^2 \tag{2-34}$$

但当 u 为复合函数的中间变量如 $u=g(x)\neq x$ 时,由于

$$\{f[g(x)]\}''=\{f'[g(x)]\cdot g'(x)\}'=f''[g(x)]\cdot[g'(x)]^2+f'[g(x)]\cdot g''(x)$$

这时复合函数 $y=f[g(x)]$ 的二阶微分为

$$\begin{aligned}d^2y&=\{f[g(x)]\}''dx^2=f''[g(x)]\cdot[g'(x)]^2\cdot dx^2+f'[g(x)]\cdot g''(x)dx^2\\&=f''[g(x)]\cdot[g'(x)dx]^2+f'[g(x)]\cdot g''(x)dx^2\\&=f''(u)du^2+f'(u)\cdot d^2u\end{aligned}$$

即有

$$d^2y=f''(u)du^2+f'(u)\cdot d^2u \tag{2-35}$$

比较式(2-34)和式(2-35)知,复合函数的二阶微分不具备形式不变性.

对于复合函数来说,式(2-35)也可以按下述步骤得到

$$\begin{aligned}d^2y&=d(dy)=d(f'(u)du)=d(f'(u))du+f'(u)d(du)\\&=f''(u)du^2+f'(u)\cdot d^2u\end{aligned}$$

我们发现,此时 $d(f'(u)du)$ 中的 du 不能作为常数看待.

◎ 思考题　设 $y=\sin u,u=x^2$,试用上述两种方法计算复合函数 $y=\sin x^2$ 的二阶微分.

习题 2.5

1.求下列函数的高阶导数.

(1) $y=x[\sin(\ln x)+\cos(\ln x)]$ 求 y'';　(2) $y=x\ln x$ 求 $y^{(5)}$;

(3) $y=x^2\sin 2x$ 求 $y^{(50)}$;　(4) $y=(x^2+2x+2)e^{-x}$ 求 $y^{(n)}$;

(5) $y=\sin^2x$ 求 $y^{(n)}$;　(6) $y=\dfrac{1}{1-x^2}$ 求 $y^{(n)}$;

(7) $y=f(\ln x)+\ln f(x)$ 求 y'',其中函数 $f(x)$ 二阶可导.

2.设函数 $u=u(x)$ 和 $v=v(x)$ 皆具有二阶导数,求 y''.

$(1)\ y=\sqrt{u^2+v^2}\ ;$ $\qquad (2)\ y=\arctan\dfrac{u}{v}\ ;$ $\qquad (3)\ y=u^v.$

3.求下列参变量函数或隐函数的二阶导数$\dfrac{\mathrm{d}^2y}{\mathrm{d}x^2}$.

$(1)\ \begin{cases} x=2t-t^2 \\ y=3t-t^3 \end{cases}\ ;$ $\qquad (2)\ \begin{cases} x=a\ \cos^3t \\ y=a\ \sin^3t \end{cases}\ ;$ $\qquad (3)\ \begin{cases} x=\ln(1+t^2) \\ y=t-\arctan t \end{cases}$ 求$\dfrac{\mathrm{d}^2y}{\mathrm{d}x^2}\Big|_{t=1}$;

$(4)\ \arctan\dfrac{y}{x}=\ln\sqrt{x^2+y^2}\ ;$ $\qquad\qquad (5)\ y^2+2\ln y=x^4\ ;$

$(6)\ \mathrm{e}^x+xy=\mathrm{e}^y$ 求$\dfrac{\mathrm{d}^2y}{\mathrm{d}x^2}\Big|_{x=0}.$

4.利用恒等式$\dfrac{1}{1+x^2}=\dfrac{1}{2i}\left(\dfrac{1}{x-i}-\dfrac{1}{x+i}\right)$和$(\cos\alpha+i\sin\alpha)^n=\cos n\alpha+i\sin n\alpha$,证明

$$\left(\dfrac{1}{1+x^2}\right)^{(n)}=-\dfrac{(-1)^n n!}{(\sqrt{1+x^2})^{n+1}}\sin[(n+1)\ \mathrm{arccot}x].$$

5.证明函数$y=\arctan x$满足微分方程$(1+x^2)y''+2xy'=0$,由此并利用莱布尼兹求导法则计算$y^{(n)}\big|_{x=0}.$

6.证明函数$y=\arcsin x$满足微分方程$(1-x^2)y^{(n+2)}-(2n+1)xy^{(n+1)}-n^2y^{(n)}=0$,并由此计算$y^{(n)}\big|_{x=0}.$

7.设 $f(x)=\begin{cases}\mathrm{e}^{-\frac{1}{x^2}},x\neq0\\ 0,\qquad x=0\end{cases}$,证明$f^{(n)}(0)=0$,其中 n 为任何正整数.

8.求下列函数的高阶微分.

$(1)\ y=\mathrm{e}^x\ln x$ 求 d^2y; $\quad(2)\ y=\dfrac{1}{\sqrt{x}}$ 求 d^3y; $\quad(3)\ y=x\cos2x$ 求 $\mathrm{d}^{10}y$;

$(4)\ y=\ln u,u=u(x)$ 二阶可微,求 d^2y;

$(5)\ y=\mathrm{e}^u,u=u(x)$ 四阶可微,求 d^4y.

2.6 拉格朗日中值定理与函数的单调性、极值

在这一节和以后的几节里,我们将研究怎样由导数的已知性质来推断函数所应有的性质.微分中值定理和泰勒定理正是进行这一研究的有效工具,它们是导数通向应用的桥梁.

微分中值定理包括罗尔定理、拉格朗日中值定理和柯西中值定理,其中拉格朗日中值定理最具代表性,在数学分析中,这个定理出现的频率较高,地位重要.

2.6.1 极值概念与费马定理

为了利用导数研究函数的极值,我们引入极值的概念.

定义 2.4 设函数 $f(x)$ 在点 x_0 的某邻域内有定义,若 $\exists\delta>0$,使 $\forall x\in U(x_0,\delta)$ 有

$$f(x)\leqslant f(x_0)\qquad(\text{或}\ f(x)\geqslant f(x_0))$$

则称函数 $f(x)$ 在点 x_0 处取得极大(或极小)值,称点 x_0 为极大(或极小)值点.极大值和极小值统称为极值,极大值点和极小值点统称为极值点.

简言之,极值就是局部范围内的最值.

如图 2-13 所示,函数 $f(x)$ 在点 x_4、x_6 处取得极大值;在点 x_1、x_2、x_5 处取得极小值;在点 x_3 处不取极值.由于极值是定义在一个邻域内的局部概念,故区间端点的函数值不在其考虑的范围内.此外我们还发现,在极值点 x_0 处,若曲线 $y=f(x)$ 存在切线,则其切线斜率等于 0,即 $f'(x_0)=0$,如图 2-14 所示.这一现象并不是偶然发生的,而是可以由下述的费马定理作为保证的.

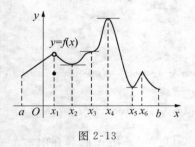

图 2-13

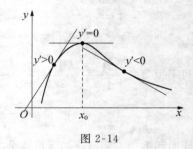

图 2-14

定理 2.6（费马（Fermat）定理）设函数 $f(x)$ 在点 x_0 的某邻域内有定义,且 $f(x)$ 在点 x_0 可导.如果 x_0 是 $f(x)$ 的极值点,则必有 $f'(x_0)=0$.

证　不妨设 $f(x_0)$ 为函数的极大值,则存在某邻域 $U(x_0)$,使得

$$\frac{f(x)-f(x_0)}{x-x_0} \geqslant 0 (x \in U^{\circ}_{-}(x_0)), \quad \frac{f(x)-f(x_0)}{x-x_0} \leqslant 0 (x \in U^{\circ}_{+}(x_0))$$

$$(2\text{-}36)$$

由于 $f(x)$ 在点 x_0 可导,故下述左导数和右导数

$$f'_{-}(x_0) = \lim_{x \to x_0^-} \frac{f(x)-f(x_0)}{x-x_0}, \quad f'_{+}(x_0) = \lim_{x \to x_0^+} \frac{f(x)-f(x_0)}{x-x_0}$$

都存在.根据式(2-36)和函数极限的保不等式之性质可得

$$f'_{-}(x_0) \geqslant 0, \quad f'_{+}(x_0) \leqslant 0 \qquad (2\text{-}37)$$

又因为 $f'_{-}(x_0)=f'_{+}(x_0)=f'(x_0)$,所以结合式(2-37)推得 $f'(x_0)=0$.

◎ **思考题**　若 $f'_{+}(x_0)>0$,是否存在右邻域 $U_{+}(x_0)$,使得 $f(x) \geqslant f(x_0)(x \in U^{\circ}_{+}(x_0))$.

称满足方程 $f'(x)=0$ 的点 x 为 $f(x)$ 的稳定点(或驻点).稳定点不一定都是极值点,如 $x=0$ 是 $y=x^3$ 的稳定点,而不是极值点.但极值点也未必是稳定点,如 $x=0$ 是 $y=|x|$ 的极小值点,而不是稳定点(因为 $y=|x|$ 在点 $x=0$ 不可导,见图 2-2).

2.6.2　拉格朗日中值定理

定理 2.7（罗尔（Rolle）定理）如果函数 $f(x)$ 在闭区间 $[a,b]$ 上连续,在开区间 (a,b) 内可导,且 $f(a)=f(b)$,则在 (a,b) 内至少存在一点 ξ,使得 $f'(\xi)=0$.

罗尔定理的几何意义是明显的(见图 2-15).一条连续且处处存在切线的曲线弧,如果该弧段两个端点的纵坐标相等,那么在这条曲线上至少存在一点,使得曲线在该点的切线斜率等于 0.从图 2-15 中可以看出,函数至少有一极值点.根据费马定理,曲线上该点处的切线是

水平的.根据这一几何意义,我们不难写出定理的证明方法.

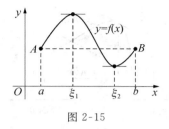

图 2-15

证　因为 $f(x)$ 在 $[a,b]$ 上连续,那么由连续函数的最大(小)值定理,$f(x)$ 在 $[a,b]$ 上一定能取得最大值 M 和最小值 m.

(1) 若 $m=M$,则 $f(x)$ 在 $[a,b]$ 上为常量函数,故 $f'(x)\equiv 0$.这时可以在 (a,b) 内任意取一点 ξ,就可以使 $f'(\xi)=0$.

(2) 若 $m<M$,则由 $f(a)=f(b)$ 知,最大值 M 与最小值 m 中至少有一个值在区间的内部,即在开区间 (a,b) 内的某一点 ξ 取得,这时 ξ 就是极值点,于是由费马定理,并结合条件,得 $f'(\xi)=0$.

罗尔定理中的(三个)条件是充分非必要条件,如果三个条件缺少一个,则不能保证定理的结论成立.参见图 2-16 给出的三个例子(各少一个条件).

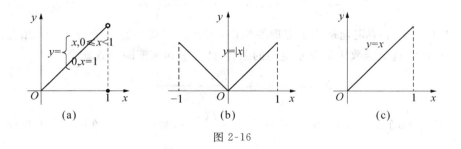

图 2-16

◎ **思考题**　试举一个在罗尔定理中三个条件都不满足,但有定理中结论成立的函数的例子.

下例是罗尔定理的一个简单应用.

例 2.38　设 $f(x)$ 在 $[a,b]$ 上满足罗尔定理的条件,且 $f(a)=f(b)=0$,证明存在 $\xi\in (a,b)$,使得 $f'(\xi)=f(\xi)$.

证　构造辅助函数 $F(x)=\mathrm{e}^{-x}f(x)$,则 $F(x)$ 在 $[a,b]$ 上也满足罗尔定理的条件,故存在 $\xi\in(a,b)$,使得 $0=F'(\xi)=-\mathrm{e}^{-\xi}f(\xi)+\mathrm{e}^{-\xi}f'(\xi)$,$\Rightarrow f'(\xi)=f(\xi)$.

为了能更好地体现定理的功效性和实用性,我们将罗尔定理作一个推广.设想如果将图 2-15 中的曲线在坐标系中作平移和旋转(称为刚体运动),变成图 2-17 的情形,那么罗尔定理将变成怎样的形式呢?

为方便起见,我们仍用 $y=f(x)$ 来表示图中曲线的方程,用 $[a,b]$ 来表示函数 $f(x)$ 的定义区间.由于图 2-17 的曲线是由图 2-15 中的曲线平移和旋转得来的,故罗尔定理中的连

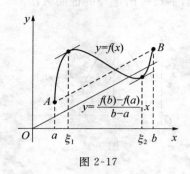

图 2-17

续性条件和可导性条件皆满足,而结论变成了在曲线上至少存在一点,使得曲线在该点的切线斜率等于线段 AB 的斜率.据此,我们便可得到罗尔定理的一个推广形式,即下述的拉格朗日中值定理.

定理 2.8（拉格朗日（Lagrange）中值定理）如果函数 $f(x)$ 在闭区间上连续,在开区间 (a,b) 内可导,则在 (a,b) 内至少存在一点 ξ,使得

$$f'(\xi) = \frac{f(b) - f(a)}{b - a} \tag{2-38}$$

为了证明这个定理,我们来分析:将式(2-38)改写成

$$f'(\xi) - \frac{f(b) - f(a)}{b - a} = 0, \text{即 } f'(x) - \frac{f(b) - f(a)}{b - a} = 0 \text{ 有解.}$$

既然拉格朗日中值定理是罗尔定理的推广,那么就需要构造一个与 $f(x)$ 相关的辅助函数 $F(x)$,并使这个函数满足罗尔定理的条件.自然想到该辅助函数就是

$$F(x) = f(x) - \frac{f(b) - f(a)}{b - a} x.$$

证　作辅助函数 $F(x) = f(x) - \dfrac{f(b) - f(a)}{b - a} x$,显然 $F(x)$ 在 $[a,b]$ 上连续,在 (a,b) 内可导,经计算可得 $F(a) = \dfrac{bf(a) - af(b)}{b - a} = F(b)$,所以 $F(x)$ 在 $[a,b]$ 上满足罗尔定理的条件,故存在 $\xi \in (a,b)$,使得 $F'(\xi) = f'(\xi) - \dfrac{f(b) - f(a)}{b - a} = 0$ 即 $f'(\xi) = \dfrac{f(b) - f(a)}{b - a}$.

拉格朗日中值定理的几何意义如图 2-17 所示.

◎**思考题**　这个辅助函数的两个函数值 $F(a)$ 和 $F(b)$ 有什么几何意义（见图2-17）? 试作出证明该定理的另一辅助函数.

拉格朗日中值定理也称为微分中值定理,公式(2-38)称为拉格朗日中值公式,在应用时,常把它写成下列等价形式

$$f(b) - f(a) = f'(\xi)(b - a), \xi \in (a,b) \tag{2-39}$$

$$f(x + \Delta x) - f(x) = f'(x + \theta \Delta x) \Delta x, \theta \in (0,1) \tag{2-40}$$

例 2.39 证明对一切 $x > -1$,都有 $\dfrac{x}{1+x} < \ln(1+x) < x$ 成立.

证 令 $f(t) = \ln(1+t)$,在区间 $[0, x]$ 或 $[x, 0]$ 上($x > -1$)应用拉格朗日中值公式,得

$$f(x) - f(0) = f'(\theta x)x \quad (x > -1, \theta \in (0,1))$$

即

$$\ln(1+x) = \frac{x}{1+\theta x} \quad (x > -1, \theta \in (0,1))$$

由于 $\theta \in (0,1)$,故当 $x > -1$ 时,总有

$$\frac{x}{1+x} < \frac{x}{1+\theta x} < x \quad 即 \quad \frac{x}{1+x} < \ln(1+x) < x.$$

例 2.40 如果 $f(x)$ 的导函数 $f'(x)$ 在区间 $[a, b]$ 上连续,试证函数 $f(x)$ 在 $[a, b]$ 上满足李布希兹(Lipschitz)条件,即存在常数 $L > 0$,使对一切 x_1、$x_2 \in [a, b]$ 都有

$$|f(x_1) - f(x_1)| = L|x_1 - x_2|.$$

证 因为函数 $f'(x)$ 在区间 $[a, b]$ 上连续,所以 $f'(x)$ 在 $[a, b]$ 上有界,故存在 $L > 0$,使得对一切 $x \in [a, b]$,都有 $|f'(x)| \leqslant L$.于是在 $[x_1, x_2]$ 或 $[x_2, x_1]$ 上应用拉格朗日中值公式,得

$$|f(x_1) - f(x_2)| = |f'(\xi)(x_1 - x_2)| \leqslant L|x_1 - x_2|.$$

我们在证明拉格朗日中值定理中借助了辅助函数,一般在证明可微(或连续)函数的有关中间值的某些结论时,借助辅助函数来证是比较方便的.

例 2.41(达布(Darboux)定理) 如果函数 $f(x)$ 在区间 $[a, b]$ 上可导,且 $f'_+(a) \neq f'_-(b)$,那么对于介于 $f'_+(a)$ 与 $f'_-(b)$ 之间任一实数 k,必存在 $\xi \in (a, b)$,使得 $f'(\xi) = k$.

证 令 $F(x) = f(x) - kx$,由已知条件知 $F(x)$ 在 $[a, b]$ 上亦可导,且

$$F'_+(a) \cdot F'_-(b) = (f'_+(a) - k)(f'_-(b) - k) < 0.$$

不妨设 $F'_+(a) > 0, F'_-(b) < 0$.由左导数、右导数的定义以及函数极限之保号性知,存在 $x_1, x_2 \in (a, b), x_1 < x_2$,使得

$$F(x_1) > F(a), F(x_2) > F(b). \tag{2-41}$$

由于 $F(x)$ 在 $[a, b]$ 上亦连续,故函数 $F(x)$ 在 $[a, b]$ 上有最大值(第1章1.8节中定理1.13),且由式(2-41)中的两个不等式知,$F(x)$ 的最大值点 $\xi \in (a, b)$,于是由费马定理得 $F'(\xi) = 0$,即 $f'(\xi) = k$.

例 2.42 设 $f(x)$ 在 $[a, b]$ 上连续,且 $f[a, b] \subset [a, b]$.则存在 $\xi \in [a, b]$,使得 $f(\xi) = \xi$.

证 由于对任意 $x \in [a, b]$ 有 $a \leqslant f(x) \leqslant b$,特别有 $a \leqslant f(a), f(b) \leqslant b$.若有 $a = f(a)$ 或 $f(b) = b$,则结论已经成立;若 $a < f(a), f(b) < b$,则令 $F(x) = f(x) - x$,那么有

$$F(a) \cdot F(a) = (f(a) - a)(f(b) - b) < 0.$$

故由连续函数的零点存在定理知,必存在 $\xi \in (a, b)$,使得 $F(\xi) = 0, f(\xi) = \xi$.

应用拉格朗日定理容易推得下列重要推论.

推论 2.1 若函数 $f(x)$ 在区间 I 上可导,且对一切 $x \in I$ 都有 $f'(x) = 0$,则 $f(x)$ 在区间 I 上是一个常量函数.

推论 2.2   若函数 $f(x)$ 和 $g(x)$ 都在区间 I 上可导,且对一切 $x \in I$ 都有 $f'(x) = g'(x)$,则在区间 I 上 $f(x)$ 与 $g(x)$ 只差一个常数,即存在常数 C,使得 $f(x) = g(x) + C$.

推论 2.3(导数极限定理）设函数 $f(x)$ 在点 x_0 的某邻域 $U(x_0)$ 内连续,在 $U^{\circ}(x_0)$ 内可导,且极限 $\lim\limits_{x \to x_0} f'(x) = A$ 存在,则 $f(x)$ 在点 x_0 可导,且 $f'(x_0) = A$.

推论 2.1 和推论 2.2 可以直接由拉格朗日中值定理推得,证明比较简单,下面证明推论 2.3.

推论 2.3 的证明   任取 $x = x_0 + \Delta x \in U^{\circ}(x_0)$,在区间 $[x_0, x]$ 或 $[x, x_0]$ 上应用拉格朗日中值公式,得 $f(x_0 + \Delta x) - f(x_0) = f'(x_0 + \theta \Delta x)\Delta x (\theta \in (0,1))$.于是有

$$\lim_{\Delta x \to 0} \frac{f(x_0 + \Delta x) - f(x_0)}{\Delta x} = \lim_{\Delta x \to 0} f'(x_0 + \theta \Delta x) = A, \Rightarrow \lim_{\Delta x \to 0} f'(x_0) = A.$$

例 2.43   讨论函数 $f(x) = \begin{cases} x + \sin x^2, & x \leqslant 0 \\ \ln(1+x), & x > 0 \end{cases}$ 在点 $x = 0$ 处的可导性.

解   本例可以应用导数定义来解,但这里我们应用导数极限定理来解.显然该函数在点 $x = 0$ 的邻域内连续,且 $f'(x) = \begin{cases} 1 + 2x\cos x^2, & x < 0 \\ \dfrac{1}{1+x}, & x > 0 \end{cases}, \lim\limits_{x \to 0} f'(x) = 1.$

所以该函数在点 $x = 0$ 处可导,且 $f'(0) = \lim\limits_{x \to 0} f'(x) = 1.$

2.6.3   函数的单调性与极值的判定

1. 函数单调性的判定

从前面图 2-14 可以看出:若函数递增(减),则 $f'(x) \geqslant 0 (\leqslant 0)$.这个命题的逆命题也是成立的.关于这一事实,我们有下面定理作为保证.

定理 2.9   设 $f(x)$ 在区间 I 上可导,则 $f(x)$ 在 I 上递增(减)的充要条件为 $f'(x) \geqslant 0 (\leqslant 0), x \in I$.

证   若 $f(x)$ 在 I 上递增(减),则 $\forall x, x + \Delta x \in I$,有

$$\frac{f(x + \Delta x) - f(x)}{\Delta x} \geqslant 0 (\leqslant 0), \Rightarrow f'(x) = \lim_{\Delta x \to 0} \frac{f(x + \Delta x) - f(x)}{\Delta x} \geqslant 0 (\leqslant 0)$$

反之,若在 I 内恒有 $f'(x) \geqslant 0 (\leqslant 0)$,则对 $\forall x_1, x_2 \in I$(且 $x_1 < x_2$),由拉格朗日公式,$\exists \xi \in (x_1, x_2)$,使得 $f(x_2) - f(x_1) = f'(\xi)(x_2 - x_1) \geqslant 0 (\leqslant 0)$.故 $f(x)$ 在 I 上递增(减).

定理 2.10   设函数 $f(x)$ 在区间 I 上可导,若对一切 $x \in I$,都有 $f'(x) > 0 (< 0)$,则 $f(x)$ 在 I 上严格递增(减).

定理 2.10 可以直接由拉格朗日定理立刻推得,证明简单,故略.

例 2.44   确定函数 $y = x^3 - x^2 - x + 1$ 的单调区间.

解 $y' = 3x^2 - 2x - 1 = (3x + 1)(x - 1)$

由于在 $\left(-\infty, -\dfrac{1}{3}\right)$ 内 $y' > 0$,在 $\left(-\dfrac{1}{3}, 1\right)$ 内 $y' < 0$,在 $(1, +\infty)$ 内 $y' > 0$,故函数 y 在区间 $\left(-\infty, -\dfrac{1}{3}\right)$ 和 $(1, +\infty)$ 内严格递增,在 $\left(-\dfrac{1}{3}, 1\right)$ 内严格递减,如图 2-18 所示.

例 2.45　讨论函数 $f(x) = x + \sin x$ 的单调性.

解　$f'(x) = 1 + \cos x \geqslant 0$,当且仅当 $x = 2n\pi + \pi (n = 0, \pm 1, \pm 2, \cdots)$ 时等号成立. 在 **R** 的每个子区间 $(n\pi, n\pi + \pi)$ 内,$f(x)$ 严格递增,故由 $f(x)$ 在 **R** 上的连续性知,$f(x)$ 在 **R** 的每个闭子区间 $[n\pi, n\pi + \pi]$ 上严格递增,从而在 **R** 上严格递增,如图 2-19 所示.

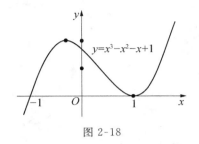

图 2-18

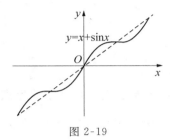

图 2-19

从例 2.45 的讨论中可以发现这样一个事实:若函数 $f(x)$ 在区间 I 上连续,除去一些孤立点外 $f(x)$ 可导且 $f'(x) > 0 (< 0)$,则 $f(x)$ 在区间 I 上严格递增(减).

例 2.46　证明 $e^x > 1 + x (x \neq 0)$.

证　令 $f(x) = e^x - (1 + x)$,则函数 $f(x)$ 在 **R** 上连续,且 $f'(x) = e^x - 1$.又由于当 $x > 0$ 时 $f'(x) > 0$;当 $x < 0$ 时 $f'(x) < 0$,故 $f(x)$ 在 $(-\infty, 0]$ 上严格减,在 $[0, +\infty)$ 上严格增.因此当 $x \neq 0$ 时,恒有 $f(x) \geqslant f(0) = 0$ 即 $e^x > 1 + x (x \neq 0)$.

2. 极值的判定

显然,对于连续函数 $f(x)$ 来说,如果 $f(x)$ 在点 x_0 的左邻域和右邻域内具有相反的单调性,则点 x_0 就是函数 $f(x)$ 的极值点.于是根据上述关于函数单调性的判定定理(即定理 2.9 和定理 2.10)立刻可以推得关于函数极值的判定定理如下:

定理 2.11　(极值第一判别法)设函数 $f(x)$ 在点 x_0 的某邻域 $U(x_0)$ 内连续,在 $U°(x_0)$ 内可导.

(1) 若当 $x \in U°_-(x_0)$ 时,有 $f'(x) \leqslant 0$;当 $x \in U°_+(x_0)$ 时,有 $f'(x) \geqslant 0$,则 $f(x)$ 在 x_0 取得极小值.

(2) 若当 $x \in U°_-(x_0)$ 时,有 $f'(x) \geqslant 0$;当 $x \in U°_+(x_0)$ 时,有 $f'(x) \leqslant 0$,则 $f(x)$ 在 x_0 取得极大值.

(3) 如果 $f'(x)$ 在空心邻域 $U°(x_0)$ 内不变号,则点 x_0 不是极值点.

由于连续函数的极值点既可能是稳定点也可能是函数的不可微点(根据本节第一段中的费马定理,以及关于极值点与稳定点间关系的论述),所以要寻求连续函数的极值点,首先必须求出函数的所有稳定点和不可微点,再根据定理 2.11 判定其中哪些点是极值点,哪些点不是极值点.

例 2.47　求 $f(x) = (x-1)\sqrt[3]{x^2}$ 的极值点和极值.

解　如图 2-20 所示,函数的连续区间为 $(-\infty, +\infty)$,且

$$f'(x) = \frac{5}{3}x^{\frac{2}{3}} - \frac{2}{3}x^{-\frac{1}{3}} = \frac{1}{3} \cdot \frac{5x-2}{\sqrt[3]{x}} (x \neq 0).$$

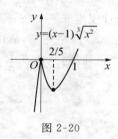

图 2-20

可见,$x = \dfrac{2}{5}$ 为 $f(x)$ 的稳定点,$x = 0$ 为 $f(x)$ 的不可微点.将 $f'(x)$ 的符号变化及 $f(x)$ 的增减情况列表如表 2-1 所示.

表 2-1

x	$(-\infty, 0)$	0	$(-, 2/5)$	$2/5$	$(2/5, +\infty)$
y'	$+$	不存在	$-$	0	$+$
y	↗	0	↘	-3	↗

由表 2-1 可见,$x = 0$ 为 $f(x)$ 的极大值点,极大值 $f(0) = 0$;$x = \dfrac{2}{5}$ 为 $f(x)$ 的极小值点,极小值 $f\left(\dfrac{2}{5}\right) = -\dfrac{3}{5}\sqrt[3]{\dfrac{9}{25}}$(见图 2-20).

定理 2.11 给出了判定极值的一般方法,但如果函数 $f(x)$ 在其稳定点 x_0 处存在二阶导数,且 $f''(x_0) \neq 0$,则可以由 $f''(x_0)$ 的符号直接判定函数 $f(x)$ 在 x_0 取极大值还是极小值.这将在 2.8 节中讨论.

2.6.4 函数的最值

在生产实践和科学研究中,经常遇到在一定条件下怎样使材料最省、效率最高、性能最好等"最优化问题"(即选择一种最优方案),在许多情况下,这类问题归结为求连续函数的最大值或最小值问题.

虽然最值和极值是两个不同的概念,但二者之间却有着密切的联系,而且在许多情况下,最值就是极值.下面就来分析如何确定连续函数的最值.

设函数 $f(x)$ 在闭区间 $[a, b]$ 上连续,由闭区间上连续函数的性质知道,$f(x)$ 在 $[a, b]$ 上一定存在最大值和最小值.显然,如果函数的最值不在区间的端点取得,那么它就会在区间的内部取得,这时它一定为函数的极值.因此只要把函数在区间内部的所有极值都求出来,并把它们与端点的函数值相比较,就可以确定函数的最大值和最小值.又由于连续函数的极值点既可能是稳定点也可能是不可微点,为了省略考察极值这一步骤,我们只要把函数所有的稳定点和不可微点的函数值计算出来,并与端点的函数值相比较,便可以从中确定函数的最大值和最小值.最大者即为最大值,最小者即为最小值.

例 2.48 求函数 $f(x)=|x^3-3x^2+3x|$ 在区间 $[-1,2]$ 上的最大值和最小值.

解 这是关于闭区间上连续函数的最值问题.

$$f(x)=\begin{cases} -(x^3-3x^2+3x), & -1\leqslant x\leqslant 0 \\ x^3-3x^2+3x, & 0<x\leqslant 2 \end{cases}$$

$$f'(x)=\begin{cases} -3x^2+6x-3 \\ 3x^2-6x+3 \end{cases}=\begin{cases} -3(x-1)^2, & -1\leqslant x<0 \\ 3(x-1)^2, & 0<x\leqslant 2 \end{cases}$$

可知函数在指定区间内的稳定点为 $x=1$,除分段点 $x=0$ 外,函数在指定区间内处处可导,至于函数在分段点 $x=0$ 处是否可微,对于本例问题而言就不必去考察了,只需把 $f(0)$ 的值纳入考察范围在内.由于

$$f(-1)=7, \quad f(0)=0, \quad f(1)=1, \quad f(2)=2.$$

故所求最大值为 $f(-1)=7$,最小值为 $f(0)=0$.

◎ **思考题** 在例 2.48 中,$f'(0)$ 是否存在?用什么方法考查?

在实际问题中,求函数的最值往往更加简便,如果函数在定义区间内只有唯一的稳定点,所求最值又一定在区间内取得,这时就可以断定函数在稳定点的值即为所求最值.

例 2.49 有一张长方形不锈钢薄板,长为 a,宽为 $\frac{3}{8}a$,将它的四角各截去一个大小相同的小正方形,然后将四边折起来,做成一个无盖的小方盒,试问截去的小正方形边长为多少时,盒子的容积最大?并求该最大值.

解 如图 2-21 所示,设截去的小正方形的边长为 x,则盒子的容积为

$$V(x)=x(a-2x)\left(\frac{3}{8}a-2x\right)=4x^3-\frac{11}{4}ax^2+\frac{3}{8}a^2x \left(0<x<\frac{3}{16}a\right)$$

$$V'(x)=12x^2-\frac{11}{2}ax+\frac{3}{8}a^2=12\left(x-\frac{a}{12}\right)\left(x-\frac{3a}{8}\right)$$

令 $V'(x)=0$,解得 $x_1=\frac{a}{12}, x_2=\frac{3}{8}a$,点 $x_1=\frac{a}{12}$ 是函数 $V(x)$ 在定义区间 $\left(0,\frac{3}{16}a\right)$ 内的唯一稳定点.又该问题在这个区间内的最大值一定存在,所以 $V\left(\frac{a}{12}\right)$ 就是所求的最大值,即当小正方形的边长 $x=\frac{a}{12}$ 时,长方盒的容积 V 取得最大值,这个最大值为

$$V\left(\frac{a}{12}\right)=\frac{5^2}{(12)^3}a^3=\frac{25}{1728}a^3.$$

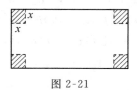

图 2-21

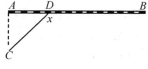

图 2-22

例 2.50 如图 2-22 所示,铁路线上 AB 段的距离为 100km,工厂 C 距 A 处为 20km,AC 垂直于 AB.为了运输需要,要在 AB 线上选定一点 D 向工厂修筑一条公路.已知铁路每

公里货运的运费与公路上每公里货运的运费之比为 3：5.为了使货物从供应站 B 运到工厂 C 的运费最省,试问 D 点应选在何处?

解 设 $AD=x$,则 $DB=100-x$,$CD=\sqrt{400+x^2}$.又设铁路每公里运费为 k,则公路每公里运费为 $\frac{5}{3}k$,于是从 B 点到 C 点的总运费为

$$y=\frac{5}{3}k\sqrt{400+x^2}+k(100-x)\quad(0\leqslant x\leqslant 100)$$

$$y'=k\left(\frac{5}{3}\frac{x}{\sqrt{400+x^2}}-1\right)$$

令 $y'=0$,求得稳定点为 $x=15$.由问题本身不能直接确定函数是否在区间内部取得最小值,所以应计算稳定点及端点的函数值并加以比较,经计算得

$$y(0)=\frac{400}{3}k,\quad y(15)=\frac{380}{3}k,\quad y(100)=\frac{500k}{3}\sqrt{1+\frac{1}{25}}$$

其中以 $y(15)$ 为最小.因此,当 $AD=15\mathrm{km}$ 时,总运费为最省.

习题 2.6

1.指出下列函数哪些在指定区间上满足罗尔定理.

(1) $f(x)=\begin{cases}\sqrt{x}\sin\left(\dfrac{1}{x}\right), & x\neq 0 \\ 0, & x=0\end{cases}$, $[0,1/\pi]$;

(2) $f(x)=\begin{cases}x^2\ln|x|, & x\neq 0 \\ 0, & x=0\end{cases}$, $[-1,1]$;

(3) $f(x)=\mathrm{e}^{|x|}$, $[-1,1]$; (4) $y=|x|^3$, $[-1,1]$.

2.如果函数 $f(x)$ 在 $(-\infty,\infty)$ 内可微,且 $\lim\limits_{x\to\infty}f(x)=A$ 存在,证明:$\exists\xi\in(-\infty,\infty)$,使得 $f'(\xi)=0$.

3.设 $f(x)=(x+1)(x-1)(x-2)(x-3)$,证明 $f'(x)=0$ 有三个实根.

4.设函数 $f(x)$ 在 $[a,b]$ 上连续,在 (a,b) 内可微,且 $f(a)=f(b)=0$,则 $\exists\xi\in(a,b)$,使得 $f'(\xi)=f(\xi)$.

5.设函数 $f(x)$ 在闭区间 $[a-h,a+h]$ 上连续,在开区间 $(a-h,a+h)$ 内可微,证明

(1) $\exists\theta\in(0,1)$,使得 $f(a+h)-f(a-h)=f'(a+\theta h)h+f'(a-\theta h)h$;

(2) $\exists\theta\in(0,1)$,使得 $f(a+h)-2f(a)+f(a-h)=f'(a+\theta h)h-f'(a-\theta h)h$.

6.设非常量函数 $f(x)$ 在 $[a,b]$ 上连续,在 (a,b) 内可微,且 $f(a)=f(b)$,则 $\exists\xi\in(a,b)$,使得 $f'(\xi)>0$.

7.证明下列不等式:

(1) 当 $b>a>0$ 时,有 $\dfrac{b-a}{b}<\ln\dfrac{b}{a}<\dfrac{b-a}{a}$;

(2) 对一切 $x>0$,有 $\dfrac{x}{1+x^2}<\arctan x<x$;

(3) 当 $0 < x < \dfrac{\pi}{2}$ 时,有 $\tan x > x - \dfrac{x^3}{x}$;

(4) 当 $0 < x < \dfrac{\pi}{2}$ 时,有 $\dfrac{2x}{\pi} < \sin x < x$.

8.求下列函数的单调区间与极值.

(1) $y = 2x^2 - x^4$;   (2) $y = x^2 - \ln x^2$;   (3) $f(x) = \begin{cases} x+1, & x \leqslant 0 \\ x^{2x}, & x > 0 \end{cases}$;

(4) $y = e^{-x} \cdot \sqrt[3]{x^2}$;   (5) $y = \dfrac{\ln^2 x}{x}$;   (6) $y = \cos x + \dfrac{1}{2}\cos 2x$.

9.求下列函数在指定区间上的最大值和最小值.

(1) $y = x^{\frac{2}{3}} - (x^2 - 1)^{\frac{1}{3}}$, $[-2, 2]$;   (2) $y = |4x^3 - 18x^2 + 27|$ $[0, 2]$;

(3) $y = x + \dfrac{1}{x}$, $[-0.01, 100]$.

10.设函数 $f(x)$ 在 $[0, +\infty)$ 上连续,在 $(0, +\infty)$ 内可微,且 $f(0) = 0$,证明:如果导函数 $f'(x)$ 在 $(0, +\infty)$ 内严格递增,则函数 $\dfrac{f(x)}{x}$ 在 $(0, +\infty)$ 内严格递增.

11.设函数 $f(x)$ 在 $[0, +\infty)$ 上可微,且 $f(0) = 0$,证明:如果导函数 $f'(x)$ 在 $(0, +\infty)$ 内严格递减,则对任意二正数 a 和 b,都有 $f(a+b) < f(a) + f(b)$.

12.证明方程 $6\ln x - x^2 = 0$ 在区间 $(0, e)$ 内有且仅有两个实根.

13.设函数 $f(x)$ 在 $[0, 1]$ 上可微,且 $0 < f(x) < 1$,$f'(x) \neq 1$,证明方程 $f(x) = x$ 在 $(0, 1)$ 内有且仅有一个实根.

14.设函数 $f(x) = nx(1-x)^n$(n 为正整数),求:(1) $f(x)$ 在 $[0, 1]$ 上的最大值 M_n;(2) $\lim\limits_{n \to \infty} M_n$.

15.设一均匀杆每尺重 $2\mathrm{kg}$,其一端 A 点用柔软的绳索绑住挂起来,另一端 B 点用力拿住悬着,又距离 A 点 1 尺处挂着 $100\mathrm{kg}$ 重的物体,试问杆的长度为多少时,B 端处的用力为最小?

16.设一密封容器,下端为直圆柱形,上端为半球形,如图 2-23 所示,设该容器的容积为 V,试问直圆柱形的高 h 和底半径 r 各为何值时,该容器的表面积最小?

17.在抛物线 $y = x^2 - 1(x > 0)$ 上作切线,求切点为 C 的坐标,使切线与两坐标轴所围成的三角形面积最小.

18.在双曲线 $xy = 1(x > 0)$ 上作切线,求切线的方程,使切线在两坐标轴上的截距之和最小.

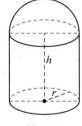

图 2-23

2.7 柯西中值定理与洛必达法则

柯西中值定理是形式更一般的微分中值定理,而洛必达法则则是用于计算不定式极限的一种有效而简便的运算法则,本节将应用柯西中值定理来推导洛必达法则.

2.7.1 柯西中值定理

由拉格朗日中值定理知道,在一条连续且处处存在切线曲线弧上,至少有一点处的切线与连接该弧段两个端点的弦段平行.值得注意的是,拉格朗日定理中所指的曲线与平行于 y 轴的直线至多交于一点.如果把上述曲线换成一般的光滑参数曲线(这时,曲线与平行于 y 轴的直线相交可能多于一点),那么,定理的结论是怎样的呢? 请看下面的柯西中值定理.

定理 2.12(柯西(Cauchy)中值定理)如果函数 $f(x)$ 和 $g(x)$ 都在闭区间 $[a,b]$ 上连续,在开区间 (a,b) 内可导,且导数 $f'(x)$ 和 $g'(x)$ 在 (a,b) 内不同时为零.则在 (a,b) 内至少存在一点 ξ,使得

$$\frac{f(b)-f(a)}{g(b)-g(a)}=\frac{f'(\xi)}{g'(\xi)} \tag{2-42}$$

◎ 思考题 $\dfrac{f'(\xi)}{g'(\xi)}$ 是什么(参见 2.3 节中参变量函数的导数)? 有什么几何意义?

柯西中值定理的几何意义与拉格朗日中值定理的几何意义类似,如图 2-24 所示.借助几何意义及拉格朗日中值定理的证明,容易得到柯西中值定理的证明.

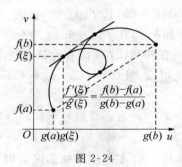

图 2-24

证   作辅助函数如下

$$F(x)=f(x)-\frac{f(b)-f(a)}{g(b)-g(a)}\cdot g(x)$$

显然函数 $F(x)$ 在闭区间 $[a,b]$ 上连续,在开区间 (a,b) 内可导,经计算可得

$$F(a)=\frac{f(a)g(b)-f(b)g(a)}{g(b)-g(a)}=F(b)$$

在区间 $[a,b]$ 上应用罗尔定理,$\exists \xi \in (a,b)$,使得

$$F'(\xi)=0 \quad 即 \quad f'(\xi)-\frac{f(b)-f(a)}{g(b)-g(a)}\cdot g'(\xi)=0$$

又由 $f'(x)$ 和 $g'(x)$ 在 (a,b) 内不同时为零及 $g(a)\neq g(b)$ 推得 $g'(\xi)\neq 0$.于是上式可以化为公式(2-41)形式.于是定理得证.

柯西中值定理的重要意义在于用它来证明洛必达法则和泰勒公式,下面举一个例子说明其简单应用.

例 2.51   设函数 $f(x)$ 在闭区间 $[a,b]$ 上连续,在开区间 (a,b) 内可导,则 $\exists \xi \in (a,b)$,使得

$$2\xi \cdot [f(b) - f(a)] = (b^2 - a^2) f'(\xi)$$

证 若 $0 \in (a,b)$ 且 $f'(0) = 0$ 或者 $0 \in (a,b)$ 且 $a^2 = b^2$，则取 $\xi = 0$ 即可使所证结论成立.因此以下假设 $0 \notin (a,b)$ 或者当 $0 \in (a,b)$ 时 $f'(0) \neq 0$ 且 $a^2 \neq b^2$.这时函数 $f(x)$ 和 $g(x) = x^2$ 在区间 $[a,b]$ 上满足柯西中值定理的条件，故 $\exists \xi \in (a,b)$，使得

$$\frac{f(b) - f(a)}{b^2 - a^2} = \frac{f(b) - f(a)}{g(b) - g(a)} = \frac{f'(\xi)}{g'(\xi)} = \frac{f'(\xi)}{2\xi}$$

由此即得所证结论.

2.7.2 洛必达法则

我们在第 1 章中研究函数极限时，遇到过两个无穷小量之比或两个无穷大量之比的极限，这种极限可能存在也可能不存在，通常把这种极限称为不定式.并分别简记为 $\frac{0}{0}$ 或 $\frac{\infty}{\infty}$.在这类极限中，一些较简单的，如 $\lim\limits_{x \to 0} \frac{x^2 + 2x}{2x^3 + 3x^2 + 4x}$，$\lim\limits_{x \to 0} \frac{\sin 3x}{2x}$，$\lim\limits_{x \to \infty} \frac{x^2 + 4}{3x^2 + 2x + 1}$ 等，可以按以前的方法计算它们的值.但对一些较复杂的极限，如

$$\lim_{x \to +\infty} \frac{\ln(x + \sqrt{1 + x^2})}{\ln x}，\lim_{x \to 0} \frac{x - \sin x}{x^3}，\lim_{x \to 0} \frac{e^x - \sqrt{1 + 2x}}{\ln(1 + x^2)}$$

等，用以前的方法就很难计算出它们的值来，下面介绍的洛必达（L'Hospital）法则，就是计算这类极限的一种有效而简便的方法.

1. $\frac{0}{0}$ 型不定式

定理 2.13 （洛必达法则 1）设函数 $f(x)$ 和 $g(x)$ 满足条件：
(1) $\lim\limits_{x \to x_0} f(x) = \lim\limits_{x \to x_0} g(x) = 0$；
(2) 在点 x_0 的某空心邻域 $U^\circ(x_0)$ 内，$f'(x)$ 和 $g'(x)$ 都存在，且 $g'(x) \neq 0$；
(3) $\lim\limits_{x \to x_0} \frac{f'(x)}{g'(x)} = A$（或 ∞）.

则有
$$\lim_{x \to x_0} \frac{f(x)}{g(x)} = \lim_{x \to x_0} \frac{f'(x)}{g'(x)} = A \quad （或 \infty） \tag{2-43}$$

证 因为极限 $\lim\limits_{x \to x_0} \frac{f(x)}{g(x)}$ 的存在性与 $f(x_0)$ 及 $g(x_0)$ 的定义无关，所以可以假定 $f(x_0) = g(x_0) = 0$.于是由条件(1)和(2)知，对于 $\forall x \in U^\circ(x_0)$ 在以 x 及 x_0 为端点的区间上，柯西中值定理的条件均满足，因此

$$\frac{f(x)}{g(x)} = \frac{f(x) - f(x_0)}{g(x) - g(x_0)} = \frac{f'(\xi)}{g'(\xi)} \quad （\xi 介于 x 与 x_0 之间）$$

显然，当 $x \to x_0$ 时有 $\xi \to x_0$，对上式取极限并依条件(3)得

$$\lim_{x \to x_0} \frac{f(x)}{g(x)} = \lim_{x \to x_0} \frac{f'(\xi)}{g'(\xi)} = \lim_{\xi \to x_0} \frac{f'(\xi)}{g'(\xi)} = \lim_{x \to x_0} \frac{f'(x)}{g'(x)} = A（或 \infty），定理得证.$$

定理 2.13 给出了六种函数极限的一种情形，若将自变量的变化趋向 $x \to x_0$ 换成其他趋向：$x \to \infty$、$x \to x_0^-$、$x \to x_0^+$、$x \to -\infty$、$x \to +\infty$，只要相应地改动条件(2)中的邻域，则可得到相同的结论.

例 2.52　由洛必达法则(定理 2.13)得　$\lim\limits_{x\to0}\dfrac{\sin ax}{\sin bx}=\lim\limits_{x\to0}\dfrac{(\sin ax)'}{(\sin ax)'}=\lim\limits_{x\to0}\dfrac{a\cos ax}{b\cos bx}=\dfrac{a}{b}.$

例 2.53　由洛必达法则得　$\lim\limits_{x\to0}\dfrac{\mathrm{e}^x-\cos x}{x\sin x}=\lim\limits_{x\to0}\dfrac{\mathrm{e}^x+\sin x}{\sin x+x\cos x}=\infty.$

例 2.54　由洛必达法则得　$\lim\limits_{x\to+\infty}\dfrac{\dfrac{\pi}{2}-\arctan x}{\dfrac{1}{x}}=\lim\limits_{x\to+\infty}\dfrac{-\dfrac{1}{1+x^2}}{-\dfrac{1}{x^2}}=\lim\limits_{x\to+\infty}\dfrac{x^2}{1+x^2}=1.$

2. $\dfrac{\infty}{\infty}$ 型不定式

定理 2.14（洛必达法则 2）设函数 $f(x)$ 和 $g(x)$ 满足条件：

(1) $\lim\limits_{x\to x_0}f(x)=\lim\limits_{x\to x_0}g(x)=\infty;$

(2) 在点 x_0 的某空心邻域 $U^{\circ}(x_0)$ 内，$f'(x)$ 和 $g'(x)$ 都存在，且 $g'(x)\neq0;$

(3) $\lim\limits_{x\to x_0}\dfrac{f'(x)}{g'(x)}=A$（或 ∞）.

则有　　　　　　　$\lim\limits_{x\to x_0}\dfrac{f(x)}{g(x)}=\lim\limits_{x\to x_0}\dfrac{f'(x)}{g'(x)}=A\quad（或 \infty）$　　　　　　(2-44)

证　下面只证 A 为实数的情形，对于 $A=\infty$ 的情形可以类似地证明.对于 $\forall\varepsilon>0$，由条件(3)，$\exists\delta>0$，使得当 $x\in U^{\circ}(x_0,\delta)$ 时有

$$\left|\dfrac{f'(x)}{g'(x)}-A\right|<\dfrac{\varepsilon}{3}\tag{2-45}$$

取定 $x_1\in U^{\circ}(x_0,\delta)$，则当 $x_0<x<x_1$ 或 $x_1<x<x_0$ 时，应用柯西中值定理，得

$$f(x)-f(x_1)=\dfrac{f'(\xi)}{g'(\xi)}[g(x)-g(x_1)]（\xi 介于 x 与 x_1 之间）$$

不妨设 $g(x)\neq0$（因为 $\lim\limits_{x\to x_0}g(x)=\infty$），在上式两边同除以 $g(x)$ 并移项得

$$\dfrac{f(x)}{g(x)}=\dfrac{f(x_1)}{g(x)}+\dfrac{f'(\xi)}{g'(\xi)}\left[1-\dfrac{g(x_1)}{g(x)}\right]=\dfrac{f(x_1)}{g(x)}+\dfrac{f'(\xi)}{g'(\xi)}-\dfrac{f'(\xi)}{g'(\xi)}\dfrac{g(x_1)}{g(x)}$$

则有　　$\left|\dfrac{f(x)}{g(x)}-A\right|\leqslant\left|\dfrac{f(x_1)}{g(x)}\right|+\left|\dfrac{f'(\xi)}{g'(\xi)}-A\right|+\left|\dfrac{f'(\xi)}{g'(\xi)}\dfrac{g(x_1)}{g(x)}\right|$　　(2-46)

因为 $\lim\limits_{x\to x_0}g(x)=\infty$，$f(x_1)$ 和 $g(x_1)$ 为固定实数，$\dfrac{f'(\xi)}{g'(\xi)}$ 为有界量，所以又 $\exists\delta'>0(\delta'<\delta)$ 使得当 $x\in U^{\circ}(x_0,\delta')$ 时有

$$\left|\dfrac{f(x_1)}{g(x)}\right|<\dfrac{\varepsilon}{3}\ 及\ \left|\dfrac{f'(\xi)}{g'(\xi)}\dfrac{g(x_1)}{g(x)}\right|<\dfrac{\varepsilon}{3}\tag{2-47}$$

综合式(2-45)～式(2-47)三式，便有

$\left|\dfrac{f(x)}{g(x)}-A\right|\leqslant\dfrac{\varepsilon}{3}+\dfrac{\varepsilon}{3}+\dfrac{\varepsilon}{3}=\varepsilon$，这就证得 $\lim\limits_{x\to x_0}\dfrac{f(x)}{g(x)}=\lim\limits_{x\to x_0}\dfrac{f'(x)}{g'(x)}=A.$

定理 2.15　对于 $x\to\infty$、$x\to x_0^-$、$x\to x_0^+$、$x\to-\infty$、$x\to+\infty$ 的情形也有相同结论.

例 2.55　由洛必达法则(定理 2.14)得 $\lim\limits_{x\to0^+}\dfrac{\ln 7x}{\ln 5x}=\lim\limits_{x\to0^+}\dfrac{\dfrac{1}{7x}\cdot7}{\dfrac{1}{5x}\cdot5}=\lim\limits_{x\to0^+}1=1.$

例 2.56 由洛必达法则得 $\lim\limits_{x\to+\infty}\dfrac{\ln(x+\sqrt{1+x^2})}{\ln x}=\lim\limits_{x\to+\infty}\dfrac{\frac{1}{\sqrt{1+x^2}}}{\frac{1}{x}}=\lim\limits_{x\to+\infty}\dfrac{x}{\sqrt{1+x^2}}=1.$

例 2.57 由洛必达法则得 $\lim\limits_{x\to+\infty}\dfrac{\ln x}{x^{\alpha}}=\lim\limits_{x\to+\infty}\dfrac{\frac{1}{x}}{\alpha x^{\alpha-1}}=\lim\limits_{x\to+\infty}\dfrac{1}{\alpha x^{\alpha}}=0.$

应用洛必达法则后，如果极限式 $\lim\limits_{x\to x_0}\dfrac{f'(x)}{g'(x)}$ 仍属于 $\dfrac{0}{0}$ 或 $\dfrac{\infty}{\infty}$ 不定式，且仍满足洛必达法则的条件，则可以继续应用洛必达法则.在应用洛必达法则计算不定式极限的过程中，有时结合等价无穷小代换、函数极限的运算法则以及一些常见公式等，可以使计算过程简化.

例 2.58 求极限 $\lim\limits_{x\to+\infty}\dfrac{x^n}{e^{\lambda x}}$（$n$ 为正整数，$\lambda>0$）.

解 相继应用洛必达法则 n 次，得
$$\lim_{x\to+\infty}\frac{x^n}{e^{\lambda x}}=\lim_{x\to+\infty}\frac{nx^{n-1}}{\lambda e^{\lambda x}}=\lim_{x\to+\infty}\frac{n(n-1)x^{n-2}}{\lambda^2 e^{\lambda x}}=\cdots=\lim_{x\to+\infty}\frac{n!}{\lambda^n e^{\lambda x}}=0.$$

在例 2.58 中，若 n 不是正整数而是任何实数，那么极限仍为零.

例 2.59 求极限 $\lim\limits_{x\to0}\dfrac{x-\sin x}{x^3}$.

解 由洛必达法则并结合 $\lim\limits_{x\to0}\dfrac{1-\cos x}{x^2}=\dfrac{1}{2}$ 得
$$\lim_{x\to0}\frac{x-\sin x}{x^3}=\lim_{x\to0}\frac{1-\cos x}{3x^2}=\frac{1}{6}.$$

例 2.60 求极限 $\lim\limits_{x\to0}\dfrac{e^x-\sqrt{1+2x}}{\ln(1+x^2)}$.

解 先应用等价无穷小代换再应用洛必达法则得
$$\lim_{x\to0}\frac{e^x-\sqrt{1+2x}}{\ln(1+x^2)}=\lim_{x\to0}\frac{e^x-\sqrt{1+2x}}{x^2}=\lim_{x\to0}\frac{e^x-(1+2x)^{-\frac{1}{2}}}{2x}$$
$$=\lim_{x\to0}\frac{e^x+(1+2x)^{-\frac{3}{2}}}{2}=1.$$

例 2.61 求极限 $\lim\limits_{x\to0}\dfrac{\tan x-x}{x^2\sin x}$.

解 先应用等价无穷小代换再应用洛必达法则及公式 $\lim\limits_{x\to0}\dfrac{\tan x}{x}=1$ 得
$$\lim_{x\to0}\frac{\tan x-x}{x^2\sin x}=\lim_{x\to0}\frac{\tan x-x}{x^3}=\lim_{x\to0}\frac{\sec^2 x-1}{3x^2}=\lim_{x\to0}\frac{2\sec^2 x\cdot\tan x}{6x}$$
$$=\frac{1}{3}\lim_{x\to0}\sec^2 x\cdot\lim_{x\to0}\frac{\tan x}{x}=\frac{1}{3}.$$

3. 其他类型的不定式

不定式极限还有 $0\cdot\infty,\infty-\infty,1^{\infty},0^0,\infty^0$ 的类型，它们都可以转化成 $\dfrac{0}{0}$ 或 $\dfrac{\infty}{\infty}$ 的形式来

计算.

例 2.62 求极限 $\lim\limits_{x\to 0^+} x^a \ln x \ (\alpha > 0)$.

解 这是 $0 \cdot \infty$ 型不定式,现转化为 $\dfrac{\infty}{\infty}$ 型不定式来计算

$$\lim_{x\to 0^+} x^a \ln x = \lim_{x\to 0^+} \frac{\ln x}{x^{-a}} = \lim_{x\to 0^+} \frac{x^{-1}}{-\alpha x^{-a-1}} = -\lim_{x\to 0^+} \frac{x^a}{\alpha} = 0.$$

例 2.63 求极限 $\lim\limits_{x\to \frac{\pi}{2}} (\sec x - \tan x)$.

解 这是 $\infty - \infty$ 型不定式,现转化为 $\dfrac{0}{0}$ 型不定式来计算

$$\lim_{x\to \frac{\pi}{2}} (\sec x - \tan x) = \lim_{x\to \frac{\pi}{2}} \frac{1 - \sin x}{\cos x} = \lim_{x\to \frac{\pi}{2}} \frac{-\cos x}{-\sin x} = 0.$$

例 2.64 求极限 $\lim\limits_{x\to 0} (\cos x)^{-\frac{1}{x^2}}$.

解 这是 1^∞ 型不定式,由于 $(\cos x)^{-\frac{1}{x^2}} = e^{-\frac{\ln\cos x}{x^2}}$,先求 $\dfrac{0}{0}$ 型不定式得

$$\lim_{x\to 0} \frac{\ln\cos x}{x^2} = \lim_{x\to 0} \frac{\tan x}{2x} = \frac{1}{2}, \text{于是} \lim_{x\to 0} (\cos x)^{-\frac{1}{x^2}} = \lim e^{-\frac{\ln\cos x}{x^2}} = e^{-\frac{1}{2}}.$$

例 2.65 求极限 $\lim\limits_{x\to 0^+} (\sin x)^x$.

解 这是 0^0 型不定式,由于 $(\sin x)^x = e^{x\ln\sin x}$,先求 $0 \cdot \infty$ 型不定式得

$$\lim_{x\to 0^+} x\ln\sin x = \lim_{x\to 0^+} \frac{\ln\sin x}{x^{-1}} = \lim_{x\to 0^+} \frac{-\frac{\cos x}{\sin x}}{-x^{-2}} = \lim_{x\to 0^+} \left(\frac{x}{\sin x} \cdot x\cos x\right) = 0,$$

故
$$\lim_{x\to 0^+} (\sin x)^x = \lim e^{x\ln\sin x} = e^0 = 1.$$

在应用洛必达法则求不定式极限时,应注意以下几点:

(1) 首先应验证是否满足洛必达法则的条件,不可盲目运用洛必达法则.

(2) 只有 $\dfrac{0}{0}$ 型或 $\dfrac{\infty}{\infty}$ 型这两种形式的不定式极限可以直接运用洛必达法则求其极限,而对于其他类型不定式极限,必须转化成 $\dfrac{0}{0}$ 型或 $\dfrac{\infty}{\infty}$ 型的形式后方可运用洛必达法则.

(3) 洛必达法则并非"万能".例如 $\lim\limits_{x\to \infty} \dfrac{x + \sin x}{x}$ 和 $\lim\limits_{x\to +\infty} \dfrac{\sqrt{1+x^2}}{x}$ 这两个极限,虽然它们都属于 $\dfrac{\infty}{\infty}$ 型不定式,却不能用洛必达法则求出.

◎ **思考题 1** 下面运算是否正确?

(1) $\lim\limits_{x\to 0} \dfrac{1-\cos x}{2+x^2} = \lim\limits_{x\to 0} \dfrac{\sin x}{2x} = \dfrac{1}{2}$;

(2) $\lim\limits_{x\to 1} \dfrac{x^3 + x^2 - 2}{x^3 - 3x + 2} = \lim\limits_{x\to 1} \dfrac{3x^2 + 2x}{3x^2 - 3} = \lim\limits_{x\to 1} \dfrac{6x + 2}{6x} = \dfrac{4}{3}$.

◎ **思考题 2** 能运用洛必达法则计算这两个极限吗?

$$(1) \lim_{x \to \infty} \frac{x^2 \sin \frac{1}{x}}{\sin x}; \quad (2) \lim_{x \to \infty} \frac{x - \sin x}{x + \sin x}.$$

习题 2.7

1.设函数 $f(x)$ 在 $[a,b]$ 上连续,在 (a,b) 内可微,且 $0 < a < b$,则 $\exists \xi \in (a,b)$,使得 $f(b) - f(a) = \xi f'(\xi) \ln \frac{b}{a}$.

2.设函数 $f(x)$ 在 $[a,b]$ 上连续,在 (a,b) 内可微,且 $a \cdot b > 0$,则 $\exists \xi \in (a,b)$,使得

$$\frac{1}{b-a} \begin{vmatrix} a & b \\ f(a) & f(b) \end{vmatrix} = f(\xi) - \xi f'(\xi).$$

3.设函数 $f(x)$ 在点 a 具有二阶导数,证明 $\lim\limits_{h \to 0} \dfrac{f(a+h) + f(a-h) - 2f(a)}{h^2}$.

4.求下列函数极限.

$(1) \lim\limits_{x \to a} \dfrac{x^\alpha - a^\alpha}{x^\beta - a^\beta} (a > 0)$; $\quad (2) \lim\limits_{x \to 0} \dfrac{x - \sin x}{x - \tan x}$; $\quad (3) \lim\limits_{x \to 0} \dfrac{\sin x - x \cos x}{x^2 \sin x}$;

$(4) \lim\limits_{x \to 0} \dfrac{x - \arcsin x}{\sin^3 x}$; $\quad (5) \lim\limits_{x \to 0} \dfrac{e^x - e^{-x} - 2x}{x - \sin x}$; $\quad (6) \lim\limits_{x \to 0} \dfrac{1 - x^2 - e^{-x^2}}{\sin^4 x}$;

$(7) \lim\limits_{x \to \frac{\pi}{2}} \dfrac{\tan x}{\tan 3x}$; $\quad (8) \lim\limits_{x \to 0+} \dfrac{\ln \tan 7x}{\ln \tan 2x}$; $\quad (9) \lim\limits_{x \to 0} \dfrac{(1+x)\ln(1+x) - x}{x^2}$;

$(10) \lim\limits_{x \to 1} \left(\dfrac{x}{x-1} - \dfrac{1}{\ln x} \right)$; $\quad (11) \lim\limits_{x \to +\infty} e^x \ln \left(\dfrac{2}{\pi} \arctan x \right)$; $\quad (12) \lim\limits_{x \to \pi} (\pi - x) \tan \dfrac{x}{2}$;

$(13) \lim\limits_{x \to \left(\frac{\pi}{2}\right)^-} (\tan x)^{2x - \pi}$; $\quad (14) \lim\limits_{x \to 0} \left(\dfrac{a^x + b^x}{2} \right)^{\frac{1}{x}}$; $\quad (15) \lim\limits_{x \to 0} \dfrac{e^x - e^{\sin x} \cos x}{1 - \cos x}$;

$(16) \lim\limits_{x \to 0} \left(\dfrac{1}{\ln(1+x)} - \dfrac{1}{x} \right)$; $\quad (17) \lim\limits_{x \to 0} \left(\dfrac{2}{\sin^2 x} - \dfrac{1}{1 - \cos x} \right)$;

$(18) \lim\limits_{x \to \infty} \left(x - x^2 \ln \dfrac{x+1}{x} \right)$; $\quad (19) \lim\limits_{x \to +\infty} \left(\dfrac{\pi}{2} - \arctan x \right)^{\frac{1}{\ln x}}$;

$(20) \lim\limits_{x \to 0+} x^{\frac{1}{\ln(ex - 1)}}$; $\quad (21) \lim\limits_{x \to 0} (\cos x + x \sin x)^{\frac{1}{x^2}}$;

$(22) \lim\limits_{x \to +\infty} \left(\tan \dfrac{\pi x}{2x+1} \right)^{\frac{1}{x}}$; $\quad (23) \lim\limits_{x \to 0} \dfrac{e^x - e^{\sin x}}{x - \sin x}$.

5.对于函数 $f(t) = \sqrt{t}$,在区间 $[x, x+1]$ $(x \geqslant 0)$ 上应用拉格朗日中值定理得 $\sqrt{x+1} - \sqrt{x} = \dfrac{1}{\sqrt{x + \theta}}$,试证明:$\dfrac{1}{4} \leqslant \theta \leqslant \dfrac{1}{2}$,且 $\lim\limits_{x \to 0+} \theta = \dfrac{1}{4}$,$\lim\limits_{x \to +\infty} \theta = \dfrac{1}{2}$.

6.设函数 $f(x)$ 在邻域 $U(0, \delta)$ 内存在连续的二阶导函数,且 $f(0) = f'(0) = 0$,证明函数 $g(x) = \begin{cases} \dfrac{f(x)}{x}, & x \neq 0 \\ 0, & x = 0 \end{cases}$ 在邻域 $U(0, \delta)$ 内也存在连续的二阶导函数.

7.对于函数 $f(x) = e^x$,在区间 $[0,h]$ 上应用拉格朗日中值定理得 $e^h - 1 = he^{\theta h}$,试求 $\lim\limits_{h \to 0^+} \theta$ 及 $\lim\limits_{h \to +\infty} \theta$.

8.设函数 $f(x)$ 在闭区间 $[a,b]$ 上具有三阶导数,证明 $\exists \xi \in (a,b)$,使得

$$f(b) = f(a) + \frac{1}{2}(b-a)[f'(a) + f'(b)] - \frac{1}{12}(b-a)^3 f'''(\xi).$$

(作辅助函数,应用柯西中值定理).

2.8　泰勒公式及其应用

多项式函数是各类函数中最简单的一种,多项式函数在运算上最方便,具有很好的性质.用多项式来逼近函数是近似计算和理论分析的重要内容,而泰勒公式正是解决这类问题的重要工具.

2.8.1　泰勒公式

我们知道等比数列 $\{x^{n-1}\}$ 的前 n 项之和为 $1 + x + x^2 + \cdots + x^{n-1} = \dfrac{1-x^n}{1-x} (x \neq 1)$,

故当 $|x| < 1$ 时有 $\lim\limits_{n \to \infty}(1 + x + x^2 + \cdots + x^{n-1}) = \lim\limits_{n \to \infty}\dfrac{1-x^n}{1-x} = \dfrac{1}{1-x}$.这说明,当 n 很大时有

$$\frac{1}{1-x} \approx 1 + x + x^2 + \cdots + x^n \quad (|x| < 1) \tag{2-48}$$

即在区间 $(-1,1)$ 内,可以用多项式 $1 + x + x^2 + \cdots + x^n$ 来逼近函数 $\dfrac{1}{1-x}$.

由此我们想到,对于一般函数 $f(x)$,当 $f(x)$ 满足什么条件时,也可以用一个多项式来逼近它? 这个多项式如何求出? 其误差又如何来估计?

为此,先来回顾一下,我们在研究微分时用到的一个公式

$$f(x) = f(x_0) + f'(x_0)(x - x_0) + o((x - x_0)) \tag{2-49}$$

这表明在点 x_0 邻近,可以用一次多项式 $P_1(x) = f(x_0) + f'(x_0)(x - x_0)$ 近似代替 $f(x)$,其误差为 $o((x - x_0))$.然而在一般情况下,上述这种近似只能在一个很小的范围内进行(在一点的邻近),当这个范围是一个固定的区间时,仍用一次多项式去近似一般函数,误差就太大了,这从一般函数的图像来考虑就能明白这一点.现考虑用高次多项式

$$P_n(x) = a_0 + a_1(x - x_0) + \cdots + a_n(x - x_0)^n \tag{2-50}$$

来逼近 $f(x)$,并控制误差为 $o((x - x_0)^n)$,即

$$f(x) - P_n(x) = o((x - x_0)^n) \tag{2-51}$$

首先来探讨式(2-51)中多项式 $P_n(x)$ 的系数与函数 $f(x)$ 之间的关系,由于多项式函数具有任意阶导数,所以需要假设 $f(x)$ 具有 n 阶导数,对式(2-51)两边依次求导得

$$f^{(k)}(x) - P_n^{(k)}(x) = o((x - x_0)^{n-k}) \quad (k = 0, 1, \cdots, n) \tag{2-52}$$

在式(2-52)中,令 $x \to x_0$,取极限可得

$$f^{(k)}(x_0) - P_n^{(k)}(x_0) = 0 \Rightarrow f^{(k)}(x_0) = P_n^{(k)}(x_0) = k!\, a_k \quad (k = 0, 1, \cdots, n) \tag{2-53}$$

于是得到

$$a_0 = f(x_0), a_1 = \frac{f'(x_0)}{1!}, a_2 = \frac{f''(x_0)}{2!}, \cdots, a_n = \frac{f^{(n)}(x_0)}{n!} \tag{2-54}$$

这样我们得到满足式(2-51)的多项式是

$$T_n(x) = f(x_0) + \frac{f'(x_0)}{1!}(x - x_0) + \frac{f'(x_0)}{2!}(x - x_0)^2 + \cdots + \frac{f^{(n)}(x_0)}{n!}(x - x_0)^n \tag{2-55}$$

称 $T_n(x)$ 为函数 $f(x)$ 在点 x_0 的 n 阶泰勒(Taylor)多项式,$T_n(x)$ 的各项系数 $\dfrac{f^{(k)}(x_0)}{k!}$($k = 0,1,2,\cdots,n$)称为 $f(x)$ 在点 x_0 的泰勒系数.

把上述推导过程中所用到的条件和所得的结论加以提炼和整理,可得下面定理.

定理 2.16 函数 $f(x)$ 在点 x_0 存在 n 阶导数,则有 $f(x) - T_n(x) = o((x - x_0)^n)$,即

$$f(x) = f(x_0) + \frac{f'(x_0)}{1!}(x - x_0) + \frac{f''(x_0)}{2!}(x - x_0) + \cdots +$$
$$\frac{f^{(n)}(x_0)}{n!}(x - x_0)^n + o((x - x_0)^n). \tag{2-56}$$

式(2-56)称为函数 $f(x)$ 在点 x_0 处带皮亚诺(peano)余项的泰勒公式,其中 $o((x - x_0)^n)$ 称为皮亚诺余项,记为 $R_n(x) = o((x - x_0)^n)$.

定理 2.16 的证明 泰勒公式(2.56)等价于 $\displaystyle\lim_{x \to x_0} \frac{f(x) - T_n(x)}{(x - x_0)^n} = \lim_{x \to x_0} \frac{R_n(x)}{G_n(x)} = 0$,

这是一个 $\dfrac{0}{0}$ 型的不定式极限,且有

$$R_n(x_0) = R'_n(x_0) = R''_n(x_0) = \cdots = R_n^{(n-1)}(x_0) = 0, R_n^{(n)}(x_0) = 0$$
$$G_n(x_0) = G'_n(x_0) = G''_n(x_0) = \cdots = G_n^{(n-1)}(x_0) = 0, G_n^{(n)}(x_0) = n!$$

对这个不定式极限接连使用洛必达法则 $n - 1$ 次,得

$$\lim_{x \to x_0} \frac{R_n(x)}{G_n(x)} = \lim_{x \to x_0} \frac{R'_n(x)}{G'_n(x)} = \lim_{x \to x_0} \frac{R''_n(x)}{G''_n(x)} = \cdots = \lim_{x \to x_0} \frac{R_n^{(n-1)}(x)}{G_n^{(n-1)}(x)}$$

$$= \lim_{x \to x_0} \frac{R_n^{(n-1)}(x) - R_n^{(n-1)}(x_0)}{G_n^{(n-1)}(x) - G_n^{(n-1)}(x_0)} = \lim_{x \to x_0} \frac{\dfrac{R_n^{(n-1)}(x) - R_n^{(n-1)}(x_0)}{x - x_0}}{\dfrac{G_n^{(n-1)}(x) - G_n^{(n-1)}(x_0)}{x - x_0}}$$

$$= \frac{R_n^{(n)}(x_0)}{G_n^{(n)}(x_0)} = 0.$$

◎ **思考题** 在上式取极限的过程中,为什么第 n 步不能用洛必达法则?

由带皮亚诺余项的泰勒公式(2-56)知,用函数 $f(x)$ 在点 x_0 的泰勒多项式 $T_n(x)$ 去逼近 $f(x)$,其误差是 $(x - x_0)^n$ 的高阶无穷小量,但这只是一种"定性"的估计,然而理论和实际都需要对误差作出"定量"的估计,关于这一点,我们有以下的泰勒定理.

定理 2.17 (泰勒(Taylor)定理)设函数 $f(x)$ 在闭区间 $[a,b]$ 上存在 n 阶的连续导函数,在开区间内存在 $n + 1$ 阶导函数,则对任意给定的 $x, x_0 \in [a,b]$,有

$$f(x) = f(x_0) + \frac{f'(x_0)}{1!}(x - x_0) + \frac{f''(x_0)}{2!}(x - x_0) + \cdots +$$

$$\frac{f^{(n)}(x_0)}{n!}(x - x_0)^n + \frac{f^{(n+1)}(\xi)}{(n+1)!}(x - x_0)^{n+1}, \tag{2-57}$$

其中 $\xi \in (x_0, x)$ 或 $\xi \in (x, x_0)$.

证　将泰勒多项式 $T_n(x) = \sum_{k=0}^{n} \frac{f^{(k)}(x_0)}{k!}(x - x_0)^k$ 中的 x_0 换成变量 t, 并记

$$F(t) = \sum_{k=0}^{n} \frac{f^{(k)}(t)}{k!}(x - t)^k, G(t) = (x - t)^{n+1} \quad (t \in [x_0, x] \text{ 或 } t \in [x, x_0])$$

在上述二式中, 记号 $\dfrac{f^{(0)}(t)}{0!}(x - t)^0$ 和 $\dfrac{f^{(0)}(x_0)}{0!}(x - x_0)^0$ 分别表示 $f(t)$ 和 $f(x_0)$, 显然有

$$F(x) = f(x), \quad F(x_0) = T_n(x), \quad G(x) = 0, \quad G(x_0) = (x - x_0)^{n+1}.$$

易见, 公式 (2-57) 等价于

$$\frac{f(x) - T_n(x)}{(x - x_0)^{n+1}} = \frac{f^{(n+1)}(\xi)}{(n+1)!}$$

即

$$\frac{F(x) - F(x_0)}{G(x) - G(x_0)} = -\frac{f^{(n+1)}(\xi)}{(n+1)!} \tag{2-58}$$

经计算可得

$$F'(t) = \sum_{k=0}^{n} \frac{f^{(k+1)}(t)}{k!}(x - t)^k - \sum_{k=1}^{n} \frac{f^{(k)}(t)}{(k-1)!}(x - t)^{k-1} = \frac{f^{(n+1)}(t)}{n!}(x - t)^n$$

$$G'(t) = -(n+1)(x - t)^n$$

于是, 根据柯西中值定理可得, 存在 $\xi \in (x_0, x)$ 或 $\xi \in (x, x_0)$, 使得

$$\frac{F(x) - F(x_0)}{G(x) - G(x_0)} = \frac{F'(\xi)}{G'(\xi)} = \frac{\frac{f^{(n+1)}(\xi)}{n!}(x - \xi)^n}{-(n+1)(x - \xi)^n} = -\frac{f^{(n+1)}(\xi)}{(n+1)!}$$

这就证明了式 (2-58), 因此定理得证.

公式 (2-57) 称为带拉格朗日余项的泰勒公式, 其中余项 $R_n(x) = \dfrac{f^{(n+1)}(\xi)}{(n+1)!}(x - x_0)^{n+1}$ 称为拉格朗日余项, 由于 ξ 介于 x_0 与 x 之间, 故拉格朗日余项可以写成

$$R_n(x) = \frac{f^{(n+1)}(x_0 + \theta(x - x_0))}{(n+1)!}(x - x_0)^{n+1} \quad (0 < \theta < 1) \tag{2-59}$$

泰勒公式式 (2-56)、式 (2-57) 当 $x_0 = 0$ 时的特殊情形为

$$f(x) = f(0) + \frac{f'(0)}{1!}x + \cdots + \frac{f^{(n)}(0)}{n!}x^n + 0(x^n) \tag{2-60}$$

$$f(x) = f(0) + \frac{f'(0)}{1!}x + \cdots + \frac{f^{(n)}(0)}{n!}x^n + \frac{f^{(n+1)}(\theta x)}{(n+1)!}x^{n+1} \quad (0 < \theta < 1) \tag{2-61}$$

皆称为麦克劳林 (Maclauyin) 公式. 麦克劳林公式在应用中常见. 以下是几个重要的麦克劳林公式.

1. $\mathrm{e}^x = 1 + x + \dfrac{x^2}{2!} + \cdots + \dfrac{x^n}{n!} + o(x^n)$,

$$e^x = 1 + x + \frac{x^2}{2!} + \cdots + \frac{x^n}{n!} + \frac{e^{\theta x}}{(n+1)!}x^{n+1}$$

其中 $x \in (-\infty, +\infty), \theta \in (0,1)$.

2. $\sin x = x - \frac{x^3}{3!} + \frac{x^5}{5!} + \cdots + (-1)^{m-1}\frac{x^{2m-1}}{(2m-1)!} + o(x^{2m})$

$\sin x = x - \frac{x^3}{3!} + \frac{x^5}{5!} + \cdots + (-1)^{m-1}\frac{x^{2m-1}}{(2m-1)!} + (-1)^m\frac{\cos\theta x}{(2m+1)!}x^{2m+1}$

其中 $x \in (-\infty, +\infty), \theta \in (0,1)$.

3. $\cos x = 1 - \frac{x^2}{2!} + \frac{x^4}{4!} + \cdots + (-1)^m\frac{x^{2m}}{(2m)!} + o(x^{2m+1})$

$\cos x = 1 - \frac{x^2}{2!} + \frac{x^4}{4!} + \cdots + (-1)^m\frac{x^{2m}}{(2m)!} + (-1)^{m+1}\frac{\cos\theta x}{(2m+2)!}x^{2m+2}$

其中 $x \in (-\infty, +\infty), \theta \in (0,1)$.

4. $\ln(1+x) = x - \frac{x^2}{2} + \frac{x^3}{3} + \cdots + (-1)^{n-1}\frac{x^n}{n} + o(x^n)$

$\ln(1+x) = x - \frac{x^2}{2} + \frac{x^3}{3} + \cdots + (-1)^{n-1}\frac{x^n}{n} + (-1)^n\frac{x^{n+1}}{(n+1)(1+\theta x)^{n+1}}$

其中 $x \in (-1, +\infty), \theta \in (0,1)$.

5. $(1+x)^\alpha = 1 + \alpha x + \frac{\alpha(\alpha-1)}{2!}x^2 + \cdots + \frac{\alpha(\alpha-1)\cdots(\alpha-n+1)}{n!} + o(x^n)$

$(1+x)^\alpha = 1 + \alpha x + \frac{\alpha(\alpha-1)}{2!}x^2 + \cdots + \frac{\alpha(\alpha-1)\cdots(\alpha-n+1)}{n!} +$

$\frac{\alpha(\alpha-1)\cdots(\alpha-n)}{n!}(1+\theta x)^{\alpha-n-1}x^{n+1}$

其中 $x \in (-1, +\infty), \theta \in (0,1)$.

6. $\frac{1}{1-x} = 1 + x + x^2 + \cdots + x^n + o(x^n)$

$\frac{1}{1-x} = 1 + x + x^2 + \cdots + x^n + \frac{x^{n+1}}{(1-\theta x)^{n+2}}$

其中 $x \in (-\infty, 1), \theta \in (0,1)$.

我们来验证公式 2 和公式 4,其余的请同学们自行验证.

公式 2 证明 设 $f(x) = \sin x$,由 2.5 节中例 2.34 知 $f^{(n)}(x) = \sin\left(x + n \cdot \frac{\pi}{2}\right)$,因此

$$f^{(2k)}(0) = \sin k\pi = 0, f^{(2k-1)}(0) = \sin k\pi + \frac{\pi}{2} = (-1)^{k-1}(k=1,2,\cdots,m),$$

$$f^{(2m+1)}(\theta x) = \sin\left(\theta x + m\pi + \frac{\pi}{2}\right) = (-1)^m\cos\theta x.$$

将上面结果代入麦克劳林公式(2-60)、式(2-61)便得公式 2.

公式 4 证明 设 $f(x) = \ln(1+x)$,由 2.5 节中例 3.34 知 $f^{(n)}(x) = (-1)^{n-1}\frac{(n-1)!}{(1+x)^n}$,因此,

$$f(0)=0, f^{(k)}(0)=(-1)^{k-1}(k-1)!\ (k=1,2,\cdots,n), f^{(n+1)}(\theta x)=(-1)^n\frac{n!}{(1+\theta x)^{n+1}}$$

将上述结果代入麦克劳林公式(2-60)、式(2-61)便得公式 4.

例 2.66　求函数 $\sin^2 x$ 的麦克劳林公式(带皮亚诺余项).

解　$\sin^2 x = \dfrac{1}{2} - \dfrac{1}{2}\cos 2x$　(由公式 3)

$$= \frac{1}{2} - \frac{1}{2}\left[1 - \frac{(2x)^2}{2!} + \frac{(2x)^4}{4!} + \cdots + (-1)^m\frac{(2x)^{2m}}{(2m)!} + o(x^{2m+1})\right]$$

$$= \frac{2}{2!}x^2 - \frac{2^3}{4!}x^4 + \frac{2^5}{6!}x^6 - \cdots + (-1)^{m+1}\frac{2^{2m-1}}{(2m)!}x^{2m} + o(x^{2m+1}).$$

例 2.67　求函数 $\ln(2-3x+x^2)$ 的麦克劳林公式(带皮亚诺余项).

解　$\ln(2-3x+x^2) = \ln 2(1-x)\left(1-\dfrac{x}{2}\right) = \ln 2 + \ln(1-x) + \ln\left(1-\dfrac{x}{2}\right)$　(由公式 4)

$$= \ln 2 + (-x) - \frac{1}{2}(-x)^2 + \frac{1}{3}(-x)^3 + \cdots + (-1)^{n-1}\frac{1}{n}$$

$$(-x)^n + o(x^n) + \left(-\frac{x}{2}\right) - \frac{1}{2}\left(-\frac{x}{2}\right)^2 + \frac{1}{3}\left(-\frac{x}{2}\right)^3 + \cdots +$$

$$(-1)^{n-1}\frac{1}{n}\left(-\frac{x}{2}\right)^n + o(x^n)$$

$$= \ln 2 - \left(1+\frac{1}{2}\right)x + \frac{1}{2}\left(1+\frac{1}{2^2}\right)x^2 + \frac{1}{3}\left(1+\frac{1}{2^3}\right)x^3 + \cdots +$$

$$(-1)^{n-1}\frac{1}{n}\left(1+\frac{1}{2^n}\right)x^n + o(x^n).$$

例 2.68　求函数 $\ln x$ 在点 $x=2$ 处的泰勒公式(带皮亚诺余项).

解　$\ln x = \ln[2+(x-2)] = \ln 2 + \ln\left(1+\dfrac{x-2}{2}\right)$　(由公式 4)

$$= \ln 2 + \left(\frac{x-2}{2}\right) - \frac{1}{2}\left(\frac{x-2}{2}\right)^2 + \frac{1}{3}\left(\frac{x-2}{2}\right)^3 + \cdots +$$

$$(-1)^{n-1}\frac{1}{n}\left(\frac{x-2}{2}\right)^n + o(x^n)$$

$$= \ln 2 + \left(\frac{x-2}{2}\right) - \frac{1}{2}\left(\frac{x-2}{2}\right)^2 + \frac{1}{3}\left(\frac{x-2}{2}\right)^3 + \cdots +$$

$$(-1)^{n-1}\frac{1}{n}\left(\frac{x-2}{2}\right)^n + o(x^n).$$

例 2.69　求函数 $\tan x$ 的四阶麦克劳林公式(带皮亚诺余项).

解　设 $f(x) = \tan x$，　则 $f'(x) = \sec^2 x, f''(x) = 2\sec^2 x\tan x,$

$f^{(3)}(x) = 4\sec^2 x\tan^2 x + 2\sec^4 x, f^{(4)}(x) = 8\sec^2 x\tan^3 x + 16\sec^4 x\tan x.$

因此 $f(0)=f''(0)=f^{(4)}(0)=0, f'(0)=1, f^{(3)}(0)=2$，将这些结果代入公式(2-60)即得

$$\tan x = x + \frac{1}{3}x^3 + o(x^4).$$

2.8.2 泰勒公式的初步应用

泰勒公式在级数理论中具有重要应用,这里介绍泰勒公式的一些简单应用.

1. 求某些高阶导数和不定式极限

例 2.70 设 $f(x) = e^{-\frac{x^2}{2}}$,求 $f^{(98)}(0)$ 与 $f^{(99)}(0)$.

解 先求出函数的麦克劳林公式,由公式 1 得

$$e^{-\frac{x^2}{2}} = 1 + \frac{1}{1!}\left(-\frac{x^2}{2}\right) + \frac{1}{2!}\left(-\frac{x^2}{2}\right)^2 + \cdots + \frac{1}{n!}\left(-\frac{x^2}{2}\right)^n + o(x^{2n})$$

在上式中,x^{98} 与 x^{99} 的系数分别为 $\frac{1}{49!}\left(-\frac{1}{2}\right)^{49}$ 和 0,又根据泰勒公式它们又分别等于

$$\frac{1}{49!}\left(-\frac{1}{2}\right)^{49} = \frac{1}{98!}f^{(98)}(0), \quad 0 = \frac{1}{99!}f^{(99)}(0)$$

$$\Rightarrow f^{(98)}(0) = -\frac{98!}{2^{49}\cdot 49!}, f^{(99)}(0) = 0.$$

例 2.71 求不定式极限 $\lim\limits_{x\to 0}\dfrac{\cos x - e^{-\frac{x^2}{2}}}{x^4}$.

解 注意到分母为 x 的 4 阶无穷小量,故应写出分子的 4 阶麦克劳林公式,根据例 2.70 以及前述麦克劳林公式 3 可得

$$\cos x - e^{-\frac{x^2}{2}} = 1 - \frac{1}{2!}x^2 + \frac{1}{4!}x^4 + o(x^4) - \left[1 + \frac{1}{1!}\left(-\frac{x^2}{2}\right) + \frac{1}{2!}\left(-\frac{x^2}{2}\right)^2 + o(x^4)\right]$$

$$= \frac{1}{4!}x^4 - \frac{1}{2!}\left(-\frac{x^2}{2}\right)^2 + o(x^4) = -\frac{1}{12}x^4 + o(x^4).$$

因此
$$\lim_{x\to 0}\frac{\cos x - e^{-\frac{x^2}{2}}}{x^4} = \lim_{x\to 0}\frac{-\frac{1}{12}x^4 + o(x^4)}{x^4} = -\frac{1}{12}.$$

例 2.72 求不定式极限 $\lim\limits_{x\to +\infty}(\sqrt[6]{x^6 + x^5} - \sqrt[6]{x^6 - x^5})$.

解 $\lim\limits_{x\to +\infty}(\sqrt[4]{x^4 + x^3} - \sqrt[4]{x^4 - x^3}) = \lim\limits_{x\to +\infty} x\left(\sqrt[4]{1 + \frac{1}{x}} - \sqrt[4]{1 - \frac{1}{x}}\right)$ (由前述麦克劳林

公式 5)

$$= \lim_{x\to +\infty} x\left\{\left[1 + \frac{1}{4}\frac{1}{x} + o\left(\frac{1}{x}\right)\right] - \left[1 - \frac{1}{4}\frac{1}{x} + o\left(\frac{1}{x}\right)\right]\right\} = \lim_{x\to +\infty}\left(\frac{1}{2} + o(1)\right) = \frac{1}{2}.$$

例 2.73 求不定式极限 $\lim\limits_{x\to 0}\dfrac{\tan(\tan x) - \sin(\sin x)}{\tan x - \sin x}$.

解 根据例 2.69 以及前述麦克劳林公式 2 可得

$$\tan x - \sin x = \left(x + \frac{1}{3}x^3 + o(x^4)\right) - \left(x - \frac{1}{3!}x^3 + o(x^4)\right) = \frac{1}{2}x^3 + o(x^3).$$

即分子为分母为 x 的 3 阶无穷小量,故应写出分子的 3 阶麦克劳林公式,

$$\tan(\tan x) - \sin(\sin x) = \tan\left(x + \frac{1}{3}x^3 + o(x^4)\right) - \sin\left(x - \frac{1}{3!}x^3 + o(x^4)\right)$$

$$= \left(x + \frac{1}{3}x^3\right) + \frac{1}{3}\left(x + \frac{1}{3}x^3\right)^3 + o(x^4) -$$

$$\left[\left(x - \frac{1}{3!}x^3\right) - \frac{1}{3!}\left(x - \frac{1}{3!}x^3\right)^3 + o(x^4)\right]$$

$$= \left(x + \frac{1}{3}x^3\right) + \frac{1}{3}x^3 - \left(x - \frac{1}{3!}x^3\right) + \frac{1}{3!}x^3 + o(x^3)$$

$$= x^3 + o(x^3).$$

因此 $$\lim_{x \to 0} \frac{\tan(\tan x) - \sin(\sin x)}{\tan x - \sin x} = \lim_{x \to 0} \frac{x^3 + o(x^3)}{\frac{1}{2}x^3 + o(x^3)} = 2.$$

2. 判定某些极值

由带皮亚诺余项的泰勒公式可以立刻推导出以下(判定函数极值的)两个定理:

定理 2.18　(极值第二判别法)设函数 $f(x)$ 在点 x_0 的某邻域内可导,在点 x_0 处存在二阶导数,且 $f'(x_0) = 0, f''(x_0) \neq 0$.那么

(1) 当 $f''(x_0) < 0$ 时,函数 $f(x)$ 在点 x_0 取得极大值;

(2) 当 $f''(x_0) > 0$ 时,函数 $f(x)$ 在点 x_0 取得极小值.

定理 2.19(极值第三判别法)设函数 $f(x)$ 在点 x_0 的某邻域内存在 $n-1$ 阶导函数,在点 x_0 处存在 n 阶导数,且 $f^{(k)}(x_0) = 0 (k = 1, 2, \cdots, n-1), f^{(n)}(x_0) \neq 0$.那么:

(1) 当 n 为偶数时,$f(x)$ 在点 x_0 取得极值.且当 $f^{(n)}(x_0) < 0$ 时取得极大值;当 $f^{(n)}(x_0) > 0$ 时取得极小值;

(2) 当 n 为奇数时,函数 $f(x)$ 在点 x_0 不取得极值.

由于定理 2.18 是定理 2.19 的特殊情形($n = 2$),故我们只要证明定理 2.19.

定理 2.19 的证明　根据定理条件并应用泰勒公式(2-56)可得

$$f(x) - f(x_0) = \frac{f^{(n)}(x_0)}{n!}(x - x_0)^n + o((x - x_0)^n)$$

因此在点 x_0 的邻近,$f(x) - f(x_0)$ 的符号与 $\frac{f^{(n)}(x_0)}{n!}(x - x_0)^n$ 的符号一致.由此推知:

(1) 当 n 为偶数且 $f^{(n)}(x_0) < 0$ 时,有 $\frac{f^{(n)}(x_0)}{n!}(x - x_0)^n < 0$,因而在点 x_0 的某空心邻域内,$f(x) - f(x_0) < 0$,即函数 $f(x)$ 在点 x_0 取得极大值.

而当 n 为偶数且 $f^{(n)}(x_0) > 0$ 时,有 $\frac{f^{(n)}(x_0)}{n!}(x - x_0)^n > 0$,因而在点 x_0 的某空心邻域内,$f(x) - f(x_0) > 0$,即函数 $f(x)$ 在点 x_0 取得极小值.

(2) 当 n 为奇数时,由于 $\frac{f^{(n)}(x_0)}{n!}(x - x_0)^n$ 在点 x_0 左侧和右侧的符号不一致,因而 $f(x) - f(x_0)$ 在点 x_0 左侧和右侧的符号也不一致,故函数 $f(x)$ 在点 x_0 不取得极值.

例 2.74　求函数 $f(x) = x + \frac{1}{x}$ 的极值.

解　$f'(x) = 1 - \frac{1}{x^2}$,显然 $x = \pm 1$ 是稳定点,没有其他稳定点.

因为 $$f''(x) = \frac{2}{x^3}, \quad f''(1) = 2 > 0, \quad f''(-1) = -2 < 0$$

所以由定理 2.18 知,所求极小值为 $f(1) = 2$,极大值为 $f(-1) = -2$.

例 2.75 求函数 $f(x) = e^x + e^{-x} + 2\cos x$ 的极值.

解 $f'(x) = e^x - e^{-x} - 2\sin x$,可知函数只有一个稳定点 $x = 0$.

因为
$$f''(x) = e^x + e^{-x} - 2\cos x, \quad f''(0) = 0$$
$$f^{(3)}(x) = e^x - e^{-x} + 2\sin x, \quad f^{(3)}(0) = 0$$
$$f^{(4)}(x) = e^x + e^{-x} + 2\cos x, \quad f^{(4)}(0) = 4 > 0$$

所以由定理 2.19 知,$f(0) = 4$ 为所求极值,且为极小值.

◎ **思考题** 试说明理由,例 2.75 所给函数只有一个稳定点 $x = 0$.

值得注意的是,应用第二、第三判别法考察函数的极值时,只能考察函数的稳定点,并且当函数在其稳定点的所有高阶导数均等于 0 时失效.这是其局限性,而第一判别法没有这种局限性.

3. 在近似计算中的应用

例 2.76 (1) 求 e 的近似值,使其误差小于 10^{-6}; (2) 证明 e 是无理数.

解 (1) 由前述公式 1,当 $x = 1$ 时有

$$e = 1 + 1 + \frac{1}{2!} + \cdots + \frac{1}{n!} + \frac{e^\theta}{(n+1)!}, \quad 0 < \theta < 1$$

$|R_n(1)| = \dfrac{e^\theta}{(n+1)!} < \dfrac{3}{(n+1)!}$,当 $n = 9$ 时有 $R_9(1) < \dfrac{3}{10!} = \dfrac{3}{3628800} < 10^{-6}$

所以
$$e \approx 2 + \frac{1}{2!} + \cdots + \frac{1}{9!} \approx 2.718281.$$

(2) 由(1)得 $\quad n! \, e = n! \left(1 + 1 + \dfrac{1}{2!} + \cdots + \dfrac{1}{n!}\right) + \dfrac{e^\theta}{n+1}$

即
$$n! \, e - [n! + n! + n \cdot (n-1) \cdots 4 \cdot 3 + \cdots + n + 1] = \frac{e^\theta}{n+1} \tag{2-62}$$

倘若 e 为有理数,即 $e = \dfrac{p}{g}$(p, q 为正整数),那么当 $n \geqslant \max\{3, q\}$ 时,式(2-62)左边为正整数,而右边 $\dfrac{e^\theta}{n+1} < \dfrac{3}{n+1} < 1$ 不是正整数,这样就导出了矛盾,因此 e 为无理数.

除上述应用外,泰勒公式可用来研究函数的凹凸性(见下一节)及幂级数展开式(见第 4 章 4.7 节).

习题 2.8

1.求下列函数的带皮亚诺余项的麦克劳林公式.

(1) $f(x) = \dfrac{1 + x + x^2}{1 - x + x^2}$(到 4 阶为止,可利用 $\dfrac{1}{1+x}$ 的公式),并求 $f^{(4)}(0)$;

(2) $f(x) = \sqrt{1 - 2x + x^3} - \sqrt[3]{1 - 3x + x^2}$(到 3 阶为止,可利用 $(1+x)^\alpha$ 的公式);

(3) $f(x) = \dfrac{x}{e^x - 1}$(到 4 阶为止,可利用 $e^x - 1$ 及 $\dfrac{1}{1+x}$ 的公式);

(4) $f(x) = \sqrt[3]{\sin x^3}$(到 13 阶为止,可利用 $\sin x$ 及 $(1+x)^\alpha$ 的公式);

(5) $f(x) = \tan x$(到 5 阶为止); (6) $f(x) = \arctan x$(到 5 阶为止).

2.写出下列函数在指定点的泰勒公式.

(1) $\sin x$, $x = \dfrac{\pi}{2}$;　　　　(2) e^{-x} , $x = 1$;　　　(3) $\sqrt{x}$, $x = 1$;

(4) $x^5 - x^2 + 2x - 1$, $x = -1$.

3.利用泰勒公式求下列函数的极限.

(1) $\displaystyle\lim_{x \to 0} \dfrac{\mathrm{e}^x \sin x - x(1+x)}{x^3}$;
　　　　　　　(2) $\displaystyle\lim_{x \to 0} \dfrac{\mathrm{e}^{x^3} - 1 - x^3}{x^2 - \dfrac{1}{3}x^4 - \sin^2 x}$;

(3) $\displaystyle\lim_{x \to 0}\left(\dfrac{1}{x} - \dfrac{1}{\sin x} \right)$;
　　　　　　　(4) $\displaystyle\lim_{x \to 0} \dfrac{1 - x^2 - \mathrm{e}^{-x^2}}{\sin^4 x}$;

(5) $\displaystyle\lim_{x \to \infty} x^{\frac{3}{2}}(\sqrt{x+1} + \sqrt{x-1} - 2\sqrt{x})$;
　　(6) $\displaystyle\lim_{x \to \infty}\left[x - x^2 \ln\left(1 + \dfrac{1}{x}\right) \right]$.

4.设函数 $f(x)$ 在点 x_0 处具有 $n+1$ 阶导数,且 $f^{(n+1)}(x_0) \neq 0$,由泰勒公式得

$$f(x_0 + h) = f(x_0) + hf'(x_0) + \dfrac{h^2}{2!}f''(x_0) + \cdots +$$

$$\dfrac{h^{n-1}}{(n-1)!}f^{(n-1)}(x_0) + \dfrac{h^n}{n!}f^{(n)}(x_0 + \theta h)$$

证明 $\displaystyle\lim_{h \to 0}\theta = \dfrac{1}{n+1}$ (将 $n+1$ 阶和 1 阶带皮亚诺余项的泰勒公式分别应用于 $f(x_0 + h)$ 和 $f^{(n)}(x_0 + \theta h)$).

5.设函数 $f(x)$ 在闭区间 $[a,b]$ 上具有二阶导数, $f'(a) = f'(b) = 0$,证明 $\exists \xi \in (a,b)$,使得

$$|f''(\xi)| \geqslant \dfrac{4}{(b-a)^2}|f(b) - f(a)|$$

$\left(\text{将} f\left(\dfrac{a+b}{a}\right) \text{分别以两个端点用二阶泰勒公式表示出来}\right).$

2.9　其他应用

2.9.1　函数的凹凸性

函数的单调性刻画了函数图像的上升或下降,但函数图像除了上升或下降外,还有弯曲方向.如图 2-25 所示,它们的弯曲方向是不同的,一个是向下弯曲,而另一个则是向上弯曲.

我们先来分析这一几何现象的特征,曲线 $y = x^2$ 上任意两点间的弧段 $\overparen{AB}$ 总是在弦段 $\overline{AB}$ 的下方;而曲线 $y = \sqrt{x}$ 上任意两点间的弧段总是在弦段 $\overline{CD}$ 的上方.我们称具有前一特征的曲线为凸曲线,相应的函数称为凸函数;称具有后一特征的曲线为凹曲线,相应的函数称为凹函数.

为了研究函数凹凸性及其应用,我们来揭示凸(凹)函数的数量关系.如图 2-26 所示, C 为弧段 $\overparen{AB}$ 上的任一点, D 为弦段 $\overline{AB}$ 上对应于 C 的点,两点的横坐标均为 x , x 可以表示为

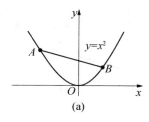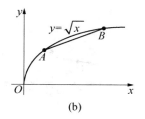

图 2-25

$x = \lambda x_1 + (1-\lambda)x_2 (0 < \lambda < 1)$，所以 C、D 两点的纵坐标分别为

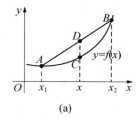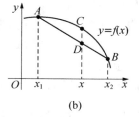

图 2-26

$$f(\lambda x_1 + (1-\lambda)x_2) \text{ 和 } \lambda f(x_1) + (1-\lambda)f(x_2).$$ 显然有

对于凸函数(图 2-26(a))：$f(\lambda x_1 + (1-\lambda)x_2) < \lambda f(x_1) + (1-\lambda)f(x_2)$

对于凹函数(图 2-26(b))：$f(\lambda x_1 + (1-\lambda)x_2) > \lambda f(x_1) + (1-\lambda)f(x_2)$

我们据此给出以下定义.

定义 2.5 设函数 $f(x)$ 在区间 I 上有定义，如果对于 $\forall x_1$、$x_2 \in I$，$\forall \lambda \in (0,1)$，恒有

$$f(\lambda x_1 + (1-\lambda)x_2) \leqslant \lambda f(x_1) + (1-\lambda)f(x_2) \tag{2-63}$$

则称 $f(x)$ 为 I 上的凸函数.反之,如果恒有

$$f(\lambda x_1 + (1-\lambda)x_2) \geqslant \lambda f(x_1) + (1-\lambda)f(x_2) \tag{2-64}$$

则称 $f(x)$ 为 I 上的凹函数.

如果式(2-63)和式(2-64)中的不等号改为严格不等号,则相应的函数称为严格凸函数和严格凹函数.例如 $y = x^2$ 在 $(-\infty, +\infty)$ 内为严格凸函数,$y = \sqrt{x}$ 在 $[0, +\infty)$ 内为严格凹函数.

显然,如果 $f(x)$ 为区间 I 上的凹函数,则 $-f(x)$ 为区间 I 上的凸函数,因此,我们只要讨论凸函数的性质即可.

设函数 $f(x)$ 为区间 I 上的可微凸函数,则从图 2-27 可以看出,$f(x)$ 的图像还具有以下特征：

1.任意两点间的弧段 $\overset{\frown}{AB}$ 上的切线总是位于该弧段的下方(见图 2-27(a)),即对区间 I 内的任意两点 x_1、x_2,都有 $f(x_2) \geqslant f(x_1) + f'(x_1)(x_2 - x_1)$.

2.该凸曲线上的切线斜率函数,即导函数 $f'(x)$ 是 I 上的增函数(见图 2-27(b)).

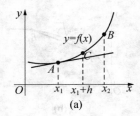 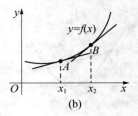

图 2-27

因此,我们有下面的定理:

定理 2. 20　设函数 $f(x)$ 为区间 I 上的可导函数,则下述论断互相等价:

(1) $f(x)$ 为 I 上的凸函数;

(2) 对区间 I 内的任意两点 x_1、x_2,都有

$$f(x_2) \geqslant f(x_1) + f'(x_1)(x_2 - x_1) \tag{2-65}$$

(3) $f'(x)$ 为 I 上的增函数.

证　定理的证明方法可以从图 2-27 中得到启发.

(1) $\Rightarrow$ (2) 不妨设 $x_1 < x_2$,任取 $h > 0$,使 $x_1 < x_1 + h < x_2$,并令 $\lambda = \dfrac{h}{x_2 - x_1}$,则有

$$\lambda x_2 + (1 - \lambda) x_1 = x_1 + \lambda (x_2 - x_1) = x_1 + h$$

于是由 $f(x)$ 的凸性得

$$f(x_1 + h) = f[\lambda x_2 + (1 - \lambda) x_1] \leqslant \lambda f(x_2) + (1 - \lambda) f(x_1)$$

$$= \frac{h}{x_2 - x_1} f(x_2) + \left(1 - \frac{h}{x_2 - x_1}\right) f(x_1)$$

于是
$$f(x_1 + h) - f(x_1) \leqslant \frac{h}{x_2 - x_1} [f(x_2) - f(x_1)]$$

或
$$f(x_2) \geqslant \frac{f(x_1 + h) - f(x_1)}{h} (x_2 - x_1) + f(x_1)$$

在上式中,令 $h \to 0^+$,取极限便得 $f(x_2) \geqslant f(x_1) + f'(x_1)(x_2 - x_1)$.

(2) $\Rightarrow$ (3)　由公式(2-65)得

$$f(x_2) \geqslant f(x_1) + f'(x_1)(x_2 - x_1), \quad f(x_1) \geqslant f(x_2) + f'(x_2)(x_1 - x_2)$$

上面二式左边与左边相加,右边与右边相加,得

$$f(x_2) + f(x_1) \geqslant f(x_2) + f(x_1) + [f'(x_1) - f'(x_2)](x_2 - x_1)$$

即
$$[f'(x_1) - f'(x_2)](x_2 - x_1) \leqslant 0$$

由此即知 $f'(x)$ 为 I 上的增函数.

(3) $\Rightarrow$ (1) 公式(2-63)等价于

$$\lambda [f(\lambda x_1 + (1 - \lambda) x_2) - f(x_1)] + (1 - \lambda)[f(\lambda x_1 + (1 - \lambda) x_2) - f(x_2)] \leqslant 0$$

在上式两个括号内分别应用拉格朗日中值定理,于是公式(2-63)又等价于

$$\lambda(1 - \lambda)(x_2 - x_1)[f'(\xi_1)] - \lambda(1 - \lambda)(x_2 - x_1)[f'(\xi_2)] \leqslant 0$$

不妨设 $x_1 < x_2$,则 $x_1 < \xi_1 < \lambda x_1 + (1 - \lambda) x_2 < \xi_2 < x_2$,于是公式(2-63)又等价于

$$f'(\xi_1) \leqslant f'(\xi_2)$$

根据 $f'(x)$ 为 I 上的增函数的条件,上式自然成立,这就证得 $f(x)$ 为 I 上的凸函数.

由定理 2.20 可立刻推得下面的推论.

推论 2.4 设函数 $f(x)$ 为区间 I 上的二阶可导函数,则在 I 上 $f(x)$ 为凸函数 $\Leftrightarrow f''(x) \geqslant 0, x \in I$.

◎ **思考题** 对照定理 2.20 及其推论写成 $f(x)$ 为凹函数的充要条件.

例 2.77 考察函数 $f(x) = \mathrm{e}^{-x^2}$ 的凸性.

解 $f''(x) = 2(2x^2 - 1)\mathrm{e}^{-x^2}$,由此可知

当 $x < -\dfrac{1}{\sqrt{2}}$ 或 $x > \dfrac{1}{\sqrt{2}}$ 时 $f''(x) > 0$;

当 $-\dfrac{1}{\sqrt{2}} < x < \dfrac{1}{\sqrt{2}}$ 时,$f''(x) > 0$.

因此该函数在区间 $\left(-\infty, -\dfrac{1}{\sqrt{2}}\right)$ 和 $\left(\dfrac{1}{\sqrt{2}}, +\infty\right)$ 内为凸函数;而在 $\left(-\dfrac{1}{\sqrt{2}}, \dfrac{1}{\sqrt{2}}\right)$ 内为凹函数.该函数的图像如图 2-28 所示.

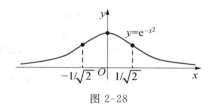

图 2-28

在例 2.77 中,点 $x = -\dfrac{1}{\sqrt{2}}$ 和 $x = \dfrac{1}{\sqrt{2}}$ 是函数凹凸性分界点,称为拐点.一般地,如果函数 $f(x)$ 在点 x_0 可导或 $f'(x_0) = \infty$,并且在点 x_0 的邻近,$f(x)$ 在点 x_0 的一侧为严格凸,在另一侧为严格凹,则称 x_0 是函数 $f(x)$ 的拐点,同时也称 $(x_0, f(x_0))$ 为曲线 $y = f(x)$ 的拐点.

显然,如果函数 $f(x)$ 在点 x_0 二阶可导,并且 x_0 是函数的拐点,则 $f''(x_0) = 0$.

◎ **思考题** $x = 0$ 是函数 $y = \sqrt[3]{x}$ 的拐点吗?

利用函数的凸性可以证明某些重要不等式.

例 2.78 (琴生(Jensen)不等式) 如果函数 $f(x)$ 为区间 $[a, b]$ 上的凸(或凹)函数,则对任意 $x_i \in [a, b]$,$\lambda_i > 0 (i = 1, 2, \cdots, n)$,$\sum\limits_{i=1}^{n} \lambda_i = 1$,恒有

$$f\left(\sum_{i=1}^{n} \lambda_i x_i\right) \leqslant (\text{或} \geqslant) \sum_{i=1}^{n} \lambda_i f(x_i) \tag{2-66}$$

特别地,当 $\lambda_1 = \lambda_2 = \cdots = \lambda_n = \dfrac{1}{n}$ 时,有

$$f\left(\frac{1}{n}\sum_{i=1}^{n} x_i\right) \leqslant (\text{或} \geqslant) \frac{1}{n}\sum_{i=1}^{n} f(x_i) \tag{2-67}$$

证 为了能使用微积分方法,我们假设函数 $f(x)$ 具有二阶导数(一般情形可以用数学

归纳法来证明).记 $x_0 = \sum\limits_{i=1}^{n} \lambda_i x_i$,则 $x_0 \in [a,b]$,应用泰勒公式,得

$$f(x_i) = f(x_0) + f'(x_0)(x_i - x_0) + \frac{1}{2!}f''(\xi_i)(x_i - x_0)^2 \quad (i=1,2,\cdots,n)$$

因为 $f(x)$ 为凸函数,所以每一 $f''(\xi_i) \geqslant 0$,于是

$$f(x_i) \geqslant f(x_0) + f'(x_0)(x_i - x_0) \quad (i=1,2,\cdots,n)$$

在每个不等式两边分别乘以相应的 $\lambda_i (i=1,2,\cdots,n)$ 并求和,得

$$\sum_{i=1}^{n} \lambda_i f(x_i) \geqslant \sum_{i=1}^{n} \lambda_i f(x_0) + \sum_{i=1}^{n} \lambda_i f'(x_0)(x_i - x_0)$$

$$= \left(\sum_{i=1}^{n}\lambda_i\right) f(x_0) + \left(\sum_{i=1}^{n}\lambda_i x_i\right) f'(x_0) - \left(\sum_{i=1}^{n}\lambda_i\right) x_0 f'(x_0)$$

$$= f(x_0) + x_0 f'(x_0) - x_0 f'(x_0) = f(x_0)$$

这就证明了公式(2-66).

应用琴生不等式可以推出一些重要不等式.

例 2.79（均值不等式）设 $a_i > 0 (i=1,2,\cdots,n)$,则有

$$\frac{n}{a_1^{-1} + a_2^{-1} + \cdots + a_n^{-1}} \leqslant \sqrt[n]{a_1 a_2 \cdots a_n} \leqslant \frac{a_1 + a_2 + \cdots + a_n}{n} \tag{2-68}$$

证　设 $f(x) = -\ln x$,则 $f''(x) = \dfrac{1}{x^2} > 0$, $-\ln x$ 为凸函数,即 $\ln x$ 为凹函数.所以对于任意一组正数 $a_i > 0 (i=1,2,\cdots,n)$,根据琴生不等式(见式(2-67)),得

$$\ln \frac{n}{a_1^{-1} + a_2^{-1} + \cdots + a_n^{-1}} = -\ln \frac{a_1^{-1} + a_2^{-1} + \cdots + a_n^{-1}}{n}$$

$$\leqslant -\frac{1}{n}(\ln a_1^{-1} + \ln a_2^{-1} + \cdots + \ln a_n^{-1}) = \ln \sqrt[n]{a_1 a_2 \cdots a_n}$$

$$= \frac{1}{n}(\ln a_1 + \ln a_2 + \cdots + \ln a_n) \leqslant \ln \frac{a_1 + a_2 + \cdots + a_n}{n},$$

即

$$\ln \frac{n}{a_1^{-1} + a_2^{-1} + \cdots + a_n^{-1}} \leqslant \ln \sqrt[n]{a_1 a_2 \cdots a_n} \leqslant \ln \frac{a_1 + a_2 + \cdots + a_n}{n}.$$

由此即可推出式(2-68).

2.9.2　渐近线

为了完整地介绍函数作图的方法,我们来研究曲线的渐近线.从图 2-29(a) 中可以看出,当动点 P 沿双曲线无限远离原点时,动点 P 到渐近线的距离趋于零.

一般地,设 C 是一条曲线,如果存在直线 L,使得当曲线 C 上的动点 P 沿曲线无限远离原点时,点 P 与 L 的距离趋于零,则称直线 L 为曲线 C 的一条渐近线(见图 2-29(b)).

显然,对函数 $f(x)$ 来说,如果 $\lim\limits_{x \to \infty} f(x) = A$ 或 $\lim\limits_{x \to x_0} f(x) = \infty$,则直线 $y = A$ 或 $x = x_0$ 是曲线 $y = f(x)$ 的渐近线,分别称为水平渐近线和垂直渐近线.例如直线 $y = 0$ 和 $x = 0$ 分别是曲线 $y = \dfrac{1}{x}$ 的水平渐近线和垂直渐近线.下面讨论曲线 $y = f(x)$ 的斜渐近线.

设曲线 $y = f(x)$ 有斜渐近线 $L: y = kx + b$(见图 2-29(b)),曲线上的动点 P 到直线 L

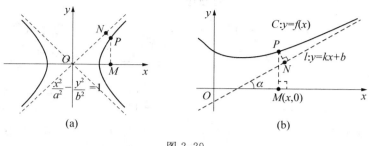

图 2-29

的距离为

$$|PN| = |PM| \cdot |\cos\alpha| = \frac{|f(x) - kx - b|}{\sqrt{1+k^2}}.$$

当 $x \to +\infty$（或 $x \to -\infty, x \to \infty$）时，由渐近线的定义有，$|PN| \to 0$，从而

$$\lim_{x \to +\infty}[f(x) - kx - b] = 0, \lim_{x \to +\infty}\frac{f(x) - kx - b}{x} = 0$$

由此即得

$$b = \lim_{x \to +\infty}[f(x) - kx], k = \lim_{x \to +\infty}\frac{f(x)}{x} \tag{2-69}$$

式（2-69）即为曲线 $y = f(x)$ 斜渐近线的斜率 k 和截距 b 的计算公式.

例 2.80 求曲线 $y = \dfrac{x^3}{x^2 - 1}$ 的渐近线.

解 显然 $\lim_{x \to \infty} y = \infty$，故曲线没有水平渐近线.由于 $y = \dfrac{x^3}{(x+1)(x-1)}$，可知曲线有垂直渐近线 $x = -3$ 和 $x = 1$.现在考察曲线有没有斜渐近线，因为

$$\lim_{x \to \infty}\frac{y}{x} = \lim_{x \to \infty}\frac{x^3}{x^3 - x} = 1, \lim_{x \to \infty}(y - x) = \lim_{x \to \infty}\left(\frac{x^3}{x^2 - 1} - x\right) = \lim_{x \to \infty}\frac{x}{x^2 - 1} = 0$$

所以由式（2-69）知，曲线有斜渐近线 $y = x$.

2.9.3 函数作图

在中学里，我们学习过用描点法作一些简单函数的图像，这种方法比较粗糙，一般不能精确地反映函数的基本特性，如单调区间，极值点，凸性，拐点等.现在，我们可以运用本章关于函数的单调性、凹凸性等知识，并结合函数的周期性、奇偶性等，就能比较精确地作出函数的图像.以下是函数作图的一般步骤：

1.确定函数的定义域、间断点、奇偶性（或对称性）、周期性；

2.求函数的一阶导数，确定函数的单调区间和极值点，不可导点；

3.求函数的二阶导数，确定函数的凹凸区间、拐点，必要时还可以求出若干特殊点，如曲线与坐标轴的交点等；

4.考察函数图像是否有渐近线，是否与坐标轴相交；

5.将函数的单调性和凹凸性等列成表格；

6.对照表格并结合上述结果，作出函数的图像.

例 2.81　试作出函数 $y = \dfrac{x^3}{x^2-1}$ 的图像.

解　函数的定义域为 $(-\infty, -1) \bigcup (-1, 1) \bigcup (1, +\infty)$，为奇函数.

$$y' = \left(x + \frac{x}{x^2-1}\right)' = 1 - \frac{x^2+1}{(x^2-1)^2} = \frac{x^2(x-\sqrt{3})(x+\sqrt{3})}{(x^2-1)^2},$$

$$y'' = \left(1 - \frac{x^2+1}{(x^2-1)^2}\right)' = -\frac{2x(x^2-1) - 4x(x^2+1)}{(x^2-1)^3} = \frac{2x(x^2+3)}{(x^2-1)^3}.$$

由此知，函数的稳定点为 $x=0, x=\pm\sqrt{3}$，使 $y''=0$ 的点为 $x=0$.另外函数图像有斜渐近线 $y=x$，以及两条垂直渐近线 $x=\pm 1$.单调性和凹凸性等列表如表 2-2 所示.

表 2-2

x	$(-\infty, -\sqrt{3})$	$-\sqrt{3}$	$(-\sqrt{3}, -1)$	$(-1, 0)$	0	$(0, 1)$	$(1, \sqrt{3})$	$\sqrt{3}$	$(\sqrt{3}, +\infty)$
y'	+	0	−	−	0	−	−	0	+
y''	−	−	−	+	0	+	+	+	+
y	↗∩	极大	↘∩	↘∪	拐点	↘∩	↘∪	极小	↗∪

极大值为 $f(-\sqrt{3}) = -\dfrac{3\sqrt{3}}{2}$，极小值为 $f(\sqrt{3}) = \dfrac{3\sqrt{3}}{2}$.

根据上述结果，作出函数图像如图 2-30 所示.

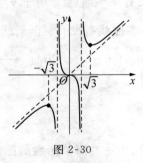

图 2-30

例 2.82　试作出函数 $y = \sqrt[3]{x^3 - x^2 - x + 1}$ 的图像.

解　$y = \sqrt[3]{(x-1)^2}\sqrt[3]{x+1}$，函数的定义域为 $(-\infty, +\infty)$.

$$y' = \frac{2}{3}\frac{\sqrt[3]{x+1}}{\sqrt[3]{x-1}} + \frac{1}{3}\frac{\sqrt[3]{(x-1)^2}}{\sqrt[3]{(x+1)^2}} = \frac{x + (1/3)}{\sqrt[3]{x-1} \cdot \sqrt[3]{(x+1)^2}},$$

$$y'' = -\frac{8}{9\sqrt[3]{(x-1)^4} \cdot \sqrt[3]{(x+1)^5}}$$

稳定点为 $x = -\dfrac{1}{3}$，$f'(\pm 1) = \infty$，另外曲线与坐标轴的交点为 $(1,0), (-1,0), (0,1)$.

由于 $\lim\limits_{x\to\infty}\dfrac{y}{x}=\lim\limits_{x\to\infty}\sqrt[3]{1-\dfrac{1}{x}-\dfrac{1}{x^2}+\dfrac{1}{x^3}}=1$ 及

$$\lim_{x\to\infty}(y-x)=\lim_{x\to\infty}(\sqrt[3]{x^3-x^2-x+1}-x)$$

$$=\lim_{x\to\infty}\frac{(\sqrt[3]{x^3-x^2-x+1}-x)[\sqrt[3]{(x^3-x^2-x+1)^2}+\sqrt[3]{x^3-x^2-x+1}\cdot x+x^2]}{\sqrt[3]{(x^3-x^2-x+1)^2}+\sqrt[3]{x^3-x^2-x+1}\cdot x+x^2}$$

$$=\lim_{x\to\infty}\frac{-x^2-x+1}{\sqrt[3]{(x^3-x^2-x+1)^2}+\sqrt[3]{x^3-x^2-x+1}\cdot x+x^2}=-\frac{1}{3}$$

故曲线有斜渐近线 $y=x-\dfrac{1}{3}$. 单调性和凹凸性等列表如表 2-3 所示.

表 2-3

x	$(-\infty,-1)$	-1	$(-1,-1/3)$	$-1/3$	$(-1/3,1)$	1	$(1,+\infty)$
y'	$+$	∞	$+$	0	$-$	∞	$+$
y''	$+$	不存在	$-$	$-$	$-$	不存在	$-$
y	↗∪	拐点$(-1,0)$	↗∩	极大值$2\sqrt[3]{4}/3$	↘∩	极小值0	↗∩

极大值为 $f\left(-\dfrac{1}{3}\right)=\dfrac{2\sqrt[3]{4}}{3}$, 极小值为 $f(1)=0$. 根据上述结果, 作出函数图像如图 2-31 所示.

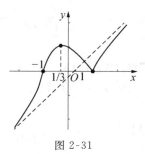

图 2-31

2.9.4 方程 $f(x)=0$ 的近似解

求代数方程的解历来是数学理论和数学应用的重要课题. 求解方法主要有两种: 解析法与数值法. 解析法(也称为公式法)得到的解是精确的. 然而并不是所有方程的解都能用公式表示, 法国数学家伽罗瓦(Galois)在 19 世纪就证明了一元 5 次或 5 次以上的代数方程就没有一般的求解公式. 因此对于一般方程 $f(x)=0$, 需要寻求其他求解方法. 我们这里介绍一种常见的数值解法 —— 牛顿切线法.

设函数 $f(x)$ 在区间 $[a,b]$ 上二阶可微, 且满足 $f'(x)\cdot f''(x)\neq 0$, $f(a)\cdot f(b)<0$. 则由达布定理(见 2.6 节中例 2.41)知, 函数 $f(x)$ 的一、二阶导数皆不变号, 因此函数 $f(x)$

的图像必属于图 2-32 中的四种情形之一.故存在唯一点 $x_0 \in [a,b]$,使得 $f(x_0)=0$.牛顿切线法的解题思路是:按图 2-32 中所示的那样,通过逐次作切线的方法构造一点列 $\{x_n\}$,使得 $\lim\limits_{n\to\infty}x_n=x_0$.这样,当 n 充分大时,x_n 可以作为 x_0 的近似值即数值解.

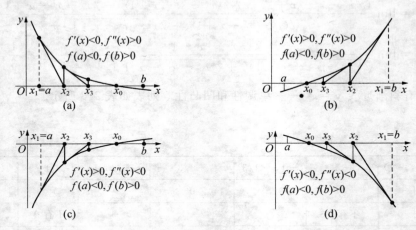

图 2-32

下面以情形(a)为例来进行讨论.首先令

$$x_1=a,\ x_2=x_1-\frac{f(x_1)}{f'(x_1)},\cdots,x_n=x_{n-1}-\frac{f(x_{n-1})}{f'(x_{n-1})},\cdots. \tag{2-70}$$

由函数 $f(x)$ 的严格凸性可知,数列 $\{x_n\}$ 严格递增且有界(参见图 2-32(a)),故存在极限 x_0.通过对式(2-70)取极限,得 $x_0=x_0-\dfrac{f(x_0)}{f'(x_0)}$,从而 $f(x_0)=0$.因此,x_n 为方程 $f(x)=0$ 的数值解.

再来估计该数值解的误差.由微分中值定理

$$f(x_n)=f(x_n)-f(x_0)=f'(\xi)(x_n-x_0),\xi \in (x_n,x_0),$$

因此误差公式为

$$|x_n-x_0|=\frac{|f(x_n)|}{f'(\xi)}\leqslant \frac{|f(x_n)|}{m} \quad (\text{其中 } m=\min_{a\leqslant x\leqslant b}|f'(x)|). \tag{2-71}$$

例 2.83 试求方程 $f(x)=\dfrac{1}{3}x^3-2x^2+3x-2=0$ 实根的近似值,使得误差不超过 0.001.

解 $f'(x)=x^2-4x+3=(x-1)(x-3)$,$f''(x)=2x-4$.由此知 $f(x)$ 在区间 $(-\infty,1)$ 内递增;在 $(1,3)$ 内递减;在 $(3,+\infty)$ 上递增,极大值为 $f(1)=-\dfrac{2}{3}$,极小值为 $f(3)=-2$.因此方程有唯一的实根 x_0,且 $x_0>3$.

注意到 $f(4)=-\dfrac{2}{3}<0$,$f(5)=\dfrac{14}{3}>0$,故 $x_0 \in (4,5)$.由于在 $x_0 \in [4,5]$ 上,$f'(x)>0$,$f''(x)>0$,它属于图 2-32 中(b)的情形.因此递推公式(2-70)的初始值 x_1 应选为 $x_1=b=5$.按照式(2-70)和式(2-71)逐次迭代得

$$x_2 = 5 - \frac{f(5)}{f'(5)} = 5 - \frac{14}{3} \cdot \frac{1}{8} \approx 4.417,$$

$$|x_2 - x_0| \leqslant \frac{f(x_2)}{m} = \frac{f(4.417)}{f'(4)} = \frac{0.956}{3} \approx 0.319$$

$$x_3 = 4.417 - \frac{f(4.417)}{f'(4.417)} = 4.417 - \frac{0.956}{4.842} \approx 4.219,$$

$$|x_3 - x_0| \leqslant \frac{f(x_3)}{m} = \frac{f(4.219)}{f'(4)} = \frac{0.090}{3} \approx 0.010$$

$$x_4 = 4.219 - \frac{f(4.219)}{f'(4.219)} = 4.219 - \frac{0.090}{3.924} \approx 4.196,$$

$$|x_4 - x_0| \leqslant \frac{f(x_4)}{m} = \frac{f(4.196)}{f'(4)} = \frac{0.002}{3} < 0.001.$$

故所求近似解为 $x_0 \approx 4.196$.

习题 2.9

1.求下列函数的凹凸区间及拐点.

(1) $y = 3x^5 - 5x^3$;   (2) $y = x - 2\arctan x$;   (3) $y = (x-1) \cdot x^{\frac{2}{3}}$;

(4) $y = x\mathrm{e}^{-x}$;   (5) $y = 4\sin x + \sin 2x$;   (6) $y = |3x^3 - 9x^2 + 12x|$.

2.当 a、b 为何值时,点 $A(1,3)$ 为曲线 $y = ax^3 + bx^2 + 1$ 的拐点?

3.设函数 $f(x)$ 具有二阶导数,且 $f(x) > 0$,证明曲线 $y^2 = f(x)$ 的拐点之横坐标 ξ 满足关系式

$$[f'(\xi)]^2 = 2f(\xi)f''(\xi).$$

4.利用函数的凹凸性证明不等式.

(1) $\dfrac{\sin x_1 + \sin x_2 + \cdots + \sin x_n}{n} \geqslant \sin \dfrac{x_1 + x_2 + \cdots + x_n}{n}$,其中 $x_i \in (0, \pi)$,$i = 1$,

$2, \cdots, n$;

(2) $\dfrac{x_1^p + x_2^p + \cdots + x_n^p}{n} \geqslant \left(\dfrac{x_1 + x_2 + \cdots + x_n}{n}\right)^p$,其中 $p \geqslant 1$,$x_i > 0$,$i = 1, 2, \cdots, n$.

5.试描绘题 1 中各函数的图像.

2.10　解题补缀

例 2.84　曳物线的方程为 $x = a\ln \dfrac{a + \sqrt{a^2 - y^2}}{y} - \sqrt{a^2 - y^2}$,求 $\dfrac{\mathrm{d}y}{\mathrm{d}x}$,$\dfrac{\mathrm{d}^2 y}{\mathrm{d}x^2}$.

解　方程两边微分得　$\mathrm{d}x = a\left[\dfrac{1}{a + \sqrt{a^2 - y^2}} \dfrac{-y}{\sqrt{a^2 - y^2}} - \dfrac{1}{y}\right]\mathrm{d}y + \dfrac{y}{\sqrt{a^2 - y^2}}\mathrm{d}y$,将等式右边化简

$$右边 = \left[\dfrac{a}{a + \sqrt{a^2 - y^2}} \cdot \dfrac{-y}{\sqrt{a^2 - y^2}} + \dfrac{y}{\sqrt{a^2 - y^2}}\right]\mathrm{d}y - \dfrac{a}{y}\mathrm{d}y$$

$$= \frac{y}{\sqrt{a^2 - y^2}} \left[\frac{-a}{a + \sqrt{a^2 - y^2}} + 1 \right] \mathrm{d}y - \frac{a}{y} \mathrm{d}y = \frac{y}{\sqrt{a^2 - y^2}} \frac{\sqrt{a^2 - y^2}}{a + \sqrt{a^2 - y^2}} \mathrm{d}y - \frac{a}{y} \mathrm{d}y$$

$$= \frac{y}{a + \sqrt{a^2 - y^2}} \mathrm{d}y - \frac{a}{y} \mathrm{d}y = \frac{y^2 - a^2 - a\sqrt{a^2 - y^2}}{y(a + \sqrt{a^2 - y^2})} \mathrm{d}y = - \frac{\sqrt{a^2 - y^2}}{y} \mathrm{d}y.$$

因此 $\mathrm{d}x = - \dfrac{\sqrt{a^2 - y^2}}{y} \mathrm{d}y, \dfrac{\mathrm{d}y}{\mathrm{d}x} = - \dfrac{y}{\sqrt{a^2 - y^2}}.$ 再求导得

$$\frac{\mathrm{d}^2 y}{\mathrm{d}x^2} = - \frac{\dfrac{\mathrm{d}y}{\mathrm{d}x} \cdot \sqrt{a^2 - y^2} - \left(\dfrac{-y}{\sqrt{a^2 - y^2}} \dfrac{\mathrm{d}y}{\mathrm{d}x} \right) \cdot y}{a^2 - y^2}$$

$$= - \frac{-y - \left(\dfrac{y^2}{a^2 - y^2} \right) \cdot y}{a^2 - y^2} = \frac{a^2 y}{(a^2 - y^2)^2}.$$

例 2.85　设 $y = \dfrac{\arcsin x}{\sqrt{1 - x^2}}$, 求 $y^{(n)}(0)$.

解　$y\sqrt{1 - x^2} = \arcsin x$, 两边对 x 求导得　$y'\sqrt{1 - x^2} - \dfrac{xy}{\sqrt{1 - x^2}} = \dfrac{1}{\sqrt{1 - x^2}}$, 整理

后得

$$(1 - x^2) y' - xy = 1, \text{可知 } y(0) = 0, y'(0) = 1.$$

设 $n \geqslant 2$, 方程两边对 x 求 $n - 1$ 阶导数并利用莱布尼兹公式, 得

$$\sum_{k=0}^{n-1} C_{n-1}^k (1 - x^2)^{(k)} (y)^{(n-k)} - \sum_{k=0}^{n-1} C_{n-1}^k (x)^{(k)} (y)^{(n-1-k)} = 0$$

即 $(1 - x^2) y^{(n)} - 2(n-1) xy^{(n-1)} - (n-1)(n-2) y^{(n-2)} - xy^{(n-1)} - (n-1) y^{(n-2)} = 0.$

整理后得　　　　$(1 - x^2) y^{(n)} - (2n-1) xy^{(n-1)} - (n-1)^2 y^{(n-2)} = 0.$

由此得到　　　　　　$y^{(n)}(0) = (n-1)^2 y^{(n-2)}(0), n \geqslant 2.$

于是结合 $y(0) = 0, y'(0) = 1$ 得

$$y^{(n)}(0) = \begin{cases} 0, & n = 2k \\ [(2k-2)!!]^2, & n = 2k-1 \end{cases}.$$

例 2.86　设函数 $f(x)$ 在 $(a, +\infty)$ 内可微, 且 $\lim\limits_{x \to +\infty} f'(x) = 0$, 证明 $\lim\limits_{x \to +\infty} \dfrac{f(x)}{x} = 0.$

证　由 $\lim\limits_{x \to +\infty} f'(x) = 0$ 知, $\forall \varepsilon > 0, \exists M_1 > 0$, 使得当 $x > M_1$ 时, 有 $|f'(x)| < \dfrac{\varepsilon}{2}.$ 对

于 M_1, 又存在 $M > M_1$, 使得当 $x > M$ 时有 $\left| \dfrac{f(M_1)}{x} \right| < \dfrac{\varepsilon}{2}.$ 现设 $x > M$, 由中值定理得

$f(x) - f(M_1) = f'(\xi)(x - M_1)$, 即 $f(x) = f'(\xi)(x - M_1) + f(M_1)$, 其中 $M_1 < \xi < x.$

故当 $x > M$ 时　$\left| \dfrac{f(x)}{x} \right| = \left| \dfrac{f(M_1) + f'(\xi)(x - M_1)}{x} \right|$

$$\leqslant \left| \frac{f(M_1)}{x} \right| + \left| \frac{x - M_1}{x} f'(\xi) \right| < \left| \frac{f(M_1)}{x} \right| + |f'(\xi)|$$

$$< \frac{\varepsilon}{2} + \frac{\varepsilon}{2} = \varepsilon, \text{得证.}$$

◎ **思考题** 设函数 $f(x)$ 在 $(a, +\infty)$ 内可微,且 $\lim\limits_{x \to +\infty} f'(x) = A$,$A \neq 0$,证明 $\lim\limits_{x \to +\infty}$ $\dfrac{f(x)}{x} = A$.

例 2.87 设函数 $f(x)$ 在 $x = a$ 可微,且 $f(a) \neq 0$,试求 $\lim\limits_{n \to \infty} \left(\dfrac{f[a + (1/n)]}{f(a)} \right)^n$.

解 根据泰勒公式(一阶)得 $f\left(a + \dfrac{1}{n}\right) = f(a) + f'(a)\dfrac{1}{n} + o\left(\dfrac{1}{n}\right)$,故

$$\lim_{n \to \infty} \left(\frac{f[a + (1/n)]}{f(a)} \right)^n = \lim_{n \to \infty} \left(1 + \frac{f'(a)}{f(a)} \cdot \frac{1}{n} + o\left(\frac{1}{n}\right) \right)^n = e^{\frac{f'(a)}{f(a)}}.$$

例 2.88 设函数 $f(x)$ 在 $[0, +\infty)$ 上具有连续的二阶导数,且 $f''(x) < 0$,如果 $f(0) > 0$,$f'(0) < 0$,则在开区间 $\left(0, -\dfrac{f(0)}{f'(0)}\right)$ 内,函数 $f(x)$ 至少有一个零点.

证 根据泰勒公式(二阶)得 $f(x) = f(0) + f'(0)x + \dfrac{1}{2!}f''(\eta)$,其中 $0 < \eta < x$.所以

$$f\left[-\frac{f(0)}{f'(0)}\right] = f(0) + f'(0) \cdot \left[-\frac{f(0)}{f'(0)}\right] + \frac{1}{2!}f''(\eta)\left[-\frac{f(0)}{f'(0)}\right]^2$$

$$= \frac{1}{2}f''(\eta)\left[\frac{f(0)}{f'(0)}\right]^2 < 0.$$

又由于 $f(0) > 0$,根据连续函数零点定理知,$\exists \xi \in \left(0, -\dfrac{f(0)}{f'(0)}\right)$ 时,使得 $f(\xi) = 0$.

例 2.89 设函数 $f(x)$ 在闭区间 $[a, b]$ 上连续,在开区间 (a, b) 内可微,且 $0 \leqslant a < b$,证明 $\exists \xi, \eta \in (a, b)$,使得 $f'(\xi) = \dfrac{a+b}{2\eta}f'(\eta)$.

证 由拉格朗日中值定理知 $\exists \xi \in (a, b)$,使得

$$f'(\xi) = \frac{f(b) - f(a)}{b - a} = (a+b) \cdot \frac{f(b) - f(a)}{b^2 - a^2}$$

再由柯西中值定理得,$\exists \eta \in (a, b)$,使得 $\dfrac{f(b) - f(a)}{b^2 - a^2} = \dfrac{f'(\eta)}{2\eta}$.从而有

$$f'(\xi) = (a+b) \cdot \frac{f(b) - f(a)}{b^2 - a^2} = \frac{a+b}{2\eta}f'(\eta).$$

◎ **思考题** 设函数 $f(x)$ 在闭区间 $[a, b]$ 上连续,在开区间 (a, b) 内可微,且 $0 < a < b$,证明 $\exists \xi, \eta, \zeta \in (a, b)$,使得 $\dfrac{f'(\xi)}{2\xi} = (a^2 + b^2)\dfrac{f'(\eta)}{4\eta^3} = \dfrac{\ln b - \ln a}{b^2 - a^2} \cdot \zeta f'(\zeta)$.

例 2.90 设函数 $f(x)$ 在闭区间 $[0, 1]$ 上具有连续的四阶导数,$f(0) = f'(0) = 0$,证明函数 $g(x) = \begin{cases} f(x)/x^2, & 0 < x \leqslant 1 \\ f''(0)/2, & x = 0 \end{cases}$ 在 $[0, 1]$ 上具有连续的二阶导数.

证 当 $0 < x \leqslant 1$ 时,有 $g'(x) = \dfrac{xf'(x) - 2f(x)}{x^3}$,$g''(x) = \dfrac{x^2f''(x) - 4xf'(x) + 6f(x)}{x^4}$;当 $x = 0$ 时,则有

$$g'(0) = \lim_{x \to 0^+} \frac{\frac{f(x)}{x^2} - \frac{f''(0)}{2}}{x} = \lim_{x \to 0^+} \frac{2f(x) - x^2 f''(0)}{2x^3}$$

$$= \lim_{x \to 0^+} \frac{2f'(x) - 2xf''(0)}{6x^2} = \lim_{x \to 0^+} \frac{2f''(x) - 2f''(0)}{12x} = \frac{f'''(0)}{6};$$

$$g''(0) = \lim_{x \to 0^+} \frac{g'(x) - g'_+(0)}{x} = \lim_{x \to 0^+} \frac{6xf'(x) - 12f(x) - x^3 f''(0)}{6x^4}$$

$$= \lim_{x \to 0^+} \frac{6xf'''(x) - 6xf'''(0)}{72x^2} = \lim_{x \to 0^+} \frac{f'''(x) - f'''(0)}{12x} = \frac{f^{(4)}(0)}{12}.$$

显然 $g''(x)$ 已经在 $(0,1]$ 上连续，又因为

$$\lim_{x \to 0^+} g''(x) = \lim_{x \to 0^+} \frac{x^2 f''(x) - 4xf'(x) + 6f(x)}{x^4} = \lim_{x \to 0^+} \frac{x^2 f'''(x) - 2xf''(x) + 2f'(x)}{4x^3}$$

$$= \lim_{x \to 0^+} \frac{x^2 f^{(4)}(x) + 2xf'''(x) - 2xf'''(x) - 2f''(x) + 2f''(x)}{12x^2}$$

$$= \lim_{x \to 0^+} \frac{f^{(4)}(x)}{12} = \frac{f^{(4)}(0)}{12} = g''(0).$$

所以 $g''(x)$ 在点 $x=0$ 也连续，从而 $g''(x)$ 在闭区间 $[0,1]$ 上连续，即 $g(x)$ 在 $[0,1]$ 上具有连续的二阶导数.

例 2.91　设函数 $f(x)$ 在闭区间 $[a,b]$ 上连续，在开区间 (a,b) 二阶可微，证明 $\exists c \in (a,b)$，使得

$$f(b) + f(a) - 2f\left(\frac{a+b}{2}\right) = \frac{(b-a)^2}{4} f''(c).$$

证　根据泰勒公式 $f(x) = f\left(\frac{a+b}{2}\right) + f'\left(\frac{a+b}{2}\right)\left(x - \frac{a+b}{2}\right) + \frac{1}{2!} f''(\xi)\left(x - \frac{a+b}{2}\right)^2$,

其中 $\xi \in \left(x, \frac{a+b}{2}\right)$ 或 $\xi \in \left(\frac{a+b}{2}, x\right)$. 分别将 $x=a$ 和 $x=b$ 代入上述泰勒公式得

$$f(a) = f\left(\frac{a+b}{2}\right) - f'\left(\frac{a+b}{2}\right)\left(\frac{b-a}{2}\right) + \frac{1}{2!} f''(\xi_1)\left(\frac{b-a}{2}\right)^2, \xi_1 \in \left(a, \frac{a+b}{2}\right),$$

$$f(b) = f\left(\frac{a+b}{2}\right) + f'\left(\frac{a+b}{2}\right)\left(\frac{b-a}{2}\right) + \frac{1}{2!} f''(\xi_2)\left(\frac{b-a}{2}\right)^2, \xi_2 \in \left(\frac{a+b}{2}, x\right).$$

上面二式相加后，可得 $f(b) + f(a) = 2f\left(\frac{a+b}{2}\right) + \frac{(b-a)^2}{8}[f''(\xi_1) + f''(\xi_2)]$.

如果 $f''(\xi_1) = f''(\xi_2)$，则取 $c = \xi_1$ 或 $c = \xi_2$，就有 $f(b) + f(a) - 2f\left(\frac{a+b}{2}\right) = \frac{(b-a)^2}{4} \cdot f''(c)$.

如果 $f''(\xi_1) \neq f''(\xi_2)$，则由达布定理（见 2.6 节中例 2.41），存在 $c \in (a,b)$ 使得 $\frac{f''(\xi_1) + f''(\xi_2)}{2} = f''(c)$，其中 c 介于 ξ_1 与 ξ_2 之间，从而亦有 $f(b) + f(a) - 2f\left(\frac{a+b}{2}\right) = \frac{(b-a)^2}{4} \cdot f''(c)$ 成立.

例 2.92　设函数 $f(x)$ 在区间 $[a,b]$ 上具有三阶导数，证明 $\exists \xi \in (a,b)$，使得

$$f(b) = f(a) + \frac{1}{2}(b-a)[f'(a) + f'(b)] - \frac{1}{2}(b-a)^3 f'''(\xi).$$

证 将要证的式子变形为

$$\frac{f(b) - f(a) - \frac{1}{2}(b-a)[f'(a) + f'(b)]}{(b-a)^3} = -\frac{1}{2}f'''(\xi)$$

作辅助函数 $F(x) = f(x) - f(a) - \frac{1}{2}(x-a)[f'(x) + f'(a)], G(x) = (x-a)^3$

则上式等价于

$$\frac{F(b) - F(a)}{G(b) - G(a)} = -\frac{1}{2}f'''(\xi)$$

由于 $F'(x) = \frac{1}{2}[f'(x) - f'(a)] - \frac{1}{2}(x-a)f''(x), F''(x) = -\frac{1}{2}(x-a)f'''(x),$
$G'(x) = 3(x-a)^2, G''(x) = 6(x-a),$ 注意到 $F'(a) = 0, G'(a) = 0,$ 两次应用柯西中值定理得

$$\frac{F(b) - F(a)}{G(b) - G(a)} = \frac{F'(\xi_1)}{G'(\xi_1)} = \frac{F'(\xi_1) - F'(a)}{G'(\xi_1) - G'(a)} = \frac{F''(\xi)}{G''(\xi)} = \frac{-\frac{1}{2}(\xi-a)f'''(\xi)}{6(\xi-a)}$$

$$= -\frac{1}{2}f'''(\xi), 得证.$$

第 3 章　一元函数积分学

一元函数积分学包括不定积分和定积分.不定积分是导数的反问题,而定积分是一类和式的极限.两者虽不相同,却有紧密的联系.

3.1　不定积分的概念及简单运算

3.1.1　原函数与不定积分

微分学的核心问题是导数,导数的重要意义已为我们所知道.但是,在科学技术领域中也会遇到导数的反问题,即已知一个函数 $f(x)$,要求另一函数 $F(x)$,使得 $F'(x)=f(x)$. 例如,已知质点作直线运动的速度函数 $v(t)$,要求质点的路程函数 $s(t)$ 就是这样的一个反问题.我们由此引入原函数和不定积分的概念.

定义 3.1　设函数 $f(x)$ 和 $F(x)$ 都在区间 I 上有定义,如果在 I 上,恒有

$$F'(x)=f(x)　　或　　dF(x)=f(x)dx \tag{3-1}$$

则称 $F(x)$ 为 $f(x)$ 在区间 I 上的原函数.

例如 $\sin x$ 是 $\cos x$ 的一个原函数,这是因为 $(\sin x)'=\cos x$;又如 $\left(\dfrac{1}{3}x^3\right)'=x^2$,所以 $\dfrac{1}{3}x^3$ 是 x^2 的原函数.一般来说,求原函数要比求导函数更难.如果说 $\cos x$、x^2 的原函数容易从基本求导公式反推而得.那么 $\sqrt{a^2-x^2}$、$\dfrac{1}{\sqrt{a^2+x^2}}$、$x\arctan x$ 的原函数就没有这样容易推得了,因此需要对原函数进行专门研究.

但并不是任何函数都存在原函数.例如狄利克雷函数 $D(x)$(见第 1 章 1.1 节中例 1.2)在任何区间上都不存在原函数.倘若有某个函数 $F(x)$,使得在区间 I 上恒有 $F'(x)=D(x)$ 成立,则取 $x=x_1$ 为 I 上的无理点时,有 $F'(x_1)=D(x_1)=0$;而取 $x=x_2$ 为 I 上的有理点时,$F'(x_2)=D(x_2)=1$.于是由达布定理(第 2 章 2.6 节中例 2.41)知,$F'(x)=D(x)$ 的函数值应充满整个区间 $[0,1]$,但这显然与 $D(x)$ 的定义相矛盾.

我们研究原函数,需要解决两个问题:一是什么函数一定存在原函数? 二是在已知原函数存在的前提下,如何把原函数求出来? 对于第一个问题,定理 3.1 给出了一个答案,该定理的证明将在 3.6 节中给出.对于第二个(即计算)问题,我们将在本章的前三节中详细讨论.

定理 3.1　如果函数 $f(x)$ 在区间 I 上连续,则 $f(x)$ 在区间 I 上一定存在原函数.

显然,一个函数如果存在原函数,那么它一定有无数多个原函数.

定理 3.2　如果函数 $F(x)$ 是 $f(x)$ 在区间 I 上的一个原函数,那么:

(1) 对于任意常数 C,$F(x)+C$ 都是 $f(x)$ 在区间 I 上的原函数;

(2) $f(x)$ 在区间 I 上的任意两个原函数之间,只相差一个常数.

定理 3.2 的证明简单,留给同学们自行证明.

例 3.1　设曲线通过点 $(1,2)$,且该曲线上任意一点处的切线斜率等于这点横坐标的平方的 3 倍,求该曲线的方程.

解　设所求方程为 $y = F(x)$,按题设有 $\dfrac{\mathrm{d}y}{\mathrm{d}x} = 3x^2$,因此 $y = x^3 + C$.再根据条件 $y \mid x = 1 = 2$ 可得 $C = 1$,故所求曲线为 $y = x^3 + 1$.

在例 3.1 中,任意常数 C 在确定 $y = F(x)$ 中起了重要作用.因此有必要引入一个联系着原函数和任意常数 C 的数学概念 —— 不定积分.

定义 3.2　函数 $f(x)$ 在区间 I 上的全体原函数称为 $f(x)$ 在区间 I 上的不定积分,记为 $\displaystyle\int f(x)\mathrm{d}x$.并称 x 为积分变量,$f(x)$ 为被积函数,$f(x)\mathrm{d}x$ 为被积式,$\displaystyle\int$ 为积分号.

根据定义以及定理 3.2 可知,如果函数 $F(x)$ 是 $f(x)$ 一个原函数,那么有

$$\int f(x)\mathrm{d}x = \{F(x) + C \mid C \in \mathbf{R}\}.$$

为方便起见,常写为

$$\int f(x)\mathrm{d}x = F(x) + C \tag{3-2}$$

例 3.2　试求函数 $\dfrac{1}{x}$ 在区间 $(0, +\infty)$ 和 $(-\infty, 0)$ 上的不定积分.

解　因 $x \in (0, +\infty)$ 时,$(\ln x)' = \dfrac{1}{x}$

故

$$\int \frac{1}{x}\mathrm{d}x = \ln x + C, x \in (0, +\infty) \tag{3-3}$$

又因 $x \in (-\infty, 0)$ 时,$(\ln(-x))' = \dfrac{1}{-x}(-x)' = \dfrac{1}{x}$

故

$$\int \frac{1}{x}\mathrm{d}x = \ln(-x) + C, x \in (-\infty, 0) \tag{3-4}$$

为方便起见,通常将式(3-3)与式(3-4)合写在一起,即

$$\int \frac{1}{x}\mathrm{d}x = \ln|x| + C, x \neq 0 \tag{3-5}$$

但从原函数与不定积分的定义来讲,式(3-5)应看成两个公式.

顺便提一下不定积分的几何意义.如图 3-1 所示,设函数 $f(x)$ 存在一原函数 $F(x)$,称曲线 $y = F(x)$ 为 $f(x)$ 的一条积分曲线.这样一来,不定积分 $\displaystyle\int f(x)\mathrm{d}x$(原函数族)的图像

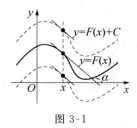

图 3-1

就可以看成 $f(x)$ 的一条积分曲线 $y = F(x)$ 沿纵轴平移得到的.此外,积分曲线的切线斜率为 $\tan\alpha = f(x)$.

思考题   下列式子正确的是(   ).

(1) $\displaystyle\int f'(x)\mathrm{d}x = f(x)$;   (2) $\mathrm{d}\displaystyle\int f(x)\mathrm{d}x = f(x)$;

(3) $\displaystyle\int \mathrm{d}f(x) = f(x) + C$;   (4) $\left(\displaystyle\int f(x)\mathrm{d}x\right)' = f(x) + C$.

3.1.2   不定积分的线性运算与基本公式

求不定积分与求导数(或求微分)可以看成两种互逆的运算.要进行积分运算,离不开一些基本公式.由基本导数公式可以立刻推得下列基本积分公式:

(1) $\displaystyle\int 0\mathrm{d}x = C$;   (2) $\displaystyle\int x^{\alpha}\mathrm{d}x = \dfrac{1}{\alpha+1}x^{\alpha+1} + C\,(\alpha \neq 1)$;

(3) $\displaystyle\int \dfrac{1}{x}\mathrm{d}x = \ln|x| + C$;   (4) $\displaystyle\int a^{x}\mathrm{d}x = \dfrac{a^{x}}{\ln a} + C,\displaystyle\int \mathrm{e}^{x}\mathrm{d}x = \mathrm{e}^{x} + C$;

(5) $\displaystyle\int \cos x\,\mathrm{d}x = \sin x + C,\displaystyle\int \sin x\,\mathrm{d}x = -\cos x + C$,

$\quad\displaystyle\int \sec^{2}x\,\mathrm{d}x = \tan x + C,\displaystyle\int \csc^{2}x\,\mathrm{d}x = -\cot x + C$,

$\quad\displaystyle\int \sec x\tan x\,\mathrm{d}x = \sec x + C,\displaystyle\int \csc x\cot x\,\mathrm{d}x = -\csc x + C$;

(6) $\displaystyle\int \dfrac{\mathrm{d}x}{\sqrt{1-x^{2}}} = \arcsin x + C,\quad \displaystyle\int \dfrac{\mathrm{d}x}{1+x^{2}} = \arctan x + C$.

不定积分的运算除了要用到上述基本公式外,常用到以下线性运算法则:

定理 3.3   (不定积分的线性运算法则)如果函数 $f(x)$ 与 $g(x)$ 在区间 I 上都存在原函数,又 k_1,k_2 为任意常数,则函数 $k_1 f(x) + k_2 g(x)$ 在区间 I 上也存在原函数,且

$$\int [k_1 f(x) + k_2 g(x)]\mathrm{d}x = k_1\int f(x)\mathrm{d}x + k_2\int g(x)\mathrm{d}x \tag{3-6}$$

这个法则可以由导数线性运算法则直接推得.

例 3.3 $\displaystyle\int (2x^{3} - 3\sin x + 5\sqrt{x})\mathrm{d}x = 2\int x^{3}\mathrm{d}x - 3\int \sin x\,\mathrm{d}x + 5\int \sqrt{x}\,\mathrm{d}x$

$$= \dfrac{1}{2}x^{4} + 3\cos x + \dfrac{10}{3}x\sqrt{x} + C.$$

例 3.4 $\displaystyle\int \dfrac{(x-1)^{3}}{x^{2}}\mathrm{d}x = \int \dfrac{x^{3} - 3x^{2} + 3x - 1}{x^{2}}\mathrm{d}x = \int \left(x - 3 + \dfrac{3}{x} - \dfrac{1}{x^{2}}\right)\mathrm{d}x$

$$= \int x\,\mathrm{d}x - 3\int \mathrm{d}x + 3\int \dfrac{1}{x}\mathrm{d}x - \int \dfrac{1}{x^{2}}\mathrm{d}x$$

$$= \dfrac{x^{2}}{2} - 3x + 3\ln|x| + \dfrac{1}{x} + C.$$

例 3.5 $\displaystyle\int \dfrac{x^{4}}{1+x^{2}}\mathrm{d}x = \int \dfrac{x^{4} - 1 + 1}{1+x^{2}}\mathrm{d}x = \int \left(x^{2} - 1 + \dfrac{1}{1+x^{2}}\right)\mathrm{d}x$

$$= \dfrac{1}{3}x^{3} - x + \arctan x + C.$$

例 3.6 $\displaystyle\int \tan^2 x \, \mathrm{d}x = \int (\sec^2 x - 1) \, \mathrm{d}x = \tan x - x + C.$

例 3.7 $\displaystyle\int \cos^2 \frac{x}{2} \mathrm{d}x = \int \frac{1 + \cos x}{2} \mathrm{d}x = \frac{1}{2}(x + \sin x) + C.$

◎ **思考题** 下面的积分运算正确吗？为什么？

当 $x \geqslant 0$ 时, $\displaystyle\int |x - 1| \mathrm{d}x = \int (x - 1) \, \mathrm{d}x = \frac{1}{2}x^2 - x + C$;

当 $x < 0$ 时, $\displaystyle\int |x - 1| \mathrm{d}x = \int (1 - x) \mathrm{d}x = x - \frac{1}{2}x^2 + C$,

所以

$$\int |x - 1| \mathrm{d}x = \begin{cases} (1/2)\, x^2 - x + C, & x \geqslant 1 \\ x - (1/2)\, x^2 + C, & x < 1 \end{cases}.$$

习题 3.1

1. 求下列不定积分：

(1) $\displaystyle\int \left(\sqrt[3]{x^2} - \frac{1}{\sqrt{x}} + \frac{2}{x} \right) \mathrm{d}x$;　　(2) $\displaystyle\int (2^x + x^2) \, \mathrm{d}x$;　　(3) $\displaystyle\int \frac{(1 + \sqrt{x})^3}{\sqrt[3]{x}} \mathrm{d}x$;

(4) $\displaystyle\int 3^x \mathrm{e}^x \, \mathrm{d}x$;　　(5) $\displaystyle\int \mathrm{e}^x (2 + x\mathrm{e}^{-x}) \mathrm{d}x$;　　(6) $\displaystyle\int \frac{\cos 2x}{\sin^2 x \, \cos^2 x} \mathrm{d}x$;

(7) $\displaystyle\int \cot^2 \varphi \, \mathrm{d}\varphi$;　　(8) $\displaystyle\int \frac{1 + x + x^2}{x(1 + x^2)} \mathrm{d}x$;　　(9) $\displaystyle\int \frac{1}{\sin^2 x \, \cos^2 x} \mathrm{d}x$;

(10) $\displaystyle\int \sin^2 \frac{\varphi}{2} \mathrm{d}\varphi$;　　(11) $\displaystyle\int \mathrm{e}^{-|x|} \mathrm{d}x$;　　(12) $\displaystyle\int \max\{1, x^2\} \mathrm{d}x$.

2. 设 $f'(\sin^2 x) = \cos^2 x$, 试求 $f(x)$.

3. 设 $f(0) = 0$, $f'(\ln x) = \begin{cases} 1, & 0 < x \leqslant 1 \\ x, & 1 < x < +\infty \end{cases}$, 试求 $f(x)$.

4. 已知质点作直线运动的加速度是 $\dfrac{\mathrm{d}^2 s}{\mathrm{d}t^2} = 6 - 6t$, 且当 $t = 0$ 时, $s = 0$, $\dfrac{\mathrm{d}s}{\mathrm{d}t} = 0$, 求质点的运动规律.

5. 已知曲线 $y = f(x)$ 上任一点处的切线斜率与该点的横坐标成正比, 且曲线经过点 $(1, 3)$, 试求该曲线的方程.

3.2　换元积分法与分部积分法

利用不定积分的线性运算法则及基本积分公式, 可以求出一些简单函数的不定积分. 但对于许多函数来说, 需要运用换元积分法和分部积分法, 才能求出其不定积分.

3.2.1　第一类换元积分法

设函数 $\varphi(x)$ 在区间 I 上可导, $F(u)$ 为 $f(u)$ 在区间 J 上的一个原函数, 且 $\varphi(I) \subset J$, 由复合函数的求导法则可知, $F[\varphi(x)]$ 为 $f[\varphi(x)]\varphi'(x)$ 在区间 I 上的原函数. 于是有

$$\int f[\varphi(x)]\varphi'(x)\mathrm{d}x = F[\varphi(x)] + C \qquad (3\text{-}7)$$

为了利用式(3-7)求不定积分,我们把它分解成以下步骤

$$\int g(x)\mathrm{d}x \to \int f[\varphi(x)]\varphi'(x)\mathrm{d}x = \int f[\varphi(x)]\mathrm{d}[\varphi(x)] \xrightarrow{\ \diamondsuit\ u=\varphi(x)\ } \int f(u)\mathrm{d}u$$

$$= F(u) + C \xrightarrow{\ \text{将}\ u=\varphi(x)\ \text{代回}\ } F[\varphi(x)] + C \qquad (3\text{-}8)$$

按上述步骤计算不定积分的方法称为第一类换元积分法.其中等式

$$\int f[\varphi(x)]\mathrm{d}[\varphi(x)] \xrightarrow{\ \diamondsuit\ u=\varphi(x)\ } \int f(u)\mathrm{d}u \qquad (3\text{-}9)$$

称为换元公式.

例 3.8　$\displaystyle\int \cos 5x\,\mathrm{d}x = \frac{1}{5}\int \cos 5x \cdot (5x)'\mathrm{d}x = \frac{1}{5}\int \cos 5x\,\mathrm{d}(5x) \xrightarrow{\ \diamondsuit\ u=5x\ } \frac{1}{5}\int \cos u\,\mathrm{d}u$

$\displaystyle\qquad\qquad = \frac{1}{5}\sin u + C \xrightarrow{\ \text{将}\ u=5x\ \text{代回}\ } \frac{1}{5}\sin 5x + C.$

这种方法实质上是按照复合函数的求导法则(即链式法则),逆向进行运算,由于需要经过凑微分的过程,所以第一换元积分法亦称为凑微分法.

例 3.9　$\displaystyle\int \frac{1}{3+2x}\mathrm{d}x = \frac{1}{2}\int \frac{1}{3+2x}(3+2x)'\mathrm{d}x = \frac{1}{2}\int \frac{1}{3+2x}\mathrm{d}(3+2x)$

$\displaystyle\qquad\qquad \xrightarrow{\ \diamondsuit\ u=3+2x\ } \frac{1}{2}\int \frac{1}{u}\mathrm{d}u = \frac{1}{2}\ln|u| + C$

$\displaystyle\qquad\qquad \xrightarrow{\ \text{将}\ u=5x\ \text{代回}\ } \frac{1}{2}\ln|3+2x| + C.$

例 3.10　$\displaystyle\int x\sqrt{1-x^2}\,\mathrm{d}x = -\frac{1}{2}\int (1-x^2)^{1/2}\mathrm{d}(1-x^2) = -\frac{1}{2}\int (1-x^2)^{1/2}(1-x^2)'\mathrm{d}x$

$\displaystyle\qquad\qquad \xrightarrow{\ u=1-x^2\ } -\frac{1}{2}\int u^{\frac{1}{2}}\mathrm{d}u = -\frac{1}{3}u^{\frac{3}{2}} + C = -\frac{1}{3}(1-x^2)^{\frac{3}{2}} + C.$

熟练之后,不必写出中间变量.

例 3.11　$\displaystyle\int \frac{1}{a^2+x^2}\mathrm{d}x = \frac{1}{a}\int \frac{1}{1+\left(\dfrac{x}{a}\right)^2}\mathrm{d}\left(\frac{x}{a}\right) = \frac{1}{a}\arctan\frac{x}{a} + C.$

例 3.12　$\displaystyle\int \frac{1}{x^2-a^2}\mathrm{d}x = \int \frac{1}{2a}\left(\frac{1}{x-a} - \frac{1}{x+a}\right)\mathrm{d}x$

$\displaystyle\qquad\qquad = \frac{1}{2a}\left[\int \frac{1}{x-a}\mathrm{d}(x-a) - \int \frac{1}{x+a}\mathrm{d}(x+a)\right]$

$\displaystyle\qquad\qquad = \frac{1}{2a}\left[\ln|x-a| - \ln|x+a|\right] + C = \frac{1}{2a}\ln\left|\frac{x-a}{x+a}\right| + C.$

例 3.13　$\displaystyle\int \tan x\,\mathrm{d}x = \int \frac{\sin x}{\cos x}\mathrm{d}x = -\int \frac{\mathrm{d}(\cos x)}{\cos x} = -\ln|\cos x| + C.$

类似可得　$\displaystyle\int \cot x\,\mathrm{d}x = \ln|\sin x| + C.$

例 3.14　$\displaystyle\int \sec x\,\mathrm{d}x = \int \frac{1}{\cos x}\mathrm{d}x = \int \frac{\cos x}{\cos^2 x}\mathrm{d}x = \int \frac{\mathrm{d}\sin x}{1-\sin^2 x}$

$$= -\int \frac{\mathrm{d}\sin x}{\sin^2 x - 1} = -\frac{1}{2}\ln\left|\frac{\sin x - 1}{\sin x + 1}\right| + C = \frac{1}{2}\ln\left|\frac{1 + \sin x}{1 - \sin x}\right| + C.$$

式中倒数第二个等式利用例 3.12 的结果.由于

$$\frac{1 + \sin x}{1 - \sin x} = \frac{(1 + \sin x)^2}{1 - \sin^2 x} = \left(\frac{1 + \sin x}{\cos x}\right)^2 = (\sec x + \tan x)^2$$

所以 $$\int \sec x \, \mathrm{d}x = \ln|\sec x + \tan x| + C.$$

例 3.15 $\displaystyle\int \sin 3x \cos 2x \, \mathrm{d}x = \frac{1}{2}\int (\sin 5x + \sin x) \, \mathrm{d}x$

$$= \frac{1}{10}\int \sin 5x \, \mathrm{d}(5x) + \frac{1}{2}\int \sin x \, \mathrm{d}x = -\frac{1}{10}\cos 5x - \frac{1}{2}\cos x + C.$$

3.2.2 第二类换元积分法

第一类换元法是通过换元公式(3-9),把不定积分 $\displaystyle\int f[\varphi(x)]\varphi'(x)\mathrm{d}x$ 化为 $\displaystyle\int f(u)\mathrm{d}u$

来求.但有时也要使用逆向步骤,即通过换元公式(3-9)把 $\displaystyle\int f(u)\mathrm{d}u$ 化为 $\displaystyle\int f[\varphi(x)]\varphi'(x)\mathrm{d}x$

来求,其计算过程可以用下面的式子表示

$$\int f(x)\mathrm{d}x \xrightarrow{\ \diamondsuit\, x = \varphi(t)\ } \int f[\varphi(t)]\varphi'(t)\mathrm{d}t = G(t) + C \xrightarrow{\ \text{用}\, t = \varphi^{-1}(x)\, \text{代回}\ } G[\varphi^{-1}(x)] + C$$
$$(3\text{-}10)$$

其中 $G(t)$ 为 $f[\varphi(t)]\varphi'(t)$ 的原函数,$t = \varphi^{-1}(x)$ 为 $x = \varphi(t)$ 的反函数.显然,式(3-10)的
正确性可以通过下面的式子得到验证.

$$\frac{\mathrm{d}}{\mathrm{d}x}\{G[\varphi^{-1}(x)]\} = \frac{\mathrm{d}G}{\mathrm{d}t} \cdot \frac{\mathrm{d}t}{\mathrm{d}x} = G'(t) \cdot \frac{1}{\mathrm{d}x/\mathrm{d}t} = f[\varphi(t)]\varphi'(t) \cdot \frac{1}{\varphi'(t)}$$
$$= f[\varphi(t)] = f(x).$$

按式(3-10)求不定积分的方法称为第二类换元积分法.

例 3.16 求不定积分 $\displaystyle\int \frac{x+2}{\sqrt{2x+1}} \mathrm{d}x$.

解 这个积分不易用凑微分法求得.可以选择一个代换,把被积函数中的根号去掉,为

此,令 $\sqrt{2x+1} = t$,得 $x = \dfrac{t^2}{2} - \dfrac{1}{2}$,$\mathrm{d}x = t\,\mathrm{d}t$,代入被积式中,得到

$$\int \frac{x+2}{\sqrt{2x+1}} \mathrm{d}x = \frac{1}{2}\int (t^2 + 3)\,\mathrm{d}t = \frac{1}{6}t(t^2 + 9) + C = \frac{1}{3}\sqrt{2x+1}(x+5) + C.$$

例 3.17 求不定积分 $\displaystyle\int \frac{1}{\sqrt[3]{x}(\sqrt{x} + \sqrt[3]{x})} \mathrm{d}x$.

解 为消除根号,令 $\sqrt[6]{x} = t$,则 $x = t^6$,$\mathrm{d}x = 6t^5\,\mathrm{d}t$,于是

$$\int \frac{1}{\sqrt[3]{x}(\sqrt{x} + \sqrt[3]{x})} \mathrm{d}x = 6\int \frac{t^5}{t^2(t^3 + t^2)}\mathrm{d}t = 6\int \left(1 - \frac{1}{1+t}\right)\mathrm{d}t$$
$$= 6t - 6\ln(1+t) + C = 6\sqrt[6]{x} - 6\ln(1 + \sqrt[6]{x}) + C.$$

例 3.18 求不定积分 $\displaystyle\int \sqrt{a^2-x^2}\,\mathrm{d}x\,(a>0)$.

解 为消除根号,作三角代换,令 $x=a\sin t\left(|t|<\dfrac{\pi}{2}\right)$,则 $\mathrm{d}x=a\cos t\,\mathrm{d}t$,于是

$$\int \sqrt{a^2-x^2}\,\mathrm{d}x=a^2\int\cos^2 t\,\mathrm{d}t=\frac{a^2}{2}\int(1+\cos 2t)\,\mathrm{d}t$$

$$=\frac{a^2}{2}\Big(t+\frac{1}{2}\sin 2t\Big)+C=\frac{a^2}{2}\left[\arcsin\frac{x}{a}+\frac{x}{a}\sqrt{1-\Big(\frac{x}{a}\Big)^2}\right]+C$$

$$=\frac{a^2}{2}\arcsin\frac{x}{a}+\frac{1}{2}x\sqrt{a^2-x^2})+C$$

例 3.19 求不定积分 $\displaystyle\int\frac{1}{\sqrt{a^2+x^2}}\,\mathrm{d}x\,(a>0)$

解 令 $x=a\tan t\left(|t|<\dfrac{\pi}{2}\right)$,则 $\mathrm{d}x=a\sec^2 t\,\mathrm{d}t$,于是

$$\int\frac{1}{\sqrt{a^2+x^2}}\,\mathrm{d}x=\int\frac{a\sec^2 t}{a\sec t}\,\mathrm{d}t=\int\sec t\,\mathrm{d}t=\ln|\sec t+\tan t|+C_1$$

$$=\ln\Big(\frac{x}{a}+\frac{\sqrt{x^2+a^2}}{a}\Big)+C_1=\ln(x+\sqrt{x^2+a^2})+C$$

其中 $\displaystyle\int\sec t\,\mathrm{d}t$ 的结果利用了例 3.14,而等式 $\tan t=\dfrac{x}{a}$,$\sec t=\dfrac{\sqrt{a^2+x^2}}{a}$ 可以由 $x=a\tan t$ 作辅助直角三角形(见图 3-2)推得.

图 3-2   图 3-3

例 3.20 求不定积分 $\displaystyle\int\frac{1}{\sqrt{(x^2-a^2)^3}}\,\mathrm{d}x\,(x>a>0)$

解 令 $x=a\sec t$,则 $\mathrm{d}x=a\sec t\tan t\,\mathrm{d}t$

$$\int\frac{1}{\sqrt{(x^2-a^2)^3}}\,\mathrm{d}x=\int\frac{a\sec t\tan t}{a^3\tan^3 t}\,\mathrm{d}t=\frac{1}{a^2}\int\frac{\cos t}{\sin^2 t}\,\mathrm{d}t=-\frac{1}{a^2}\cdot\frac{1}{\sin t}+C$$

$$=-\frac{1}{a^2}\frac{x}{\sqrt{x^2-a^2}}+C.$$

其中等式 $\dfrac{1}{\sin t}=\dfrac{x}{\sqrt{x^2-a^2}}$ 可以由 $x=a\sec t$ 作辅助直角三角形(见图 3-3)推得.

一般地,对于含有根式 $\sqrt[n]{ax+b}$ 的不定积分,可以按例 3.16 的方法作变量代换

$\sqrt[n]{ax+b}=t$ 消去根号，而对于含 $\sqrt{a^2\pm x^2}$ 或 $\sqrt{x^2-a^2}$ 的不定积分，则可按例 3.18 ～ 例 3.20 的方法，作三角代换 $x=a\sin t$，$x=a\tan t$，$x=a\sec t$ 消去根号．

3.2.3　分部积分法

分部积分法是把乘积求导（或微分）法则反过来使用的积分方法．

设函数 $u=u(x)$ 及 $v=v(x)$ 具有连续导函数，根据乘积求导（或微分）法则，有

$$uv'=(uv)'-u'v \quad 或 \quad u\,\mathrm{d}v=\mathrm{d}(uv)-v\,\mathrm{d}u.$$

对等式两边求不定积分，得

$$\int uv'\,\mathrm{d}x=uv-\int u'v\,\mathrm{d}x \quad 或 \quad \int u\,\mathrm{d}v=uv-\int v\,\mathrm{d}u. \tag{3-11}$$

式（3-11）中两式都称为分部积分公式．

例 3.21　求不定积分 $\displaystyle\int x\cos x\,\mathrm{d}x$．

解　先把不定积分改写为式（3-11）的左边形式，然后应用公式．

$$\int x\cos x\,\mathrm{d}x=\int x\,\mathrm{d}(\sin x)=x\sin x-\int \sin x\,\mathrm{d}x$$
$$=x\sin x+\cos x+C.$$

例 3.22　$\displaystyle\int x\mathrm{e}^x\,\mathrm{d}x=\int x\,\mathrm{d}(\mathrm{e}^x)=x\cdot \mathrm{e}^x-\int \mathrm{e}^x\,\mathrm{d}x=x\mathrm{e}^x-\mathrm{e}^x+C.$

例 3.23　$\displaystyle\int x\ln x\,\mathrm{d}x=\int \ln x\,\mathrm{d}\left(\frac{x^2}{2}\right)=\frac{x^2}{2}\ln x-\frac{1}{2}\int x^2\,\mathrm{d}(\ln x)$
$$=\frac{1}{2}x^2\ln x-\frac{1}{2}\int x\,\mathrm{d}x=\frac{1}{2}x^2\ln x-\frac{1}{4}x^2+C.$$

例 3.24　$\displaystyle\int x\arctan x\,\mathrm{d}x=\frac{1}{2}\int \arctan x\,\mathrm{d}(x^2)=\frac{1}{2}x^2\arctan x-\frac{1}{2}\int x^2\,\mathrm{d}(\arctan x)$
$$=\frac{1}{2}x^2\arctan x-\frac{1}{2}\int \frac{x^2}{1+x^2}\mathrm{d}x$$
$$=\frac{1}{2}x^2\arctan x-\frac{1}{2}\int\left(1-\frac{1}{1+x^2}\right)\mathrm{d}x$$
$$=\frac{1}{2}x^2\arctan x-\frac{1}{2}x+\frac{1}{2}\arctan x+C.$$

一般来说，如果被积函数是幂函数与三角函数（或指数函数）的乘积，可以选取幂函数为 u，而把被积式中剩余部分凑成 $\mathrm{d}v$；如果被积函数是幂函数与对数函数（或反三角函数）的乘积，则选取对数函数（或反三角函数）为 u，而把被积式中剩余部分凑成 $\mathrm{d}v$．

下面两个例子的方法有些独特．

例 3.25　求不定积分 $\displaystyle\int \mathrm{e}^x\sin x\,\mathrm{d}x$．

解　一方面可以将被积式凑成 $\mathrm{e}^x\,\mathrm{d}(-\cos x)$，则由分部积分公式得

$$\int e^x \sin x\, dx = \int e^x d(-\cos x) = -e^x \cos x + \int e^x \cos x\, dx$$

另一方面也可以将被积式凑 $\sin x\, d(e^x)$，同理可得

$$\int e^x \sin x\, dx = \int \sin x\, d(e^x) = e^x \sin x - \int e^x \cos x\, dx$$

上面两式右端都出现了一个相同的积分，但相差一个符号.二式相加便得

$$\int e^x \sin x\, dx = \frac{1}{2} e^x (\sin x - \cos x) + C.$$

例 3.26　求不定积分$\int \sec^3 x\, dx$.

解　$\displaystyle\int \sec^3 x\, dx = \int \sec x\, d(\tan x) = \sec x \tan x - \int \tan^2 x \sec x\, dx.$

$$= \sec x \tan x - \int \sec^3 x\, dx + \int \sec x\, dx$$

$$= \sec x \tan x + \ln(\sec x + \tan x) - \int \sec^3 x\, dx$$

把上式右端的$\int \sec^3 x\, dx$ 移到左端，即得

$$\int \sec^3 x\, dx = \frac{1}{2}\sec x \tan x + \frac{1}{2}\ln(\sec x + \tan x) + C.$$

习题 3.2

1.求下列不定积分：

(1) $\int \sin 2x\, dx$;

(2) $\int (1+x)^6 dx$;

(3) $\int \dfrac{dx}{\sqrt{3x+1}}$;

(4) $\int \dfrac{x}{(1+x^2)^{100}} dx$;

(5) $\int x\sqrt{1+x^2}\, dx$;

(6) $\int x e^{x^2} dx$;

(7) $\int (\ln x)^3 \dfrac{1}{x} dx$;

(8) $\int \cot x\, dx$;

(9) $\int \dfrac{x}{1+x^4} dx$;

(10) $\int \dfrac{dx}{x^2-5x+6}$;

(11 $\int \sin^3 x\, dx$;

(12) $\int \sin 8x \cos 3x\, dx$;

(13) $\int \sqrt{(1-2x)^3}\, dx$;

(14) $\int \dfrac{\arctan\sqrt{x}}{\sqrt{x}(1+x)} dx$;

(15) $\int \dfrac{1}{x^2}\tan\dfrac{1}{x} dx$;

(16) $\int \dfrac{\cos x - \sin x}{\sqrt[3]{\cos x + \sin x}} dx$;

(17) $\int \dfrac{1}{\sqrt{1+2x-x^2}} dx$;

(18) $\int \dfrac{\sin 2x}{1+\sin^2 x} dx$;

(19) $\int \dfrac{x^3}{(1-x^4)^2} dx$;

(20) $\int \dfrac{x^2}{x^6-1} dx$;

(21) $\int \dfrac{dx}{1+e^x}$;

(22) $\int \dfrac{dx}{e^x+e^{-x}}$;

(23) $\int \dfrac{\sin^2 x}{1+\sin^2 x} dx$;

(24) $\int x^3\sqrt{1+x^2}\, dx$;

(25) $\int \dfrac{\cos x}{1+\cos x} dx$;

(26) $\int \dfrac{dx}{\sqrt{\sin^3 x \cos^5 x}}$;

(27) $\int \dfrac{dx}{x^4-1}$.

2.求下列不定积分:

(1) $\int x^2\sqrt{1+x}\,\mathrm{d}x$;

(2) $\int \dfrac{1}{\sqrt{x}\,(1+x)}\mathrm{d}x$;

(3) $\int \dfrac{x}{\sqrt[3]{1-x}}\mathrm{d}x$;

(4) $\int \dfrac{1}{\sqrt{x^2-1}}\mathrm{d}x$;

(5) $\int \sqrt{a^2-x^2}\,\mathrm{d}x$;

(6) $\int \dfrac{x}{\sqrt{a^2-x^2}}\mathrm{d}x$;

(7) $\int \dfrac{\sqrt{x^2-a^2}}{x}\mathrm{d}x$;

(8) $\int \dfrac{1}{(x^2+a^2)^{\frac{3}{2}}}\mathrm{d}x$;

(9) $\int \dfrac{\mathrm{d}x}{x^2\sqrt{1+x^2}}$;

(10) $\int \dfrac{\mathrm{d}x}{x\sqrt{x^2-1}}$;

(11) $\int \dfrac{\mathrm{d}x}{\sqrt{1+\mathrm{e}^x}}$;

(12) $\int \dfrac{\mathrm{d}x}{\sqrt{(x^2+2x+5)^3}}$.

3.求下列不定积分:

(1) $\int x\sin x\,\mathrm{d}x$;

(2) $\int \ln x\,\mathrm{d}x$;

(3) $\int x\,\mathrm{e}^{-x}\,\mathrm{d}x$;

(4) $\int \arcsin x\,\mathrm{d}x$;

(5) $\int x^2\ln x\,\mathrm{d}x$;

(6) $\int x\arctan x\,\mathrm{d}x$;

(7) $\int x\tan^2 x\,\mathrm{d}x$;

(8) $\int \dfrac{x\arcsin x}{\sqrt{1-x^2}}\mathrm{d}x$;

(9) $\int \dfrac{x\cos x}{\sin^3 x}\mathrm{d}x$;

(10) $\int \cos(\ln x)\,\mathrm{d}x$;

(11) $\int \mathrm{e}^{-2x}\sin x\,\mathrm{d}x$;

(12) $\int \dfrac{x\,\mathrm{e}^x}{(1+x)^2}\mathrm{d}x$;

(13) $\int \dfrac{x\ln x}{\sqrt{(1+x^2)^3}}\mathrm{d}x$;

(14) $\int \dfrac{x\,\mathrm{e}^x}{\sqrt{1+\mathrm{e}^x}}\mathrm{d}x$;

(15) $\int \dfrac{f'(x)}{1+[f(x)]^2}\mathrm{d}x$;

(16) $\int \mathrm{e}^{f(x)}f'(x)\,\mathrm{d}x$;

(17) $\int xf''(x)\,\mathrm{d}x$.

4.设 $f'(\sin^2 x)=\tan 2x$,试求 $f(x)$.

5.导出下列不定积分的递推公式:

(1) $I_n=\int \sec^n x\,\mathrm{d}x$;

(2) $J_n=\int x^n\mathrm{e}^x\,\mathrm{d}x$.

3.3 有理函数和三角函数有理式的不定积分

本节主要讨论有理函数和三角函数有理式的不定积分,从理论上讲,这两类函数的不定积分的计算问题可以彻底解决.

3.3.1 有理函数的不定积分

我们知道,有理函数是由两个多项式函数组成的商

$$R(x)=\frac{P(x)}{Q(x)}=\frac{\alpha_0 x^n+\alpha_1 x^{n-1}+\cdots+\alpha_n}{\beta_0 x^m+\beta_1 x^{m-1}+\cdots+\beta_m}(\alpha_0,\beta_0\neq 0) \qquad (3\text{-}12)$$

所表示的函数,当 $m>n$ 时称为真分式,当 $m\leqslant n$ 时称为假分式.由于任何一个假分式都可以用多项式除法,将其化为一个多项式和一个真分式之和,因此,求有理函数的不定积分都最终归结为求真分式的不定积分.

1.真分式的部分分式分解

根据代数学知识,任何真分式都可分解若干个形如

$$\frac{A}{(x-a)^k} \quad 和 \quad \frac{Bx+C}{(x^2+px+q)^k}(p^2-4q<0)$$

的简单真分式之和,这些简单真分式又称为部分分式,这种分解称为部分分式分解.具体步骤如下:

(1) 在实数域内,将真分式的分母 $Q(x)$ 分解为标准形式

$$Q(x)=(x-a_1)^{\lambda_1}\cdots(x-a_s)^{\lambda_s}\cdot(x^2+p_1x+q_1)^{\mu_1}\cdots(x^2+p_tx+q_t)^{\mu_t}$$

其中 $\lambda_{Ni},\mu_j\in\mathbf{N}_+,p_j{}^2-4q_j<0,\sum_{i=1}^{s}\lambda_i+2\sum_{j=1}^{t}\mu_j=m.$

(2) 根据分母 $Q(x)$ 各个因式分别写出与之相应的部分分式,对应于 $(x-a)^k$ 的部分分式是

$$\frac{A_1}{x-a}+\frac{A_2}{(x-a)^2}+\cdots+\frac{A_k}{(x-a)^k}$$

对应于 $(x^2+px+q)^k$ 的部分分式是

$$\frac{B_1x+C_1}{x^2+px+q}+\frac{B_2x+C_2}{(x^2+px+q)^2}+\cdots+\frac{B_kx+C_k}{(x^2+px+q)^k}$$

其中 $A_i,B_i,C_i(i=1,2,\cdots,k)$ 为待定常数.

(3) 确定待定常数　把所有部分分式相加,通分后所得分式的分子等于 $P(x)$.由于两个多项式相等时,它们的同次项系数必定相等,由此得到待定常数所满足的线性方程组,解该方程组即得待定常数.

例 3.27　将真分式 $R(x)=\dfrac{x^3+x^2-x+4}{x^4+x^3+x+1}$ 分解为部分分式之和

解　因　　　$Q(x)=x^4+x^3+x+1=(x+1)^2(x^2-x+1)$

所以　　　$R(x)=\dfrac{x^3+x^2-x+4}{(x+1)^2(x^2-x+1)}=\dfrac{A}{x+1}+\dfrac{B}{(x+1)^2}+\dfrac{Cx+D}{x^2-x+1}$

通分后,比较两端分子同次项系数,得

$$\begin{cases} A & +B & +C & & =1 & \cdots x^3 \text{ 的系数} \\ & B & +2C & +D & =1 & \cdots x^2 \text{ 的系数} \\ & -B & +2C & +D & =-1 & \cdots x \text{ 的系数} \\ A & +B & & +D & =4 & \cdots \text{ 常数项} \end{cases}$$

解之得 $A=1,B=1,C=-1,D=2.$因此

$$R(x)=\frac{x^3+x^2-x+4}{(x+1)^2(x^2-x+1)}=\frac{1}{x+1}+\frac{1}{(x+1)^2}+\frac{-x+2}{x^2-x+1}.$$

2. 部分分式的不定积分

我们已知道,经过部分分式分解,有理真分式的不定积分都最终归结为求以下两种形式的积分.

(1) $\displaystyle\int\frac{\mathrm{d}x}{(x-a)^k}$;　　(2) $\displaystyle\int\frac{Lx+M}{(x^2+px+q)^k}\mathrm{d}x(p^2-4q<0)$

对于(1),显然有

$$\int\frac{\mathrm{d}x}{(x-a)^k}=\begin{cases} \ln|x-a|+C, & k=1 \\ \dfrac{1}{(1-k)(x-a)^{k-1}}+C, & k>1 \end{cases}$$

对于(2),作代换 $t=x+\dfrac{p}{2}$,则有

$$\int \frac{Lx+M}{(x^2+px+q)^k}\mathrm{d}x = \int \frac{L(x+p/2)+M-(p/2)L}{[(x+p/2)^2+(q-p^2/4)]^k}\mathrm{d}x$$

$$=\int \frac{Lt+N}{(t^2+r^2)^k}\mathrm{d}t = L\int \frac{t\,\mathrm{d}t}{(t^2+r^2)^k}+N\int \frac{\mathrm{d}t}{(t^2+r^2)^k}$$

其中 $r^2=q-\dfrac{p^2}{4}$, $N=M-\dfrac{pL}{2}$.对于上式最右端第一个不定积分,有

$$\int \frac{t\,\mathrm{d}t}{(t^2+r^2)^k}=\frac{1}{2}\int \frac{\mathrm{d}(t^2+r^2)}{(t^2+r^2)^k}=\begin{cases}\dfrac{1}{2}\ln(t^2+r^2)+C, & k=1\\[2mm]\dfrac{(t^2+r^2)^{1-k}}{2(1-k)}+C, & k\geqslant 2\end{cases}$$

对于上述右端第二个不定积分,可以采用降幂的方法,将次数 k 逐次降低直到 $k=1$,为简单起见,下面以 $k=2$ 为例来说明这一点.

例 3.28　求不定积分 $\displaystyle\int \frac{\mathrm{d}t}{(t^2+r^2)^2}$.

解　$\displaystyle\int \frac{\mathrm{d}t}{(t^2+r^2)^2}=\frac{1}{r^2}\int \frac{(t^2+r^2)-t^2}{(t^2+r^2)^2}\mathrm{d}t=\frac{1}{r^2}\left(\int \frac{1}{t^2+r^2}\mathrm{d}t-\int \frac{t^2}{(t^2+r^2)^2}\mathrm{d}t\right)$

由于　$\displaystyle\int \frac{t^2}{(t^2+r^2)^2}\mathrm{d}t=\frac{1}{2}\int t\cdot \frac{1}{(t^2+r^2)^2}\mathrm{d}(t^2+r^2)=-\frac{1}{2}\int t\,\mathrm{d}\,\frac{1}{t^2+r^2}$

$$=-\frac{1}{2}\frac{t}{t^2+r^2}+\frac{1}{2}\int \frac{1}{t^2+r^2}\mathrm{d}t$$

故　$\displaystyle\int \frac{1}{(t^2+r^2)^2}\mathrm{d}t=\frac{1}{r^2}\left(\frac{1}{2}\frac{t}{t^2+r^2}+\frac{1}{2}\int \frac{1}{t^2+r^2}\mathrm{d}t\right)$

$$=\frac{1}{2r^2}\cdot \frac{t}{t^2+r^2}+\frac{1}{2r^3}\arctan \frac{t}{r}+C.$$

同学们可仿照例 3.28 证明下面递推公式:

$$\int \frac{\mathrm{d}t}{(t^2+r^2)^k}=\frac{t}{2r^2(k-1)(t^2+r^2)^{k-1}}+\frac{2k-3}{2r^2(k-1)}\int \frac{\mathrm{d}t}{(t^2+r^2)^{k-1}} \quad (k>1).$$

至此,有理函数的不定积分的计算问题(在理论上)已得到解决.

例 3.29　求不定积分 $\displaystyle\int \frac{x^3+x^2-x+4}{x^4+x^3+x+1}\mathrm{d}x$.

解　根据例 3.27 的结果,有

$$\int \frac{x^3+x^2-x+4}{x^4+x^3+x+1}\mathrm{d}x=\int \frac{1}{x+1}\mathrm{d}x+\int \frac{1}{(x+1)^2}\mathrm{d}x+\int \frac{-x+2}{x^2-x+1}\mathrm{d}x$$

由于　$\displaystyle\int \frac{1}{x+1}\mathrm{d}x+\int \frac{1}{(x+1)^2}\mathrm{d}x=\ln|x+1|-\frac{1}{x+1}+C_1$

$$\int \frac{-x+2}{x^2-x+1}\mathrm{d}x=-\frac{1}{2}\int \frac{2x-1}{x^2-x+1}\mathrm{d}x+\frac{3}{2}\int \frac{1}{x^2-x+1}\mathrm{d}t$$

$$=-\frac{1}{2}\int \frac{\mathrm{d}(x^2-x+1)}{x^2-x+1}+\frac{3}{2}\int \frac{\mathrm{d}\left(x-\frac{1}{2}\right)}{\left(x-\frac{1}{2}\right)^2+\left(\frac{\sqrt{3}}{2}\right)^2}$$

$$= -\frac{1}{2}\ln(x^2 - x + 1) + \sqrt{3}\arctan\frac{2x-1}{\sqrt{3}} + C_2.$$

所以 $\displaystyle\int \frac{x^3 + x^2 - x + 4}{x^4 + x^3 + x + 1}\mathrm{d}x = -\frac{1}{x+1} + \ln\frac{|x+1|}{\sqrt{x^2 - x + 1}} + \sqrt{3}\arctan\frac{2x-1}{\sqrt{3}} + C.$

例 3.30　求不定积分 $\displaystyle\int \frac{x^2 - 1}{(x^2 + 2x + 2)^2}\mathrm{d}x.$

解　$\displaystyle\int \frac{x^2 - 1}{(x^2 + 2x + 2)^2}\mathrm{d}x \xlongequal{\text{令}\ t = x+1} \int \frac{t^2 - 2t}{(t^2 + 1)^2}\mathrm{d}t = \int \frac{t^2}{(t^2 + 1)^2}\mathrm{d}t - \int \frac{2t}{(t^2 + 1)^2}\mathrm{d}t.$

由于

$$\int \frac{2t}{(t^2 + 1)^2}\mathrm{d}t = \int \frac{\mathrm{d}(t^2 + 1)}{(t^2 + 1)^2} = -\frac{1}{t^2 + 1} + C_1$$

$$\int \frac{t^2}{(t^2 + 1)^2}\mathrm{d}t = \frac{1}{2}\int \frac{t\,\mathrm{d}(t^2 + 1)}{(t^2 + 1)^2} = -\frac{1}{2}\int t\,\mathrm{d}\left(\frac{1}{t^2 + 1}\right)$$

$$= -\frac{1}{2}\frac{t}{t^2 + 1} + \frac{1}{2}\int \frac{1}{t^2 + 1}\mathrm{d}t$$

$$= -\frac{1}{2}\frac{t}{t^2 + 1} + \frac{1}{2}\arctan t + C_2.$$

所以

$$\int \frac{x^2 - 1}{(x^2 + 2x + 2)^2}\mathrm{d}x = -\frac{1}{2}\frac{t-2}{t^2 + 1} + \frac{1}{2}\arctan t + C$$

$$= -\frac{1}{2}\frac{x-1}{x^2 + 2x + 2} + \frac{1}{2}\arctan(x+1) + C.$$

虽然从理论上讲,部分分式分解对求解有理真分式的不定积分总是有效的,但不意味着这种方法总是简便的.

例 3.31　求不定积分 $\displaystyle\int \frac{1}{x(x^6 + 2)}\mathrm{d}x.$

解　$\displaystyle\int \frac{1}{x(x^6 + 2)}\mathrm{d}x = \frac{1}{2}\int \frac{(x^6 + 2) - x^6}{x(x^6 + 2)}\mathrm{d}x = \frac{1}{2}\int \frac{1}{x}\mathrm{d}x - \frac{1}{2}\int \frac{x^5}{x^6 + 2}\mathrm{d}x$

$$= \frac{1}{2}\int \frac{1}{x}\mathrm{d}x - \frac{1}{12}\int \frac{1}{x^6 + 2}\mathrm{d}(x^6 + 2)$$

$$= \frac{1}{2}\ln|x| - \frac{1}{12}\ln(x^6 + 2) + C.$$

这个积分如果用部分分式分解法来求会很复杂.

3.3.2　三角函数有理式的不定积分

由正弦函数 $\sin x$、余弦函数 $\cos x$ 及常数,经过有限次四则运算得到的函数称为三角函数有理式,记为 $R(\sin x, \cos x)$.对于三角函数有理式的不定积分 $\displaystyle\int R(\sin x, \cos x)\mathrm{d}x$,通过变量代换 $t = \tan\dfrac{x}{2}$,总可以把它化为有理函数的不定积分.这是因为在此变换下,由三角公式可得

$$\sin x = \frac{2\tan\dfrac{x}{2}}{1 + \tan^2\dfrac{x}{2}} = \frac{2t}{1 + t^2}, \quad \cos x = \frac{1 - \tan^2\dfrac{x}{2}}{1 + \tan^2\dfrac{x}{2}} = \frac{1 - t^2}{1 + t^2}$$

以及
$$\mathrm{d}x = \mathrm{d}(2\arctan t) = \frac{2}{1+t^2}\mathrm{d}t$$

所以
$$\int R(\sin x, \cos x)\mathrm{d}x = \int R\left(\frac{2t}{1+t^2}, \frac{1-t^2}{1+t^2}\right)\frac{2}{1+t^2}\mathrm{d}t$$

上式右端即为有理函数的不定积分.

例 3.32 求不定积分 $\int \frac{1}{1+\sin x + \cos x}\mathrm{d}x$.

解
$$\int \frac{\mathrm{d}x}{1+\sin x + \cos x} \xlongequal{\text{令}\, t = \tan\frac{x}{2}} \int \frac{\frac{2}{1+t^2}\mathrm{d}t}{1 + \frac{2t}{1+t^2} + \frac{1-t^2}{1+t^2}}$$
$$= \int \frac{\mathrm{d}t}{1+t} = \ln|1+t| + C = \ln\left|1+\tan\frac{x}{2}\right| + C.$$

虽然变换 $t = \tan\frac{x}{2}$ 对三角函数有理式的不定积分总是有效的,但对于一些特殊形式的三角函数有理式的不定积分,采用其他变量代换可以使计算更简便.

例 3.33 求不定积分 $\int \frac{\mathrm{d}x}{a^2\sin^2 x + b^2\cos^2 x}$ $(ab \neq 0)$.

解
$$\int \frac{\mathrm{d}x}{a^2\sin^2 x + b^2\cos^2 x} = \int \frac{\sec^2 x\,\mathrm{d}x}{a^2\tan^2 x + b^2} = \int \frac{\mathrm{d}(\tan x)}{a^2\tan^2 x + b^2}$$
$$\xlongequal{\text{令}\, t = \tan x} \int \frac{\mathrm{d}t}{a^2 t^2 + b^2} = \frac{1}{a}\int \frac{\mathrm{d}(at)}{(at)^2 + b^2}$$
$$= \frac{1}{ab}\arctan\frac{at}{b} + C = \frac{1}{ab}\arctan\left(\frac{a}{b}\tan x\right) + C.$$

一般地,被积函数是 $\sin^2 x$、$\cos^2 x$、$\sin x \cdot \cos x$ 的有理式时,采用变换 $t = \tan x$ 可以使计算简便.其他特殊情形可以因题而异,选择合适的变换.

3.3.3 两类无理函数的不定积分

一些无理函数的不定积分,选择合适的变量代换,也可以化为有理函数的不定积分.下面对两种特殊类型进行讨论.

1. $\int R\left(x, \sqrt[n]{\frac{ax+b}{cx+d}}\right)\mathrm{d}x\,(ad - bc \neq 0)$,其中 $R(x,y)$ 是关于变元 x,y 的有理式.

对此类不定积分,只要作变换 $\sqrt[n]{\frac{ax+b}{cx+d}} = t$ 即可消除根号化为有理函数的不定积分.

例 3.34 求不定积分 $\int \frac{1}{x}\sqrt{\frac{1+x}{x}}\mathrm{d}x$.

解 令 $\sqrt{\frac{1+x}{x}} = t$,则 $x = \frac{1}{t^2-1}$,$\mathrm{d}x = -\frac{2t}{(t^2-1)^2}\mathrm{d}t$,于是
$$\int \frac{1}{x}\sqrt{\frac{1+x}{x}}\mathrm{d}x = \int (t^2-1)\,t\,\frac{-2t}{(t^2-1)^2}\mathrm{d}t = -2\int\left(1 + \frac{1}{t^2-1}\right)\mathrm{d}t$$

$$= -2t - \ln\left|\frac{t-1}{t+1}\right| + C = -2\sqrt{\frac{1+x}{x}} - \ln|x|\left(\sqrt{\frac{1+x}{x}} - 1\right)^2 + C.$$

例 3.35　求不定积分 $\displaystyle\int \frac{\mathrm{d}x}{(1+x)\sqrt{2+x-x^2}}$.

解　由于 $\dfrac{1}{(1+x)\sqrt{2+x-x^2}} = \dfrac{1}{(1+x)^2}\sqrt{\dfrac{1+x}{2-x}}$，故令 $\sqrt{\dfrac{1+x}{2-x}} = t$，则有

$$x = \frac{2t^2-1}{t^2+1}, \quad \frac{1}{(x+1)^2} = \frac{(t^2+1)^2}{9t^4}, \quad \mathrm{d}x = \frac{6t\,\mathrm{d}t}{(t^2+1)^2}$$

于是

$$\int \frac{\mathrm{d}x}{(1+x)\sqrt{2+x-x^2}} = \int \frac{(1+t^2)^2}{9t^4}\cdot t\cdot\frac{6t}{(1+t^2)^2}\mathrm{d}t$$

$$= \int \frac{2}{3t^2}\mathrm{d}t = -\frac{2}{3t} + C = -\frac{2}{3}\sqrt{\frac{2-x}{1+x}} + C.$$

2. $\displaystyle\int R(x,\sqrt{ax^2+bx+c})\mathrm{d}x$

方法 1　配方后有　$ax^2+bx+c = a\left[\left(x+\dfrac{b}{2a}\right)^2 + \dfrac{4ac-b^2}{4a^2}\right] = a(u^2\pm k^2)$，其中 $u = x+\dfrac{b}{2a}, k = \sqrt{\left|\dfrac{4ac-b^2}{4a^2}\right|}$，代入后，原不定积分化为

$$\int R(u,\sqrt{k^2\pm u^2})\mathrm{d}u \quad \text{或} \quad \int R(u,\sqrt{u^2-k^2})\mathrm{d}u.$$

这时按 3.2 节中例 3.18～例 3.20 的方法，分别作三角代换 $u = a\sin t$、$u = a\tan t$、$u = a\sec t$，即可消去根号化为三角函数有理式的不定积分.

方法 2　(欧拉变换法) 分三种情况：

(1) 若 $a > 0$，令 $\sqrt{ax^2+bx+c} = t - \sqrt{a}\,x$，则有 $x = \dfrac{t^2-c}{2\sqrt{a}\,t+b}$，代入被积式中，可以将原不定积分化为有理函数的积分.

(2) 若 $c > 0$，令 $\sqrt{ax^2+bx+c} = xt \pm \sqrt{c}$，则有 $x = \dfrac{b-(\pm 2\sqrt{c})t}{t^2-a}$，代入被积式中，可以将原不定积分化为有理函数的积分.

(3) 若 $b^2 - 4ac > 0$，即 ax^2+bx+c 可以分解因式，这时可以按例 3.35 的方法来解.

例 3.36　试用上述两种方法求不定积分 $\displaystyle\int \frac{\mathrm{d}x}{(1+x)\sqrt{2+x-x^2}}$(要求与例 3.35 的方法不同).

解法 1　由于 $\dfrac{1}{(1+x)\sqrt{2+x-x^2}} = \dfrac{4}{(2+2x)\sqrt{9-(2x-1)^2}}$，

故令 $2x-1 = 3\sin t$，则有　$2+2x = 3\sin t, \mathrm{d}x = \dfrac{3}{2}\cos t\,\mathrm{d}t$(见图 3-4)，于是

$$\int \frac{\mathrm{d}x}{(1+x)\sqrt{2+x-x^2}} = \int \frac{4}{(2+2x)\sqrt{9-(2x-1)^2}}\mathrm{d}x$$

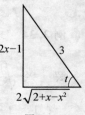

图 3-4

$$= \int \frac{4}{(3+3\sin t)3\cos t} \frac{3}{2}\cos t\, \mathrm{d}t = \frac{2}{3}\int \frac{1}{1+\sin t}\mathrm{d}t$$

$$= \frac{2}{3}\int \frac{1-\sin t}{1-\sin^2 t}\mathrm{d}t = \frac{2}{3}\int(\sec^2 t - \sec t\tan t)\,\mathrm{d}t$$

$$= \frac{2}{3}(\tan t - \sec t) + C = \frac{2}{3}\left(\frac{2x-1}{2\sqrt{2+x-x^2}} - \frac{3}{2\sqrt{2+x-x^2}}\right)$$

$$= -\frac{2}{3}\sqrt{\frac{2-x}{1+x}} + C.$$

解法 2   由于 $c=2>0$,故令 $\sqrt{2+x-x^2}=xt-\sqrt{2}$,则 $x=\dfrac{2\sqrt{2}\,t+1}{t^2+1}$,

$$1+x = \frac{(t+\sqrt{2})^2}{t^2+1}, \qquad \sqrt{2+x-x^2} = \frac{\sqrt{2}\,t^2+t-\sqrt{2}}{t^2+1}$$

$$\mathrm{d}x = \frac{-2(\sqrt{2}\,t^2+t-\sqrt{2})}{(t^2+1)^2}, \qquad t = \frac{\sqrt{2+x-x^2}+\sqrt{2}}{x}$$

于是 $\displaystyle \int \frac{\mathrm{d}x}{(1+x)\sqrt{2+x-x^2}} = -2\int \frac{1}{(t+\sqrt{2})^2}\mathrm{d}t = \frac{2}{t+\sqrt{2}} + C$

$$= \frac{2}{\dfrac{\sqrt{2+x-x^2}+\sqrt{2}}{x}+\sqrt{2}} + C$$

$$= \frac{2x}{\sqrt{2+x-x^2}+\sqrt{2}\,x+\sqrt{2}} + C$$

下面应用代数运算法则,将上式右端函数化简

$$\frac{2x}{\sqrt{2+x-x^2}+\sqrt{2}\,x+\sqrt{2}} = \frac{2x}{\sqrt{x+1}(\sqrt{2-x}+\sqrt{2}\,\sqrt{x+1})}$$

$$= \frac{2x(\sqrt{2-x}-\sqrt{2}\,\sqrt{x+1})}{\sqrt{x+1}\left[(\sqrt{2-x})^2-(\sqrt{2}\,\sqrt{x+1})^2\right]}$$

$$= \frac{2x(\sqrt{2-x}-\sqrt{2}\,\sqrt{x+1})}{\sqrt{x+1}\left[(2-x)-2(x+1)\right]}$$

$$= \frac{2x(\sqrt{2-x}-\sqrt{2}\,\sqrt{x+1})}{-3x\sqrt{x+1}}$$

$$= -\frac{2}{3}\sqrt{\frac{2-x}{x+1}} + \frac{2\sqrt{2}}{3}.$$

这样就与解法 1 的结果一致了.

    关于初等函数不定积分的计算就讨论到这里,希望同学们多做练习,灵活掌握求不定积分的基本方法.需要指出的是,通常所说的"求不定积分",是指用初等函数的形式把这个不定积分表示出来,但并不是任何初等函数的原函数(虽然存在)都能用初等函数表示出来的,例如 e^{x^2},$\dfrac{\sin x}{x}$,$\dfrac{1}{\ln x}$,$\sqrt{1-k^2\sin^2 x}\,(0<k^2<1)$ 等,虽然它们的原函数都存在,但不能用初等函数表示,又如无理函数 $\sqrt{P(x)}$,当 $P(x)$ 为三次(或三次以上)的多项式时,

其原函数一般不能用初等函数表示.可以说初等函数的不定积分,占"多数"是"求不出来"的.

　　顺便指出,在求不定积分时,还可以利用一些现成的积分表.在积分表中所有的积分公式是按被积函数分类编排的,求积分时,只要根据被积函数的类型,或经过简单变形后,查阅公式即可,此外,许多数学软件(如 Mathemetica,Matleble 等)也具有求不定积分的实用功能,但对于初学者来说,首先应该掌握基本的积分方法.

习题 3.3

1.求下列不定积分:

(1) $\int \dfrac{x}{x^2+2x+1}\mathrm{d}x$;

(2) $\int \dfrac{x^5+x^4-8}{x^3-x}\mathrm{d}x$;

(3) $\int \dfrac{1}{1+x^3}\mathrm{d}x$;

(4) $\int \dfrac{x^2+1}{(x+1)^2(x-1)}\mathrm{d}x$;

(5) $\int \dfrac{x^4\mathrm{d}x}{x^4+5x^2+4}$;

(6) $\int \dfrac{1+x^2}{1+x^4}\mathrm{d}x$;

(7) $\int \dfrac{\mathrm{d}x}{1+x^4}$;

(8) $\int \dfrac{x}{x^8-1}\mathrm{d}x$;

(9) $\int \dfrac{1-x^7}{x(1+x^7)}\mathrm{d}x$.

2.求下列不定积分:

(1) $\int \dfrac{\mathrm{d}x}{3+5\cos x}$;

(2) $\int \dfrac{\mathrm{d}x}{2\sin x-\cos x+5}$;

(3) $\int \dfrac{\sin 2x}{(\cos x+\sin x)^2}\mathrm{d}x$;

(4) $\int \dfrac{\sin^3 x}{2+\cos x}\mathrm{d}x$;

(5) $\int \dfrac{\mathrm{d}x}{2-\sin^2 x}$;

(6) $\int \dfrac{1+\sin x}{1+\cos x}\mathrm{d}x$;

(7) $\int \dfrac{x}{\sqrt{x^2+2x-3}}\mathrm{d}x$;

(8) $\int \dfrac{\mathrm{d}x}{(2x-1)\sqrt{x-x^2}}$;

(9) $\int \sqrt{\dfrac{1-x}{1+x}}\mathrm{d}x$;

(10) $\int \dfrac{1-\sqrt{1+x}}{1+x+\sqrt[3]{1+x}}\mathrm{d}x$.

3.求下列不定积分:

(1) $\int \dfrac{e^{\arctan x}}{\sqrt{(1+x^2)^3}}\mathrm{d}x$;

(2) $\int \dfrac{x\arctan x}{\sqrt{1+x^2}}\mathrm{d}x$;

(3) $\int \sin x \cdot \ln(\tan x)\mathrm{d}x$;

(4) $\int \dfrac{\arcsin e^x}{e^x}\mathrm{d}x$;

(5) $\int \dfrac{\ln x-1}{\ln^2 x}\mathrm{d}x$;

(6) $\int (\ln\ln x+\dfrac{1}{\ln x})\mathrm{d}x$;

(7) $\int \dfrac{e^x}{x}(1+x\ln x)\mathrm{d}x$;

(8) $\int \dfrac{1-\ln x}{(x-\ln x)^2}\mathrm{d}x$.

3.4　定积分的概念与牛顿 — 莱布尼兹公式

3.4.1　定积分的概念

　　定积分是积分学的重要组成部分,定积分与现实世界中的事物有广泛联系,与不定积分存在内在联系,由于这种内在联系,使不定积分也很实用.

1. 几个实例

在许多实际问题中,需要求一类特殊的和式极限: $\lim\limits_{\|\Delta\|\to 0}\sum\limits_{i=1}^{n}f(\xi_i)\Delta x_i$,这类特殊极限问题就导出了定积分的概念.下面我们从三个典型实例出发来引入定积分的概念.

实例1(曲边梯形的面积)设 $f(x)\geqslant 0, x\in[a,b]$,由曲线 $y=f(x)$,直线 $x=a$ 和 $x=b$ 以及 x 轴所围成的图形称为曲边梯形.求该曲边梯形的面积 S .

实例2(变速运动的路程)设质点运动的速度 $v(t), t\in[a,b]$ 为已知函数,求从时刻 $t=a$ 到时刻 $t=b$,质点所经过的路程 s .

实例3(密度非均匀的线状物体的质量)设线状物体的密度 $\rho(x), x\in[a,b]$ 为已知函数,求该线状物体的质量 m .

对于第一个实例,我们曾经在第1章中讨论过,它归结为求和式 $\sum\limits_{i=1}^{n}f(\xi_i)\Delta x_i$ 的极限.现在我们把三个实例放在一起讨论.

从表面上看,三个实例似乎没有联系,但本质上,它们有下面几点共性:

(1)每一个实例都涉及一个定义在区间 $[a,b]$ 上的函数.为方便起见,都用 x 表示自变量,用 $f(x)$ 表示该函数,用 Φ 表示实例中的所求量,那么,当 $f(x)=c$ (常数)时,所求量 Φ 可以用公式 $\Phi=c\cdot(b-a)$ 来表示.

(2)设函数 $f(x)$ 在区间 $[a,b]$ 上连续,则区间 $[a,b]$ 的长度很小时,所求量 Φ 可以近似地表示为

$$\Phi\approx f(\xi)\cdot(b-a)$$

其中 $\xi\in[a,b]$ 可以是区间 $[a,b]$ 上的任意一点.

(3)对于一般的定义区间 $[a,b]$ (区间的长度不一定很小),我们将区间 $[a,b]$ 任意地分割成若干个小区间(也称为子区间),即用分点组

$$x_1, x_2, \cdots, x_{n-1}; a<x_1<x_2<\cdots<x_{n-1}<b$$

将区间 $[a,b]$ 分割成 n 个子区间 $\Delta_i=[x_{i-1}, x_i](i=1,2,\cdots,n)$,使每个子区间的长度都很小,这里 x_0 、 x_n 分别表示 $[a,b]$ 的两个端点,即 $x_0=a$ 、 $x_n=b$,我们称这一作法为区间 $[a,b]$ 的一个分割,记为 $\Delta=\{x_1, x_2, \cdots, x_{n-1}\}$ 或 $\Delta:\Delta_1, \Delta_2, \cdots, \Delta_n$.于是由(2)知,所求量 Φ 位于每个子区间 Δ_i 上的局部量 $\Delta\Phi_i$ 可以近似地表示为

$$\Delta\Phi_i\approx f(\xi_i)\Delta x_i(i=1,2,\cdots,n)$$

其中 $\Delta x_i=x_i-x_{i-1}, \xi_i\in[x_i, x_{i-1}]$,称 $\{\xi_1, \xi_2, \cdots, \xi_n\}$ 为这个分割 T 所属的介点组.

(4)把全体局部量 $\Delta\Phi_i$ 相加,整体所求量 Φ 就可以近似地表示为

$$\Phi=\sum_{i=1}^{n}\Delta\Phi_i\approx\sum_{i=1}^{n}f(\xi_i)\Delta x_i$$

(5)让上述分割越来越密,取极限,整体所求量 Φ 就可以表示为

$$\Phi=\lim\sum_{i=1}^{n}f(\xi_i)\Delta x_i$$

显然 $\lim\sum\limits_{i=1}^{n}f(\xi_i)\Delta x_i$ 不同于以往的函数极限,因此需要对这类新型极限给予定义.根据上述(3)~(5)知,在和式逼近所求量的过程中,不仅要求子区间的数量 n 越来越大,而且

更要求每个子区间的长度 Δx_i 越来越小,为了保证这一点,我们令

$$\|\Delta\| = \max\{\Delta x_i \mid i = 1, 2, \cdots, n\}$$

称 $\|\Delta\|$ 为分割 Δ 的细度(或模),则当 $\|\Delta\| \to 0$ 时,就能保证每个 $\Delta x_i \to 0$.所以,上述和式极限应理解为当 $\|\Delta\| \to 0$ 时的极限,即 $\lim\limits_{\|\Delta\| \to 0} \sum\limits_{i=1}^{n} f(\xi_i)\Delta x_i$.

因此,上述三个实例的结果可以表示为:

曲边梯形的面积可以表示为 $S = \lim\limits_{\|\Delta\| \to 0} \sum\limits_{i=1}^{n} f(\xi_i)\Delta x_i$;

变速运动的路程可以表示为 $s = \lim\limits_{\|\Delta\| \to 0} \sum\limits_{i=1}^{n} v(\xi_i)\Delta t_i$;

密度非均匀的线状物体的质量为 $m = \lim\limits_{\|\Delta\| \to 0} \sum\limits_{i=1}^{n} \rho(\xi_i)\Delta x_i$.

2. 定积分的定义

上述三个实例虽然各自的实际意义不同,但都归结为求形式完全相同的和式极限.在生产实践和科学技术中,类似这样的问题是相当普遍的,因此有必要抛开这些问题的具体意义,把它们概括为一数学概念.

定义 3.3 设函数 $f(x)$ 在闭区间 $[a,b]$ 上有定义,用分点

$$x_1, x_2, \cdots, x_{n-1}; \quad a < x_1 < x_2 < \cdots < x_{n-1} < b$$

将区间 $[a,b]$ 分割成 n 个子区间 $[x_{i-1}, x_i]$,其长度为 $\Delta x_i = x_i - x_{i-1}$.任取 $\xi_i \in [x_i, x_{i-1}]$,令 $\|\Delta\| = \max\{\Delta x_i \mid i = 1, 2, \cdots, n\}$,如果和式极限 $\lim\limits_{\|\Delta\| \to 0} \sum\limits_{i=1}^{n} f(\xi_i)\Delta x_i$ 存在,且极限值不会依分点组 $\{x_1, x_2, \cdots, x_{n-1}\}$ 和介点组 $\{\xi_1, \xi_2, \cdots, \xi_n\}$ 的不同取法而变化,则称 $f(x)$ 在 $[a,b]$ 上可积,并称此极限为函数 $f(x)$ 在区间 $[a,b]$ 上的定积分,记为 $\int_a^b f(x)\mathrm{d}x$,即

$$\int_a^b f(x)\mathrm{d}x = \lim_{\|\Delta\| \to 0} \sum_{i=1}^{n} f(\xi_i)\Delta x_i \tag{3-13}$$

其中称 $f(x)$ 为被积函数,x 为积分变量,$f(x)\mathrm{d}x$ 为被积式,$[a,b]$ 为积分区间,a,b 分别为积分上限和积分下限.

此外,和式 $\sum\limits_{i=1}^{n} f(\xi_i)\Delta x_i$ 通常称为黎曼和(也称为积分和),定积分也称为黎曼积分.

相应于函数极限的概念,定积分也有类似的"$\varepsilon\text{-}\delta$"定义:

定义 3.4 设函数 $f(x)$ 在区间 $[a,b]$ 上有定义,$J \in \mathbf{R}$ 为常数,如果任给 $\varepsilon > 0$,总存在相应的 $\delta > 0$,使得对区间 $[a,b]$ 的任意分割 $\Delta = \{x_1, x_2, \cdots, x_{n-1}\}$ 以及属于这个分割 Δ 任意介点组 $\{\xi_1, \xi_2, \cdots, \xi_n\}$,只要 $\|\Delta\| < \delta$,就有

$$\left| \sum_{i=1}^{n} f(\xi_i)\Delta x_i - J \right| < \varepsilon$$

则称函数 $f(x)$ 在区间 $[a,b]$ 上可积,并称 J 为 $f(x)$ 在 $[a,b]$ 上的定积分,记为 $J = \int_a^b f(x)\mathrm{d}x$.

根据定积分的定义和前面的讨论可得:

曲边梯形的面积可以表示为 $S = \int_a^b f(x)\mathrm{d}x$ （几何意义）;

变速运动的路程可以表示为 $s = \int_a^b v(t)\mathrm{d}t$ （物理意义）;

密度非均匀的线状物体的质量为 $m = \int_a^b \rho(x)\mathrm{d}x$ （物理意义）.

◎ **思考题** 和式极限 $\lim\limits_{\|\Delta\|\to 0}\sum\limits_{i=1}^n f(\xi_i)\Delta x_i$ 与函数极限之间有何区别? 定积分的值是否与分点组 $\{x_1, x_2, \cdots, x_{n-1}\}$ 和介点组 $\{\xi_1, \xi_2, \cdots, \xi_n\}$ 的取法有关?

为了加深对定积分概念的理解,下面举两个按定义计算定积分的例子.

例 3.37 按定义计算定积分 $\int_0^1 x^2\mathrm{d}x$.

按定义计算定积分时,总是假定这个定积分是存在的.因此可以选择特殊的分点组和介点组,如选择等分分割时,有

$$\int_a^b f(x)\mathrm{d}x = (b-a)\lim_{n\to\infty}\frac{1}{n}\sum_{i=1}^n f(\xi_i) \tag{3-14}$$

特别地,取介点组为 $\{\xi_1, \xi_2, \cdots, \xi_n\} = \{x_1, x_2, \cdots, x_n\}$ 时,有

$$\int_a^b f(x)\mathrm{d}x = (b-a)\lim_{n\to\infty}\frac{1}{n}\sum_{i=1}^n f\left[a + \frac{i}{n}(b-a)\right] \tag{3-15}$$

解 这个定积分是存在的(参见下一节的可积函数类),根据公式(3-14)

$$\int_0^1 x^2\mathrm{d}x = \lim_{n\to\infty}\sum_{i=1}^n \left(\frac{i}{n}\right)^2 \frac{1}{n} = \lim_{n\to\infty}\frac{1}{n^3}\sum_{i=1}^n i^2 = \lim_{n\to\infty}\frac{n(2n+1)(n+1)}{6n^3} = \frac{1}{3}.$$

例 3.38 按定义计算定积分 $\int_1^2 \frac{1}{x^2}\mathrm{d}x$.

解 这个定积分也是存在的,取介点组为 $\xi_i = \sqrt{x_{i-1}\cdot x_i} \in [x_{i-1}, x_i](i=1,2,\cdots,n)$,则

$$\int_1^2 \frac{1}{x^2}\mathrm{d}x = \lim_{\|\Delta\|\to 0}\sum_{i=1}^n \frac{1}{(\xi_i)^2}\Delta x_i = \lim_{\|\Delta\|\to 0}\sum_{i=1}^n \frac{x_i - x_{i-1}}{x_{i-1}\cdot x_i}$$

$$= \lim_{\|\Delta\|\to 0}\sum_{i=1}^n \left(\frac{1}{x_{i-1}} - \frac{1}{x_i}\right) = \lim_{\|\Delta\|\to 0}\left(\frac{1}{x_0} - \frac{1}{x_n}\right) = 1 - \frac{1}{2} = \frac{1}{2}.$$

举一个不可积的例子.

例 3.39 证明狄利克雷函数 $D(x)$ 在区间 $[0,1]$ 上不可积.

证 因为不论如何分割区间 $[0,1]$,每一子区间 $[x_{i-1}, x_i]$ 既含有理点也含无理点,故:

(1) 当取所有的介点 ξ_i 都为有理点时,则 $\sum\limits_{i=1}^n D(\xi_i)\Delta x_i = \sum\limits_{i=1}^n \Delta x_i = 1$;

(2) 当取所有的介点 ξ_i 都为无理点时,则 $\sum\limits_{i=1}^n D(\xi_i)\Delta x_i = \sum\limits_{i=1}^n 0\cdot\Delta x_i = 0$.

因此和式极限 $\lim\limits_{\|\Delta\|\to 0}\sum\limits_{i=1}^n D(\xi_i)\Delta x_i$ 不存在,即 $D(x)$ 在 $[0,1]$ 上不可积.

3. 定积分的几何意义

我们知道,如果 $f(x) \geqslant 0$,则定积分 $\int_a^b f(x)\mathrm{d}x$ 在几何上表示前述的曲边梯形的面积.

但如果 $f(x) \leqslant 0$,则曲边梯形位于 x 轴下方,这时定积分 $\displaystyle\int_a^b f(x)\mathrm{d}x$ 为负值,其绝对值等于该曲边梯形面积.因此,当 $f(x)$ 在 $[a,b]$ 上既有正值又有负值时, 则定积分 $\displaystyle\int_a^b f(x)\mathrm{d}x$ 表示 x 轴上方的曲边梯形面积与 x 轴下方曲边梯形面积的差.如图 3-5 所示.

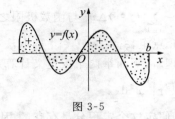

图 3-5

思考题 定积分 $\displaystyle\int_a^b f(x)\mathrm{d}x$、$\displaystyle\int_a^b f(t)\mathrm{d}t$、$\displaystyle\int_a^b f(\theta)\mathrm{d}\theta$ 之间有何关系? $\displaystyle\int_a^b \mathrm{d}x =?$

3.4.2 牛顿 — 莱布尼兹公式

定积分是一种复杂的和式极限,一般来说按定义计算定积分是十分困难的,因此,有必要建立计算定积分的简便方法.

由上一段可以知道,质点作变速运动从时刻 a 到 b 所经过的路程可以用速度函数 $v(t)$ 在区间 $[a,b]$ 上的定积分 $\displaystyle\int_a^b v(t)\mathrm{d}t$ 来表示;另一方面,设质点的运动方程为 $s=s(t)$(位置函数),则这段路程又可以用 $s(b)-s(a)$ 表示,由此即得

$$\int_a^b v(t)\mathrm{d}t = s(b) - s(a)$$

由于 $s(t)$ 是 $v(t)$ 的一个原函数,故上式表明,函数 $v(t)$ 在区间 $[a,b]$ 上的定积分等于被积函数 $V(t)$ 的一个原函数在上限的函数值减去在下限的函数值.这种定积分与原函数之间的关系并不是偶然的巧合,而是具有普遍性,这就是著名的牛顿 — 莱布尼兹公式.

定理 3.4 设函数 $f(x)$ 在区间 $[a,b]$ 上可积,$F(x)$ 在 $[a,b]$ 上连续.又在开区间 (a,b) 内,有 $F'(x) \equiv f(x)$,即在开区间 (a,b) 内,$F(x)$ 是 $f(x)$ 的一个原函数,则

$$\int_a^b f(x)\mathrm{d}x = F(b) - F(a) \tag{3-16}$$

证 对于区间 $[a,b]$ 的任意分割 $\Delta = \{x_1, x_2, \cdots, x_{n-1}\}$,在每个子区间 $[x_{i-1}, x_i]$ 上分别应用拉格朗日中值定理,得

$$F(x_i) - F(x_{i-1}) = F'(\eta_i)\Delta x_i = f(\eta_i)\Delta x_i, \eta_i \in (x_{i-1}, x_i)$$

$$F(b) - F(a) = \sum_{i=1}^n [F(x_i) - F(x_{i-1})] = \sum_{i=1}^n f(\eta_i)\Delta x_i$$

取极限得
$$F(b) - F(a) = \lim_{\|\Delta\| \to 0} \sum_{i=1}^n f(\eta_i)\Delta x_i$$

这里 $\{\eta_1, \eta_2, \cdots, \eta_n\}$ 是属于 Δ 的固定介点组.由于函数 $f(x)$ 在区间 $[a,b]$ 上可积,按定积分定义,对于属于 Δ 的任意介点组 $\{\xi_1, \xi_2, \cdots, \xi_n\}$,有

$$\int_a^b f(x)\mathrm{d}x = \lim_{\|\Delta\|\to 0}\sum_{i=1}^n f(\xi_i)\Delta x_i = \lim_{\|\Delta\|\to 0}\sum_{i=1}^n f(\eta_i)\Delta x_i = F(b) - F(a)$$

这就证明了式(3-16).

式(3-16)称为牛顿 — 莱布尼兹公式(也称为微积分学基本定理).式(3-16)揭示了定积分与不定积分之间的内在联系,把计算定积分转化为求不定积分,从而给定积分的计算提供了一种便捷的方法.

计算时为方便起见,通常把式(3-16)写成 $\int_a^b f(x)\mathrm{d}x = F(x)\big|_a^b = F(b) - F(a)$.

例 3.40 应用牛顿 — 莱布尼兹公式计算下列定积分

(1) $\int_0^1 x^2\mathrm{d}x$; (2) $\int_1^2 \dfrac{1}{x^2}\mathrm{d}x$; (3) $\int_0^1 e^x\mathrm{d}x$; (4) $\int_0^\pi \sin x\,\mathrm{d}x$.

解 (1) $\int_0^1 x^2\mathrm{d}x = \dfrac{1}{3}x^3\Big|_0^1 = \dfrac{1}{3}$; (2) $\int_1^2 \dfrac{1}{x^2}\mathrm{d}x = -\dfrac{1}{x}\Big|_1^2 = -\dfrac{1}{2} + 1 = \dfrac{1}{2}$;

(3) $\int_0^1 e^x\mathrm{d}x = e^x\big|_0^1 = e - 1$; (4) $\int_0^\pi \sin x\,\mathrm{d}x = -\cos x\big|_0^\pi = 1 - (-1) = 2$.

利用牛顿 — 莱布尼兹公式还可以计算某些和式的极限.

例 3.41 求和式极限 $I = \lim\limits_{n\to\infty}\left(\dfrac{n}{(n+1)^2} + \dfrac{n}{(n+2)^2} + \cdots + \dfrac{n}{(n+n)^2}\right)$.

解 设法将此极限看成某函数的积分和,这样就可以把它转化为定积分,为此将它变形为

$$I = \lim_{n\to\infty}\left[\frac{1}{\left(1+\frac{1}{n}\right)^2}\cdot\frac{1}{n} + \frac{1}{\left(1+\frac{2}{n}\right)^2}\cdot\frac{1}{n} + \cdots + \frac{1}{\left(1+\frac{n}{n}\right)^2}\cdot\frac{1}{n}\right]$$

$$= \lim_{n\to\infty}\sum_{i=1}^n \frac{1}{\left(1+\frac{i}{n}\right)^2}\cdot\frac{1}{n},$$

容易看出,它正是函数 $\dfrac{1}{x^2}$ 在区间 $[1,2]$ 上的定积分,这里所作的分割为等分,即 $\Delta x_i = \dfrac{1}{n}$,

$\Delta_i = \left[1+\dfrac{i-1}{n}, 1+\dfrac{i}{n}\right]$, $\xi_i = 1+\dfrac{i}{n}$, $i = 1, 2, \cdots, n$.因此

$$I = \lim_{n\to\infty}\left(\frac{n}{(n+1)^2} + \frac{n}{(n+2)^2} + \cdots + \frac{n}{(n+n)^2}\right) = \int_0^1 \frac{1}{x^2}\mathrm{d}x = \frac{1}{2}.$$

习题 3.4

1.从定义出发,计算下列定积分:

(1) $\int_{-1}^2 x^2\mathrm{d}x$; (2) $\int_0^1 x^3\mathrm{d}x$; (3) $\int_0^{\frac{\pi}{2}} \sin x\,\mathrm{d}x$.

2.依据定积分的几何意义计算下列定积分:

(1) $\int_0^2 (2x-1)\,\mathrm{d}x$; (2) $\int_1^3 \sqrt{-x^2+4x-3}\,\mathrm{d}x$; (3) $\int_1^3 |x-2|\,\mathrm{d}x$.

3.计算下列定积分:

(1) $\displaystyle\int_0^1 \frac{\mathrm{d}x}{1+x^2}$; (2) $\displaystyle\int_{-2}^{-1} \frac{1}{x}\mathrm{d}x$; (3) $\displaystyle\int_2^3 \frac{\mathrm{d}x}{(x-1)(x-4)}$;

(4) $\displaystyle\int_0^{\frac{\pi}{2}} (\sin x + \cos x)\mathrm{d}x$; (5) $\displaystyle\int_{-1/2}^{1/2} \frac{\mathrm{d}x}{\sqrt{1-x^2}}$; (6) $\displaystyle\int_1^{\sqrt{3}} \frac{1+2x^2}{x^2(1+x^2)}\mathrm{d}x$;

(7) $\displaystyle\int_0^{\sqrt{3}/2} \frac{2x-1}{\sqrt{1-x^2}}\mathrm{d}x$; (8) $\displaystyle\int_0^{\pi} \sqrt{\sin x - \sin^3 x}\,\mathrm{d}x$; (9) $\displaystyle\int_e^{e^2} \frac{\mathrm{d}x}{x\ln x}$;

(10) $\displaystyle\int_0^{\pi/3} \tan^2 x\,\mathrm{d}x$; (11) $\displaystyle\int_0^3 f(x)\mathrm{d}x$, 其中 $f(x)=\begin{cases}\sqrt[3]{x}, & 0 \leqslant x \leqslant 1 \\ \mathrm{e}^{-x}, & 1 < x \leqslant 3\end{cases}$.

4.利用定积分求下列极限:

(1) $\displaystyle\lim_{n\to\infty}\left(\frac{1}{n+1}+\frac{1}{n+2}+\cdots+\frac{1}{n+n}\right)$;

(2) $\displaystyle\lim_{n\to\infty}\left(\frac{n}{n^2+1^2}+\frac{n}{n^2+2^2}+\cdots+\frac{n}{n^2+n^2}\right)$;

(3) $\displaystyle\lim_{n\to\infty}\left(\sqrt{\frac{n+1}{n^3}}+\sqrt{\frac{n+2}{n^3}}+\cdots+\sqrt{\frac{n+n}{n^3}}\right)$;

(4) $\displaystyle\lim_{n\to\infty}\left(\frac{1^p+2^p+\cdots+n^p}{n^{p+1}}\right)$ $(p>1)$.

3.5   可积函数类与定积分的性质

3.5.1   可积性条件

哪些函数可积? 无论在理论上还是在实际应用中,都是需要考虑的.为此,我们先来研究可积性条件:即函数可积的必要条件和充要条件.

1. 可积的必要条件

定理 3.5   设函数 $f(x)$ 在区间 $[a,b]$ 上可积,则 $f(x)$ 在 $[a,b]$ 上有界.

证   设定积分 $\displaystyle\int_a^b f(x)\mathrm{d}x = J$ 存在,取 $\varepsilon_0 = 1$,由定义,$\exists \delta_0 > 0$,使得对于区间 $[a,b]$ 的任意分割 $\Delta = \{x_1, x_2, \cdots, x_{n-1}\}$ 及属于这一分割的任意介点组 $\{\xi_1, \xi_2, \cdots, \xi_n\}$,只要 $\|\Delta\| < \delta$,就有

$$\left|\sum_{i=1}^n f(\xi_i)\Delta x_i - J\right| < 1 \Rightarrow \left|\sum_{i=1}^n f(\xi_i)\Delta x_i\right| < |J|+1 \tag{3-17}$$

倘若函数 $f(x)$ 在区间 $[a,b]$ 上无界,则对上述分割 Δ,$f(x)$ 必在属于 T 的某子区间 $[x_{k-1}, x_k]$ 上无界,任意取定一个属于 Δ 的 $n-1$ 个介点 $\xi_i: i \neq k, 1 \leqslant i \leqslant n$,令 $G = \left|\sum_{i\neq k} f(\xi_i)\Delta x_i\right|$.

由于 $f(x)$ 在 $[x_{k-1}, x_k]$ 上无界,故存在 $\xi_k \in [x_{k-1}, x_k]$,使得 $|f(\xi_k)| > \dfrac{J+1+G}{\Delta x_k}$,显然 $\{\xi_1, \xi_2, \cdots, \xi_n\}$ 是属于上述分割 Δ 的一介点组,且有

$$\left|\sum_{i=1}^n f(\xi_i)\Delta x_i\right| = \left|\sum_{i\neq k} f(\xi_i)\Delta x_i + f(\xi_k)\Delta x_k\right| \geqslant |f(\xi_k)\Delta x_k| - \left|\sum_{i\neq k} f(\xi_i)\Delta x_i\right|$$

$$= |f(\xi_k)|\Delta x_k - G > \frac{J+1+G}{\Delta x_k} \cdot \Delta x_k - G = J+1$$

因而有 $\left|\sum_{i=1}^{n} f(\xi_i)\Delta x_i\right| > J+1$,但这与式(3-17)相矛盾.因此 $f(x)$ 在$[a,b]$上一定有界.

◎ **思考题** 试列举一个有界函数不可积的例子.

2. 上(下)和与上(下)积分

由于有界是函数可积的必要条件,所以下面总是假定函数 $f(x)$ 在区间$[a,b]$上有界的,设 $M = \sup\limits_{x\in[a,b]} f(x)$,$m = \inf\limits_{x\in[a,b]} f(x)$.对于$[a,b]$的任一分割 $\Delta = \{x_1,x_2,\cdots,x_{n-1}\}$,令

$$M_i = \sup\limits_{x\in[x_{i-1},x_i]} f(x), \quad m_i = \inf\limits_{x\in[x_{i-1},x_i]} f(x), \quad \omega_i = M_i - m_i, \quad i=1,2,\cdots,n$$

和式
$$S(\Delta) = \sum_{i=1}^{n} M_i \Delta x_i, \quad s(\Delta) = \sum_{i=1}^{n} m_i \Delta x_i$$

分别称为函数 $f(x)$ 在区间$[a,b]$上关于分割 T 的上和与下和,如图 3-6 所示,或称为达布上和与达布下和.ω_i 称为 $f(x)$ 在$[x_{i-1},x_i]$上的振幅.

对于属于分割 Δ 的任一介点组$\{\xi_1,\xi_2,\cdots,\xi_n\}$,显然有

$$m(b-a) \leqslant s(\Delta) \leqslant \sum_{i=1}^{n} f(\xi_i)\Delta x_i \leqslant S(\Delta) \leqslant M(b-a) \tag{3-18}$$

及
$$S(\Delta) - s(\Delta) = \sum_{i=1}^{n} \omega_i \Delta x_i \text{(右边式子有时写成} \sum_{\Delta} \omega_i \Delta x_i\text{)}$$

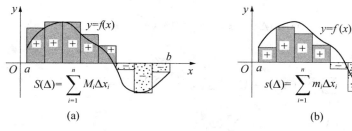

(a)　　　　　　　　　(b)

图 3-6

◎ **思考题** 对区间$[a,b]$的分割 Δ 确定后,关于上和 $S(\Delta)$、下和 $s(\Delta)$ 以及黎曼和 $\sum_{i=1}^{n} f(\xi_i)\Delta x_i$ 之中,哪些量是确定的数?

上和与下和有下列一些性质.

性质3.1 设 Δ' 是区间$[a,b]$的分割 Δ 添加 p 个分点后得到的一个分割,这时称 Δ' 是 Δ 的一个细分,那么有

$$0 \leqslant S(\Delta) - S(\Delta') \leqslant (M-m)p\|\Delta\| \tag{3-19}$$
$$0 \leqslant s(\Delta') - s(\Delta) \leqslant (M-m)p\|\Delta\| \tag{3-20}$$

证 下面只证明式(3-19),式(3-20)的证明类似.把属于分割 $\Delta = \{x_1,x_2,\cdots,x_{n-1}\}$ 的子区间 $\Delta_i = [x_{i-1},x_i](i=1,2,\cdots,n)$ 分为两类:一类是子区间中不含新添加的分点,这类子区间记为 Δ_{1i};另一类是子区间中含新添加的分点,这类子区间记为 Δ_{2i},设有 $l(1\leqslant l\leqslant p)$ 个,每个 Δ_{2i} 被添加的新分点分成 p_i 个更小的子区间

$$\Delta_{2i_j}\left(j=1,\cdots,p_i.p_i\geqslant 2,\sum_{i=1}^{l}p_i=l+p\right)$$

这类子区间的总数为 $l+p$ 个.上述各类子区间的长度以及函数在这些子区间上的上确界分别记为 $\Delta x_{1i},\Delta x_{2i},\Delta x_{2i_j},M_{1i},M_{2i},M_{2i_j}$.则有

$$S(\Delta)=\sum_{i=1}^{n}M_i\Delta x_i=\sum_{\Delta 1i}M_{1i}\Delta x_{1i}+\sum_{i=1}^{l}M_{2i}\Delta x_{2i},$$

$$S(\Delta')=\sum_{i=1}^{n+p}M_i'\Delta x_i'=\sum_{\Delta 1i}M_{1i}\Delta x_{1i}+\sum_{i=1}^{l}\sum_{j=1}^{p_i}M_{2i_j}\Delta x_{2i_j}$$

二式相减得

$$S(\Delta)-S(\Delta')=\sum_{i=1}^{l}M_{2i}\Delta x_{2i}-\sum_{i=1}^{l}\sum_{j=1}^{p_i}M_{2i_j}\Delta x_{2i_j}=\sum_{i=1}^{l}\left(M_{2i}\Delta x_{2i}-\sum_{j=1}^{p_i}M_{2i_j}\Delta x_{2i_j}\right)$$

$$=\sum_{i=1}^{l}\left(M_{2i}\sum_{j=1}^{p_i}\Delta x_{2i_j}-\sum_{j=1}^{p_i}M_{2i_j}\Delta x_{2i_j}\right)=\sum_{i=1}^{l}\sum_{j=1}^{p_i}(M_{2i}-M_{2i_j})\Delta x_{2i_j}$$

$$(3\text{-}21)$$

由于每个 $(M_{2i}-M_{2i_j})\geqslant 0$,故有 $S(\Delta)-S(\Delta')\geqslant 0$.另一方面,对每个 i,在 p_i 个 $M_{2i_j}(j=1,2,\cdots,p_i)$ 之中至少有一个等于 M_{2i},所以在和式 $\sum_{j=1}^{p_i}(M_{2i}-M_{2i_j})\Delta x_{2i_j}$ 中至少有一项等于 0,且其中每个项满足

$$(M_{2i}-M_{2i_j})\Delta x_{2i_j}\leqslant (M-m)\|\Delta'\|\leqslant (M-m)\|\Delta\|$$

故有

$$\sum_{j=1}^{p_i}(M_{2i}-M_{2i_j})\Delta x_{2i_j}\leqslant (p_i-1)(M-m)\|\Delta\|$$

于是结合式(3-21)可得

$$S(\Delta)-S(\Delta')=\sum_{i=1}^{l}\sum_{j=1}^{p_i}(M_{2i}-M_{2i_j})\Delta x_{2i_j}\leqslant \sum_{i=1}^{l}(p_i-1)(M-m)\|\Delta\|$$

$$=(M-m)\|\Delta\|\sum_{i=1}^{l}(p_i-1)$$

$$=(M-m)\|\Delta\|\left(\left(\sum_{i=1}^{l}p_i\right)-l\right)=(M-m)\|\Delta\|p$$

这就证明了式(3-19).

由性质 3.1 知,分割 Δ 被细分后,上和减小,下和增大.即

$$S(\Delta)\geqslant S(\Delta'),\quad s(\Delta)\leqslant s(\Delta')\tag{3-22}$$

性质 3.2　对于区间 $[a,b]$ 上的任意两个分割 Δ' 和 Δ'',总有

$$s(\Delta')\leqslant S(\Delta'')\tag{3-23}$$

证　用 Δ 表示由两个分割 Δ' 和 Δ'' 中的所有分点构成的一个分割,则 Δ 同时是 Δ' 和 Δ'' 的细分,于是由式(3-18)和性质 3.1 知道

$$s(\Delta')\leqslant s(\Delta)\leqslant S(\Delta)\leqslant S(\Delta'')$$

这就证明了式(3-23).

定义 3.5　设函数 $f(x)$ 在区间 $[a,b]$ 上有界,由式(3-18)知,集合 $\{S(\Delta)\,|\,\Delta$ 为 $[a,b]$ 的任意分割$\}$ 与 $\{s(\Delta)\,|\,\Delta$ 为 $[a,b]$ 的任意分割$\}$ 均为非空有界数集,称 $\inf_{\Delta\subset[a,b]}S(\Delta)$ 和

$\sup\limits_{\Delta\subset[a,b]}s(\Delta)$ 分别为函数 $f(x)$ 在区间 $[a,b]$ 的上积分和下积分,分别记为 $\overline{\int_a^b}f(x)\mathrm{d}x$ 和

$\underline{\int_a^b}f(x)\mathrm{d}x$,有时也记为 $\overline{J}$ 和 $\underline{J}$,即

$$\overline{J}=\overline{\int_a^b}f(x)\mathrm{d}x=\inf_{\Delta\subset[a,b]}S(\Delta),\quad \underline{J}=\underline{\int_a^b}f(x)\mathrm{d}x=\sup_{\Delta\subset[a,b]}s(\Delta)$$

由性质 3.2 和式(3-18)立刻知道,上积分与下积分满足

$$m(b-a)\leqslant\underline{\int_a^b}f(x)\mathrm{d}x\leqslant\overline{\int_a^b}f(x)\mathrm{d}x\leqslant M(b-a) \tag{3-24}$$

性质 3.3(达布定理)$\lim\limits_{\|\Delta\|\to 0}S(\Delta)\overline{\int_a^b}f(x)\mathrm{d}x,\quad \lim\limits_{\|\Delta\|\to 0}S(\Delta)\underline{\int_a^b}f(x)\mathrm{d}x$

证 只证第一个极限,第二个极限的证明类似.$\forall\varepsilon>0$,由 $\overline{J}=\inf\limits_{\Delta}S(\Delta)$ 知,存在区间 $[a,b]$ 的一个分割 Δ',使得

$$S(\Delta')<\overline{J}+\frac{\varepsilon}{2} \tag{3-25}$$

设 Δ' 由 p 个分点构成,对区间 $[a,b]$ 的任意分割 Δ,用 Δ'' 表示由 Δ 和 Δ' 中的所有分点构成的分割,则 Δ'' 至多比 Δ 多 p 个分点,故由性质 3.1 及下确界的定义有

$$\overline{J}\leqslant S(\Delta)\leqslant S(\Delta'')+(M-m)p\|\Delta\|\leqslant S(\Delta')+(M-m)p\|\Delta\| \tag{3-26}$$

取 $\delta=\dfrac{\varepsilon}{2(M-m)p+1}>0$,则当 $\|\Delta\|\leqslant\delta$ 时,结合式(3-25)、式(3-26)就有

$$\overline{J}\leqslant S(\Delta)<\overline{J}+\frac{\varepsilon}{2}+(M-m)p\cdot\frac{\varepsilon}{2(M-m)p+1}\leqslant\overline{J}+\varepsilon$$

从而 $|S(\Delta)-\overline{J}|<\varepsilon$,这就证明了 $\lim\limits_{\|\Delta\|\to 0}S(\Delta)\overline{\int_a^b}f(x)\mathrm{d}x$.

3. 可积的充要条件

定理 3.6(可积准则)函数 $f(x)$ 在区间 $[a,b]$ 上可积的充要条件是:任给 $\varepsilon>0$,存在 $[a,b]$ 的一分割 $\Delta=\{x_1,x_2,\cdots,x_{n-1}\}$,使得

$$S(\Delta)-s(\Delta)=\sum_{i=1}^n\omega_i\Delta x_i<\varepsilon \tag{3-27}$$

证 (必要性)设 $\int_a^b f(x)\mathrm{d}x=J$ 存在,根据定积分的定义可得:$\forall\varepsilon>0,\exists\delta>0$,使得对区间 $[a,b]$ 的任意分割 $\Delta=\{x_1,x_2,\cdots,x_{n-1}\}$ 以及属于分割 Δ 任意介点组 $\{\xi_1,\xi_2,\cdots,\xi_n\}$,只要 $\|\Delta\|<\delta$,就有

$$\left|\sum_{i=1}^n f(\xi_i)\Delta x_i-J\right|<\frac{\varepsilon}{4}\quad 即\quad J-\frac{\varepsilon}{4}<\sum_{i=1}^n f(\xi_i)\Delta x_i<J+\frac{\varepsilon}{4} \tag{3-28}$$

取定满足上述条件的一个分割 Δ,由确界 $M_i,m_i(i=1,2,\cdots,n)$ 的定义,一定存在同属于 Δ 的两组介点 $\{\xi'_1,\xi'_2,\cdots,\xi'_n\},\{\xi''_1,\xi''_2,\cdots,\xi''_n\}$,使得

$$M_i<\frac{\varepsilon}{4(b-a)}+f(\xi'_i),\quad f(\xi''_i)-\frac{\varepsilon}{4(b-a)}<m_i \tag{3-29}$$

于是 $\qquad 0\leqslant S(\Delta)-s(\Delta)=\sum_{i=1}^n M_i\Delta x_i-\sum_{i=1}^n m_i\Delta x_i$（由式(3-29)）

$$\leqslant \sum_{i=1}^{n}\left(f(\xi_i') + \frac{\varepsilon}{4(b-a)}\right)\Delta x_i - \sum_{i=1}^{n}\left(f(\xi_i') - \frac{\varepsilon}{4(b-a)}\right)\Delta x_i$$

$$= \sum_{i=1}^{n} f(\xi_i')\Delta x_i + \frac{\varepsilon}{4(b-a)}\sum_{i=1}^{n}\Delta x_i -$$

$$\sum_{i=1}^{n} f(\xi_i'')\Delta x_i + \frac{\varepsilon}{4(b-a)}\sum_{i=1}^{n}\Delta x_i \,(由式(3\text{-}28))$$

$$= J + \frac{\varepsilon}{4} + \frac{\varepsilon}{4(b-a)}(b-a) - \left(J - \frac{\varepsilon}{4}\right) + \frac{\varepsilon}{4(b-a)}(b-a)$$

$$= \varepsilon.$$

（充分性）设对于任给 $\varepsilon > 0$,存在区间 $[a,b]$ 的一分割 Δ',使得 $S(\Delta') - s(\Delta') < \varepsilon$,则

$$S(\Delta') - \underline{J} = S(\Delta') - \sup_{\Delta} s(\Delta) \leqslant S(\Delta') - s(\Delta') < \varepsilon$$

从而
$$\overline{J} - \underline{J} = \inf_{\Delta} S(\Delta) - \underline{J} \leqslant S(\Delta') - \underline{J} < \varepsilon$$

由于 ε 是任意的,所以 $\overline{J} \leqslant \underline{J}$,结合式(3-24)便得 $\overline{J} = \underline{J} = J$.根据达布定理得

$$\lim_{\|\Delta\|\to 0} S(\Delta) = \lim_{\|\Delta\|\to 0} s(\Delta) = J.$$

于是 $\forall \varepsilon > 0, \exists \delta > 0$,使得对 $[a,b]$ 的任意分割 Δ,只要 $\|\Delta\| < \delta$,就有 $|S(\Delta) - J| < \varepsilon$ 与 $|s(\Delta) - J| < \varepsilon$

同时成立,从而
$$J - \varepsilon \leqslant s(\Delta) \leqslant S(\Delta) \leqslant J + \varepsilon$$

因此,对于属于 Δ 任意介点组 $\{\xi_1, \xi_2, \cdots, \xi_n\}$,亦有

$$J - \varepsilon \leqslant s(\Delta) \leqslant \sum_{i=1}^{n} f(\xi_i)\Delta x_i \leqslant S(\Delta) \leqslant J + \varepsilon \Rightarrow \left|\sum_{i=1}^{n} f(\xi_i)\Delta x_i - J\right| < \varepsilon$$

这就证明了函数 $f(x)$ 在区间 $[a,b]$ 上可积.

式(3-27)也可表示为 $\lim\limits_{\|T\|\to 0}\sum\limits_{i=1}^{n}\omega_i \Delta x_i = 0$,其几何意义如图 3-7 所示.

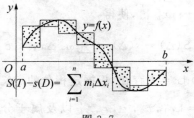

$$S(T) - s(D) = \sum_{i=1}^{n} m_i \Delta x_i$$

图 3-7

对于狄利克雷函数 $D(x)$,由于在区间 $[a,b]$ 的任何子区间上,其振幅 $\omega_i \equiv 1$,故在区间 $[a,b]$ 上,$\sum\limits_{i=1}^{n}\omega_i \Delta x_i = b-a$,从而 $\lim\limits_{\|T\|\to 0}\sum\limits_{i=1}^{n}\omega_i \Delta x_i \neq 0$,因此 $D(x)$ 在区间 $[a,b]$ 上不可积.

从定理 3.6 的证明中还可以发现另一个重要结论:函数 $f(x)$ 在区间 $[a,b]$ 上可积的充要条件是

$$\overline{\int_a^b} f(x)\mathrm{d}x = \underline{\int_a^b} f(x)\mathrm{d}x \tag{3-30}$$

3.5.2 可积函数类

我们将应用可积准则来证明以下几个重要定理.

定理 3.7 闭区间 $[a,b]$ 上的连续函数必可积.

证 设函数 $f(x)$ 在闭区间 $[a,b]$ 上连续,则 $f(x)$ 在 $[a,b]$ 上一致连续,即 $\forall \varepsilon > 0$, $\exists \delta > 0$,使得当 $x', x'' \in [a,b]$ 且 $|x' - x''| < \delta$ 时,有 $|f(x') - f(x'')| < \dfrac{\varepsilon}{b-a}$. 所以对 $[a,b]$ 的任意分割 Δ 来说,只要 $\|\Delta\| < \delta$,就能使 $f(x)$ 在 Δ 所属的各子区间 $[x_i, x_{i-1}]$ 上的振幅满足

$$\omega_i = M_i - m_i \leqslant \frac{\varepsilon}{b-a} \Rightarrow \sum_{\Delta} \omega_i \Delta x_i = \frac{\varepsilon}{b-a} \sum_{\Delta} \Delta x_i = \varepsilon$$

由定理 3.6 知 $f(x)$ 在 $[a,b]$ 上可积.

定理 3.8 闭区间 $[a,b]$ 上的单调函数必可积.

证 设函数 $f(x)$ 在闭区间 $[a,b]$ 上为单调函数,若 $f(a) = f(b)$,则 $f(x)$ 为常量函数,故可积.

下设 $f(a) \neq f(b)$. 对 $[a,b]$ 的任意分割 Δ,取 $\delta = \dfrac{\varepsilon}{|f(a) - f(b)|}$,只要 $\|\Delta\| < \delta$,就能使 $f(x)$ 关于 Δ 所属的上和与下和之差满足

$$S(\Delta) - s(\Delta) = \sum_{i=1}^{n} \omega_i \Delta x_i = \sum_{i=1}^{n} |f(x_i) - f(x_{i-1})| \Delta x_i$$

$$\leqslant \|\Delta\| \sum_{i=1}^{n} |f(x_i) - f(x_{i-1})| < \delta \cdot |f(a) - f(b)| = \varepsilon$$

因此 $f(x)$ 在 $[a,b]$ 上可积.

定理 3.9 闭区间 $[a,b]$ 上的只有有限个间断点的有界函数必可积.

证 设函数 $f(x)$ 在闭区间 $[a,b]$ 上的上、下确界分别为 M 和 m,且 $f(x)$ 的间断点数量为 p.

$\forall \varepsilon > 0$,用 l 个长度小于 $\dfrac{\varepsilon}{2l(M-m)}$ 的子区间将 $[a,b]$ 中所有间断点挖去,并要求这些子区间两两之间至多有一个交点,将这类子区间记为 Δ_{1i}. $[a,b]$ 挖去所有 Δ_{1i} 后,剩余子区间记为 Δ_{2i},Δ_{2i} 就不再含 $f(x)$ 的间断点了,且数量不会超过 $l+1$. 由定理 3.7 知,函数 $f(x)$ 在每个 Δ_{2i} 上都可积,故对每个 Δ_{2i},都存在它的一个分割 $\Delta'_i : \Delta_{2ij} (j = 1, 2, \cdots, m_i)$,使得函数 $f(x)$ 在 Δ_{2i} 上关于分割 Δ'_i 所属的上和与下和之差满足

$$\sum_{j=1}^{m_i} \omega_{2ij} \Delta x_{2ij} < \frac{\varepsilon}{2(l+1)} \tag{3-31}$$

因为所有这些子区间 $\Delta_{1i} (l$ 个$)$ 和 $\Delta_{2ij} (j = 1, 2, \cdots, m_i)$(不会超过 $l+1$ 组)构成 $[a,b]$ 的一个分割 Δ,故根据上述作法及式(3-31)得,函数 $f(x)$ 在区间 $[a,b]$ 上关于分割 Δ 所属的上和与下和之差满足

$$\sum_{\Delta} \omega_i \Delta x_i = \sum_{\Delta_{1i}} \omega_{1i} \Delta x_{1i} + \sum_{\Delta_{2i}} \sum_{j=1}^{m_i} \omega_{2ij} \Delta x_{2ij}$$

$$< \sum_{\Delta 1i} (M-m) \cdot \frac{\varepsilon}{2l(M-m)} + \sum_{\Delta 2i} \frac{\varepsilon}{2(l+1)} \leqslant \frac{\varepsilon}{2} + \frac{\varepsilon}{2} = \varepsilon$$

这就证明了 $f(x)$ 在 $[a,b]$ 上可积.

下面举两个具有无限个间断点的有界函数(非单调函数)可积的例子.

例 3.42　设 $\{a_n\}$ 为有界数列,令 $f(x) = \begin{cases} 0, & x=0 \\ a_n, & \dfrac{1}{n+1} < x \leqslant \dfrac{1}{n} (n=1,2,\cdots) \end{cases}$, 则

$f(x)$ 在 $[0,1]$ 上可积.

证　显然 $f(x)$ 为有界函数,它的全体间断点都在点 $x = \dfrac{1}{n}(n=2,3,\cdots)$ 和 $x=0$ 之中.

设 $|f(x)| < N$(正整数), $\forall \varepsilon > 0 (\varepsilon < 1)$, 则函数 $f(x)$ 在区间 $\left[\dfrac{\varepsilon}{4N},1\right]$ 的间断点只有

有限个,由定理 3.9 知, $f(x)$ 在 $\left[\dfrac{\varepsilon}{4N},1\right]$ 上可积,故存在 $\left[\dfrac{\varepsilon}{4N},1\right]$ 的一个分割 $\Delta': \Delta_i(i=2,$

$3,\cdots,p)$, 使得函数 $f(x)$ 在 $\left[\dfrac{\varepsilon}{4N},1\right]$ 上关于分割 Δ' 所属的上和与下和之差满足

$$\sum_{i=2}^{p} \omega_{1i} \Delta x_{1i} < \frac{\varepsilon}{2}.$$

令 $\Delta_1 = \left[0, \dfrac{\varepsilon}{4N}\right]$, 显然,所有子区间: $\Delta_i(i=1,2,\cdots,p)$ 构成 $[0,1]$ 的一个分割 Δ, 且 $f(x)$ 在 $[0,1]$ 上关于分割 Δ 所属的上和与下和之差满足

$$\sum_{i=1}^{p} \omega_i \Delta x_i = \omega_1 \Delta x_1 + \sum_{i=2}^{p} \omega_i \Delta x_i < 2N \cdot \frac{\varepsilon}{4N} + \frac{\varepsilon}{2} = \varepsilon$$

所以 $f(x)$ 在 $[0,1]$ 上可积.

例 3.43　证明黎曼函数 $R(x)$(参见第 1 章 1.1 节中例 1.3) 在 $[0,1]$ 上可积,且 $\displaystyle\int_0^1 R(x) \mathrm{d}x = 0$.

证　任给 $\forall \varepsilon > 0$, 在 $[0,1]$ 上的有理点 $\dfrac{p}{g}$(为既约分数) 中,使 $\dfrac{1}{g} > \dfrac{\varepsilon}{2}$ 只有有限个,设

它们为 $r_1, r_2, \cdots, r_p$, 即在 $[0,1]$ 上,使 $R(x) > \dfrac{\varepsilon}{2}$ 的 x 仅为 $r_1, r_2, \cdots, r_p$. 对 $[0,1]$ 作这样一

个分割 Δ:使每个 $r_i (i=1,2,\cdots,p)$ 各属于 Δ 所属一个子区间(记为)$\Delta_{1i}(i=1,2,\cdots,p)$, 且

使全体 Δ_{1i} 的总长 $\displaystyle\sum_{i=1}^{p} \Delta x_{1i} < \varepsilon$, 在 Δ 所属的其余子区间(记为)$\Delta_{2i}(i=1,2,\cdots,n-p)$ 上,函

数 $R(x)$ 的振幅 $\omega_{2i} \leqslant \dfrac{\varepsilon}{2}$.

综上所述并结合 $R(x)$ 在任何子区间上的振幅 $\omega \leqslant \dfrac{1}{2}$ 知道, $R(x)$ 在 $[0,1]$ 上关于分割

Δ 所属的上和与下和之差满足

$$\sum_{i=1}^{n} \omega_i \Delta x_i = \sum_{i=1}^{p} \omega_{1i} \Delta x_{1i} + \sum_{i=1}^{n-p} \omega_{2i} \Delta x_{2i} < \sum_{i=1}^{p} \frac{1}{2} \cdot \Delta x_{1i} + \sum_{i=1}^{n-p} \frac{\varepsilon}{2} \cdot \Delta x_{2i}$$

$$= \frac{1}{2} \sum_{i=1}^{p} \Delta x_{1i} + \frac{\varepsilon}{2} \sum_{i=1}^{n-p} \Delta x_{2i} < \frac{1}{2} \cdot \varepsilon + \frac{\varepsilon}{2} \cdot 1 = \varepsilon$$

这就证明了 $R(x)$ 在 $[0,1]$ 上可积.

由于知道 $R(x)$ 在 $[0,1]$ 上可积,那么对于 $[0,1]$ 任何分割 Δ,只要取 Δ 所属的介点 ξ_i 全为无理点,则有 $R(\xi_i)=0$,从而

$$\int_0^1 R(x)\mathrm{d}x = \lim_{\|\Delta\| \to 0} \sum_{i=1}^{n} R(\xi_i)\Delta x_i = 0$$

虽然例 3.42 和例 3.43 给出的有界函数都有无限个间断点,但两个函数均可积.可以说有界函数是否可积与其间断点集合的"测度"有关,对此,这门课程的后继课程 —— 实变函数论有专门论述,在那里将给出一个完美的结论,这里就不必赘述了.

3.5.3 定积分的性质

要深入研究定积分,自然包括研究定积分的性质.这里将介绍定积分的一些主要性质,其中包括线性性质、关于积分区间的可加性、积分不等式与积分中值定理等重要性质,这些性质也为定积分的计算和应用提供了新的途径.

性质 3.4   定积分的值与积分变量的记号无关,即

$$\int_a^b f(x)\mathrm{d}x = \int_a^b f(u)\mathrm{d}u = \int_a^b f(t)\mathrm{d}t \tag{3-32}$$

性质 3.5 $$\int_a^b f(x)\mathrm{d}x = -\int_b^a f(x)\mathrm{d}x, \int_a^a f(x)\mathrm{d}x = 0 \tag{3-33}$$

性质 3.4 和性质 3.5 容易由定积分定义直接得到.要注意的是:当 $a > b$ 时,积分 $\int_a^b f(x)\mathrm{d}x$ 的分割次序是 $a = x_0 > x_1 > x_2 > \cdots > x_{n-1} > x_n = b$,且有 $\Delta x_i = x_i - x_{i-1} < 0$,颠倒这个次序后,就得到 $\int_b^a f(x)\mathrm{d}x$,但这时有 $\Delta x_i = x_i - x_{i-1} > 0$,故这两个积分相差一个符号.

性质 3.6(线性性质) 如果函数 $f(x)$ 和 $g(x)$ 都在区间 $[a,b]$ 上可积,k_1、k_2 为实数,则函数 $k_1 f(x) + k_2 g(x)$ 在 $[a,b]$ 上也可积,且

$$\int_a^b [k_1 f(x) + k_2 g(x)]\mathrm{d}x = k_1 \int_a^b f(x)\mathrm{d}x + k_2 \int_a^b g(x)\mathrm{d}x \tag{3-34}$$

证   当 $k_1^2 + k_2^2 = 0$ 时,结论显然成立.

当 $k_1^2 + k_2^2 \neq 0$ 时,设 $\int_a^b f(x)\mathrm{d}x = J_1$,$\int_a^b g(x)\mathrm{d}x = J_2$.由定积分的定义,$\forall \varepsilon > 0$,存在 $\delta_1 > 0$ 和 $\delta_2 > 0$,使得对 $[a,b]$ 的任意分割 Δ 及所属介点组 $\{\xi_1, \xi_2, \cdots, \xi_n\}$:

当 $\|\Delta\| < \delta_1$ 时有 $\left| \sum_{i=1}^{n} f(\xi_i)\Delta x_i - J_1 \right| < \dfrac{\varepsilon}{|k_1| + |k_2|}$

当 $\|\Delta\| < \delta_2$ 时有 $\left| \sum_{i=1}^{n} g(\xi_i)\Delta x_i - J_2 \right| < \dfrac{\varepsilon}{|k_1| + |k_2|}$

取 $\delta = \min\{\delta_1, \delta_2\}$,则当 $\|\Delta\| < \delta$ 时,上面两个不等式都成立,从而有

$$\left| \sum_{i=1}^{n} [k_1 f(\xi_i) + k_2 g(\xi_i)]\Delta x_i - (k_1 J_1 + k_2 J_2) \right|$$

$$\leqslant |k_1| \left| \sum_{i=1}^{n} f(\xi_i)\Delta x_i - J_1 \right| + |k_2| \left| \sum_{i=1}^{n} g(\xi_i)\Delta x_i - J_2 \right|$$

$$< |k_1| \frac{\varepsilon}{|k_1| + |k_2|} + |k_2| \frac{\varepsilon}{|k_1| + |k_2|} = \varepsilon$$

这就证明了 $k_1 f(x) + k_2 g(x)$ 在 $[a,b]$ 上可积,且线性性质式(3-34)成立.

性质 3.7(乘积函数的可积性) 如果函数 $f(x)$ 和 $g(x)$ 都在区间 $[a,b]$ 上可积,则乘积函数 $f(x) \cdot g(x)$ 在 $[a,b]$ 上也可积.

证 由于 $f(x)$ 和 $g(x)$ 都在区间 $[a,b]$ 上可积,故可设

$$|f(x)| \leqslant M, |g(x)| \leqslant M (x \in [a,b]) \quad (其中为常数)$$

$\forall \varepsilon > 0$,按可积准则,存在 $[a,b]$ 两个分割 Δ' 和 Δ'',使得 $f(x)$ 和 $g(x)$ 分别关于 Δ' 和 Δ'' 的上和与下和之差都小于 ε.即

$$\sum_{\Delta'} \omega_i'^f \Delta x_i' < \frac{\varepsilon}{2M}, \quad \sum_{\Delta''} \omega_i''^g \Delta x_i'' < \frac{\varepsilon}{2M} \tag{3-35}$$

其中 $\omega_i'^f$ 表示 $f(x)$ 在子区间 Δ_i'(属于 Δ')上的振幅,$\omega_i''^g$ 及下述的 ω_i^{fg} 和 ω_i^f 类似.用 $\Delta = \{x_1, x_2, \cdots, x_{n-1}\}$ 表示由 Δ' 和 Δ'' 中的所有分点合并得到的一个分割,则有

$$\begin{aligned}
\omega_i^{fg} &= \sup_{x', x'' \in \Delta_i} |f(x')g(x') - f(x'')g(x'')| \\
&= \sup_{x', x'' \in \Delta_i} |f(x')[g(x') - g(x'')] + g(x'')[f(x') - f(x'')]| \\
&\leqslant \sup_{x', x'' \in \Delta_i} |f(x')[g(x') - g(x'')]| + \sup_{x', x'' \in \Delta_i} |g(x'')[f(x') - f(x'')]| \\
&\leqslant M \sup_{x', x'' \in \Delta_i} |g(x') - g(x'')| + M \sup_{x', x'' \in \Delta_i} |f(x') - f(x'')| \\
&= M\omega_i^f + M\omega_i^g
\end{aligned} \tag{3-36}$$

由于 Δ 同时是 Δ' 和 Δ'' 的细分,由上(下)和之性质 3.2,又有

$$\sum_{\Delta} \omega_i^f \Delta x_i \leqslant \sum_{\Delta'} \omega_i'^f \Delta x_i', \quad \sum_{\Delta} \omega_i^g \Delta x_i \leqslant \sum_{\Delta''} \omega_i''^g \Delta x_i'' \tag{3-37}$$

综合式(3-35)～ 式(3-37)可得

$$\sum_{\Delta} \omega_i^{fg} \Delta x_i \leqslant M \sum_{\Delta} \omega_i^f \Delta x_i + M \sum_{\Delta} \omega_i^g \Delta x_i \leqslant M \sum_{\Delta'} \omega_i'^f \Delta x_i' + M \sum_{\Delta''} \omega_i''^g \Delta x_i''$$

$$< M \cdot \frac{\varepsilon}{2M} + M \cdot \frac{\varepsilon}{2M} = \varepsilon$$

这就证明了 $f(x) \cdot g(x)$ 在 $[a,b]$ 上可积.

性质 3.8(区间可加性) 如果函数 $f(x)$ 在区间 $[a,b]$ 上可积,$c \in (a,b)$ 是任一点,则 $f(x)$ 在子区间 $[a,c]$ 和 $[c,b]$ 上均可积,反之亦然.这时有

$$\int_a^b f(x)dx = \int_a^c f(x)dx + \int_c^b f(x)dx \tag{3-38}$$

证 设函数 $f(x)$ 在区间 $[a,b]$ 上可积,由可积准则知道,$\forall \varepsilon > 0$,存在 $[a,b]$ 的分割 $\Delta = \{x_1, x_2, \cdots, x_{n-1}\}$,使得 $f(x)$ 关于这个分割所属的上和与下和之差小于 ε.即

$$S(\Delta) - s(\Delta) = \sum_{\Delta} \omega_i \Delta x_i < \varepsilon$$

在 Δ 中再添加一个分点 c,得到一个新的分割 Δ',并设 $x_{k-1} \leqslant c \leqslant x_k$,则 $\Delta^1 = \{x_1, x_2, \cdots, x_{k-1}\}$ 与 $\Delta^2 = \{x_k, x_{k+1}, \cdots, x_{n-1}\}$ 分别成为 $[a,c]$ 和 $[c,b]$ 分割,于是函数 $f(x)$ 在区间 $[a,c]$ 和 $[c,b]$ 上分别关于 Δ^1 和 Δ^2 所属的上和与下和之差满足

$$\sum_{\Delta^1} \omega_i^1 \Delta x_i^1 \leqslant \sum_{\Delta'} \omega'_i \Delta x'_i \leqslant \sum_{\Delta} \omega_i \Delta x_i < \varepsilon$$

$$\sum_{\Delta^2} \omega_i^2 \Delta x_i^2 \leqslant \sum_{\Delta'} \omega'_i \Delta x'_i \leqslant \sum_{\Delta} \omega_i \Delta x_i < \varepsilon$$

这就证得 $f(x)$ 在区间 $[a,c]$ 和 $[c,b]$ 上都可积.

反之,若 $f(x)$ 在区间 $[a,c]$ 和 $[c,b]$ 上均可积,则对 $\forall \varepsilon > 0$,同样存在区间 $[a,c]$ 和 $[c,b]$ 的分割 Δ^1 和 Δ^2,使得 $f(x)$ 在区间 $[a,c]$ 和 $[c,b]$ 上分别关于 Δ^1 和 Δ^2 所属的上和与下和之差满足

$$\sum_{\Delta^1} \omega_i^1 \Delta x_i^1 < \frac{\varepsilon}{2}, \quad \sum_{\Delta^2} \omega_i^2 \Delta x_i^2 < \frac{\varepsilon}{2}$$

用 Δ 表示由 Δ^1 和 Δ^2 中所有分点包括 c 在内的集合,则 Δ 也构成对 $[a,b]$ 的一个分割,于是函数 $f(x)$ 关于这个分割 Δ 所属的上和与下和之差满足

$$\sum_{\Delta} \omega_i \Delta x_i = \sum_{\Delta^1} \omega_i^1 \Delta x_i^1 + \sum_{\Delta^2} \omega_i^2 \Delta x_i^2 < \frac{\varepsilon}{2} + \frac{\varepsilon}{2} = \varepsilon$$

这就证得函数 $f(x)$ 在区间 $[a,b]$ 上可积.

既然已经证得函数 $f(x)$ 在区间 $[a,b]$、$[a,c]$ 及 $[c,b]$ 上均可积,那么就可以选择合适的分割来证明式(3-38),事实上,只要对 $[a,b]$ 取这样的分割 Δ,使 c 成为 Δ 的一个分点,即 $\Delta = \{x_1, x_2, \cdots, x_{k-1}, c, x_k, \cdots, x_{n-1}\}$ 相应的介点组为 $\{\xi_1, \xi_2, \cdots, \xi_{k-1}, \xi, \xi_k, \cdots, \xi_n\}$,于是

$$\int_a^b f(x)\mathrm{d}x = \lim_{\|\Delta\| \to 0} \Big[\sum_{i=1}^{k-1} f(\xi_i)\Delta x_i + f(\xi)(c - x_{k-1}) + \sum_{i=k}^n f(\xi_i)\Delta x_i \Big]$$

$$= \lim_{\|\Delta\| \to 0} \Big[\sum_{i=1}^{k-1} f(\xi_i)\Delta x_i + f(\xi)(c - x_{k-1}) \Big] + \lim_{\|\Delta\| \to 0} \sum_{i=k}^n f(\xi_i)\Delta x_i$$

$$= \int_a^c f(x)\mathrm{d}x + \int_c^b f(x)\mathrm{d}x.$$

性质 3.8 的几何意义很明显,如图 3-8 所示.

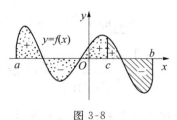

图 3-8

性质 3.9(积分不等式) 如果函数 $f(x)$ 和 $g(x)$ 都在区间 $[a,b]$ 上可积,且在 $[a,b]$ 上恒有 $f(x) \geqslant g(x)$,则

$$\int_a^b f(x)\mathrm{d}x \geqslant \int_a^b g(x)\mathrm{d}x \tag{3-39}$$

证 由定积分的线性性质知,函数 $f(x) - g(x)$ 在 $[a,b]$ 上可积,由于在 $[a,b]$ 上,恒有 $f(x) - g(x) \geqslant 0$.故 $f(x) - g(x)$ 在 $[a,b]$ 上的任一积分和都非负,因此

$$\int_a^b f(x)\mathrm{d}x - \int_a^b g(x)\mathrm{d}x = \int_a^b [f(x) - g(x)]\mathrm{d}x = \lim_{\|\Delta\| \to 0} \sum_{i=1}^n [f(\xi_i) - g(\xi_i)]\Delta x_i \geqslant 0$$

这就证得式 (3-39) 成立.

推论 3.1　如果函数 $f(x)$ 在区间 $[a,b]$ 上可积, 且在 $[a,b]$ 上恒有 $f(x)\geqslant 0$, 则 $\int_a^b f(x)\mathrm{d}x\geqslant 0$.

性质 3.10（绝对值函数的可积性）如果函数 $f(x)$ 在区间 $[a,b]$ 上可积, 则 $|f(x)|$ 在 $[a,b]$ 上也可积, 且有

$$\left|\int_a^b f(x)\mathrm{d}x\right|\leqslant\int_a^b|f(x)|\mathrm{d}x \tag{3-40}$$

证　由于函数 $f(x)$ 在 $[a,b]$ 上可积, 故对 $\forall\varepsilon>0$, 存在 $[a,b]$ 的一分割, 使得 $f(x)$ 关于这个分割 Δ 所属的上和与下和之差满足 $\sum_\Delta\omega_i^f\Delta x_i<\varepsilon$. 又由不等式的性质有

$$\omega_i^{|f|}=\sup_{x',x''\in\Delta_i}\big||f(x')|-|f(x'')|\big|\leqslant\sup_{x',x''\in\Delta_i}|f(x')-f(x'')|=\omega_i^f$$

故函数 $|f(x)|$ 分割 Δ 所属的上和与下和之差满足 $\sum_\Delta\omega_i^{|f|}\Delta x_i\leqslant\sum_\Delta\omega_i^f\Delta x_i<\varepsilon$, 所以 $|f(x)|$ 在 $[a,b]$ 上也可积.

对于不等式 (3-40), 可由 $-|f(x)|\leqslant f(x)\leqslant|f(x)|$ 及性质 3.9 立刻推出.

定理 3.10（积分第一中值定理）如果函数 $f(x)$ 和 $g(x)$ 都在区间 $[a,b]$ 上连续, 且 $g(x)$ 在 $[a,b]$ 上不变号, 则至少存在一点 $\xi\in[a,b]$, 使得

$$\int_a^b f(x)g(x)\mathrm{d}x=f(\xi)\int_a^b g(x)\mathrm{d}x \tag{3-41}$$

证　不妨设在 $[a,b]$ 上 $g(x)\geqslant 0$, 并将 $f(x)$ 在 $[a,b]$ 上的最大值和最小值分别记为 M 和 m, 则 $mg(x)\leqslant f(x)g(x)\leqslant Mg(x),x\in[a,b]$, 由定积分的不等式性质, 得到

$$m\int_a^b g(x)\mathrm{d}x\leqslant\int_a^b f(x)g(x)\mathrm{d}x\leqslant M\int_a^b g(x)\mathrm{d}x$$

由 $g(x)\geqslant 0$ 知 $\int_a^b g(x)\mathrm{d}x\geqslant 0$, 若 $\int_a^b g(x)\mathrm{d}x=0$, 则由上式知 $\int_a^b f(x)g(x)\mathrm{d}x=0$, 这时对任何 $\xi\in[a,b]$, 式 (3-41) 都成立. 若 $\int_a^b g(x)\mathrm{d}x>0$, 则得

$$m\leqslant\frac{\int_a^b f(x)g(x)\mathrm{d}x}{\int_a^b g(x)\mathrm{d}x}\leqslant M$$

于是由连续函数的介值性, 至少存在一点 $\xi\in[a,b]$, 使得

$$f(\xi)=\frac{\int_a^b f(x)g(x)\mathrm{d}x}{\int_a^b g(x)\mathrm{d}x}$$

由此立刻推得式 (3-41) 成立.

推论 3.2　如果函数 $f(x)$ 在区间 $[a,b]$ 上连续, 则至少存在一点 $\xi\in[a,b]$, 使得

$$\int_a^b f(x)\mathrm{d}x=f(\xi)(b-a) \tag{3-42}$$

证　在式 (3-41) 中, 取 $g(x)\equiv 1$, 立刻证得式 (3-42).

这个推论的几何意义是明显的, 如图 3-9 所示. 我们通常把这个推论称为积分第一中值

定理.若把式(3-42)写成

$$f(\xi) = \frac{1}{b-a} \int_a^b f(x)\,\mathrm{d}x \tag{3-43}$$

则右端式子 $\dfrac{1}{b-a} \displaystyle\int_a^b f(x)\,\mathrm{d}x$ 可看成是 $f(x)$ 在$[a,b]$上的所有函数值的平均值,这一点可以从公式

$$\int_a^b f(x)\,\mathrm{d}x = (b-a) \lim_{n\to\infty} \frac{1}{n} \sum_{i=1}^n f(\xi_i)$$

中得到理解,因此积分第一中值定理(指推论)又称为平均值定理.它在微积分中的一个重要应用是证明微积分学的基本定理.

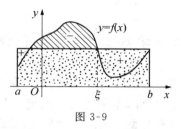

图 3-9

习题 3.5

1.设函数 $f(x)$ 在区间$[a,b]$上可积,则 $f(x)$ 在$[\alpha,\beta](\subset[a,b])$ 上也可积.

2.设函数 $f(x)$ 在区间$[a,b]$上可积,并且只在有限个点处 $g(x) \neq f(x)$,则 $g(x)$ 在$[a,b]$上也可积.

3.设函数 $f(x)$ 与 $g(x)$ 皆在区间$[a,b]$上可积,则 $\lim\limits_{\|\Delta\|\to 0} \sum\limits_{i=1}^n f(\xi_i)g(\eta_i)\Delta x_i = \int_a^b f(x)g(x)\,\mathrm{d}x$,其中$\{\xi_1,\xi_2,\cdots,\xi_n\}$ 和$\{\eta_1,\eta_2,\cdots,\eta_n\}$ 为皆属于分割 Δ 的介点组.

4.设函数 $f(x)$ 与 $g(x)$ 皆在区间$[a,b]$上可积,证明:

(1) $\left| \displaystyle\int_a^b f(x)g(x)\,\mathrm{d}x \right| \leqslant \sqrt{\displaystyle\int_a^b f^2(x)\,\mathrm{d}x} \cdot \sqrt{\displaystyle\int_a^b g^2(x)\,\mathrm{d}x}$;

(2) $\displaystyle\int_a^b [f(x)+g(x)]^2\,\mathrm{d}x \leqslant \sqrt{\displaystyle\int_a^b f^2(x)\,\mathrm{d}x} + \sqrt{\displaystyle\int_a^b g^2(x)\,\mathrm{d}x}$.

5.比较下列各对定积分的大小:

(1) $\displaystyle\int_0^1 \sin^2 x\,\mathrm{d}x$ 与 $\displaystyle\int_0^1 \sin^3 x\,\mathrm{d}x$;   (2) $\displaystyle\int_0^1 \mathrm{e}^x\,\mathrm{d}x$ 与 $\displaystyle\int_0^1 \mathrm{e}^{x^2}\,\mathrm{d}x$.

6.证明:

(1) $\lim\limits_{n\to\infty} \displaystyle\int_0^1 \frac{x^n}{1+x}\,\mathrm{d}x = 0$;   (2) $\lim\limits_{n\to\infty} \displaystyle\int_0^{\frac{\pi}{2}} \sin^n x\,\mathrm{d}x = 0$.

7.设函数 $f(x)$ 在区间$[a,b]$上连续,且 $f(x)$ 不恒等于零,则$\displaystyle\int_a^b f^2(x)\,\mathrm{d}x > 0$.

8. 设函数 $f(x)$ 与 $g(x)$ 皆在区间 $[a,b]$ 上可积，则函数 $\max\{f(x),g(x)\}$ 与 $\min\{f(x),g(x)\}$ 在 $[a,b]$ 上也皆可积.（提示 $\max\{f(x),g(x)\}=\dfrac{1}{2}\{f(x)+g(x)+|f(x)-g(x)|\}$）

9. 设函数 $f(x)$ 在区间 $[a,b]$ 上可积，则存在连续函数列 $\{f_n(x)\}$，使得 $\lim\limits_{n\to\infty}\int_a^b f_n(x)\mathrm{d}x=\int_a^b f(x)\mathrm{d}x$.

（提示：对于任给的正整数 n，将 $[a,b]$ 等分为 n 个子区间 $\Delta_i=[x_i,x_{i-1}]$ $(i=1,2,\cdots,n)$，并据此定义 $[a,b]$ 上的连续函数为：当 $x\in\Delta_i$ 时，$f_n(x)=f(x_{i-1})+\dfrac{f(x_i)-f(x_{i-1})}{x_i-x_{i-1}}(x-x_{i-1})$ $(i=1,2,\cdots,n)$，证明该函数列满足结论）

3.6　微积分学基本定理、定积分计算（续）

我们曾在本章 3.1 节中指出，区间上的连续函数一定存在原函数.这一事实将由本节讨论的微积分学基本定理得到证实.此外，本节还将导出定积分的换元积分法和分部积分法，并讨论积分第二中值定理和带有积分型余项的泰勒公式，最后介绍定积分的近似计算.

3.6.1　变上限定积分与微积分学基本定理

在进入主题之前，我们先来看一个例子.

例 3.44　设 $F(x)=\displaystyle\int_0^x \sin t\,\mathrm{d}t$，根据牛顿——莱布尼兹公式可得

$$F(x)=\int_0^x \sin t\,\mathrm{d}t=(-\cos t)\Big|_0^x=1-\cos x$$

由此又得到

$$F'(x)=(1-\cos x)'=\sin x.$$

这个例子告诉我们，函数 $F(x)=\displaystyle\int_0^x \sin t\,\mathrm{d}t$ 恰为被积函数 $\sin x$ 的原函数，这种关系不是偶然性的，而是具有普遍性规律的.

设函数 $f(x)$ 在区间 $[a,b]$ 上可积，根据定积分性质知，对任何 $x\in[a,b]$，定积分 $\displaystyle\int_a^x f(t)\mathrm{d}t$ 都是存在的（见定积分性质：性质 3.4，性质 3.5，性质 3.8）.这样 $\displaystyle\int_a^x f(t)\mathrm{d}t$ $(x\in[a,b])$ 就定义了 $[a,b]$ 上的一个函数，称为变上限的定积分，记为 $\Phi(x)=\displaystyle\int_a^x f(t)\mathrm{d}t$.

类似地，变下限的定积分为 $\Psi(x)=\displaystyle\int_x^b f(t)\mathrm{d}t$ 亦为 $[a,b]$ 上的函数.

由于 $\displaystyle\int_x^b f(t)\mathrm{d}t=-\int_b^x f(t)\mathrm{d}t$，故只要讨论变上限积分的情形即可.

定理 3.11　（连续性）设函数 $f(x)$ 在区间 $[a,b]$ 上可积，则 $\Phi(x)=\displaystyle\int_a^x f(t)\mathrm{d}t$ 在 $[a,b]$ 上连续.

证　$\forall x_0, x_0+\Delta x\in[a,b]$，则有

$$\Delta \Phi = \int_a^{x_0+\Delta x} f(t)\mathrm{d}t - \int_a^{x_0} f(t)\mathrm{d}t = \int_{x_0}^{x_0+\Delta x} f(t)\mathrm{d}t.$$

因 $f(x)$ 有界，可设 $|f(t)| \leqslant M(a \leqslant t \leqslant b)$，故有

$$|\Delta \Phi| \leqslant \left| \int_{x_0}^{x_0+\Delta x} f(t)\mathrm{d}t \right| \leqslant M |\Delta x| \Rightarrow \lim_{\Delta x \to 0} \Delta \Phi = 0$$

这就证得 $\Phi(x)$ 在点 x_0 连续，由 x_0 的任意性知，变上限的定积分 $\Phi(x)$ 在 $[a,b]$ 上连续.

定理 3.12（微积分学基本定理）设函数 $f(x)$ 在区间 $[a,b]$ 上连续，则变上限的定积分 $\Phi(x) = \int_a^x f(t)\mathrm{d}t$ 是 $f(x)$ 在 $[a,b]$ 上的一个原函数，即

$$\Phi'(x) = \frac{\mathrm{d}}{\mathrm{d}x} \int_a^x f(t)\mathrm{d}t = f(x) \tag{3-44}$$

证　$\forall x_0, x_0 + \Delta x \in [a,b]$，根据积分第一中值定理，有

$$\frac{\Delta \Phi}{\Delta x} = \frac{1}{\Delta x} \int_{x_0}^{x_0+\Delta x} f(t)\mathrm{d}t = f(x_0 + \theta \Delta x), \quad (0 \leqslant \theta \leqslant 1)$$

于是又根据 $f(x)$ 的连续性，便得 $\lim\limits_{\Delta x \to 0} \dfrac{\Delta \Phi}{\Delta x} = \lim\limits_{\Delta x \to 0} f(x_0 + \theta \Delta x) = f(x_0)$，所以 $\Phi'(x_0) = f(x_0)$. 由 x_0 的任意性知，$\Phi(x)$ 是 $f(x)$ 在 $[a,b]$ 上的一个原函数.

这个定理通常称为微积分学基本定理，这个定理沟通了导数与定积分这两个表面上似乎不相干的概念之间的内在联系，也证明了"连续函数必存在原函数"这一重要结论，并以积分形式给出了 $f(x)$ 的一个原函数.

由微积分基本定理（条件比定理 3.4 强）也可以导出牛顿—莱布尼兹公式.事实上，由于 $f(x)$ 的任意两个原函数只能相差一个常数，所以当 $f(x)$ 为连续函数时，$f(x)$ 的任一原函数 $F(x)$ 必可表示为

$$F(x) = \int_a^x f(t)\mathrm{d}t + C$$

将 $x=a$ 代入上式，得 $C = F(a)$，因此 $F(x) = \int_a^x f(t)\mathrm{d}t + F(a)$，再将 $x=b$ 代入即得

$$\int_a^b f(x)\mathrm{d}x = F(b) - F(a).$$

例 3.45　设 $F(x) = \int_x^{x^2} \mathrm{e}^{-t^2}\mathrm{d}t$，求 $F'(x)$.

解　$F(x) = \int_0^{x^2} \mathrm{e}^{-t^2}\mathrm{d}t - \int_0^x \mathrm{e}^{-t^2}\mathrm{d}t = \Phi(x^2) - \Phi(x)$，其中 $\Phi(x) = \int_0^x \mathrm{e}^{-t^2}\mathrm{d}t$ 根据导数运算法则和定理 3.12，即得.

3.6.2　定积分换元积分法与分部积分法

我们知道，按牛顿—莱布尼兹公式计算定积分相当于求不定积分，求不定积分的基本方法是换元积分法和分部积分法，把它们与牛顿—莱布尼兹公式结合起来，就得到了定积分的换元积分法与分部积分法.应用定积分的换元积分法与分部积分法计算定积分，会使计算过程变得快捷.

定理 3.13　（定积分换元公式）设函数 $f(x)$ 在区间 $[a,b]$ 上连续，函数 $x = \varphi(t)$ 在 $[\alpha,$

$\beta]$ 上可导,且满足 $\varphi(\alpha)=a$,$\varphi(\beta)=b$,$\varphi([\alpha,\beta])\subset[a,b]$,又 $\varphi'(t)$ 在 $[a,b]$ 上可积.则有

$$\int_a^b f(x)\,\mathrm{d}x=\int_\alpha^\beta f[\varphi(t)]\varphi'(t)\,\mathrm{d}t \tag{3-45}$$

证　设 $F(x)$ 是 $f(x)$ 的原函数,则 $F[\varphi(t)]$ 是 $f[\varphi(t)]\varphi'(t)$ 的原函数,又函数 $f(x)$ 和 $f[\varphi(t)]\varphi'(t)$ 分别在区间 $[a,b]$ 和 $[\alpha,\beta]$ 上可积,故按牛顿－莱布尼兹公式,得

$$\int_a^b f(x)\,\mathrm{d}x=F(b)-F(a)=F[\varphi(\beta)]-F[\varphi(\alpha)]=\int_\alpha^\beta f[\varphi(t)]\varphi'(t)\,\mathrm{d}t$$

这就证明了式(3-45).

式(3-45)称为定积分换元公式.按定积分换元法计算定积分时,变换 $x=\varphi(t)$ 一般选为单调函数,换元后,要及时变更定积分的上限和下限(换成新积分变量的上限和下限),在求出新积分变量表示的原函数后,只要用新的上限和下限代入原函数求差值即可.

对于区间 $[a,b]$ 上的可积函数 $f(x)$,如果 $\varphi(t)$ 是 $[\alpha,\beta]$ 上具有连续导数的单调函数,则换元公式(3-45)仍然成立(参见[2]115-116 页).

例 3.46　计算定积分 $\displaystyle\int_0^4\frac{x+2}{\sqrt{2x+1}}\,\mathrm{d}x$.

解　令 $\sqrt{2x+1}=t$,则 $x=\dfrac{t^2}{2}-\dfrac{1}{2}$,$\mathrm{d}x=t\,\mathrm{d}t$.当 $x=0$ 时,$t=1$;当 $x=4$ 时,$t=3$.由换元

公式得　$\displaystyle\int_0^4\frac{x+2}{\sqrt{2x+1}}\,\mathrm{d}x=\frac{1}{2}\int_1^3(t^2+3)\,\mathrm{d}t=\frac{1}{2}\left(\frac{t^3}{3}+3t\right)\Big|_1^3=\frac{22}{3}$.

例 3.47　计算定积分 $\displaystyle\int_0^a\sqrt{a^2-x^2}\,\mathrm{d}x\,(a>0)$.

解　令 $x=a\sin t$,则 $\mathrm{d}x=a\cos t\,\mathrm{d}t$.当 $x=0$ 时,$t=0$;当 $x=a$ 时,$t=\dfrac{\pi}{2}$.

由换元公式得 $\displaystyle\int_0^a\sqrt{a^2-x^2}\,\mathrm{d}x=a^2\int_0^{\frac{\pi}{2}}\cos^2 t\,\mathrm{d}t=\frac{a^2}{2}\int_0^{\frac{\pi}{2}}(1+\cos 2t)\,\mathrm{d}t$

$$=\frac{a^2}{2}\left(t+\frac{1}{2}\sin 2t\right)\Big|_0^{\frac{\pi}{2}}=\frac{\pi a^2}{4}.$$

若把例 3.46 和例 3.47 的解答步骤分别与 3.2 节中例 3.16 和例 3.18 的解答步骤作比较,也可以看出,直接用定积分换元法计算定积分,要比先求不定积分,再按牛顿－莱布尼兹计算定积分要简便一些.不仅如此,有些定积分中的被积函数的原函数很难用初等函数表示出来,但仍可用定积分换元积分法,把该定积分的值求出来.

例 3.48　计算定积分 $\displaystyle\int_0^1\frac{\ln(1+x)}{1+x^2}\,\mathrm{d}x$.

解　被积函数 $\dfrac{\ln(1+x)}{1+x^2}$ 的原函数很难用初等函数表示.

令 $x=\tan t$,则 $\mathrm{d}x=\sec^2 t\,\mathrm{d}t$.当 $x=0$ 时,$t=0$;当 $x=1$ 时,$t=\dfrac{\pi}{4}$.故

$$\int_0^1\frac{\ln(1+x)}{1+x^2}\,\mathrm{d}x=\int_0^{\frac{\pi}{4}}\ln(1+\tan t)\,\mathrm{d}t=\int_0^{\frac{\pi}{4}}\ln\frac{\cos t+\sin t}{\cos t}\,\mathrm{d}t=\int_0^{\frac{\pi}{4}}\ln\frac{\sqrt{2}\cos\left(\frac{\pi}{4}-t\right)}{\cos t}\,\mathrm{d}t$$

$$= \int_0^{\frac{\pi}{4}} \ln\sqrt{2}\,\mathrm{d}t + \int_0^{\frac{\pi}{4}} \ln\cos\left(\frac{\pi}{4} - t\right)\mathrm{d}t - \int_0^{\frac{\pi}{4}} \ln\cos t\,\mathrm{d}t$$

对最后等号右边第二个积分，有

$$\int_0^{\frac{\pi}{4}} \ln\cos\left(\frac{\pi}{4} - t\right)\mathrm{d}t \xrightarrow{\ \ \diamondsuit\, u = \frac{\pi}{4} - t\ \ } \int_{\frac{\pi}{4}}^0 \ln\cos u(-\mathrm{d}u) = \int_0^{\frac{\pi}{4}} \ln\cos u\,\mathrm{d}u$$

它与上述右边第三个积分相减抵消，故得 $\displaystyle\int_0^1 \frac{\ln(1+x)}{1+x^2}\mathrm{d}x = \int_0^{\frac{\pi}{4}} \ln\sqrt{2}\,\mathrm{d}t = \frac{\pi}{8}\ln 2.$

例 3.49 计算定积分 $\displaystyle\int_0^{\frac{\pi}{2}} \frac{\sin x}{\sin x + \cos x}\mathrm{d}x$.

解 因 $\displaystyle\int_0^{\frac{\pi}{2}} \frac{\sin x}{\sin x + \cos x}\mathrm{d}x \xrightarrow{\ \ \diamondsuit\, x = \frac{\pi}{2} - t\ \ } \int_{\frac{\pi}{2}}^0 \frac{\cos t}{\cos t + \sin t}(-\mathrm{d}t) = \int_0^{\frac{\pi}{2}} \frac{\cos t}{\sin t + \cos t}\mathrm{d}t$

故 $\displaystyle\int_0^{\frac{\pi}{2}} \frac{\sin x}{\sin x + \cos x}\mathrm{d}x = \frac{1}{2}\left(\int_0^{\frac{\pi}{2}} \frac{\sin x}{\sin x + \cos x}\mathrm{d}x + \int_0^{\frac{\pi}{2}} \frac{\cos x}{\sin x + \cos x}\mathrm{d}x\right)$

$$= \frac{1}{2}\int_0^{\frac{\pi}{2}} \frac{\sin x + \cos x}{\sin x + \cos x}\mathrm{d}x = \frac{1}{2}\int_0^{\frac{\pi}{2}}\mathrm{d}x = \frac{\pi}{4}.$$

此例若用代换 $\tan\dfrac{x}{2} = t$ 来求，计算量会大一些.

定理 3.14 （定积分分部积分公式）设函数 $u(x)$ 和 $v(x)$ 都在闭区间 $[a,b]$ 上连续，在开区间 (a,b) 可微，又 $u'(x)$ 和 $v'(x)$ 都在 $[a,b]$ 上可积，则有

$$\int_a^b u(x)v'(x)\mathrm{d}x = u(x)v(x)\Big|_a^b - \int_a^b u'(x)v(x)\mathrm{d}x \tag{3-46}$$

证 显然 $u(x)v'(x)$ 和 $u'(x)v(x)$ 都在 $[a,b]$ 上可积，又因为 $u(x)v(x)$ 在 $[a,b]$ 上连续，在开区间 (a,b) 内，$[u(x)v(x)]' = u(x)v'(x) + u'(x)v(x)$，所以

$$\int_a^b u(x)v'(x)\mathrm{d}x + \int_a^b u'(x)v(x)\mathrm{d}x = \int_a^b [u(x)v'(x) + u'(x)v(x)]\mathrm{d}x = [u(x)v(x)]\Big|_a^b$$

移项即得分部积分公式(3-46).

为方便起见，常把定积分分部积分公式写成

$$\int_a^b u(x)\mathrm{d}v(x) = u(x)v(x)\Big|_a^b - \int_a^b v(x)\mathrm{d}u(x) \tag{3-47}$$

例 3.50 计算定积分 $\displaystyle\int_0^{\frac{\pi}{2}} x^2\sin x\,\mathrm{d}x$.

解 $\displaystyle\int_0^{\frac{\pi}{2}} x^2\sin x\,\mathrm{d}x = \int_0^{\frac{\pi}{2}} x^2\mathrm{d}(-\cos x) = -x^2\cos x\Big|_0^{\frac{\pi}{2}} + \int_0^{\frac{\pi}{2}} 2x\cos x\,\mathrm{d}x$

$$= 2\int_0^{\frac{\pi}{2}} x\,\mathrm{d}(\sin x) = 2(x - \sin x)\Big|_0^{\frac{\pi}{2}} - \int_0^{\frac{\pi}{2}} \sin x\,\mathrm{d}x$$

$$= \pi - 1 + \cos x\Big|_0^{\frac{\pi}{2}} = \pi - 2.$$

例 3.51 计算定积分 $\displaystyle\int_0^{\sqrt{3}} \arctan x\,\mathrm{d}x$.

解 $\displaystyle\int_0^{\sqrt{3}} \arctan x\,\mathrm{d}x = (x\arctan x)\Big|_0^{\sqrt{3}} - \int_0^{\sqrt{3}} x\,\mathrm{d}(\arctan x)$

$$=\sqrt{3}\arctan\sqrt{3}-\int_0^{\sqrt{3}}\frac{x}{1+x^2}\mathrm{d}x=\frac{\sqrt{3}}{3}\pi-\frac{1}{2}\ln(1+x^2)\,\Big|_0^{\sqrt{3}}$$

$$=\frac{\sqrt{3}}{3}\pi-\frac{1}{2}\ln4=\frac{\sqrt{3}}{3}\pi-\ln2.$$

◎ **思考题**　下面计算正确吗? 为什么? 因 $\displaystyle\int_{-1}^1\frac{\mathrm{d}x}{1+x^2}\xrightarrow{\ \ \diamondsuit\ x=\frac{1}{t}\ \ }\int_{-1}^1\frac{(-1/t^2)\,\mathrm{d}t}{1+(1/t)^2}=$

$-\displaystyle\int_{-1}^1\frac{\mathrm{d}t}{1+t^2}=-\int_{-1}^1\frac{\mathrm{d}x}{1+x^2}$, 故 $\displaystyle\int_{-1}^1\frac{\mathrm{d}x}{1+x^2}=0$.

例 3.52　计算 $\displaystyle\int_0^{\frac{\pi}{2}}\sin^n x\,\mathrm{d}x$ 和 $\displaystyle\int_0^{\frac{\pi}{2}}\cos^n x\,\mathrm{d}x$($n$ 为正整数).

解　因为 $\displaystyle\int_0^{\frac{\pi}{2}}\cos^n x\,\mathrm{d}x\xrightarrow{\ \ \diamondsuit\ x=\frac{\pi}{2}-t\ \ }-\int_{\frac{\pi}{2}}^0\cos^n\left(\frac{\pi}{2}-t\right)\mathrm{d}t=\int_0^{\frac{\pi}{2}}\sin^n t\,\mathrm{d}t$, 所以这两个定积

分的值是相等的. 令 $\displaystyle J_n=\int_0^{\frac{\pi}{2}}\sin^n x\,\mathrm{d}x$, 当 $n\geqslant 2$ 时, 有

$$J_n=-\int_0^{\frac{\pi}{2}}\sin^{n-1}x\,\mathrm{d}(\cos x)=-\sin^{n-1}x\cdot\cos x\,\Big|_0^{\frac{\pi}{2}}+(n-1)\int_0^{\frac{\pi}{2}}\sin^{n-2}x\cdot\cos^2 x\,\mathrm{d}x$$

$$=(n-1)\int_0^{\frac{\pi}{2}}\sin^{n-2}x\,\mathrm{d}x-(n-1)\int_0^{\frac{\pi}{2}}\sin^n x\,\mathrm{d}x=(n-1)J_{n-2}-(n-1)J_n$$

由此得到递推公式 $J_n=\dfrac{n-1}{n}J_{n-2}$($n\geqslant 2$), 由递推公式可得

$$J_n=\begin{cases}\dfrac{(2m-1)(2m-3)\cdot\cdots\cdot 3\cdot 1}{2m(2m-2)\cdot\cdots\cdot 4\cdot 2}\cdot J_0=\dfrac{(2m-1)!!}{(2m)!!}\cdot\dfrac{\pi}{2} & n=2m\\[4mm]\dfrac{2m(2m-2)\cdot\cdots\cdot 4\cdot 2}{(2m+1)(2m-1)\cdot\cdots\cdot 5\cdot 3}\cdot J_1=\dfrac{(2m)!!}{(2m+1)!!} & n=2m+1\end{cases}$$

$$(3\text{-}48)$$

其中 $\displaystyle J_0=\int_0^{\frac{\pi}{2}}\mathrm{d}x=\frac{\pi}{2}$, $\displaystyle J_1=\int_0^{\frac{\pi}{2}}\sin x\,\mathrm{d}x=1$.

3.6.3　积分第二中值定理与带积分型余项的泰勒公式

定理 3.15　(积分第二中值定理) 设函数 $f(x)$ 在区间 $[a,b]$ 上可积, 函数 $g(x)$ 在区间 $[a,b]$ 上非负.

(1) 如果 $g(x)$ 为递减函数, 则存在 $\xi\in[a,b]$, 使得

$$\int_a^b f(x)g(x)\mathrm{d}x=g(a)\int_a^{\xi}f(x)\mathrm{d}x \qquad (3\text{-}49)$$

(2) 如果 $g(x)$ 为递增函数, 则存在 $\xi\in[a,b]$, 使得

$$\int_a^b f(x)g(x)\mathrm{d}x=g(b)\int_{\xi}^b f(x)\mathrm{d}x \qquad (3\text{-}50)$$

证　我们只证明式(3-49), 式(3-50)的证明类似. 令 $\displaystyle\Phi(x)=\int_a^x f(t)\mathrm{d}t$, 则 $\Phi(x)$ 在 $[a,$

$b]$ 上连续(见定理 3.13), 故存在最大值 L 和最小值 l.

不妨设 $g(a) > 0$(若 $g(a) = 0 \Rightarrow g(x) \equiv 0$,式(3-49)自然成立),这时式(3-49)可以写成

$$\frac{1}{g(a)} \int_a^b f(x)g(x)\mathrm{d}x = \int_a^\xi f(x)\mathrm{d}x = \Phi(\xi) \tag{3-51}$$

现在如果能够证明不等式 $\quad l \leqslant \dfrac{1}{g(a)} \int_a^b f(x)g(x)\mathrm{d}x \leqslant L$

即

$$l \cdot g(a) \leqslant \int_a^b f(x)g(x)\mathrm{d}x \leqslant L \cdot g(a) \tag{3-52}$$

成立,则由连续函数 $\Phi(x)$ 的介值性立刻证得式(3-51),从而式(3-49)成立,下证式(3-52).

对于区间 $[a,b]$ 的任一分割 $T = \{x_1, x_2, \cdots, x_{n-1}\}$,根据可积准则有

$$\lim_{\|T\| \to 0} \sum_{i=1}^n \omega_i^g \, \Delta x_i = 0 \tag{3-53}$$

又根据积分区间可加性得

$$\int_a^b f(x)g(x)\mathrm{d}x = \sum_{i=1}^n \int_{x_{i-1}}^{x_i} f(x)g(x)\mathrm{d}x$$

$$= \sum_{i=1}^n \int_{x_{i-1}}^{x_i} [g(x) - g(x_{i-1})]f(x)\mathrm{d}x + \sum_{i=1}^n g(x_{i-1}) \int_{x_{i-1}}^{x_i} f(x)\mathrm{d}x \tag{3-54}$$

由于 $\left| \sum\limits_{i=1}^n \int_{x_{i-1}}^{x_i} [g(x) - g(x_{i-1})]f(x)\mathrm{d}x \right| \leqslant \sum\limits_{i=1}^n \int_{x_{i-1}}^{x_i} |g(x) - g(x_{i-1})| \, |f(x)|\mathrm{d}x$

$$\leqslant \sum_{i=1}^n \int_{x_{i-1}}^{x_i} \omega_i^g M \mathrm{d}x$$

$$= M \sum_{i=1}^n \omega_i^g \, \Delta x_i \left(\text{其中 } M = \sup_{x \in [a,b]} |f(x)|\right)$$

结合式(3-53),取极限便得 $\lim\limits_{\|T\| \to 0} \sum\limits_{i=1}^n \int_{x_{i-1}}^{x_i} [g(x) - g(x_{i-1})]f(x)\mathrm{d}x = 0$,又结合式(3-54)得

$$\int_a^b f(x)g(x)\mathrm{d}x = \lim_{\|T\| \to 0} \sum_{i=1}^n g(x_{i-1}) \int_{x_{i-1}}^{x_i} f(x)\mathrm{d}x \tag{3-55}$$

对于和式 $I = \sum\limits_{i=1}^n g(x_{i-1}) \int_{x_{i-1}}^{x_i} f(x)\mathrm{d}x$,由 $\int_{x_{i-1}}^{x_i} f(x)\mathrm{d}x = \Phi(x_i) - \Phi(x_{i-1})$,$\Phi(x_0) = 0$ 得

$$I = \sum_{i=1}^n g(x_{i-1})[\Phi(x_i) - \Phi(x_{i-1})]$$

$$= g(x_0)[\Phi(x_1) - \Phi(x_0)] + g(x_1)[\Phi(x_2) - \Phi(x_1)] + \cdots + g(x_{n-1})[\Phi(x_n) - \Phi(x_{n-1})]$$

$$= \Phi(x_1)[g(x_0) - g(x_1)] + \cdots + \Phi(x_{n-1})[g(x_{n-2}) - g(x_{n-1})] + \Phi(x_n)g(x_{n-1})$$

$$= \sum_{i=1}^{n-1} \Phi(x_i)[g(x_i) - g(x_{i-1})] + \Phi(x_n)g(x_{n-1})$$

于是结合函数 $g(x)$ 的非负和递减性,以及 $l \leqslant \Phi(x_i) \leqslant L$ 便得

$$l \cdot g(a) = \sum_{i=1}^{n-1} l \cdot [g(x_{i-1}) - g(x_i)] + l \cdot g(x_{n-1}) \leqslant I$$

$$\leqslant \sum_{i=1}^{n-1} L \cdot [g(x_{i-1}) - g(x_i)] + L \cdot g(x_{n-1}) = L \cdot g(a) \qquad (3\text{-}56)$$

综合式(3-55)和式(3-56)便知式(3-52)成立.

推论 3.3　设函数 $f(x)$ 在区间 $[a,b]$ 上可积,如果 $g(x)$ 为单调函数,则存在 $\xi \in [a, b]$,使得

$$\int_a^b f(x)g(x)\mathrm{d}x = g(a) \int_a^\xi f(x)\mathrm{d}x + g(b) \int_\xi^b f(x)\mathrm{d}x \qquad (3\text{-}57)$$

推论 3.3 的证明简单,若 $g(x)$ 递减,将 $h(x) = g(x) - g(b)$ 代入式(3-49);若 $g(x)$ 递增,则将 $h(x) = g(x) - g(a)$ 代入式(3-50),即可推得式(3-57).

积分第二中值定理及其推论将在广义积分中使用.

定理 3.16（积分型余项的泰勒公式）设函数 $f(x)$ 在闭区间 $[a,b]$ 上存在 n 阶连续的导函数,在开区间内存在 $n+1$ 阶导函数,则 $f(x)$ 在点 $x_0 \in [a,b]$ 的泰勒公式余项可以表示为

$$R_n(x) = \frac{1}{n!} \int_{x_0}^x f^{(n+1)}(t)(x-t)^n \mathrm{d}t \qquad (3\text{-}58)$$

证　令 $I_{n+1} = \dfrac{1}{n!} \displaystyle\int_{x_0}^x f^{(n+1)}(t)(x-t)^n \mathrm{d}t$,由定积分分部积分法可得

$$I_{n+1} = \left[\frac{1}{n!}(x-t)^n f^{(n)}(t) \right]\Bigg|_{x_0}^x + \frac{1}{(n-1)!} \int_{x_0}^x f^{(n)}(t)(x-t)^{n-1}\mathrm{d}t$$

$$= -\frac{1}{n!} f^{(n)}(x_0)(x-x_0)^n + \frac{1}{(n-1)!} \int_{x_0}^x f^{(n)}(t)(x-t)^{n-1}\mathrm{d}t$$

$$= -\frac{1}{n!} f^{(n)}(x_0)(x-x_0)^n + I_n$$

这样就得到一递推公式 $I_{n+1} = -\dfrac{1}{n!} f^{(n)}(x_0)(x-x_0)^n + I_n (n \geqslant 1)$,由递推公式可得

$$I_{n+1} = -\frac{1}{n!} f^{(n)}(x_0)(x-x_0)^n - \frac{1}{(n-1)!} f^{(n-1)}(x_0)(x-x_0)^{n-1} - \cdots -$$

$$\frac{1}{2!} f''(x_0)(x-x_0)^2 - \frac{1}{1!} f'(x_0)(x-x_0) + I_1$$

由于 $I_1 = \displaystyle\int_{x_0}^x f'(t)\mathrm{d}t = f(x) - f(x_0)$,代入上式并整理便得

$$f(x) = f(x_0) + f'(x_0)(x-x_0) + \frac{1}{2!} f''(x_0)(x-x_0)^2 + \cdots +$$

$$\frac{1}{n!} f^{(n)}(x_0)(x-x_0)^n + I_{n+1}$$

这就证明了式(3-58).

式(3-58)即为泰勒公式的积分型余项,对积分型余项应用积分第一中值定理得

$$R_n(x) = \frac{1}{n!} f^{(n+1)}(\xi)(x-\xi)^n(x-x_0) \qquad (3\text{-}59)$$

式(3-59)称为泰勒公式的柯西型余项.

令 $\xi = x_0 + \theta(x - x_0)$ $(0 \leqslant \theta \leqslant 1)$,代入式(3-59)中,则柯西型余项又可以写成

$$R_n(x) = \frac{1}{n!}f^{(n+1)}[x_0 + \theta(x - x_0)](1 - \theta)^n (x - x_0)^{n+1} (0 \leqslant \theta \leqslant 1) \quad (3\text{-}60)$$

特别地当 $x_0 = 0$ 时,柯西型余项为

$$R_n(x) = \frac{1}{n!}f^{(n+1)}(\theta x)(1 - \theta)^n x^{n+1} (0 \leqslant \theta \leqslant 1) \quad (3\text{-}61)$$

柯西型余项将在函数的幂级数展开式中使用.

3.6.4 定积分近似计算

利用牛顿 — 莱布尼兹公式虽然可以精确地计算定积分的值,但该公式适用于被积函数的原函数能够用初等函数表示的情形,然而在定积分的许多应用问题中,求被积函数的原函数是很困难的事情,甚至被积函数没有解析表达式(只有一条曲线,或是一组数据),这时就需要用近似计算.

1. 矩形法

根据定积分的定义,有

$$\int_a^b f(x)\mathrm{d}x \approx \sum_{i=1}^{n} f(x_{i-1})\Delta x_i \left(\text{或} \sum_{i=1}^{n} f(x_i)\Delta x_i\right), \quad \left(\text{其中} \Delta x_i = \frac{b-a}{n}\right) \quad (3\text{-}62)$$

从几何学方面看,这是用一系列窄矩形面积来近似窄曲边梯形的结果,如图 3-10 所示.公式(3-62) 称为矩形法公式.

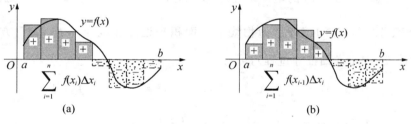

图 3-10

2. 梯形法

与矩形法相类似,如图 3-11 所示,以窄梯形面积近似窄曲边梯形面积,则

$$\int_a^b f(x)\mathrm{d}x \approx \sum_{i=1}^{n} \frac{y_{i-1} + y_i}{2}\Delta x_i = \frac{b-a}{n}\left(\frac{y_0}{2} + \sum_{i=1}^{n-1} y_i + \frac{y_n}{2}\right) \quad (3\text{-}63)$$

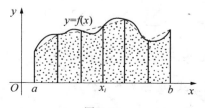

图 3-11

公式(3-63)称为梯形法公式.从几何上看,梯形比矩形法优.

3. 抛物线法

由梯形法求定积分的近似值,当 $y=f(x)$ 为凸曲线时偏小,为凹曲线时偏大.如果每段曲线改用与函数 $f(x)$ 的凹凸性相接近的抛物线来接近时,就可以减少上述偏差.这就是抛物线法,如图 3-12 所示.具体做法如下:

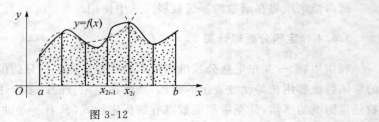

图 3-12

先把区间 $[a,b]$ 分成 $2n$ 个长为 $h=\dfrac{b-a}{2n}$ 的子区间,分点为 $x_i=a+ih(i=1,2,\cdots,n)$,则

$$\int_a^b f(x)\mathrm{d}x = \int_{x_0}^{x_2} f(x)\mathrm{d}x + \int_{x_2}^{x_4} f(x)\mathrm{d}x + \cdots + \int_{x_{2n-2}}^{x_{2n}} f(x)\mathrm{d}x \tag{3-64}$$

再令 $y_i=f(x_i)(i=1,2,\cdots,n)$,过三点 A_0,A_1,A_2 作一抛物线 $y=Ax^2+Bx+C$,其中 A,B,C 由三点 A_0,A_1,A_2 的坐标来确定.以积分 $\int_{x_0}^{x_2}(Ax^2+Bx+C)\mathrm{d}x$ 来近似式(3-64)右端第一个积分 $\int_{x_0}^{x_2} f(x)\mathrm{d}x$.即用抛物线下方面积来近似曲线 $y=f(x)$ 下方面积(见图 3-12).通过计算(省略详细推导过程),可得

$$\int_{x_0}^{x_2} f(x)\mathrm{d}x \approx \int_{x_0}^{x_2}(Ax^2+Bx+C)\mathrm{d}x = \frac{h}{3}(y_0+4y_1+y_2)$$

同理,可得第二积分的近似值 $\int_{x_2}^{x_4} f(x)\mathrm{d}x \approx \frac{h}{3}(y_2+4y_3+y_4)$

依此类推,有

$$\int_{x_{2i-2}}^{x_{2i}} f(x)\mathrm{d}x \approx \frac{h}{3}(y_{2i-2}+4y_{2i-1}+y_{2i}) \quad (i=1,2,\cdots,n) \tag{3-65}$$

最后把式(3-65)中各项相加,得到

$$\int_a^b f(x)\mathrm{d}x \approx \frac{h}{3}\left[(y_0+4y_1+y_2)+(y_2+4y_3+y_4)+\cdots+(y_{2n-2}+4y_{2n-1}+y_{2n})\right]$$

$$= \frac{h}{3}\left[(y_0+y_{2n})+4\sum_{i=1}^{n}y_{2i-1}+2\sum_{i=1}^{n-1}y_{2i}\right]$$

即
$$\int_a^b f(x)\mathrm{d}x \approx \frac{h}{3}\left[(y_0+y_{2n})+4\sum_{i=1}^{n}y_{2i-1}+2\sum_{i=1}^{n-1}y_{2i}\right] \tag{3-66}$$

式(3-66)称为抛物线法公式,也称辛卜生公式.

例 3.53   求定积分 $\int_0^1 \dfrac{1}{1+x^2}\mathrm{d}x$ 的近似值.

解　将区间$[0,1]$八等分,各分点上被积函数的值列表如表 3-1 所示(取五位小数).

表 3-1

x_i	0	0.125	0.25	0.375	0.5	0.625	0.75	0.875	1
y_i	1	0.98462	0.94118	0.87671	0.8	0.71910	0.64000	0.56637	0.5

(1) 用矩形公式计算(取四位小数),得

$$\int_0^1 \frac{1}{1+x^2}\mathrm{d}x \approx \frac{1}{8}(y_0 + y_1 + \cdots + y_7) = 0.8160.$$

$$\left(\text{或} \approx \frac{1}{8}(y_1 + y_2 + \cdots + y_8) = 0.7535\right)$$

(2) 用梯形公式计算(取四位小数),得

$$\int_0^1 \frac{1}{1+x^2}\mathrm{d}x \approx \frac{1}{8}\left(\frac{y_0}{2} + y_1 + y_2 + \cdots + y_7 + \frac{y_8}{2}\right) = 0.7847.$$

(3) 用抛物线公式计算(取七位小数),得

$$\int_0^1 \frac{1}{1+x^2}\mathrm{d}x \approx \frac{1}{24}[y_0 + y_8 + 4(y_1 + y_3 + y_5 + y_7) + 2(y_2 + y_4 + y_6)] = 0.7853983.$$

将真值$\int_0^1 \frac{1}{1+x^2}\mathrm{d}x = \frac{\pi}{4} = 0.78539816\cdots$ 和上述各近似值相比较,矩形法的结果只有一位有效数字是准确的,梯形法的结果有二位有效数字是准确的,抛物法的结果则有六位有效数字是准确的.大量实际计算表明,抛物线公式优于梯形公式,更优于矩形公式.

习题 3.6

1.求下列导数:

(1) $\dfrac{\mathrm{d}}{\mathrm{d}x}\displaystyle\int_0^{x^2} \sqrt{1+t^2}\,\mathrm{d}t$;　　　(2) $\dfrac{\mathrm{d}}{\mathrm{d}x}\displaystyle\int_{x^2}^{x^3} \frac{1}{\sqrt{1+t^4}}\mathrm{d}t$;　　　(3) $\dfrac{\mathrm{d}}{\mathrm{d}x}\displaystyle\int_{\sin x}^{\cos x} \cos(\pi t^2)\,\mathrm{d}t$.

2.求下列极限:

(1) $\displaystyle\lim_{x\to 0} \frac{\int_0^x \cos t^2\,\mathrm{d}t}{x}$;　　　(2) $\displaystyle\lim_{x\to +\infty} \frac{\int_0^x (\arctan t)^2\,\mathrm{d}t}{\sqrt{1+x^2}}$;　　　(3) $\displaystyle\lim_{x\to +\infty} \frac{\left(\int_0^x t\,\mathrm{e}^{t^2}\,\mathrm{d}t\right)^2}{\int_0^{x^2} \mathrm{e}^{2t}\,\mathrm{d}t}$.

3.计算下列定积分:

(1) $\displaystyle\int_0^1 x\,\mathrm{e}^{-2x}\,\mathrm{d}x$;　　　(2) $\displaystyle\int_0^2 \ln(x+2)\,\mathrm{d}x$;　　　(3) $\displaystyle\int_{1/e}^{e} |\ln x|\,\mathrm{d}x$;

(4) $\displaystyle\int_0^1 \frac{1}{(2x+1)^2}\mathrm{d}x$;　　　(5) $\displaystyle\int_{-2}^0 \frac{1}{x^2+2x+2}\mathrm{d}x$;　　　(6) $\displaystyle\int_0^{\frac{\pi}{2}} \cos^5 x \cdot \sin 2x\,\mathrm{d}x$;

(7) $\displaystyle\int_0^1 \frac{1}{\mathrm{e}^x + e^{-x}}\mathrm{d}x$;　　　(8) $\displaystyle\int_1^e \ln^3 x\,\mathrm{d}x$;　　　(9) $\displaystyle\int_0^{\frac{\pi}{2}} \mathrm{e}^x \sin x\,\mathrm{d}x$;

(10) $\int_0^1 x^3\sqrt{1-x^2}\,\mathrm{d}x$；   (11) $\int_0^1 \dfrac{\mathrm{d}x}{\sqrt{1+x^2}}$；   (12) $\int_0^1 \sqrt{4-x^2}\,\mathrm{d}x$；

(13) $\int_0^1 \dfrac{\mathrm{d}x}{x+\sqrt{1-x^2}}$；   (14) $\int_{-2\sqrt{2}}^{-2} \dfrac{\sqrt{x^2-4}}{x^3}\,\mathrm{d}x$；   (15) $\int_{\ln2}^{2\ln2} \dfrac{\mathrm{d}t}{\sqrt{\mathrm{e}^t-1}}$；

(16) $\int_0^{\frac{\pi}{2}} \dfrac{\mathrm{d}x}{2\cos x+3}$.

4.设 $f(x)$ 为区间$[0,1]$上的连续函数,证明:

(1) $\int_0^{\frac{\pi}{2}} f(\sin x)\,\mathrm{d}x = \int_0^{\frac{\pi}{2}} f(\cos x)\,\mathrm{d}x$；

(2) $\int_0^{\pi} x f(\sin x)\,\mathrm{d}x = \dfrac{\pi}{2}\int_0^{\frac{\pi}{2}} f(\sin x)\,\mathrm{d}x$，并由此计算 $\int_0^{\pi} \dfrac{x\sin x}{1+\cos^2 x}\,\mathrm{d}x$ 和 $\int_0^{\pi} x\,\sin^3 x$ $\cos^4 x\,\mathrm{d}x$.

5.设函数 $f(x)$ 在区间$[-a,a]$上可积,证明:$\int_{-a}^a f(x)\,\mathrm{d}x = \int_0^a [f(x)+f(-x)]\,\mathrm{d}x$,由此计算 $\int_{-\pi/4}^{\pi/4} \dfrac{1}{1+\sin x}\,\mathrm{d}x$；又当 $f(x)$ 为奇函数时有 $\int_{-a}^a f(x)\,\mathrm{d}x = 0$；当 $f(x)$ 为偶函数时有 $\int_{-a}^a f(x)\,\mathrm{d}x = 2\int_0^a f(x)\,\mathrm{d}x$.

6.设函数 $f(x)$ 是区间$(-\infty,+\infty)$上的以 T 为周期的连续函数,则对任何实数有

$$\int_a^{a+T} f(x)\,\mathrm{d}x = \int_0^T f(x)\,\mathrm{d}x.$$

7.设 $f(x)$ 在闭区间$[a,A]$上连续,证明 $\lim\limits_{h\to 0+}\int_a^x \dfrac{f(t+h)-f(t)}{h}\,\mathrm{d}t = f(x)-f(a)(a<x<A)$.

3.7   定积分的几何应用

3.7.1   微分法

用定积分求解实际问题时,需要经过分割、近似、求和、取极限的过程,然后导出所求量的积分形式,其中求近似是关键的一步.下面以本章3.4节中的三个实例来说明这一点.

(1) 对于曲边梯形的面积 S,因 $\Delta S_i \approx f(\xi_i)\Delta x_i$,故 $S = \int_a^b f(x)\,\mathrm{d}x$；

(2) 对于变速运动的路程 s,因 $\Delta s_i \approx v(\xi_i)\Delta t_i$,故 $s = \int_a^b v(t)\,\mathrm{d}t$；

(3) 对于线状物体的质量 m,因 $\Delta m_i \approx \rho(\xi_i)\Delta x_i$,故 $m = \int_a^b \rho(x)\,\mathrm{d}x$.

我们看到,整体所求量 Φ 的积分形式完全由局部所求量 $\Delta\Phi_i$ 的近似形式确定,局部所求量 $\Delta\Phi_i$ 的近似值取得是否恰当,直接影响整体所求量 Φ 的积分表达式的正误.

为此,我们引入微元的概念:若所求量 Φ 可以表示为 $\Phi = \int_a^b f(x)\,\mathrm{d}x$,则称 $f(x)\,\mathrm{d}x$ 为所

求量 Φ 的微元,记为 $\mathrm{d}\Phi = f(x)\mathrm{d}x$.

　　例如曲边梯形面积的微元为 $\mathrm{d}S = f(x)\mathrm{d}x$,变速运动路程的微元为 $\mathrm{d}s = v(t)\mathrm{d}t$,线状物体质量的微元为 $\mathrm{d}m = \rho(x)\mathrm{d}x$.因此,用定积分表示某所求量 Φ,关键是求出其微元.

　　我们先来分析微元的本质是什么.对于一个分布在区间 $[a,b]$ 上所求量 Φ(如几何量、物理量等),用 $\Phi(x)$ 表示 Φ 分布在子区间 $[a,x]$ 上的部分量,则 $\Phi(x)$ 为定义在 $[a,b]$ 上的函数,我们不妨称它为所求量 Φ 在 $[a,b]$ 上的分布函数.显然 $\Phi(a) = 0$ 及 $\Phi(b) = \Phi$.

　　对于分布函数 $\Phi(x)$,如果存在可积函数 $f(x)$,使得在区间 $[a,b]$ 上恒有

$$\Delta\Phi(x) = f(x)\Delta x + o(\Delta x),\quad 即 \quad \mathrm{d}[\Phi(x)] = f(x)\mathrm{d}x$$

依据牛顿——莱布尼兹公式得 $\int_a^b f(x)\mathrm{d}x = \Phi(b) - \Phi(a) = \Phi$.这说明所求量 Φ 的微元 $f(x)\mathrm{d}x$ 正是其分布函数 $\Phi(x)$ 的微分,它正是所求量 Φ 分布在子区间 $[x,x+\Delta x]$ 上的部分量 $\Delta\Phi(x)$ 的线性主部 $f(x)\Delta x$.

　　虽然 $\Phi(x)$ 的表达式是未知的(若已知,则问题已经解决),但在许多情况下,我们可以根据所求量的性质,较容易地求出所求量 Φ 的微元 $f(x)\mathrm{d}x$ 即 $f(x)\Delta x$,即容易判定

$$\Delta\Phi(x) - f(x)\Delta x = o(\Delta x)\quad (关键)$$

　　如图 3-13 所示,对于曲边梯形的面积 S,用 ΔS 表示子区间 $[x,x+\Delta x]$ 上小曲边梯形的面积,则 $f(x)\Delta x$ 表示小矩形的面积(阴影部分),显然有

$$|\Delta S - f(x)\Delta x| \leqslant \omega \cdot \Delta x$$

　　其中 ω 为 $f(t)$ 在 $[x,x+\Delta x]$ 上的振幅.如果函数 $f(x)$ 连续,则有 $\omega \to 0(\Delta x \to 0)$,因而有 $\omega \cdot \Delta x = o(\Delta x)$ 及 $\Delta S = f(x)\Delta x + o(\Delta x)$.这也是前述曲边梯形面积公式的理论依据.

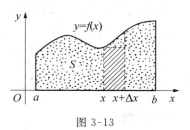

图 3-13

3.7.2　平面区域的面积

1. 边界用直角坐标方程表示的平面区域的面积

　　显然,由两条连续曲线 $y = f(x)$ 与 $y = g(x)$ 以及两条直线 $x = a$ 与 $x = b(a < b)$ 所围成的

　　平面区域(可以为多块,见图 3-14)的面积计算公式为

$$S = \int_a^b |f(x) - g(x)|\,\mathrm{d}x \tag{3-67}$$

　　特别地,由一条连续曲线 $y = f(x)$ 与两条直线 $x = a$ 与 $x = b(a < b)$ 以及 x 轴所围成

的平面区域(可以为多块,见图 3-15)的面积计算公式为

$$S = \int_a^b |f(x)| \, \mathrm{d}x \qquad (3\text{-}68)$$

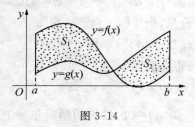 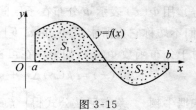

图 3-14 图 3-15

例 3.54 求由抛物线 $y^2 = 2x$ 与直线 $y = x - 4$ 所围成区域的面积.

解 如图 3-16 所示,抛物线与直线的交点 $(2,-2)$ 与 $(8,4)$.区域被 $x = 2$ 分成两部分,根据公式(3-67),它们的面积分别为

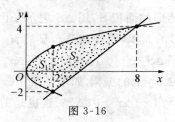

图 3-16

$$S_1 = \int_0^2 \left[\sqrt{2x} - (-\sqrt{2x}) \right] \mathrm{d}x = 2\sqrt{2} \int_0^2 \sqrt{x} \, \mathrm{d}x = \frac{16}{3}$$

$$S_2 = \int_2^8 \left[\sqrt{2x} - (x - 4) \right] \mathrm{d}x = \frac{38}{3}$$

故所求面积为 $S = S_1 + S_2 = \dfrac{16}{3} + \dfrac{38}{3} = 18$.

◎ **思考题** 试用另一种方法解答例 1.

2. 边界用参数方程表示的平面区域的面积

设连续曲线 C 的参数方程为:$x = x(t), y = y(t), \alpha \leqslant t \leqslant \beta$,其中 $y(t)$ 为连续函数,$x(t)$ 为连续可微函数,且 $x(\alpha) = a, x(\beta) = b$,则由公式(3-68)及定积分换元积分法可得,曲线 C 与两条直线 $x = a$ 与 $x = b$ 以及 x 轴所围成的平面区域(见图 3-15)的面积计算公式为

$$S = \int_\alpha^\beta |y(t)x'(t)| \, \mathrm{d}t. \qquad (3\text{-}69)$$

特别地,如图 3-17 所示,当参数曲线 C 为不自交封闭曲线时,这时有 $x(\alpha) = x(\beta)$,$y(\alpha) = y(\beta)$,则封闭曲线 C 所围成的平面区域的面积计算公式为

$$S = \left| \int_\alpha^\beta y(t)x'(t) \, \mathrm{d}t \right| \qquad (3\text{-}70)$$

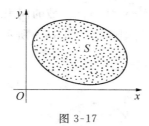

图 3-17

例 3.55 求椭圆 $\dfrac{x^2}{a^2}+\dfrac{y^2}{b^2}=1$ 的面积.

解 椭圆的参数方程为 $x=a\cos t, y=b\sin t, 0\leqslant t\leqslant 2\pi$,故由公式(3-70)得,所求面积为

$$S=\left|\int_0^{2\pi} b\sin t\cdot(a\cos t)'\mathrm{d}t\right|=ab\int_0^{2\pi}\sin^2 t\,\mathrm{d}t=4ab\int_0^{\frac{\pi}{2}}\sin^2 t\,\mathrm{d}t=\pi ab.$$

3. 边界用极坐标方程表示的平面区域的面积

设连续曲线 C 的极坐标方程为:$r=r(\theta),\alpha\leqslant\theta\leqslant\beta$,其中 $r(\theta)$ 为连续函数,由曲线 C 与两条射线 $\theta=\alpha$ 与 $\theta=\beta$ 可以围成一块类似于扇形的角形区域,如图 3-18 所示,下面用微元法导出该扇形区域的面积计算公式.

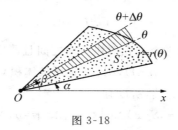

图 3-18

如图 3-18 所示,考查夹在由极点出发的两条射线之间的小扇形区域的面积 ΔS,则 ΔS 是所求面积 S 分布在子区间 $[\theta,\theta+\Delta\theta]\subset[\alpha,\beta]$ 上的部分量,小扇形(阴影)面积为 $\dfrac{1}{2}r^2(\theta)\Delta\theta$,显然有

$$\left|\Delta S-\frac{1}{2}r^2(\theta)\Delta\theta\right|\leqslant\frac{1}{2}\omega\,|\Delta\theta|=o(\Delta\theta),$$

其中 ω 是函数 $r^2(t)$ 在子区间 $[\theta,\theta+\Delta\theta]$ 上的振幅,故所求面积 S 的微元是 $\mathrm{d}S=\dfrac{1}{2}r^2(\theta)\mathrm{d}\theta$,这样就导出了该扇形区域的面积计算公式为

$$S=\frac{1}{2}\int_\alpha^\beta r^2(\theta)\mathrm{d}\theta \tag{3-71}$$

对于一般的可积函数 $r(\theta)$,我们则规定式(3-71)为上述扇形区域的面积公式.以后凡是遇到用微元法推导所求量的定积分公式时,所考虑的被积函数都是连续函数,而在应用公

式时,则只要求被积函数可积就行了.

例 3.56　求心形线 $r=a(1+\cos\theta)$ 所围区域的面积.

解　心形线 $r=a(1+\cos\theta)$ 所围区域如图 3-19 所示,θ 的取值范围是 $0\leqslant\theta\leqslant2\pi$,根据公式(3-71)知,所求面积为

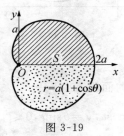

图 3-19

$$S=\frac{1}{2}\int_0^{2\pi}a^2(1+\cos\theta)^2\,\mathrm{d}\theta=\frac{1}{2}a^2\int_0^{2\pi}\left(\frac{3}{2}+2\cos\theta+\frac{1}{2}\cos2\theta\right)\mathrm{d}\theta=\frac{3\pi}{2}a^2.$$

3.7.3　由平行截面面积求立体体积

设一立体夹在两个平面 $x=a$ 与 $x=b$ 之间,用垂直于 x 轴的平面去截该立体,设载面与 x 轴交于点 $(x,0)$,并设截面面积 $S(x)$ 为连续函数,该立体的体积公式为

$$V=\int_a^b S(x)\,\mathrm{d}x \tag{3-72}$$

公式推导:如图 3-20 所示,考查夹在两块截面之间且厚度很小的立体的体积 ΔV(两个底面的面积分别为 $S(x)$ 和 $S(x+\Delta x)$),则 ΔV 是所求体积 V 分布在子区间 $[x,x+\Delta x]\subset$ $[a,b]$ 上的部分量,由于 $S(x)$ 连续,所以有

$$|\Delta V-S(x)\Delta x|\leqslant\omega|\Delta x|=o(\Delta x)$$

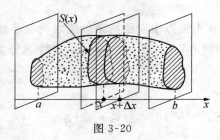

图 3-20

其中 ω 是函数 $S(t)$ 在子区间 $[x,x+\Delta x]$ 的振幅,故所求体积 V 的微元是 $\mathrm{d}V=S(x)\mathrm{d}x$,因此,该立体的体积计算公式为式(3-72).

公式(3-72)的意义还在于,对于两个高度相同的立体 V_1 和 V_2,若它们的横截面面积相等,即 $S_1(x)=S_2(x)$(见图 3-21),则它们的体积也相等.如图 3-21 所示.这一原理早已为我国齐梁时期的祖暅所发现,比 17 世纪意大利数学家的发现早 1000 多年.

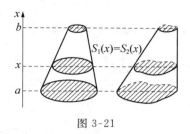

图 3-21

例 3.57　求两圆柱面 $x^2+y^2=a^2$ 与 $x^2+z^2=a^2$ 所围成的立体体积.

解　根据对称性,只要计算立体位于第一卦限的体积.如图 3-22 所示,用垂直于 x 轴的平面去截该部分立体得一正方形截面,设截面交轴于点 $(x,0)$,则其面积为 $S(x)=a^2-x^2$, $0\leqslant x\leqslant a$.因此,根据公式(3-72)知,所求立体体积为

$$V=8\int_0^a (a^2-x^2)\,\mathrm{d}x=\frac{16}{3}a^3.$$

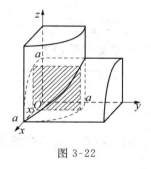

图 3-22

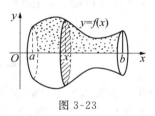

图 3-23

例 3.58（旋转体的体积）设 $f(x)$ 是 $[a,b]$ 上的非负连续函数,由曲边梯形 $0\leqslant y\leqslant f(x),a\leqslant x\leqslant b$ 绕 x 轴旋转一周得一旋转体,如图 3-23 所示,则由公式(3-72)可知,该旋转体的体积为

$$V=\pi\int_a^b f^2(x)\,\mathrm{d}x \tag{3-73}$$

此外,如图 3-24 所示,用微元法还可推得,上述曲边梯形绕 y 轴旋转所得旋转体体积公式为

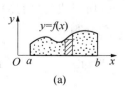

(a)

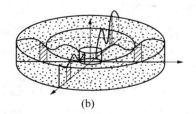

(b)

图 3-24

$$V = 2\pi \int_a^b x f(x) \, \mathrm{d}x \tag{3-74}$$

例 3.59（圆环体的体积）如图 3-25 所示，求由圆 $x^2 + (y-a)^2 \leqslant r^2, 0 < r < a$ 绕 x 轴旋转所得圆环体的体积.

解　圆环体的体积等于两个曲边梯形

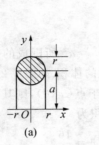 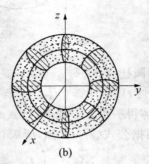

图 3-25

$0 \leqslant y \leqslant a + \sqrt{r^2 - x^2}, 0 \leqslant x \leqslant r$ 与 $0 \leqslant y \leqslant a - \sqrt{r^2 - x^2}, 0 \leqslant x \leqslant r$ 绕 x 轴旋转所得旋转体体积之差.根据公式(3-73)知,所求立体体积为

$$V = \pi \int_{-r}^{r} \left(a + \sqrt{r^2 - x^2}\right)^2 \mathrm{d}x - \pi \int_{-r}^{r} \left(a - \sqrt{r^2 - x^2}\right)^2 \mathrm{d}x$$

$$= 4\pi a \int_{-r}^{r} \sqrt{r^2 - x^2} \, \mathrm{d}x = 2\pi^2 r^2 a.$$

例 3.60　求曲边梯形 $0 \leqslant y \leqslant \sin x, 0 \leqslant r \leqslant \pi$ 绕 y 轴旋转所得旋转体的体积.

解　根据公式(3-74)知,所求旋转体体积为

$$V = 2\pi \int_0^{\pi} x \sin x \, \mathrm{d}x = 2\pi \left(-x \cos x \,\big|_0^{\pi} + \int_0^{\pi} \cos x \, \mathrm{d}x \right) = 2\pi^2.$$

3.7.4　平面曲线的弧长

1. 弧长的概念及其计算公式

虽然我们对长度的概念早已熟悉,但仍需要对曲线长度的确切含义予以定义.如图 3-26 所示,在弧段 $C = \overparen{AB}$ 上,从点 A 到点 B 任意地依次取分点:

$$A = P_0, P_1, P_2, \cdots, P_{n-1}, P_n = B$$

用这些分点将曲线弧 C 分割成 n 个小弧段 $\overparen{P_{i-1}P_i}$.对每一小弧段 $\overparen{P_{i-1}P_i}$,用连接其端点的小弦段 $\overline{P_{i-1}P_i}$ 近似代替,整段弧 $\overparen{AB}$ 则用这 n 个小弦段 $\overline{P_{i-1}P_i}$ 所形成的(内接)折线来代替.用 $\|\Delta\|$ 表示最长弦的长度,即 $\|\Delta\| = \max\limits_{1 \leqslant i \leqslant n} |P_{i-1}P_i|$(称为分割的模).

如果当 $\|\Delta\| \to 0$ 时,折线总长度 $\sum\limits_{i=1}^{n} |P_{i-1}P_i|$ 存在极限 s,即 $\lim\limits_{\|\Delta\| \to 0} \sum\limits_{i=1}^{n} |P_{i-1}P_i| = s$,则称曲线 C 是可求长的,并称极限 s 为曲线 C 的弧长.

设曲线 C 由参数方程 $x = x(t), \quad y = y(t), \quad \alpha \leqslant t \leqslant \beta$ \hfill (3-75)

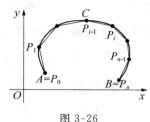

图 3-26

给出,如果 $x(t)$ 和 $y(t)$ 在 $[\alpha,\beta]$ 上存在连续的导数,且 $[x'(t)]^2+[y'(t)]^2 \neq 0, \alpha \leqslant t \leqslant \beta$,则称 C 为光滑曲线.

下面我们根据上述弧长定义导出平面光滑曲线的弧长计算公式.

对 C 的任意分割 Δ,设备分点 $P_0,P_1,P_2,\cdots,P_{n-1},P_n$ 对应的参数值分别为
$$\alpha=t_0<t_1<t_2<\cdots<t_{n-1}<t_n=\beta$$
它们构成 $[\alpha,\beta]$ 的一个分割 Δ',在 Δ' 所属的每个子区间 $\Delta_i'=[t_{i-1},t_i]$ 上,应用微分中值定理得
$$\Delta x_i=x(t_i)-x(t_{i-1})=x'(\xi_i)\Delta t_i, \quad \xi_i \in [t_{i-1},t_i],$$
$$\Delta y_i=y(t_i)-y(t_{i-1})=y'(\eta_i)\Delta t_i, \quad \eta_i \in [t_{i-1},t_i].$$
于是曲线 C 的内接折线的总长度可以化为
$$\sum_{i=1}^{n}|P_iP_{i-1}|=\sum_{i=1}^{n}\sqrt{\Delta x_i^2+\Delta y_i^2}=\sum_{i=1}^{n}\sqrt{x'^2(\xi_i)+y'^2(\eta_i)}\Delta t_i$$
$$=\sum_{i=1}^{n}\sqrt{x'^2(\xi_i)+y'^2(\xi_i)}\Delta t_i+\sum_{i=1}^{n}[\sqrt{x'^2(\xi_i)+y'^2(\eta_i)}-\sqrt{x'^2(\xi_i)+y'^2(\xi_i)}]\Delta t_i$$
对于最末等号右边的第一个和式,由于 $\sqrt{x'^2(t)+y'^2(t)}$ 在 $[\alpha,\beta]$ 上连续,故可积,因此有
$$\lim_{\|\Delta'\|\to 0}\sum_{i=1}^{n}\sqrt{x'^2(\xi_i)+y'^2(\xi_i)}\Delta t_i=\int_{\alpha}^{\beta}\sqrt{x'^2(t)+y'^2(t)}\mathrm{d}t$$
对于最末等号右边的第二个和式,由三角不等式可得
$$\sum_{i=1}^{n}\left|\sqrt{x'^2(\xi_i)+y'^2(\eta_i)}-\sqrt{x'^2(\xi_i)+y'^2(\xi_i)}\right|\Delta t_i \leqslant \sum_{i=1}^{n}|y'(\xi_i)-y'(\eta_i)|\Delta t_i$$
由于 $y'(t)$ 在 $[\alpha,\beta]$ 上连续必一致连续,故 $\forall \varepsilon>0, \exists \delta>0$,只要 $\|\Delta'\|<\delta$,就有
$$|y'(\xi_i)-y'(\eta_i)|<\frac{\varepsilon}{\beta-\alpha}, \quad i=1,2,\cdots,n$$
从而有 $\quad \sum_{i=1}^{n}\left|\sqrt{x'^2(\xi_i)+y'^2(\eta_i)}-\sqrt{x'^2(\xi_i)+y'^2(\xi_i)}\right|\Delta t_i<\sum_{i=1}^{n}\frac{\varepsilon}{\beta-\alpha}\Delta t_i=\varepsilon$

这说明 $\quad \lim_{\|\Delta'\|\to 0}\sum_{i=1}^{n}[\sqrt{x'^2(\xi_i)+y'^2(\eta_i)}-\sqrt{x'^2(\xi_i)+y'^2(\xi_i)}]\Delta t_i=0,$
于是
$$\lim_{\|\Delta\|\to 0}\sum_{i=1}^{n}|P_iP_{i-1}|=\lim_{\|\Delta'\|\to 0}\sum_{i=1}^{n}[\sqrt{x'^2(\xi_i)+y'^2(\eta_i)}-\sqrt{x'^2(\xi_i)+y'^2(\xi_i)}]\Delta t_i+$$

$$\lim_{\|\Delta'\| \to 0} \sum_{i=1}^{n} \sqrt{x'^{2}(\xi_i) + y'^{2}(\xi_i)}\, \Delta t_i = \int_{\alpha}^{\beta} \sqrt{x'^{2}(t) + y'^{2}(t)}\, \mathrm{d}t$$

这就导出由参数方程(3-74)给出的平面曲线弧长的计算公式为

$$s = \int_{\alpha}^{\beta} \sqrt{x'^{2}(t) + y'^{2}(t)}\, \mathrm{d}t \qquad (3\text{-}76)$$

特别地,当曲线为函数 $y = f(x)$, $a \leqslant x \leqslant b$ 的图像时,由公式(3-76)即可推得,弧长公式为

$$s = \int_{a}^{b} \sqrt{1 + f'^{2}(x)}\, \mathrm{d}x \qquad (3\text{-}77)$$

例 3.61　求旋轮线 $x = a(t - \sin t)$, $y = a(1 - \cos t)$, $t \in [0, 2\pi]$ 的长.

解　旋轮线的图形如图 3-27 所示,由于

$$x'(t) = a(1 - \cos t), y'(t) = a\sin t$$
$$x'^{2}(t) + y'^{2}(t) = 2a^{2}(1 - \cos t)$$

所以由公式(3-76)得,所求弧长为

$$s = \int_{0}^{2\pi} \sqrt{2a^{2}(1 - \cos t)}\, \mathrm{d}t = 2a\int_{0}^{2\pi} \sin\frac{t}{2}\mathrm{d}t = 4a\int_{0}^{\pi} \sin t\, \mathrm{d}t = 8a.$$

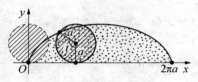

图 3-27

旋轮线又称(平)摆线,它是一半径为的圆沿直线滚动时,圆上一固定点的轨迹.

例 3.62　求悬链线 $y = \dfrac{\mathrm{e}^{x} + \mathrm{e}^{-x}}{2}$, $x \in [-a, a]$ 的长.

解　悬链线的图形如图 3-28 所示,由于

$$1 + f'^{2}(x) = 1 + \left(\frac{\mathrm{e}^{x} - \mathrm{e}^{-x}}{2}\right)^{2} = \left(\frac{\mathrm{e}^{x} + \mathrm{e}^{-x}}{2}\right)^{2}$$

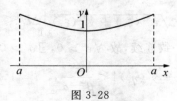

图 3-28

故由公式(3-77)得,所求弧长为

$$s = \int_{-a}^{a} \frac{\mathrm{e}^{x} + \mathrm{e}^{-x}}{2}\mathrm{d}t = \frac{\mathrm{e}^{x} - \mathrm{e}^{-x}}{2}\Bigg|_{-a}^{a} = \mathrm{e}^{a} - \mathrm{e}^{-a}.$$

◎ **思考题**　如何求心形线 $r = a(1 + \cos\theta)$ 的全长?

根据式(3-76)或式(3-77)知,弧长的微元是

$$ds = \sqrt{x'^2(t) + y'^2(t)}\, dt \quad \text{或} \quad ds = \sqrt{dx^2 + dy^2} \tag{3-78}$$

其中 ds 又称为弧微分,其几何意义如图 3-29 所示.

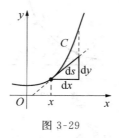

图 3-29

2. 曲率的定义及其计算公式

在工程技术中,有时需要考虑曲线的弯曲程度,如结构中的梁或机床的轴,它们在外力作用下会产生弯曲变形.为保证使用安全,在设计时必须对其弯曲程度有一定的限制.

怎样刻画曲线的弯曲程度呢?考查长度相同的两弧段 $\overset{\frown}{AB}$ 和 $\overset{\frown}{AC}$,如图 3-30 所示.当动点从点 A 沿 $\overset{\frown}{AB}$ 变动到点 B 时,切线也随之变动,其转角(切线转过的角度)记为 $\Delta\alpha$,类似地,$\overset{\frown}{AC}$ 的切线转角为 $\Delta\beta$.可以看到,当弧长固定时,转角越大,弧段弯得越厉害.此外,弯曲程度还与弧段的长度有关,当转角相同时,长度越短,弧段弯曲得越厉害,如图 3-31 所示.

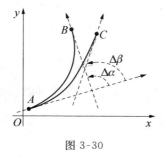

图 3-30

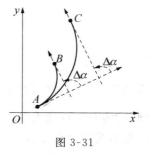

图 3-31

因此,我们自然用切线的转角 $\Delta\alpha$ 与弧段长 Δs 的比值 $\overline{K} = \left| \dfrac{\Delta\alpha}{\Delta s} \right|$ 来刻画曲线段的弯曲程度,并称 $\overline{K}$ 为该弧段的平均曲率.

为了刻画曲线上一点 P 处的弯曲程度,在点 P 的邻近任取曲线上的另一点 Q,设弧段 $\overset{\frown}{PQ}$ 的长为 Δs,切线转角为 $\Delta\alpha$,如图 3-32 所示.当点 Q 沿曲线无限接近点 P,即当 $\Delta s \to 0$ 时,若极限 $\lim\limits_{\Delta s \to 0} \overline{K} = \lim\limits_{\Delta s \to 0} \left| \Delta\alpha / \Delta s \right|$ 存在,则称此极限为该曲线在点 P 处的曲率,记为 K,即

$$K = \lim_{\Delta s \to 0} \left| \frac{\Delta\alpha}{\Delta s} \right| = \left| \frac{d\alpha}{ds} \right| \tag{3-79}$$

可见,曲线在点 P 处的曲率,刻画了曲线在点 P 处的弯曲程度.公式(3-79)中的微商形式说明 α 可以看成 s 的函数(参见图 3-32).

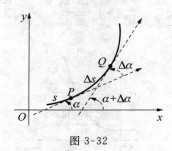

图 3-32

对于直线,由于其切线与直线自身重合,当动点 Q 沿直线移动时,切线的倾角 α 不变,即 $\Delta\alpha\equiv0$,从而 $\overline{K}\equiv0$,因此直线的曲率 $K\equiv0$.

对于半径为 R 的圆,弧段 $\overset{\frown}{PQ}$ 上的切线转角 $\Delta\alpha$ 等于 $\overset{\frown}{PQ}$ 所对应的圆心角,如图 3-33 所示,且 $\Delta s=R\cdot\Delta\alpha$,所以 $\overline{K}=\left|\dfrac{\Delta\alpha}{\Delta s}\right|=\dfrac{1}{R}$,$K=\lim\limits_{\Delta s\to0}\dfrac{1}{R}=\dfrac{1}{R}$.

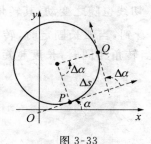

图 3-33

圆的曲率 $K=\dfrac{1}{R}$ 恰恰反映了半径越小弯得越厉害这一事实.由于直线可以看成半径为无穷大的圆,它的曲率自然为零.

对于一般的光滑曲线 $C: x=x(t),y=y(t)$,由于

$$\alpha(t)=\arctan\frac{y'(t)}{x'(t)}\quad(\text{或 }\alpha(t)=\operatorname{arccot}\frac{x'(t)}{y'(t)})$$

(见图 3-31),假设 $x(t),y(t)$ 存在二阶导数,则有

$$\mathrm{d}\alpha=\frac{1}{1+[y'/x']^2}\cdot\frac{y''x'-x''y'}{x'^2}\mathrm{d}t=\frac{y''x'-x''y'}{x'^2+y'^2}\mathrm{d}t$$

结合弧微分公式(3-78),即得曲率计算公式为

$$K=\left|\frac{\mathrm{d}\alpha}{\mathrm{d}s}\right|=\frac{|y''x'-x''y'|}{(x'^2+y'^2)^{\frac{3}{2}}}\tag{3-80}$$

特别地,当曲线由 $y=f(x)$ 表示时,由公式(3-80)即得

$$K=\frac{|y''|}{(1+y'^2)^{\frac{3}{2}}}\tag{3-81}$$

例 3.63　求抛物线 $y=ax^2$ 上曲率最大的点.

解 $y' = 2ax$，$y'' = 2a$，由公式(3-81)得 $K = \dfrac{2|a|}{(1+4a^2x^2)^{\frac{3}{2}}}$

由此即知，在抛物线的顶点$(0,0)$处，曲率达到最大，且 $K_{\max} = 2|a|$.

设曲线 C 在点 P 的曲率 $K \neq 0$. 在 P 处的法线上凹向一侧取一点 P_0，使 $|P_0P| = \dfrac{1}{K}$，以 P_0 为圆心、以 $R = \dfrac{1}{K}$ 为半径作圆，如图 3-34 所示，此圆称为曲线 C 在点 P 处的曲率圆或密切圆，其中 $R = \dfrac{1}{K}$ 和 P_0 分别称为曲线 C 在点 P 处的曲率半径和曲率中心.

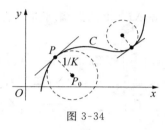

图 3-34

例 3.64 设元件内表面截线为抛物线 $y = 0.4x^2$，如图 2-35 所示，要用砂轮打磨其内表面，试问用半径多大的砂轮才比较合适？

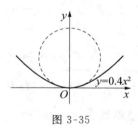

图 3-35

解 打磨时砂轮相当于密切圆，为了使工件的内表面处处能快速磨到，但又不被打磨得太多，所选砂轮的半径应当恰好等于该抛物线上的最小曲率半径. 根据例 3.63 得最小曲率半径为

$$R = \frac{1}{K_{\max}} = \frac{1}{2|a|} = \frac{1}{0.8} = 1.25$$

所以应选半径为 1.25 单位长的砂轮打磨该工件.

3.7.5 旋转曲面的面积

现用微元法导出由光滑曲线 $y = f(x)$，$a \leqslant x \leqslant b$ 绕 x 轴旋转一周得到的旋转曲面的面积公式.

如图 3-36 所示，用垂直于 x 轴的两个平面在旋转曲面上截下一条狭带（阴影部分），此狭带是由子区间$[x, x+\Delta x]$上一小段弧绕 x 轴旋转一周得到的. 用 ΔS 表示此狭带的面积，

$\mathrm{d}s$ 表示对应的弧微分（微元），则有

$$|\Delta S - 2\pi|f(x)|\mathrm{d}s| \leqslant 2\pi\omega\,\mathrm{d}s$$

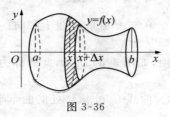

图 3-36

其中 ω 为 $|f(t)|$ 在子区间 $[x,x+\Delta x]$ 上的振幅.于是结合弧微分公式（3-78）及光滑性假设，可得

$$|\Delta S - 2\pi|f(x)|\mathrm{d}s| \leqslant 2\pi\omega\sqrt{1+f'^2(x)}\,\Delta x = o(\Delta x)$$

因此，该旋转曲面的面积微元为 $\mathrm{d}S = 2\pi|f(x)|\sqrt{1+f'^2(x)}\,\mathrm{d}x$，所求面积公式为

$$S = 2\pi\int_a^b |f(x)|\sqrt{1+f'^2(x)}\,\mathrm{d}x \tag{3-82}$$

如果光滑曲线段 C 由参数方程 $x=x(t),y=y(t),\alpha\leqslant t\leqslant\beta$ 给出，则同理可得，由 C 绕 x 轴旋转一周得到的旋转曲面的面积公式为

$$S = 2\pi\int_\alpha^\beta |y(t)|\sqrt{x'^2(t)+y'^2(t)}\,\mathrm{d}t \tag{3-83}$$

例 3.65　计算圆 $x^2+y^2=R^2$ 在 $[x_1,x_2]\subset[-R,R]$ 一段弧绕 x 轴旋转所得的球带面积.

解　将圆弧方程写成 $y=\sqrt{R^2-x^2},x_1\leqslant x\leqslant x_2$，应用公式（3-82）得

$$S = 2\pi\int_{x_1}^{x_2}\sqrt{R^2-x^2}\sqrt{1+\frac{x^2}{R^2-x^2}}\,\mathrm{d}t = 2\pi R\int_{x_1}^{x_2}\mathrm{d}t = 2\pi R(x_2-x_1).$$

例 3.66　如图 3-37 所示，求星形线 $x=a\cos^3 t,y=a\sin^3 t$ 绕 x 轴旋转所得的旋转曲面的面积.

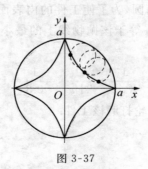

图 3-37

解　旋转曲面由弧段 $x=a\cos^3 t,y=a\sin^3 t,-a\leqslant t\leqslant a$ 绕 x 轴旋转一周得到，应用公式（3-83）得

$$S = 2\pi \int_0^\pi a \sin^3 t \sqrt{(-3a \cos^2 t \sin t)^2 + (3a \sin^2 t \cos t)^2} \, dt$$

$$= 6\pi a^2 \int_0^\pi \sin^4 t \cdot |\cos t| \, dt = 12\pi a^2 \int_0^{\frac{\pi}{2}} \sin^4 t \cdot \cos t \, dt = \frac{12}{5}\pi a^2.$$

星形线又称为内摆线,它是一半径为 $\dfrac{a}{4}$ 的圆在半径为 a 的圆的内部,沿圆周滚动时,圆(小圆)上一固定点的轨迹.

习题 3.7

1.求下列方程所表示的曲线围成的区域面积:

(1) 由双曲线 $xy = 1$ 及直线 $y = x, y = 2$ 围成的区域面积;

(2) 由抛物线 $y^2 = 2x$ 及半圆 $x = \sqrt{8 - y^2}$ 围成的区域面积;

(3) 由两椭圆 $\dfrac{x^2}{a^2} + \dfrac{y^2}{b^2} = 1$ 与 $\dfrac{x^2}{b^2} + \dfrac{y^2}{a^2} = 1$ 围成的公共区域面积;

(4) 由抛物线 $\sqrt{x} + \sqrt{y} = \sqrt{a}$ 与两坐标轴围成的区域面积;

(5) 由旋轮线 $x = a(t - \sin t), y = a(1 - \cos t), t \in [0, 2\pi]$ 与 x 轴围成的区域面积;

(6) 由双纽线 $r^2 = a^2 \cos 2\theta \, ((x^2 + y^2)^2 = a^2(x^2 - y^2))$ 围成的区域面积;

(7) 由圆 $r = 3\cos\theta$ 与心形线 $r = 1 + \cos\theta$ 围成的公共区域面积.

2.如图 3-38 所示,直椭圆柱体被通过底面短轴的斜平面所截,试求截得楔形的体积.

3.求下列旋转体的体积:

(1) 曲边梯形 $0 \leqslant x \leqslant \pi, 0 \leqslant y \leqslant \sin x$ 分别绕 x 轴和 y 轴旋转所得的旋转体;

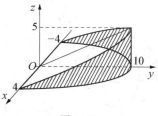

图 3-38

(2) 曲线 $x^{\frac{1}{3}} + y^{\frac{1}{3}} = 1$ 与两坐标轴所围成的区域绕 x 轴旋转所得的旋转体;

(3) 旋轮线 $x = a(t - \sin t), y = a(1 - \cos t)$ 的一拱与 x 轴围成的区域分别绕 x 轴和 y 轴旋转所得的旋转体;

(4) 心形线 $r = 1 + \cos\theta$ 围成的区域绕极轴旋转所得的旋转体.

4.求下列曲线的弧长:

(1) $y = x^{\frac{3}{2}} (0 \leqslant x \leqslant 4)$;

(2) 抛物线 $y^2 = x \left(0 \leqslant x \leqslant \dfrac{1}{4}\right)$ 的长;

(3) 星形线 $x^{\frac{2}{3}} + y^{\frac{2}{3}} = a^{\frac{2}{3}}$ 的周长;

(4) 旋轮线 $x = a(t - \sin t), y = a(1 - \cos t)(0 \leqslant t \leqslant 2\pi)$ 的长.

5.求下列曲线在指定点处的曲率:

(1) 双曲线 $xy = 4$,在点 $(2, 2)$;

(2) 抛物线 $y = 4x - x^2$,在其顶点;

(3) 星形线 $x^{\frac{2}{3}} + y^{\frac{2}{3}} = a^{\frac{2}{3}}$，在点 $\left(\dfrac{\sqrt{2}}{4}a, \dfrac{\sqrt{2}}{4}a\right)$.

6.求下列曲线绕指定轴旋转所得旋转曲面的面积：

(1) $y = \sqrt{x}\ (0 \leqslant x \leqslant 1)$，绕 x 轴；

(2) 星形线 $x^{\frac{2}{3}} + y^{\frac{2}{3}} = a^{\frac{2}{3}}$，绕 x 轴；

(3) 旋轮线 $x = a(t - \sin t), y = a(1 - \cos t)\ (0 \leqslant t \leqslant 2\pi)$，绕 y 轴；

(4) 椭圆 $\dfrac{x^2}{a^2} + \dfrac{y^2}{b^2} = 1$，绕 x 轴.

3.8   定积分在物理学中的应用

定积分的用途广泛，特别在物理学中有许多应用，如变速运动的路程，某些物体的质量、重心及转动惯量，液体的静压力，变力作功，引力等.这里再举几个具有代表性的例子.

例 3.67   自地面垂直向上发射火箭，火箭的质量为 m，试计算将火箭发射到距离地面的高度为 H 处所作的功.

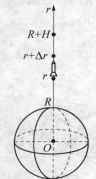

图 3-39

解   设地球质量为 M，其半径为 R，则地球对火箭的引力为

$$f = G\frac{Mm}{r^2}\quad\text{（其中 } r \text{ 为火箭到地心的距离，} G \text{ 为引力常量）}$$

由于引力 f 随着 r 的增加而减少，因此，我们应用微元法求克服引力所作的功.如图 3-39 所示，火箭从 r 处上升到 $r + \Delta r$ 处克服引力所做的功为

$$\Delta W \approx f(r)\mathrm{d}r = G\frac{Mm}{r^2}\mathrm{d}r$$

可见，功微元为

$$\mathrm{d}W = f(r)\mathrm{d}r = G\frac{Mm}{r^2}\mathrm{d}r$$

于是火箭从地面上升到距离地面高度为 H 处所做的功为

$$W = \int_R^{R+H} G\frac{Mm}{r^2}\mathrm{d}r$$

为确定引力常数 G，取 $r = R$，这时地球对火箭的引力为 $f = G\dfrac{Mm}{R^2}$，它等于火箭的重力 mg（g 为地面上的重力加速度），于是 $G\dfrac{Mm}{R^2} = mg$，$G = \dfrac{R^2 g}{M}$ 代入上述功的积分表达式中，得

$$W = mgR^2 \int_R^{R+H} \frac{1}{r^2}\mathrm{d}r = mgR^2\left(-\frac{1}{r}\right)\Bigg|_R^{R+H} = mgR^2\left(\frac{1}{R} - \frac{1}{R+H}\right)$$

例 3.68   一水库的闸门宽 $L = 8\mathrm{m}$，高 $H = 6\mathrm{m}$，求水面齐及闸门顶边时，闸门所受的水的静压力.

解   由物理学知道，在水的深度为 h 处（见图 3-40），水的静压强为 $P = \rho h$（ρ 为水的比重，通常取 $\rho = 1$）.因此，当 Δh 很小时，闸门上从深度 h 到 $h + \Delta h$ 这一狭长方形上，所受的静压力为

$$\Delta F = P \cdot \Delta S \approx 8\rho h \cdot \Delta h.$$

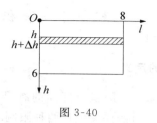

图 3-40

由此可知，水的静压力微元为 $\qquad dF = 8\rho h \cdot dh$.

于是所求压力 $\qquad F = \int_0^6 8\rho h\, dh = 4\rho h^2 \big|_0^6 = 144\rho = 144\,(\mathrm{t})$

例 3.69 一半径为 r 的圆形细环均匀带电，电荷密度为 η，在过圆心且垂直于圆环的轴线上、距离圆心的 a 处，有一电量为 q 的点电荷.试求带电圆环与点电荷之间的作用力.

解 如图 3-41 所示，在圆环上取弧微元 ds，其圆心角为 $d\varphi$，ds 上所带电量为 $dQ = \eta ds = \eta r d\varphi$.根据库仑定律，两个点电荷 q 与 dQ 之间的作用力为

$$dF = k \cdot \frac{q \cdot dQ}{r^2 + a^2} = k\eta q \cdot \frac{r}{r^2 + a^2} \cdot d\varphi$$

由于当点电荷 dQ 在圆环上的不同位置时，作用力 dF 的方向不同，所以对 dF 不能直接叠加（积分），因此将向量 dF 分解为垂直（z 轴方向）分量 dF_z 和水平分量 dF_t，由对称性知，水平任意方向的合力为 $F_t = 0$.由于

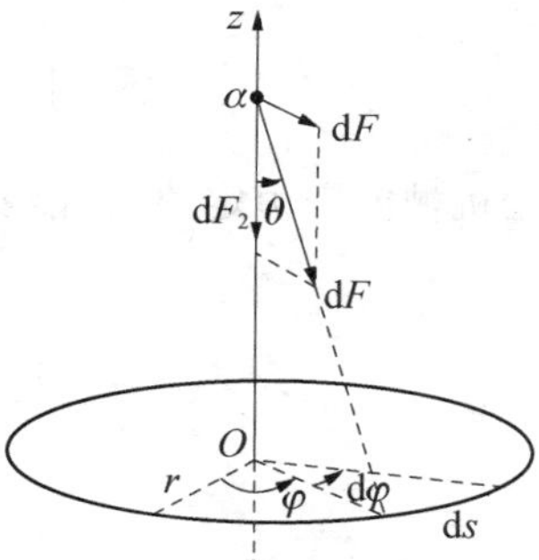

$$dF_z = dF \cdot \cos\theta = dF \cdot \frac{a}{\sqrt{r^2 + a^2}} = k\eta a q \cdot \frac{r}{(r^2 + a^2)^{\frac{3}{2}}} \cdot d\varphi$$

故所求作用力，即垂直方向的合力为

图 3-41

$$F_z = \int_0^{2\pi} dF_z = \frac{k\eta arq}{(r^2 + a^2)^{\frac{3}{2}}} \int_0^{2\pi} d\varphi = \frac{2\pi k\eta arq}{(r^2 + a^2)^{\frac{3}{2}}}.$$

习题 3.8

1.由胡克定律知道，弹簧在拉伸过程中，需要的力 F（单位：N）与伸长量 x（单位：cm）成正比，即 $F = kx$（k 为常数）.求把弹簧拉长 6cm 所做的功.

2.有一等腰梯形闸门，它的两条底边各长 10m 和 6m，高为 20m，较长的底边与水面相齐，计算闸门一侧所受的压力.

3.质量为 M 的均匀细杆长为 l，其一端的延长线上距离该端点为 r 远处有一质量为 m 的质点，求细杆对质点的万有引力.

4.质量为 M 的均匀细杆长为 l，其垂直平分线上，距离细杆为 r 远处有一质量为 m 的质点，求细杆对质点的万有引力.

5.半径为 R 的半球形水池充满了水，求把池内的水全部抽出所需的功.

3.9　无穷积分与瑕积分

3.9.1　无穷积分与瑕积分的定义

我们在定义定积分时有两个限制：即积分区间的有界性和被积函数的有界性.下面两个例子告诉我们,在实际问题中,有时需要突破这两种限制.

例 3.70（第二宇宙速度）接上一节例 3.67,如图 3-42 所示,如果要使火箭飞离地球进入环绕太阳运行的轨道,试问初速度 v_0 至少需要多大？

解　根据上一节例 3.67 知道,火箭从地面上升到距离地面高度为 H 处所做的功为

$$W = mgR^2 \int_R^{R+H} \frac{1}{r^2} \mathrm{d}r = mgR^2 \left(\frac{1}{R} - \frac{1}{R+H} \right)$$

当 $H \to +\infty$ 时,上式右端存在极限 mgR,它就是火箭无限远离地球需作的功.我们自然把这一极限当做左端定积分中上限取 $+\infty$ 的结果,即

$$\int_R^{+\infty} \frac{mgR^2}{x^2} \mathrm{d}x = \lim_{r \to +\infty} \int_R^r \frac{mgR^2}{x^2} \mathrm{d}x = mgR$$

根据机械能守恒定律,火箭要无限远离地球,火箭的初速度 v_0 至少应满足 $\frac{1}{2}mv_0^2 = mgR$,所以

$$v_0 = \sqrt{2gR} = \sqrt{2 \times 9.8 \times 6.371 \times 10^6} \approx 11.2 (\mathrm{km/s}).$$

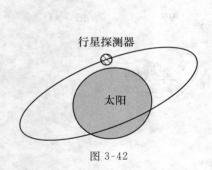

图 3-42

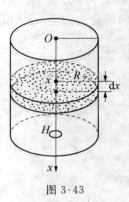

图 3-43

例 3.71　圆柱形桶的内壁高为 h,内半径为 R,桶底有一半径为 r 的小孔.试问从盛满水开始打开小孔直至流完桶中的水,共需多少时间？

解　由流体力学知,在不计摩擦力的情形下,桶内水位高度为 $h-x$ 时,水流出的速度为

$$v = \sqrt{2g(h-x)}$$

下面用微元法找出时间 t 与水位 x 的微分关系式.

如图 3-43 所示,设在时间 $\mathrm{d}t$ 内,桶中水位降低了 $\mathrm{d}x$,则流出的水量为

$$\pi R^2 \mathrm{d}x = v\pi r^2 \mathrm{d}t$$

因此
$$\mathrm{d}t = \frac{R^2}{r^2\sqrt{2g(h-x)}}\mathrm{d}x, \quad x \in [0,h]$$

故一桶水流完所需时间为
$$t = \int_0^h \frac{R^2}{r^2\sqrt{2g(h-x)}}\mathrm{d}x$$

这个积分同样不是我们所熟悉的定积分,这是因为被积函数在$[0,h)$上无界,而无界函数的定积分是不存在的.由于破坏可积性的真正原因是$\frac{1}{\sqrt{h-x}}$在$x=h$的邻近无界,因此我们可以先求定积分$\int_0^{h-\delta} \frac{R^2}{r^2\sqrt{2g(h-x)}}\mathrm{d}x (0 < \delta < h)$,然后令$\delta \to 0^+$,取极限就可以求得所求量,即一桶水流完所需时间,所以

$$t = \lim_{\delta \to 0^+} \int_0^{h-\delta} \frac{R^2}{r^2\sqrt{2g(h-x)}}\mathrm{d}x = -\lim_{\delta \to 0^+}\frac{\sqrt{2}}{\sqrt{g}}\frac{R^2}{r^2}\sqrt{h-x}\ \Big|_0^{h-\delta}$$

$$= \lim_{\delta \to 0^+}\sqrt{\frac{2}{g}}\frac{R^2}{r^2}(\sqrt{h}-\sqrt{\delta}) = \sqrt{\frac{2h}{g}}\left(\frac{R}{r}\right)^2.$$

上述两个例子表明,有必要将定积分概念作两方面(积分区间及被积函数的无界性)推广.

定义 3.6 设函数$f(x)$在区间$[a,+\infty)$上有定义,且在任何有限区间$[a,A]$上可积.如果极限$\lim\limits_{A \to \infty}\int_a^A f(x)\mathrm{d}x$存在,则称此极限为函数$f(x)$在区间$[a,+\infty)$上的无穷积分,记为

$$\int_a^{+\infty} f(x)\mathrm{d}x = \lim_{A \to +\infty}\int_a^A f(x)\mathrm{d}x \tag{3-84}$$

并称无穷积分$\int_a^{+\infty} f(x)\mathrm{d}x$收敛.当上述极限不存在时,则称$\int_a^{+\infty} f(x)\mathrm{d}x$发散.

类似地定义无穷积分

$$\int_{-\infty}^b f(x)\mathrm{d}x = \lim_{B \to -\infty}\int_B^b f(x)\mathrm{d}x \quad (\text{注意}f(x)\text{的基本条件}) \tag{3-85}$$

对于无穷积分$\int_{-\infty}^{+\infty} f(x)\mathrm{d}x$,则定义为

$$\int_{-\infty}^{+\infty} f(x)\mathrm{d}x = \int_{-\infty}^a f(x)\mathrm{d}x + \int_a^{+\infty} f(x)\mathrm{d}x \tag{3-86}$$

其中a为任一实数,由于两个变量$B \to -\infty$与$A \to +\infty$之间不存在依赖关系,所以只有当右边两个积分都收敛时,左边积分才是收敛的.

无穷积分$\int_a^{+\infty} f(x)\mathrm{d}x$的几何意义如图 3-44 所示.

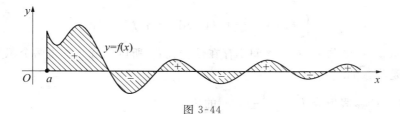

图 3-44

例 3.72　讨论无穷积分 $\int_1^{+\infty} \dfrac{1}{x^p}\mathrm{d}x$ 的敛散性.

解　$\lim\limits_{A\to+\infty}\int_1^A\dfrac{\mathrm{d}x}{x^p}=\begin{cases}\lim\limits_{A\to+\infty}\dfrac{1}{1-p}(A^{1-p}-1),p\neq1\\\lim\limits_{A\to+\infty}\ln A\qquad\qquad,p=1\end{cases}=\begin{cases}\dfrac{1}{p-1},&p>1\\+\infty,&p\leqslant1\end{cases}$

可见无穷积分 $\int_1^{+\infty}\dfrac{1}{x^p}\mathrm{d}x$ 当 $p>1$ 时收敛于 $\dfrac{1}{p-1}$;当 $p\leqslant1$ 时发散于 $+\infty$.

由于无穷积分是通过变限的定积分的极限来定义的,因此可以把牛顿 — 莱布尼兹公式的记号引用到无穷积分及下述的瑕积分中去,例如若 $F'(x)=f(x)$,则通常写成

$$\int_a^{+\infty}f(x)\mathrm{d}x=F(x)\big|_a^{+\infty},\int_{-\infty}^{+\infty}f(x)\mathrm{d}x=F(x)\big|_{-\infty}^{+\infty}$$

其中 $F(+\infty)=\lim\limits_{A\to+\infty}F(A),F(-\infty)=\lim\limits_{B\to-\infty}F(B)$.

例 3.73　$\int_{-\infty}^{+\infty}\dfrac{1}{1+x^2}\mathrm{d}x=\arctan x\big|_{-\infty}^{+\infty}=\dfrac{\pi}{2}-\left(-\dfrac{\pi}{2}\right)=\pi.$

此外,有关定积分换元积分法和分部积分法都可以引用到无穷积分(或瑕积分)中去.

例 3.74　$\int_1^{+\infty}\dfrac{1}{x\ln^2x}\mathrm{d}x\xrightarrow{\text{令}\ln x=t}\int_1^{+\infty}\dfrac{1}{t^2}\mathrm{d}t=-\dfrac{1}{t}\Big|_1^{+\infty}=1,$

$\int_0^{+\infty}x\mathrm{e}^{-x}\mathrm{d}x=-x\mathrm{e}^{-x}\big|_0^{+\infty}+\int_0^{+\infty}\mathrm{e}^{-x}\mathrm{d}x=0-\mathrm{e}^{-x}\big|_0^{+\infty}=1.$

◎ **思考题**　计算 $\int_{-\infty}^{+\infty}\sin x\,\mathrm{d}x=\lim\limits_{A\to+\infty}(-\cos x\big|_{-A}^A)=\lim\limits_{A\to+\infty}0=0$ 是否正确? 为什么?

定义 3.7　设函数 $f(x)$ 在区间 $(a,b]$ 上有定义,且在任一右邻域 $(a,a+\delta)\subset(a,b]$ 内无界,但在任何子区间 $[a+\delta,A]\subset(a,b]$ 上可积,这时 $x=a$ 称为函数 $f(x)$ 的瑕点.如果极限 $\lim\limits_{\delta\to0+}\int_{a+\delta}^b f(x)\mathrm{d}x$ 存在,则称此极限为函数 $f(x)$ 在 $(a,b]$ 上的瑕积分,记为

$$\int_a^b f(x)\mathrm{d}x=\lim\limits_{\delta\to0+}\int_{a+\delta}^b f(x)\mathrm{d}x\tag{3-87}$$

并称瑕积分 $\int_a^b f(x)\mathrm{d}x$ 收敛.当上述极限不存在时,则称瑕积分 $\int_a^b f(x)\mathrm{d}x$ 发散.

类似定义 b 为瑕点的瑕积分

$$\int_a^b f(x)\mathrm{d}x=\lim\limits_{\eta\to0+}\int_a^{b-\eta}f(x)\mathrm{d}x\quad(\text{注意}f(x)\text{的基本条件})\tag{3-88}$$

对于区间两个端点 a 和 b 都是瑕点或瑕点仅在区间内部(设为 c)的情形,则定义瑕积分为

$$\int_a^b f(x)\mathrm{d}x=\int_a^c f(x)\mathrm{d}x+\int_c^b f(x)\mathrm{d}x\tag{3-89}$$

由于两个变量 $\delta\to0^+$ 与 $\eta\to0^+$ 之间不存在依赖关系,所以只当右边两个积分都收敛时,左边积分才是收敛的.

例 3.75　计算瑕积分 $\int_0^1\dfrac{1}{\sqrt{1-x^2}}\mathrm{d}x$ 的值.

解　被积函数在 $(0,1]$ 上连续,0 是其瑕点.引用牛顿 — 莱布尼兹公式记号,有

$$\int_0^1 \frac{1}{\sqrt{1-x^2}}dx = \arcsin x \big|_{0+}^1 = 1 - 0 = 0.$$

瑕积分与定积分在记号上并没有区别,需要从被积函数上予以甄别.

◎ **思考题** 计算 $\int_{-1}^1 \frac{1}{x^2}dx = -\frac{1}{x}\Big|_{-1}^1 = -1 - 1 = -2$ 是否正确? 为什么?

例 3.76 讨论瑕积分 $\int_a^b \frac{1}{(x-a)^q}dx \, (q>0, a<b)$ 的敛散性.

解 被积函数在区间 $(a,b]$ 上连续,a 是其瑕点.

当 $q > 1$ 时 $\quad \int_a^b \frac{1}{(x-a)^q}dx = \frac{1}{1-q}(x-a)^{1-q}\big|_{a+}^b = +\infty$

当 $q = 1$ 时 $\quad \int_a^b \frac{1}{(x-a)^q}dx = \ln(x-a)\big|_{a+}^b = +\infty$

当 $0 < q < 1$ 时 $\quad \int_a^b \frac{1}{(x-a)^q}dx = \frac{1}{1-q}(x-a)^{1-q}\big|_{a+}^b = \frac{1}{1-q}(b-a)^{1-q}$

所以该瑕积分当 $0 < q < 1$ 时收敛于 $\frac{1}{1-q}(b-a)^{1-q}$;当 $q \geqslant 1$ 时发散于 $+\infty$.

3.9.2 无穷积分的敛散性判别法

无穷积分是通过变限的定积分的极限来定义的,由于牛顿—莱布尼兹公式对于定积分的计算存在较大局限性,故由定义直接判断无穷积分是否收敛也存在较大的局限性,因此有必要建立判别无穷积分敛散性的其他方法.为方便起见,只对 $\int_a^{+\infty} f(x)dx$ 的情形来叙述无穷积分的性质及其敛散性判别法,而后推导到 $\int_{+\infty}^b f(x)dx$ 中去.先来讨论无穷积分的性质.

1. 无穷积分的性质

性质 3.11 (线性性质)如果两个无穷积分 $\int_a^{+\infty} f(x)dx$ 与 $\int_a^{+\infty} g(x)dx$ 都收敛,k_1、k_2 为常数,则 $\int_a^{+\infty}[k_1 f(x) \pm k_2 g(x)]dx$ 也收敛,且有

$$\int_a^{+\infty}[k_1 f(x) \pm k_2 g(x)]dx = k_1\int_a^{+\infty}f(x)dx \pm k_2\int_a^{+\infty}g(x)dx \tag{3-90}$$

◎ **思考题** 下面解法是否正确? 为什么?

$$\int_1^{+\infty}\frac{1}{x(1+x)}dx = \int_1^{+\infty}\left(\frac{1}{x} - \frac{1}{1+x}\right)dx = \int_1^{+\infty}\frac{1}{x}dx - \int_1^{+\infty}\frac{1}{1+x}dx$$

由于右端两个积分都发散,所以左端积分是发散的.

性质 3.12 对于无穷积分 $\int_a^{+\infty}f(x)dx$,任取 $b>a$,则 $\int_a^{+\infty}f(x)dx$ 与 $\int_b^{+\infty}f(x)dx$ 具有相同的敛散性,且有

$$\int_a^{+\infty}f(x)dx = \int_a^b f(x)dx + \int_b^{+\infty}f(x)dx \tag{3-91}$$

性质 3.11 和性质 3.12 容易由无穷积分的定义推出,推导过程留给同学们完成.

由于无穷积分 $\int_a^{+\infty}f(x)dx$ 作为函数极限 $\lim_{A\to+\infty}\Phi(A) = \lim_{A\to+\infty}\int_a^A f(x)dx$ 来定义的,所以

关于函数极限的柯西准则可以直接移植到无穷积分中来.

定理 3.17（柯西准则）无穷积分收敛的充要条件是：$\forall \varepsilon > 0, \exists M \geqslant a$, 使得当 $A_1, A_2 > M$ 时有

$$\left| \int_{A_1}^{A_2} f(x) \mathrm{d}x \right| < \varepsilon \tag{3-92}$$

性质 3.13　设函数 $f(x)$ 在任何有限区间 $[a, A] \subset [a, +\infty)$ 上可积,如果 $\int_a^{+\infty} |f(x)| \mathrm{d}x$ 收敛,则 $\int_a^{+\infty} f(x) \mathrm{d}x$ 也收敛,且有

$$\left| \int_a^{+\infty} f(x) \mathrm{d}x \right| \leqslant \int_a^{+\infty} |f(x)| \mathrm{d}x \tag{3-93}$$

证　由已知条件及柯西准则的必要性得：$\forall \varepsilon > 0, \exists M \geqslant a$, 使得当 $A_2 > A_1 > M$ 时有

$$\int_{A_1}^{A_2} |f(x)| \mathrm{d}x < \varepsilon \ \Rightarrow \left| \int_{A_1}^{A_2} f(x) \mathrm{d}x \right| \leqslant \int_{A_1}^{A_2} |f(x)| \mathrm{d}x < \varepsilon$$

再由柯西准则的充分性知 $\int_a^{+\infty} f(x) \mathrm{d}x$ 收敛.

最后令 $A \to +\infty$, 对 $\left| \int_a^A f(x) \mathrm{d}x \right| \leqslant \int_a^A |f(x)| \mathrm{d}x$ 两边取极限便得不定式(3-93).

2. 比较判别法

定理 3.18（比较判别法）设 $\int_a^{+\infty} f(x) \mathrm{d}x$ 和 $\int_a^{+\infty} g(x) \mathrm{d}x$ 都为无穷积分,如果存在 $b \geqslant a$, 使得当 $x \in [b, +\infty)$ 时有

$$0 \leqslant f(x) \leqslant g(x)$$

那么当 $\int_a^{+\infty} g(x) \mathrm{d}x$ 收敛时 $\int_a^{+\infty} f(x) \mathrm{d}x$ 也收敛;当 $\int_a^{+\infty} f(x) \mathrm{d}x$ 发散时 $\int_a^{+\infty} g(x) \mathrm{d}x$ 也发散.

通俗地说,对于非负函数的无穷积分,大的收敛,小的也收敛;反之,小的发散,大的也发散.

证　在定理的假设条件下,当 $\int_a^{+\infty} g(x) \mathrm{d}x$ 收敛时,由柯西准则之必要性得：$\forall \varepsilon > 0$, $\exists M \geqslant b$, 使得当 $A_2 > A_1 > M$ 时有

$$\int_{A_1}^{A_2} g(x) \mathrm{d}x = \left| \int_{A_1}^{A_2} g(x) \mathrm{d}x \right| < \varepsilon \Rightarrow \left| \int_{A_1}^{A_2} f(x) \mathrm{d}x \right| = \int_{A_1}^{A_2} f(x) \mathrm{d}x \leqslant \int_{A_1}^{A_2} g(x) \mathrm{d}x < \varepsilon$$

由柯西准则的充分性知 $\int_a^{+\infty} f(x) \mathrm{d}x$ 收敛.结论后半部分是前半部分的逆否命题自然成立.

推论 3.5（比较判别法的极限形式）设 $\int_a^{+\infty} f(x) \mathrm{d}x$ 和 $\int_a^{+\infty} g(x) \mathrm{d}x$ 都为无穷积分,如果存在 $b \geqslant a$, 使得当 $x \geqslant b$ 时有 $f(x) \geqslant 0, g(x) > 0$ 且 $\lim\limits_{x \to +\infty} \dfrac{f(x)}{g(x)} = c$, 则有：

(1) 若 $0 < c < +\infty$, 则 $\int_a^{+\infty} f(x) \mathrm{d}x$ 与 $\int_a^{+\infty} g(x) \mathrm{d}x$ 具有相同的敛散性;

(2) 若 $c = 0$, 则当 $\int_a^{+\infty} g(x) \mathrm{d}x$ 收敛时 $\int_a^{+\infty} f(x) \mathrm{d}x$ 也收敛,当 $\int_a^{+\infty} f(x) \mathrm{d}x$ 发散时 $\int_a^{+\infty} g(x) \mathrm{d}x$ 也发散;

(3) 若 $c = +\infty$,则当 $\int_a^{+\infty} f(x)\mathrm{d}x$ 收敛时 $\int_a^{+\infty} g(x)\mathrm{d}x$ 也收敛;$\int_a^{+\infty} g(x)\mathrm{d}x$ 发散时 $\int_a^{+\infty} f(x)\mathrm{d}x$ 也发散.

证 (1) 由 $\lim\limits_{x\to+\infty} \dfrac{f(x)}{g(x)} = c > 0$ 及函数极限的局部保号性得,$\exists M \geqslant b$,使得当 $x > M$ 时有

$$\frac{c}{2} < \frac{f(x)}{g(x)} < \frac{3c}{2} \Rightarrow \frac{c}{2}g(x) < f(x) < \frac{3c}{2}g(x)$$

由该不等式及定理 3.17 即可推得结论.类似地可推出结论(2)和结论(3).

应用比较判别法(包括极限形式)判别无穷积分的敛散性时,必须注意被积函数的非负性.

例 3.77 判别概率积分 $\int_0^{+\infty} \mathrm{e}^{-x^2}\mathrm{d}x$ 的收敛性.

解 由于当 $x \geqslant 0$ 时有 $\mathrm{e}^x \geqslant 1 + x$(参见第 2 章 2.6 节中例 2.46),所以当 $x \geqslant 0$ 时有

$$\mathrm{e}^{x^2} \geqslant 1 + x^2 \quad 即 \quad 0 < \mathrm{e}^{-x^2} \leqslant \frac{1}{1+x^2}$$

由例 3.73 知 $\int_0^{+\infty} \dfrac{1}{1+x^2}\mathrm{d}x$ 收敛,根据比较判别法知概率积分 $\int_0^{+\infty} \mathrm{e}^{-x^2}\mathrm{d}x$ 也收敛.

在应用比较判别法时,常以 $\int_1^{+\infty} \dfrac{1}{x^p}\mathrm{d}x$(例 3.72)作为比较对象,由上面推论易得重要结论:

(1) 如果 $f(x) \sim \dfrac{c}{x^p}(x \to +\infty, c \neq 0)$,则无穷积分 $\int_a^{+\infty} f(x)\mathrm{d}x$ 与 $\int_1^{+\infty} \dfrac{1}{x^p}\mathrm{d}x$ 具有敛散性;

(2) 如果 $f(x) = o\left(\dfrac{1}{x^p}\right)(x \to +\infty)$,则当 $p > 1$ 时,无穷积分 $\int_a^{+\infty} f(x)\mathrm{d}x$ 收敛;

(3) 如果 $f(x)(\geqslant 0)$ 为 $\dfrac{1}{x^p}$ 的低阶无穷小 $(x \to +\infty)$,则当 $p < 1$ 时,$\int_a^{+\infty} f(x)\mathrm{d}x$ 发散.

例 3.78 判别下列无穷积分的收敛性.

(1) $\int_0^{+\infty} \dfrac{\mathrm{e}^x}{1+x^2}\mathrm{d}x$;   (2) $\int_0^{+\infty} \dfrac{x}{\sqrt{x^5+1}}\mathrm{d}x$;   (3) $\int_1^{+\infty} x^\alpha \mathrm{e}^{-x}\mathrm{d}x$.

解 (1) 由于 $\lim\limits_{x\to+\infty} \dfrac{\mathrm{e}^x}{1+x^2} = +\infty$,所以当 x 充分大时,有 $0 < \dfrac{1}{x} < \dfrac{\mathrm{e}^x}{1+x^2}$

由例 3.72 知 $\int_1^{+\infty} \dfrac{1}{x}\mathrm{d}x$ 发散,根据比较判别法知 $\int_1^{+\infty} \dfrac{\mathrm{e}^x}{1+x^2}\mathrm{d}x$ 发散,从而(1)发散.

(2) 显然 $\dfrac{x^2}{\sqrt{x^5+1}} \sim \dfrac{1}{x^{1/2}}(x \to +\infty)$,因 $\int_1^{+\infty} \dfrac{1}{x^{1/2}}\mathrm{d}x$ 发散,故(2)发散.

(3) 显然 $x^\alpha \mathrm{e}^{-x} = \dfrac{x^\alpha}{\mathrm{e}^x} = o(\dfrac{1}{x^2})(x \to +\infty)$,因 $\int_1^{+\infty} \dfrac{1}{x^2}\mathrm{d}x$ 收敛,故(3)收敛.

3. 绝对收敛与条件收敛

比较判别法仅适用于被积函数非负的情形,为了建立一般无穷积分的收敛性判别方法,

我们引入绝对收敛和条件收敛概念如下:

对于无穷积分 $\int_a^{+\infty} f(x)\mathrm{d}x$,如果 $\int_a^{+\infty} |f(x)|\mathrm{d}x$ 收敛,则称 $\int_a^{+\infty} f(x)\mathrm{d}x$ 绝对收敛.

根据性质 3.13 知,绝对收敛的无穷积分自身也一定收敛,但反过来一般不成立(参见例 3.81).称收敛而不绝对收敛的无穷积分是条件收敛的.

对于一般无穷积分,我们可以应用比较判别法来判别它是否绝对收敛.

例 3.79　判别无穷积分 $\int_0^{+\infty} \dfrac{\sin x}{1+x^2}\mathrm{d}x$ 的收敛性.

解　由于 $\left| \dfrac{\sin x}{1+x^2} \right| < \dfrac{1}{x^2}(1 \leqslant x < +\infty)$,所以由比较判别法知 $\int_1^{+\infty} \dfrac{\sin x}{1+x^2}\mathrm{d}x$ 绝对收敛,从而 $\int_0^{+\infty} \dfrac{\sin x}{1+x^2}\mathrm{d}x$ 也绝对收敛.

对于非绝对收敛的无穷积分(它可能条件收敛,也可能发散),当条件具备时可以采用下述的狄利克雷判别法或阿贝尔判别法来判别其收敛性.

定理 3.19（狄利克雷判别法）设函数 $F(x) = \int_a^x f(t)\mathrm{d}t$ 在区间 $[a, +\infty)$ 上有界,函数 $g(x)$ 在区间 $[a, +\infty)$ 上单调且 $g(x) \to 0 (x \to +\infty)$,则无穷积分 $\int_a^{+\infty} f(x)g(x)\mathrm{d}x$ 收敛.

证明思路　只要证 $\forall \varepsilon > 0, \exists M > a$,使当 $A_1, A_2 > M$ 时有 $\left| \int_{A_1}^{A_2} f(x)g(x)\mathrm{d}x \right| < \varepsilon$. 若能将 $g(x)$ 放在积分号前面,则由 $g(x)$ 单调趋于 0 及 $F(x) = \int_a^x f(t)\mathrm{d}t$ 的有界性条件,即可推得满足柯西准则.要将 $g(x)$ 放在积分号前面,可以考虑积分第二中值定理.

证　设 $\left| \int_a^x f(t)\mathrm{d}t \right| < L, x \in [a, +\infty)$. $\forall \varepsilon > 0$,由 $\lim\limits_{x \to +\infty} g(x) = 0$ 知,$\exists M > a$,使得当 $x > M$ 时有 $|g(x)| < \varepsilon/4L$.又 $\forall A_1, A_2 > M$,因为 $g(x)$ 在 $[a, +\infty)$ 上单调,由积分第二中值定理(本章 3.6 节中定理 3.15),得

$$\left| \int_{A_1}^{A_2} f(x)g(x)\mathrm{d}x \right| = \left| g(A_1) \int_\xi^{A_2} f(x)\mathrm{d}x + g(A_2) \int_{A_1}^\xi f(x)\mathrm{d}x \right|$$

$$= \left| g(A_1) \left(\int_a^{A_2} f(x)\mathrm{d}x - \int_a^\xi f(x)\mathrm{d}x \right) + g(A_2) \right.$$

$$\left. \left(\int_a^\xi f(x)\mathrm{d}x - \int_a^{A_1} f(x)\mathrm{d}x \right) \right|$$

$$\leqslant |g(A_1)| \left| \int_a^{A_2} f(x)\mathrm{d}x - \int_a^\xi f(x)\mathrm{d}x \right| +$$

$$|g(A_2)| \left| \int_a^\xi f(x)\mathrm{d}x - \int_a^{A_1} f(x)\mathrm{d}x \right|$$

$$\leqslant |g(A_1)| \cdot 2L + |g(A_2)| \cdot 2L < \frac{\varepsilon}{4L} \cdot 2L + \frac{\varepsilon}{4L} \cdot 2L = \varepsilon$$

由柯西准则的充分性知无穷积分 $\int_a^{+\infty} f(x)g(x)\mathrm{d}x$ 收敛.

定理 3.20　（阿贝尔(Abel)判别法）设函数 $\int_a^{+\infty} f(x)\mathrm{d}x$ 收敛,函数 $g(x)$ 在区间 $[a, +$

∞) 上单调有界,则无穷积分 $\displaystyle\int_a^{+\infty} f(x)g(x)\mathrm{d}x$ 收敛.

这个定理也可以积分第二中值定理来证明,下面,我们利用狄利克雷判别法来证明.

证 设 $\displaystyle\lim_{x\to+\infty}g(x)=B$(函数单调有界定理).令 $G(x)=g(x)-B$,则 $G(x)$ 在 $[a,+\infty)$ 上单调且 $G(x)\to 0(x\to+\infty)$.又 $\displaystyle\int_a^{+\infty}f(x)\mathrm{d}x$ 收敛,故 $F(x)=\displaystyle\int_a^x f(t)\mathrm{d}t$ 在 $[a,+\infty)$ 上有界.所以由狄利克雷判别法得无穷积分 $\displaystyle\int_a^{+\infty}f(x)G(x)\mathrm{d}x$ 收敛,再根据(收敛)无穷积分的线性性质推知

$$\int_a^{+\infty}f(x)g(x)\mathrm{d}x=\int_a^{+\infty}f(x)G(x)\mathrm{d}x+A\int_a^{+\infty}f(x)\mathrm{d}x \text{ 亦收敛.}$$

也收敛.

例 3.80 讨论无穷积分 $\displaystyle\int_1^{+\infty}\frac{\sin x}{x^p}\mathrm{d}x$ 的敛散性.

解 当 $p>1$ 时,由于 $\left|\dfrac{\sin x}{x^p}\right|\leqslant\dfrac{1}{x^p}(1\leqslant x<+\infty)$,故由比较判别法知该积分绝对收敛.

当 $0<p\leqslant 1$ 时,$\dfrac{1}{x^p}$ 在 $[a,+\infty)$ 上单调趋于时 0,且 $\left|\displaystyle\int_1^A\sin x\mathrm{d}x\right|<2(1\leqslant A<+\infty)$,故由狄利克雷判别法得该积分收敛.下证 $\displaystyle\int_1^{+\infty}\left|\dfrac{\sin x}{x^p}\right|\mathrm{d}x(0<p\leqslant 1)$ 发散:因为

$$\left|\frac{\sin x}{x^p}\right|\geqslant\frac{\sin^2 x}{x^p}\geqslant\frac{\sin^2 x}{x}=\frac{1}{2x}-\frac{\cos 2x}{2x}$$

又因 $\displaystyle\int_1^{+\infty}\frac{1}{2x}\mathrm{d}x$ 发散,而 $\displaystyle\int_1^{+\infty}\frac{\cos 2x}{2x}\mathrm{d}x$ 收敛(狄利克雷判别法),所以 $\displaystyle\int_1^{+\infty}\left|\dfrac{\sin x}{x^p}\right|\mathrm{d}x$ 发散.因此当 $0<p\leqslant 1$ 时,$\displaystyle\int_1^{+\infty}\frac{\sin x}{x^p}\mathrm{d}x$ 为条件收敛.

当 $p\leqslant 0$ 时,取 $A_n=2n\pi,B_n=2n\pi+\dfrac{\pi}{2}$ $(n=1,2,\cdots)$,则由积分第一中值定理

$$\left|\int_{A_n}^{B_n}\frac{\sin t}{t^p}\mathrm{d}t\right|=\int_{2n\pi}^{2n\pi+\frac{\pi}{2}}\frac{\sin t}{t^p}\mathrm{d}t=\frac{1}{\xi^p}\int_{2n\pi}^{2n\pi+\frac{\pi}{2}}\sin t\mathrm{d}t=\xi^{-p}\geqslant(2n\pi)^{-p}\geqslant 1$$

由于 $A_n\to+\infty,B_n\to+\infty(n\to\infty)$,由柯西准则知,当 $p\leqslant 0$ 时 $\displaystyle\int_1^{+\infty}\frac{\sin x}{x^p}\mathrm{d}x$ 发散.

3.9.3 瑕积分的敛散性判别法

只对瑕点为下限的瑕积分给出有关定理,它们可以直接移植到瑕点为上限的瑕积分中去.

显然,瑕积分有和无穷积分相类似的柯西准则和性质.我们扼要给出其柯西准则和绝对值不等式性质,至于其线性性质和积分区间可加性留给同学们自行写出.

定理 3.21(柯西准则)瑕积分 $\displaystyle\int_a^b f(x)\mathrm{d}x$(瑕点为 a)收敛的充要条件是:$\forall\,\varepsilon>0,\exists\,\delta$

> 0,使得当 $x_1 , x_2 \in (a , a + \delta) \subset (a , b]$ 时,$\left| \int_{x_1}^{x_2} f(t) \mathrm{d}t \right| < \varepsilon$.

性质 3.14（绝对值不等式性质）设 $\int_a^b f(x) \mathrm{d}x$ 为瑕积分（瑕点为 a）,如果 $\int_a^b | f(x) | \mathrm{d}x$ 收敛,则 $\int_a^b f(x) \mathrm{d}x$ 也收敛,且有

$$\left| \int_a^b f(x) \mathrm{d}x \right| \leqslant \int_a^b | f(x) | \mathrm{d}x \tag{3-94}$$

与无穷积分类似,当 $\int_a^b | f(x) | \mathrm{d}x$ 收敛时,称 $\int_a^b f(x) \mathrm{d}x$ 为绝对收敛;称收敛而不绝对收敛的瑕积分是条件收敛的.

同样地,由柯西准则和绝对值不等式性质即可推得下述的比较判别法.

定理 3.22（比较判别法）设瑕积分 $\int_a^b f(x) \mathrm{d}x$ 和 $\int_a^b g(x) \mathrm{d}x$ 的瑕点都为 a,如果当 $x \in (a , b]$ 时有

$$0 \leqslant f(x) \leqslant g(x)$$

那么当 $\int_a^b g(x) \mathrm{d}x$ 收敛时 $\int_a^b f(x) \mathrm{d}x$ 也收敛;当 $\int_a^b f(x) \mathrm{d}x$ 发散时 $\int_a^b g(x) \mathrm{d}x$ 也发散.

推论 3.6（极限形式）设 $f(x) \geqslant 0 , g(x) > 0$ 且 $\lim\limits_{x \to a} \dfrac{f(x)}{g(x)} = c$,则有

(1) 若 $0 < c < + \infty$,则瑕积分 $\int_a^b f(x) \mathrm{d}x$ 与 $\int_a^b g(x) \mathrm{d}x$（瑕点为 a）具有相同的敛散性;

(2) 若 $c = 0$,则 $\int_a^b g(x) \mathrm{d}x$ 收敛时 $\int_a^b f(x) \mathrm{d}x$ 也收敛;$\int_a^b f(x) \mathrm{d}x$ 发散时 $\int_a^b g(x) \mathrm{d}x$ 也发散;

(3) 若 $c = + \infty$,则 $\int_a^b f(x) \mathrm{d}x$ 收敛时 $\int_a^b g(x) \mathrm{d}x$ 也收敛;$\int_a^b g(x) \mathrm{d}x$ 发散时 $\int_a^b f(x) \mathrm{d}x$ 也发散.

在应用比较判别法时,常以 $\int_a^b \dfrac{1}{(x - a)^q} \mathrm{d}x$（例 3.77）作为比较对象,且有下列结论:

(1) 若 $f(x) \sim \dfrac{c}{(x - a)^p}$（$x \to a^+ , c \neq 0$）,则瑕积分 $\int_a^b f(x) \mathrm{d}x$ 与 $\int_a^b \dfrac{1}{(x - a)^q} \mathrm{d}x$ 同敛散;

(2) 若 $f(x) = o\left(\dfrac{1}{(x - a)^p} \right)$（$x \to a^+$）,则当 $p > 1$ 时,瑕积分 $\int_a^{+\infty} f(x) \mathrm{d}x$ 收敛;

(3) 若 $f(x)(\geqslant 0)$ 为 $\dfrac{1}{(x - a)^p}$ 的低阶无穷大（$x \to a^+$）,则当 $p < 1$ 时,$\int_a^{+\infty} f(x) \mathrm{d}x$ 发散.

例 3.81　判别下列瑕积分的敛散性.

(1) $\int_1^2 \dfrac{1}{\sqrt{x^2 - 1}} \mathrm{d}x$;　　(2) $\int_0^{\frac{\pi}{2}} \dfrac{x \sin x}{1 - \cos x} \mathrm{d}x$;　　(3) $\int_0^1 \dfrac{1}{\sqrt{x} \ln x} \mathrm{d}x$

解　(1) $x = 1$ 为瑕点,由于 $x \to 1^+$ 两个无穷大量 $\dfrac{1}{\sqrt{x^2 - 1}} \sim \dfrac{1}{\sqrt{2}} \dfrac{1}{\sqrt{x - 1}}$,又由例 3.77

知 $\int_1^2 \dfrac{1}{\sqrt{x-1}}\mathrm{d}x$ 收敛,所以由推论 3.6 知(1)收敛.

(2) $x=0$ 为瑕点,由于 $x\to 0^+$ 时,$\dfrac{\sqrt{x}\sin x}{1-\cos x}\sim\dfrac{x^{\frac{3}{2}}}{2\sin^2(x/2)}=\dfrac{2}{\sqrt{x}}$,可知(2)收敛.

(3) $x=0$ 和 $x=1$ 都是瑕点,先考查瑕积分 $\int_{1/2}^1\dfrac{1}{\sqrt{x}\ln x}\mathrm{d}x=-\int_{1/2}^1\dfrac{1}{\sqrt{x}\,|\ln x|}\mathrm{d}x.$

因为 $x\to 1^-$ 时,$\dfrac{1}{\sqrt{x}\,|\ln x|}=\dfrac{1}{\sqrt{x}\,|\ln[1+(x-1)\,]|}\sim\dfrac{1}{|x-1|}=\dfrac{1}{1-x}$,由于 $\int_0^1\dfrac{1}{1-x}\mathrm{d}x$ 发散,故 $\int_{1/2}^1\dfrac{1}{\sqrt{x}\ln x}\mathrm{d}x$ 发散,从而(3)发散(瑕点 $x=0$ 的情况就不必去考查了).

虽然瑕积分也有类似的狄利克雷判别法或阿贝尔判别法,但对于一般瑕积分,我们可以利用换元积分法把它转化为无穷积分来研究,故我们不给出瑕积分的这两种判别法.

例 3.82 讨论瑕积分 $\int_0^1\dfrac{1}{x^\alpha}\sin\dfrac{1}{x}\mathrm{d}x$ 的敛散性.

解 令 $t=\dfrac{1}{x}$,则 $x=1$ 时 $t=1$,当 $x\to 0^+$ 时 $t\to+\infty$,得

$$\int_0^1\dfrac{1}{x^\alpha}\sin\dfrac{1}{x}\mathrm{d}x=\int_1^{+\infty}\dfrac{\sin t}{t^{2-\alpha}}\mathrm{d}t$$

根据例 3.81 知,无穷积分 $\int_1^{+\infty}\dfrac{\sin t}{t^{2-\alpha}}\mathrm{d}t$ 当 $2-\alpha>1$ 即 $\alpha<1$ 时绝对收敛;当 $0<2-\alpha\leqslant 1$ 即 $1\leqslant\alpha<2$ 时条件收敛;当 $2-\alpha\leqslant 0$ 即 $\alpha>2$ 时发散.故瑕积分 $\int_0^1\dfrac{1}{x^\alpha}\sin\dfrac{1}{x}\mathrm{d}x$ 当 $\alpha<1$ 时绝对收敛;当 $1\leqslant\alpha<2$ 时条件收敛;当 $\alpha>2$ 时发散.

当 $\alpha\leqslant 0$ 时,$\int_0^1\dfrac{1}{x^\alpha}\sin\dfrac{1}{x}\mathrm{d}x$ 可视为定积分.

无穷积分与瑕积分都属于广义积分.在应用中还存在混合型广义积分的情形,即积分区间为无穷区间但又含有瑕点,这种情形需要把积分拆成瑕积分与无穷积分之和,分别讨论它们的敛散性,下举一例.

例 3.83 试求(伽马(Gamma)函数)$\Gamma(\alpha)=\int_0^{+\infty}x^{\alpha-1}\mathrm{e}^{-x}\mathrm{d}x$ 的定义域.

解 将伽马函数写成 $\Gamma(\alpha)=\int_0^1 x^{\alpha-1}\mathrm{e}^{-x}\mathrm{d}x+\int_1^{+\infty}x^{\alpha-1}\mathrm{e}^{-x}\mathrm{d}x=I_1+I_2$

对瑕积分 $I_1=\int_0^1 x^{\alpha-1}\mathrm{e}^{-x}\mathrm{d}x$,当 $\alpha<1$ 时为瑕积分(瑕点为 0);当 $\alpha\geqslant 1$ 时为定积分(存在).由于

$$x^{\alpha-1}\mathrm{e}^{-x}=\dfrac{\mathrm{e}^{-x}}{x^{1-\alpha}}\sim\dfrac{1}{x^{1-\alpha}}(x\to 0^+)$$

所以当 $1-\alpha<1$ 即 $\alpha>0$ 时,瑕积分 $I_1=\int_0^1 x^{\alpha-1}\mathrm{e}^{-x}\mathrm{d}x$ 存在.

对于无穷积分 $I_2=\int_1^{+\infty}x^{\alpha-1}\mathrm{e}^{-x}\mathrm{d}x$,显然对任何实数 α,都有

$$x^{a-1}\mathrm{e}^{-x} = \frac{x^{a-1}}{\mathrm{e}^x} = o\left(\frac{1}{x^2}\right)\ (x \to +\infty)$$

故无穷积分 $I_2 = \displaystyle\int_1^{+\infty} x^{a-1}\mathrm{e}^{-x}\mathrm{d}x$ 对任何实数 α 都收敛.

综上所述, $\Gamma(\alpha) = \displaystyle\int_0^{+\infty} x^{a-1}\mathrm{e}^{-x}\mathrm{d}x$ 的定义域是 $\alpha > 0$.

习题 3.9

1.计算下列广义积分:

(1) $\displaystyle\int_2^{+\infty} \frac{\mathrm{d}x}{x^2 - x}$;

(2) $\displaystyle\int_0^{+\infty} x\,\mathrm{e}^{-x^2}\,\mathrm{d}x$;

(3) $\displaystyle\int_{-\infty}^{+\infty} \frac{\mathrm{d}x}{4x^2 + 4x + 5}$;

(4) $\displaystyle\int_0^{+\infty} \mathrm{e}^{-x}\cos x\,\mathrm{d}x$;

(5) $\displaystyle\int_1^{+\infty} \frac{\arctan x}{x^2}\mathrm{d}x$;

(6) $\displaystyle\int_1^2 \frac{\mathrm{d}x}{x\sqrt{x^2 - 1}}$;

(7) $\displaystyle\int_0^1 \frac{x}{\sqrt{1 - x^2}}\mathrm{d}x$;

(8) $\displaystyle\int_0^1 \ln x\,\mathrm{d}x$;

(9) $\displaystyle\int_0^1 \frac{\mathrm{d}x}{\sqrt{x - x^2}}$;

(10) $\displaystyle\int_1^e \frac{\mathrm{d}x}{x\sqrt{1 - \ln^2 x}}$;

(11) $\displaystyle\int_1^{+\infty} \frac{\mathrm{d}x}{x\sqrt{x - 1}}$;

(12) $\displaystyle\int_0^{+\infty} \frac{\mathrm{d}t}{\sqrt{\mathrm{e}^t - 1}}$.

2.讨论下列广义积分的敛散性:

(1) $\displaystyle\int_{-\infty}^{+\infty} \frac{\mathrm{d}x}{x^4 - x^2 + 1}$;

(2) $\displaystyle\int_0^{+\infty} \frac{\mathrm{d}x}{\sqrt{x^3 + 1}}$;

(3) $\displaystyle\int_1^{+\infty} \frac{x}{\mathrm{e}^x - 1}\mathrm{d}x$;

(4) $\displaystyle\int_0^{+\infty} \frac{x^m}{1 + x^n}\mathrm{d}x\ (m, n > 0)$;

5) $\displaystyle\int_0^{+\infty} \frac{\mathrm{d}x}{\sqrt{x^2 + 1}}$;

(6) $\displaystyle\int_1^{+\infty} \frac{\ln(1 + x)}{x^n}\mathrm{d}x$;

(7) $\displaystyle\int_0^1 \frac{x}{1 - x^2}\mathrm{d}x$;

(8) $\displaystyle\int_0^1 \frac{\mathrm{d}x}{\sqrt{x}\ln x}$;

(9) $\displaystyle\int_2^{+\infty} \frac{x\ln x}{(x^2 - 1)^2}\mathrm{d}x$;

(10) $\displaystyle\int_0^{\frac{\pi}{2}} \frac{\sqrt{x}\sin x}{1 - \cos x}\mathrm{d}x$;

(12) $\displaystyle\int_0^{\frac{\pi}{2}} \frac{1 - \cos x}{x^p}\mathrm{d}x$;

(12) $\displaystyle\int_0^{\frac{\pi}{2}} \frac{\mathrm{d}x}{\sin^\alpha x \cos^\beta x}$;

(13) $\displaystyle\int_0^{+\infty} \frac{1}{x^p + x^q}\mathrm{d}x$;

(14) $\displaystyle\int_0^{+\infty} \mathrm{e}^{-x}\ln x\,\mathrm{d}x$;

(15) $\displaystyle\int_0^{\frac{\pi}{2}} \ln(\sin x)\mathrm{d}x$.

3.讨论下列广义积分是绝对收敛还是条件收敛:

(1) $\displaystyle\int_1^{+\infty} \frac{\cos x}{x^p}\mathrm{d}x\ (p > 0)$;

(2) $\displaystyle\int_0^{+\infty} \sin x^2\,\mathrm{d}x$;

(3) $\displaystyle\int_0^{+\infty} x\sin x^4\,\mathrm{d}x$;

(4) $\displaystyle\int_0^{+\infty} \frac{\sqrt{x}\cos x}{1 + x}\mathrm{d}x$;

(5) $\displaystyle\int_0^1 \frac{1}{x^a}\sin\frac{1}{x}\mathrm{d}x$.

4.设 $f(x)$ 为单调函数, 且无穷积分 $\displaystyle\int_a^{+\infty} f(x)\mathrm{d}x$ 收敛, 证明 $\displaystyle\lim_{x \to +\infty} f(x) = 0$. 举例说明: $\displaystyle\int_a^{+\infty} f(x)\mathrm{d}x$ 收敛且 $f(x)$ 为连续函数时, 不一定有 $\displaystyle\lim_{x \to +\infty} f(x) = 0$.

5.设 $f(x)$ 为可微函数, 且无穷积分 $\displaystyle\int_a^{+\infty} f(x)\mathrm{d}x$ 和 $\displaystyle\int_a^{+\infty} f'(x)\mathrm{d}x$ 皆收敛, 证明 $\displaystyle\lim_{x \to +\infty} f(x) = 0$.

6.利用递推公式计算下列广义积分：

(1) $\displaystyle\int_0^{+\infty} x^n e^{-x}\, dx$;　　　　　　　　(2) $\displaystyle\int_0^{+\infty} \frac{1}{(1+x^2)^n}\, dx$;

(3) $\displaystyle\int_0^1 \frac{x^n}{\sqrt{1-x^2}}\, dt$;　　　　　　　　(4) $\displaystyle\int_0^1 \ln^n x\, dx$.

3.10　解　题　补　缀

例 3.84　求下列不定积分：

(1) $\displaystyle\int \frac{\cos x + 2\sin x}{2\cos x + \sin x}\, dx$;　　　　　　(2) $\displaystyle\int e^{\sin x}\, \frac{x\cos^3 x - \sin x}{\cos^2 x}\, dx$.

解　(1) 令 $I_1 = \displaystyle\int \frac{\cos x}{2\cos x + \sin x}\, dx$ ，$I_2 = \displaystyle\int \frac{\sin x}{2\cos x + \sin x}\, dx$ ，则有 $\displaystyle\int \frac{\cos x + 2\sin x}{2\cos x + \sin x}\, dx = I_1 + 2I_2$.

由于　$2I_1 + I_2 = \displaystyle\int dx = x + C_1$ ，

$$I_1 - 2I_2 = \int \frac{\cos x - 2\sin x}{2\cos x + \sin x}\, dx = \int \frac{d(2\cos x + \sin x)}{2\cos x + \sin x} = \ln|2\cos x + \sin x| + C_2.$$

解得　$I_1 = \dfrac{2}{5}x + \dfrac{1}{5}\ln|2\cos x + \sin x| + C_3$ ，$I_2 = \dfrac{1}{5}x - \dfrac{2}{5}\ln|2\cos x + \sin x| + C_4$.

因此　$\displaystyle\int \frac{\cos x + 2\sin x}{2\cos x + \sin x}\, dx = I_1 + 2I_2 = \dfrac{4}{5}x - \dfrac{3}{5}\ln|2\cos x + \sin x| + C$.

$$(2)\ \int e^{\sin x}\, \frac{x\cos^3 x - \sin x}{\cos^2 x}\, dx = \int x\, e^{\sin x}\cos x\, dx - \int e^{\sin x}\, \frac{\sin x}{\cos^2 x}\, dx$$

$$= \int x\, d(e^{\sin x}) - \int e^{\sin x}\, d\left(\frac{1}{\cos x}\right)$$

$$= \left(x e^{\sin x} - \int e^{\sin x}\, dx\right) - \left(e^{\sin x} \cdot \frac{1}{\cos x} - \int \frac{1}{\cos x}\cdot e^{\sin x}\cos x\, dx\right)$$

$$= e^{\sin x}\left(x - \frac{1}{\cos x}\right) + C.$$

例 3.85　设 $f(x) \in C[0,1]$ ，在 $(0,1)$ 内可微，且 $f(0) = 2\displaystyle\int_{1/2}^1 f(x)\, dx$ ，则 $\exists\, \xi \in (0,1)$ ，使 $f'(\xi) = 0$.

证　由积分中值定理知，$\exists\, c \in \left[\dfrac{1}{2}, 1\right]$ ，使得 $f(0) = 2\displaystyle\int_{1/2}^1 f(x)\, dx = 2f(c)\left(1 - \dfrac{1}{2}\right) = f(c)$.因此由罗尔定理知，$\exists\, \xi \in (0,c) \subset (0,1)$ ，使得 $f'(\xi) = 0$.

例 3.86　设 $f(x)$ 是在 $(0,+\infty)$ 内连续的导函数，$f(0) = 1$ ，且当 $x \geqslant 0$ 时，$f(x) > |f'(x)|$ ，证明当 $x > 0$ 时，$e^x > f(x)$.

证　当 $x \geqslant 0$ 时，由 $f(x) > |f'(x)|$ 得，$f(x) > f'(x)$ 且 $f(x) > 0$ ，因此当 $x \geqslant 0$ 时有 $\dfrac{f'(x)}{f(x)} < 1$.于是根据定积分的不等式性质得 $\displaystyle\int_0^x \frac{f'(t)}{f(t)}\, dt < \int_0^x dt$ ，即 $\ln f(x) - \ln f(0)$

$< x$. 注意到 $f(0)=1$，代入得 $\ln f(x) < x$，即 $f(x) < \mathrm{e}^x$.

例 3.87　设 $f(x)$ 为连续函数，且 $a>0$，证明

$$\int_{1/a}^a f(x)\,\mathrm{d}x = \frac{1}{2}\int_{1/a}^a \left[f(x) + \frac{1}{x^2}f\left(\frac{1}{x}\right) \right]\mathrm{d}x.$$

证　令 $x=\dfrac{1}{t}$，则 $\displaystyle\int_{1/a}^a f(x)\,\mathrm{d}x = \int_a^{1/a} f\left(\frac{1}{t}\right)\cdot\left(-\frac{1}{t^2}\right)\mathrm{d}t = \int_{1/a}^a \frac{1}{t^2}f\left(\frac{1}{t}\right)\mathrm{d}t$

$$= \int_{1/a}^a \frac{1}{x^2}f\left(\frac{1}{x}\right)\mathrm{d}t.$$

因此　$\displaystyle\int_{1/a}^a f(x)\,\mathrm{d}x = \frac{1}{2}\int_{1/a}^a \left[f(x) + \frac{1}{x^2}f\left(\frac{1}{x}\right) \right]\mathrm{d}x.$

例 3.88　设 $f(x)$ 在 $[-1,1]$ 上连续，证明 $\displaystyle\lim_{h\to0^+}\int_{-1}^1 \frac{h}{h^2+x^2}f(x)\,\mathrm{d}x = \pi f(0).$

证　$\forall \varepsilon>0$，由 $f(x)$ 的连续性，$\exists 0<\delta_1<1$，使得当 $\exists |x|<\delta_1$ 时，有 $|f(x)-f(0)|<\dfrac{\varepsilon}{\pi}$，从而

$$\left|\int_{-\delta_1}^{\delta_1} \frac{h}{h^2+x^2}f(x)\,\mathrm{d}x - \int_{-\delta_1}^{\delta_1} \frac{h}{h^2+x^2}f(0)\,\mathrm{d}x\right| \leqslant \int_{-\delta_1}^{\delta_1} \frac{h}{h^2+x^2}|f(x)-f(0)|\,\mathrm{d}x$$

$$< \int_{-\delta_1}^{\delta_1} \frac{h}{h^2+x^2}\frac{\varepsilon}{\pi}\,\mathrm{d}x$$

$$= \frac{2\varepsilon}{\pi}\arctan\frac{\delta_1}{h} = \varepsilon.$$

这个不等式对一切 $h>0$ 都是成立的，即恒有

$$\left|\int_{-\delta_1}^{\delta_1} \frac{h}{h^2+x^2}f(x)\,\mathrm{d}x - \int_{-\delta_1}^{\delta_1} \frac{h}{h^2+x^2}f(0)\,\mathrm{d}x\right| < \frac{\varepsilon}{3}.$$

对于上述的 $\delta_1>0$，注意到

$$\left|\int_{\delta_1}^1 \frac{h}{h^2+x^2}f(x)\,\mathrm{d}x + \int_{-1}^{\delta_1} \frac{h}{h^2+x^2}f(x)\,\mathrm{d}x\right| \leqslant M\left(\int_{\delta_1}^1 \frac{h}{h^2+x^2}\mathrm{d}x + \int_{-1}^{-\delta_1} \frac{h}{h^2+x^2}\mathrm{d}x\right)$$

$$= 2M\left(\arctan\frac{1}{h} - \arctan\frac{\delta_1}{h}\right)\quad(其中\ |f(x)|<M)$$

所以　$\displaystyle\lim_{h\to0^+}\left(\int_{\delta_1}^1 \frac{h}{h^2+x^2}f(x)\,\mathrm{d}x + \int_{-1}^{\delta_1} \frac{h}{h^2+x^2}f(x)\,\mathrm{d}x\right) \leqslant 2M\lim_{h\to0^+}\left(\arctan\frac{1}{h} - \arctan\frac{\delta}{h}\right)$

$$= \frac{\pi}{2} - \frac{\pi}{2} = 0.$$

另外，显然有　$\displaystyle\lim_{h\to0^+}\int_{-\delta_1}^{\delta_1} \frac{h}{h^2+x^2}f(0)\,\mathrm{d}x = 2f(0)\lim_{h\to0^+}\arctan\frac{\delta_1}{h} = \pi f(0).$

故存在 $\delta>0$（不妨设 $\delta<\delta_1$），使得当 $0<h<\delta$ 时，同时有

$$\left|\int_{\delta_1}^1 \frac{h}{h^2+x^2}f(x)\,\mathrm{d}x + \int_{-1}^{\delta_1} \frac{h}{h^2+x^2}f(x)\,\mathrm{d}x\right| < \frac{\varepsilon}{3},$$

$$\left|\int_{-\delta_1}^{\delta_1} \frac{h}{h^2+x^2}f(0)\,\mathrm{d}x - \pi f(0)\right| < \frac{\varepsilon}{3}.$$

从而当 $0<h<\delta$ 时，综上所述有

$$\left|\int_{-1}^{1}\frac{h}{h^2+x^2}f(x)\mathrm{d}x-\pi f(0)\right|=\left|\int_{-\delta_1}^{\delta_1}\frac{h}{h^2+x^2}f(x)\mathrm{d}x+\int_{\delta_1}^{1}\frac{h}{h^2+x^2}f(x)\mathrm{d}x+\right.$$

$$\left.\int_{-1}^{\delta_1}\frac{h}{h^2+x^2}f(x)\mathrm{d}x-\pi f(0)\right|$$

$$\leqslant\left|\int_{-\delta_1}^{\delta_1}\frac{h}{h^2+x^2}f(x)\mathrm{d}x-\int_{-\delta_1}^{\delta_1}\frac{h}{h^2+x^2}f(0)\ \mathrm{d}x\right|+$$

$$\left|\int_{-\delta_1}^{\delta_1}\frac{h}{h^2+x^2}f(0)\ \mathrm{d}x-\pi f(0)\right|+$$

$$\left|\int_{\delta_1}^{1}\frac{h}{h^2+x^2}f(x)\mathrm{d}x+\int_{-1}^{\delta_1}\frac{h}{h^2+x^2}f(x)\mathrm{d}x\right|$$

$$<\frac{\varepsilon}{3}+\frac{\varepsilon}{3}+\frac{\varepsilon}{3}=\varepsilon.$$

◎ **思考题** 设函数 $f(x)$ 在区间 $[0,1]$ 上连续,证明 $\lim\limits_{n\to\infty}\int_{0}^{1}\frac{n}{1+n^2x^2}f(x)\mathrm{d}x=\frac{\pi}{2}f(0).$

例 3.89 设 $f(y)=\int_{y}^{y^2}\left(1+\frac{1}{2x}\right)^x\sin\frac{1}{\sqrt{x}}\mathrm{d}x(y>0)$,求 $\lim\limits_{n\to+\infty}f(n)\sin\frac{1}{n}.$

解 由积分中值定理知,$\exists\xi:1<x<\xi<x^2$,使得 $f(y)=\left(1+\frac{1}{2\xi}\right)^\xi\sin\frac{1}{\sqrt{\xi}}\cdot(y^2-y)$.由于 $\left(1+\frac{1}{2\xi}\right)^\xi>1,\sin\frac{1}{\sqrt{\xi}}\cdot(y^2-y)>\sin\frac{1}{y}\cdot(y^2-y)\to+\infty(y\to+\infty)$,所以 $f(y)\to+\infty(y\to+\infty)$.

由洛必达法则知

$$\lim_{y\to+\infty}f(y)\cdot\sin\frac{1}{y}=\lim_{y\to+\infty}\int_{y}^{y^2}\left(1+\frac{1}{2x}\right)^x\sin\frac{1}{\sqrt{x}}\mathrm{d}x\Big/\left(\sin\frac{1}{y}\right)^{-1}$$

$$=\lim_{y\to+\infty}\frac{\left(1+\frac{1}{2y^2}\right)^{y^2}\cdot2y\sin\frac{1}{y}-\left(1+\frac{1}{2y}\right)^y\cdot\sin\frac{1}{\sqrt{y}}}{\left(\sin\frac{1}{y}\right)^{-2}\cdot\frac{1}{y^2}\cos\frac{1}{y}}$$

$$=\lim_{y\to+\infty}\frac{\left(1+\frac{1}{2y^2}\right)^{y^2}\cdot2y\sin\frac{1}{y}-\left(1+\frac{1}{2y}\right)^y\cdot\sin\frac{1}{\sqrt{y}}}{\left(\sin\frac{1}{y}\right)^{-2}\frac{1}{y^2}\cdot\cos\frac{1}{y}}$$

$$=\frac{\sqrt{e}\cdot2-\sqrt{e}\cdot0}{1\cdot1}=2\sqrt{e}.$$

因此 $\lim\limits_{n\to+\infty}f(n)\sin\frac{1}{n}=2\sqrt{e}.$

例 3.90 设函数 $f(x)$ 在区间 $[a,b]$ 上具有二阶导数,$f\left(\frac{a+b}{2}\right)=0$,证明 $\left|\int_{a}^{b}f(x)\mathrm{d}x\right|\leqslant\frac{M}{24}(b-a)^3$,其中 $M=\max\limits_{a\leqslant x\leqslant b}|f''(x)|.$

证 应用泰勒公式,注意到 $f\left(\frac{a+b}{2}\right)=0$,得

$$f(x) = f'\left(\frac{a+b}{2}\right)\left(x - \frac{a+b}{2}\right) + \frac{1}{2!}f''(\xi)\left(x - \frac{a+b}{2}\right)^2,\text{其中 } \xi \text{ 介于} \frac{a+b}{2} \text{ 与 } x \text{ 之间.}$$

于是
$$\left|\int_a^b f(x)\,\mathrm{d}x\right| = \left|f'\left(\frac{a+b}{2}\right)\int_a^b\left(x - \frac{a+b}{2}\right)\mathrm{d}x + \frac{1}{2!}\int_a^b f''(\xi)\left(x - \frac{a+b}{2}\right)^2\mathrm{d}x\right|$$

$$= \frac{1}{2!}\left|\int_a^b f''(\xi)\left(x - \frac{a+b}{2}\right)^2\mathrm{d}x\right| \leqslant \frac{1}{2}M\int_a^b\left(x - \frac{a+b}{2}\right)^2\mathrm{d}x$$

$$= \frac{1}{6}M\left(x - \frac{a+b}{2}\right)^3\bigg|_a^b = \frac{M}{24}(b-a)^3.$$

例 3.91　设函数 $f(x)$ 在任何有限区间上可积，且 $\lim\limits_{x \to +\infty} f(x) = l$，证明 $\lim\limits_{x \to +\infty} \dfrac{1}{x}$
$\displaystyle\int_0^x f(t)\,\mathrm{d}t = l.$

证　由题设条件知，$\forall \varepsilon > 0, \exists M_1 > 0$，当 $x > M_1$ 时有　$|f(x) - l| < \dfrac{\varepsilon}{2}$. 从而当
$x > M_1$ 时，

$$\left|\frac{1}{x}\int_0^x f(t)\,\mathrm{d}t - l\right| = \frac{1}{x}\left|\int_0^x (f(t)-l)\,\mathrm{d}t\right| = \frac{1}{x}\left|\int_0^{M_1}(f(t)-l)\,\mathrm{d}t + \int_{M_1}^x(f(t)-l)\,\mathrm{d}t\right|$$

$$\leqslant \frac{1}{x}\int_0^{M_1}|f(t)-l|\,\mathrm{d}t + \frac{1}{x}\int_{M_1}^x|f(t)-l|\,\mathrm{d}t$$

对于固定的 M_1，显然不等式右端的第一项满足 $\lim\limits_{x \to +\infty} \dfrac{1}{x}\displaystyle\int_0^{M_1}|f(t)-l|\,\mathrm{d}t = 0$，从而 $\exists M$
$> M_1$，使得当 $x > M$ 时有，$\dfrac{1}{x}\displaystyle\int_0^{M_1}|f(t)-l|\,\mathrm{d}t < \dfrac{\varepsilon}{2}$；

而不等式右端的第二项满足　$\dfrac{1}{x}\displaystyle\int_{M_1}^x|f(t)-l|\,\mathrm{d}t < \dfrac{1}{x}\displaystyle\int_{M_1}^x\dfrac{\varepsilon}{2}\,\mathrm{d}t < \dfrac{1}{x}\displaystyle\int_0^x\dfrac{\varepsilon}{2}\,\mathrm{d}t = \dfrac{\varepsilon}{2}.$

综上所述，当 $x > M$ 时有

$$\left|\frac{1}{x}\int_0^x f(t)\,\mathrm{d}t - l\right| \leqslant \frac{1}{x}\int_0^{M_1}|f(t)-l|\,\mathrm{d}t + \frac{1}{x}\int_{M_1}^x|f(t)-l|\,\mathrm{d}t < \frac{\varepsilon}{2} + \frac{\varepsilon}{2} = \varepsilon.\text{得证.}$$

例 3.92　证明无穷积分 $\displaystyle\int_0^{+\infty}\dfrac{\sin x^2}{1+x^p}\,\mathrm{d}x\ (p>0)$ 收敛.

解　只需证明 $\displaystyle\int_1^{+\infty}\dfrac{\sin x^2}{1+x^p}\,\mathrm{d}x$ 收敛，将无穷积分变形为 $\displaystyle\int_1^{+\infty}\dfrac{\sin x^2}{1+x^p}\,\mathrm{d}x = \displaystyle\int_1^{+\infty}(x\sin x^2)\cdot$
$\dfrac{1}{x(1+x^p)}\,\mathrm{d}x.$

因为　$\left|\displaystyle\int_1^u(x\sin x^2)\,\mathrm{d}x\right| = \dfrac{1}{2}|\cos u^2 - \cos 1| \leqslant 1$，且 $\dfrac{1}{x(1+x^p)}$ 在 $[1, +\infty)$ 上单调趋于
零，由狄利克雷判别法知 $\displaystyle\int_1^{+\infty}\dfrac{\sin x^2}{1+x^p}\,\mathrm{d}x$ 收敛，从而 $\displaystyle\int_0^{+\infty}\dfrac{\sin x^2}{1+x^p}\,\mathrm{d}x\ (p>0)$ 收敛.

例 3.93　设函数 $f(x)$ 在区间 $[1, +\infty)$ 上连续，且 $f(x) > 0, \lim\limits_{x \to +\infty}\dfrac{\ln f(x)}{\ln x} = -p < -1.$
则 $\displaystyle\int_1^{+\infty} f(x)\,\mathrm{d}x$ 收敛.

跳跃间断点；　(5) $x=0$ 为跳跃间断点；　(6) 无间断点；　(7) 当 $x<-1$ 时，$f(x)=0$；当 $-1<x<1$ 时，$f(x)=1$；当 $1<x$ 时，$f(x)=0$。$x=\pm1$ 为跳跃间断点；　(8) 函数仅在 $x=n,n=\pm1,\pm2,\cdots$ 连续，其余点皆为第二类间断点；　(9) $x=n\pi,n=0,\pm1,\pm2,\cdots$ 为跳跃间断点；$x=2n\pi+\dfrac{\pi}{2},n=0,\pm1,\pm2,\cdots$ 为可去间断点.

2. (1) 定义 $f(1)=1$；　(2) 定义 $f(0)=0$；　(3) 重新定义 $f(0)=1$.

1.7　连续函数的局部性质与初等函数的连续性

1. (1) $\dfrac{1}{\pi}$；　(2) $\dfrac{\pi}{2}$；　(3) $\sqrt{2}$；　(4) 0；　(5) 1；　(6) $\dfrac{\pi}{3}$；　(7) $\ln a$；　(8) $\sqrt{ab}$.

第 2 章　一元函数微分学

2.1　导数概念

1. $5,4.1,4.01,4$.

2. $25,20.5,20.05,20$.

3. (1) 4；　(2) $1+\dfrac{\pi}{4}$；　(3) $-8,0,0$.

4. $a=2,b=-1,f'(1)=2$.

5. (1) 可导；　(2) 不可导.

6. $f'(a)=\varphi(a)$.

2.2　导数的运算法则

1. (1) $2x+3\cos x$；　(2) $2x\cos x-x^2\sin x$；　(3) $2x\ln x\cdot\sin x+x\sin x+x^2\ln x\cdot\cos x$；

(4) $\dfrac{2(1+x^2)}{(1-x^2)^2}$；　(5) $\dfrac{1-\ln x}{x^2}$；　(6) $\dfrac{x\cos x-\sin x}{x^2}$；　(7) $\tan x+x\sec^2 x$；

(8) $\dfrac{\tan x-x\sec^2 x}{\tan^2 x}$；　(9) $\arcsin x+\dfrac{x}{\sqrt{1-x^2}}$；　(10) $2x\arctan x+1$；

(11) $2^x(\ln x+\dfrac{1}{x\ln2})$；　(12) $a^x x^a(\ln a+\dfrac{a}{x})$；　(13) $\dfrac{x^2}{(\cos x+x\sin x)^2}$；

(14) $\dfrac{\pi}{2}+\dfrac{3\sqrt{2}}{2}-\dfrac{8}{\pi}$.

2. (1) $\dfrac{2}{(1-x)^3}$；　(2) $\dfrac{-x}{\sqrt{1-x^2}}$；　(3) $\sqrt{1+x^2}+\dfrac{x^2}{\sqrt{1+x^2}}$；　(4) $-2\sin2x-2\cos x$；

(5) $\dfrac{1}{\ln(\ln x)}\dfrac{1}{\ln x}\dfrac{1}{x}$；　(6) $\dfrac{1}{2\sqrt{x+\sqrt{x+\sqrt{x}}}}\left[1+\dfrac{1}{2\sqrt{x+\sqrt{x}}}\left(1+\dfrac{1}{2\sqrt{x}}\right)\right]$；

(7) $\dfrac{2}{\sin^2 x}$；　(8) $\sec^2\dfrac{x}{2}\cdot\tan\dfrac{x}{2}-\csc^2\dfrac{x}{2}\cdot\cot\dfrac{x}{2}$；

(9) $-3\cos[\cos^2(\tan^3 x)] \cdot \sin(2\tan^3 x) \cdot \tan^2 x \cdot \sec^2 x$;　(10) $-2x\mathrm{e}^{-x^2}$;

(11) $-\dfrac{\ln 2}{x^2} \cdot 2^{\tan\frac{1}{x}} \cdot \sec^2 \dfrac{1}{x}$;

(12) $\left(\dfrac{a}{b}\right)^x \left(\dfrac{b}{x}\right)^a \left(\dfrac{x}{a}\right)^b \left(\dfrac{b-a}{x}+\ln\dfrac{a}{b}\right)$;　(13) $\dfrac{2x}{1+x^4}$;

(14) $\dfrac{2}{1+x^2} \cdot \mathrm{sgn}(x^2-1)$;　(15) $-\dfrac{6x}{1+x^4} \cdot (\mathrm{arccot}\, x^2)^2$;　(16) $2\mathrm{e}^x \sqrt{1-\mathrm{e}^{2x}}$;

(17) $\dfrac{6}{x\ln 10} \cdot lg^2 x^2$;　(18) $a^a x^{a^a-1} + ax^{a-1}a^{x^a}\ln a + a^x a^{a^x}\ln^2 a$;

(19) $\mathrm{e}^{-x}(2\cos 2x - \sin 2x)$;　(20) $(\ln x)^x\left(\ln\ln x + \dfrac{1}{\ln x}\right)$;　(21) $\dfrac{1-\ln x}{x^2} \cdot \sqrt[x]{x}$;

(22) $x^{a-1}x^{x^a}(1+a\ln x) + a^x x^{a^x}\left(\dfrac{1}{x}+\ln a \cdot \ln x\right) + x^x a^{x^x}\ln a(1+\ln x)$;

(23) $x^x x^{x^x}\left(\dfrac{1}{x}+\ln x+\ln^2 x\right)$;　(24) $\dfrac{-\sin 2x}{\sqrt{1+\cos^4 x}}$;　(25) $\sqrt{a^2+x^2}$;

(26) $\sqrt{a^2-x^2}$;　(27) $\dfrac{1}{\sqrt[4]{1+x^4}}$;　(28) $\dfrac{-x^3}{\sqrt[4]{(1+x^4)^3}}$.

3.(1) $\dfrac{u(x)u'(x)+v(x)v'(x)}{\sqrt{u^2(x)+v^2(x)}}$;　(2) $[u(x)]^{v(x)}\left[v'(x)\ln u(x)+\dfrac{v(x)}{u(x)}u'(x)\right]$;

(3) $\dfrac{u'(x)}{u(x)} \cdot \dfrac{1}{\ln v(x)} - \dfrac{v'(x)}{v(x)} \cdot \dfrac{\ln u(x)}{\ln^2 v(x)}$.

4. $f'(x)=3\,|x-1|\,(x+1)$.

6. $\{f[g(x)]\}'\big|_{x=0}=0$.

7. $f'(0)=0$.

8. (1)$\alpha>0$;　(2)$\alpha>1$;　(3) $\alpha>2$.

2.3　参变量函数和隐函数的导数

1. (1) $\dfrac{t}{2}$;　(2) $\dfrac{\sin t}{1-\cos t}$;　(3) -1.

2. $x+y=\dfrac{\sqrt{2}}{2}a$.

3. (1) $\dfrac{y-x^2}{y^2-x}$;　(2) $\dfrac{x+y}{x-y}$;　(3) $-\dfrac{1}{\mathrm{e}}$.

4. $a=\mathrm{e}^{\frac{1}{\mathrm{e}}}$;　切点:(e,e).

5. $\dfrac{1}{\mathrm{e}}$.

7. (1)0.875(米／秒);　(2) $\dfrac{5}{\sqrt{2}}$(米);　(3) 4(米).

8. $\dfrac{q}{2l\tan\alpha}\left(h_0^2+\dfrac{qt}{l\tan\alpha}\right)^{-1/2}$(米／秒).

2.4　微分

1. 4；　0.031；　0.000301.

2. (1) $\ln x\,\mathrm{d}x$；　(2) $\mathrm{e}^{-ax}(b\cos bx - a\sin bx)\,\mathrm{d}x$；　(3) $\dfrac{-2x\sin x + (1+x^2)\cos x}{(1+x^2)^2 + (1+x^2)\sin x}\mathrm{d}x$；

　　(4) $\dfrac{-2x}{1+x^2}\mathrm{d}x$；　(5) $-\left(1+\dfrac{1}{y^2}\right)\mathrm{d}x$；　(6) $\dfrac{x+y}{x-y}\mathrm{d}x$.

3. (1) 1.0067；　(2) 0.8104；　(3) 0.4849.

4. $g_0\left(1-\dfrac{2h}{R}\right)$.

2.5　高阶导数与高阶微分

1. (1) $-\dfrac{2}{x}\sin(\ln x)$；　(2) $-\dfrac{6}{x^4}$；　(3) $2^{50}\left(-x^2\sin 2x + 50x\cos 2x + \dfrac{1225}{2}\sin 2x\right)$；

　　(4) $(-1)^n\mathrm{e}^{-x}[x^2 + (2-2n)x + n^2 - 3n + 2]$；　(5) $(-2)^{n-1}\cos\left(2x + \dfrac{n\pi}{2}\right)$；

　　(6) $\dfrac{n!}{2}\left[\dfrac{1}{(1-x)^{n+1}} + \dfrac{(-1)^n}{(1+x)^{n+1}}\right]$；

　　(7) $\dfrac{1}{x^2}[f''(\ln x) - f'(\ln x)] + \dfrac{f''(x)f(x) - [f'(x)]^2}{[f(x)]^2}$.

2. (1) $\dfrac{(u^2+v^2)(uu''+vv'') + (u'v-uv')^2}{\sqrt{(u^2+v^2)^3}}$；

　　(2) $\dfrac{(u''v-uv'')(u^2+v^2) - 2(uu'+vv')(u'v-uv')}{(u^2+v^2)^2}$；

　　(3) $u^v\left[\left(\dfrac{u'v}{u} + v'\ln u\right)^2 + v\cdot\dfrac{uu''-u'^2}{u^2} + \dfrac{2u'v'}{u} + v''\ln u\right]$.

3. (1) $\dfrac{3}{4(1-t)}$；　(2) $\dfrac{1}{a\sin t\cos^4 t}$；　(3) $\dfrac{1}{2}$；

　　(4) $\dfrac{2(x^2+y^2)}{(x-y)^3}$；　(5) $\dfrac{2x^2 y}{(1+y^2)^3}[3(1+y^2)^2 + 2x^4(1-y^2)]$；　(6) 2.

5. $y^{(n)}\big|_{x=0} = \begin{cases} 0, & n=2k \\ (-1)^k(2k)!, & n=2k+1 \end{cases}$，其中 $0! = 1, k=0,1,2,\cdots$.

6. $y^{(n)}\big|_{x=0} = \begin{cases} 0, & n=2k \\ [(2k-1)!!]^2, & n=2k+1 \end{cases}$，其中 $k=0,1,2,\cdots$.

8. (1) $\mathrm{e}^x\left(\dfrac{2}{x} - \dfrac{1}{x^2} + \ln x\right)\mathrm{d}x^2$；　(2) $-\dfrac{15}{8}x^{-7/2}\mathrm{d}x^3$；

　　(3) $-2^{10}(x\cos 2x + 5\sin 2x)\mathrm{d}x^{10}$；　(4) $\dfrac{1}{u}\mathrm{d}^2 u - \dfrac{1}{u^2}\mathrm{d}u^2$；

　　(5) $\mathrm{e}^u(\mathrm{d}^4 u + 4\mathrm{d}^3 u\cdot\mathrm{d}u + 3\mathrm{d}^2 u\cdot\mathrm{d}^2 u + 6\mathrm{d}^2 u\cdot\mathrm{d}u^2 + \mathrm{d}u^4)$.

2.6　微分中值定理与函数的单调性、极值

8. (1) 在$(-\infty,-1)$及$(0,1)$内递增,在$(-1,0)$及$(1,+\infty)$内递减,极小值 $y(0)=0$,

极大值 $y(\pm 1)=1$；　(2) 在 $(-\infty,-1)$ 及 $(0,1)$ 内递减,在 $(-1,0)$ 及 $(1,+\infty)$ 内递增,极小值 $y(\pm 1)=1$；　(3) 在 $(-\infty,0)$ 及 $(e^{-1},+\infty)$ 内递增,在 $(0,e^{-1})$ 内递减,极大值 $f(0)=1$, 极小值 $f(e^{-1})=(e^{-1})^{2e^{-1}}$；　(4) 在 $\left(-\infty,\dfrac{2}{3}\right)$ 内递增,在 $\left(\dfrac{2}{3},+\infty\right)$ 内递减,极大值 $y\left(\dfrac{2}{3}\right)=e^{-2/3}\cdot\sqrt[3]{\dfrac{4}{9}}$；　(5) 在 $(0,1)$ 及 $(e^2,+\infty)$ 内递减,在 $(1,e^2)$ 内递增,极小值 $y(1)=0$;极大值 $y(e^2)=\dfrac{4}{e^2}$；　(6) 在 $\left(2k\pi,2k\pi+\dfrac{2\pi}{3}\right)$ 及 $(2k\pi+\pi,2k\pi+\dfrac{4\pi}{3})$ 内递减;在 $\left(2k\pi+\dfrac{2\pi}{3},2k\pi+\pi\right)$ 及 $\left(2k\pi+\dfrac{4\pi}{3},2k\pi+2\pi\right)$ 内递增;极大值 $y(k\pi)=(-1)^k+\dfrac{1}{2}$;极小值 $y\left(\pm\dfrac{2\pi}{3}+2k\pi\right)=-\dfrac{3}{4}$.

9. (1) 最大值 $y(\pm 2)=\sqrt[3]{4}-\sqrt[3]{3}$,最小值 $y\left(\pm\dfrac{\sqrt{2}}{2}\right)=0$；　(2) 最大值 $y(0)=27$,最小值 $y\left(\dfrac{3}{2}\right)=0$；　(3) 最大值 $y(100)=y(0.01)=100.01$,最小值 $y(1)=2$.

14. (1) $M_n=\left(\dfrac{n}{n+1}\right)^{n+1}$；　(2) $\dfrac{1}{e}$.

15. 20kg.

16. 当设 $h=r=\sqrt[3]{\dfrac{3V}{5\pi}}$ 时,表面积最小,且等于 $3V\cdot\sqrt[3]{\dfrac{5\pi}{3V}}$.

17. 切点的坐标为 $C\left(\dfrac{1}{\sqrt{3}},-\dfrac{2}{3}\right)$.

18. 所求切线的方程为 $x+y=2$.

2.7　柯西中值定理与洛必达法则

4. (1) $\dfrac{\alpha}{\beta}a^{\alpha-\beta}$；　(2) $-\dfrac{1}{2}$；　(3) $\dfrac{1}{3}$；　(4) $-\dfrac{1}{6}$；　(5) 2；　(6) $-\dfrac{1}{2}$；　(7) $\dfrac{1}{3}$；

(8) 1；　(9) $\dfrac{1}{2}$；　(10) $\dfrac{1}{2}$；　(11) $-\infty$；　(12) 2；　(13) 1；　(14) $\sqrt{ab}$；

(15) 1；　(16) $\dfrac{1}{2}$；　(17) $\dfrac{1}{2}$；　(18) $\dfrac{1}{2}$；　(19) $\dfrac{1}{e}$；　(20) e；　(21) $\sqrt{e}$；

(22) 1；　(23) 1.

7. $\lim\limits_{h\to 0^+}\theta=\dfrac{1}{2}$, $\lim\limits_{h\to+\infty}\theta=1$.

2.8　泰勒公式及其应用

1. (1) $1+2x+2x^2-2x^4+o(x^4)$, $f^{(4)}(0)=-48$；　(2) $\dfrac{1}{6}x^2+x^3+o(x^3)$；

(3) $1-\dfrac{x}{2}+\dfrac{x^2}{12}-\dfrac{x^4}{720}+o(x^4)$；　(4) $x-\dfrac{x^7}{18}-\dfrac{x^{13}}{3240}+o(x^{13})$；

(5) $x + \dfrac{x^3}{3} + \dfrac{2x^5}{15} + o(x^5)$；　(6) $x - \dfrac{x^3}{3} + \dfrac{x^5}{5} + o(x^5)$.

2. (1) $1 - \dfrac{1}{2!}\left(x - \dfrac{\pi}{2}\right)^2 + \dfrac{1}{4!}\left(x - \dfrac{\pi}{2}\right)^4 - \cdots + \dfrac{(-1)^m}{(2m)!}\left(x - \dfrac{\pi}{2}\right)^{2m} + \dfrac{(-1)^{m+1}}{(2m+2)!}$

$\cos\left(\theta x + \dfrac{\pi}{2}\right)\left(x - \dfrac{\pi}{2}\right)^{2m+2}$；

(2) $e\Big[1 - (x-1) + \dfrac{1}{2!}(x-1)^2 - \cdots + \dfrac{(-1)^n}{n!}(x-1)^n + \dfrac{(-1)^{n+1}}{(n+1)!}e^{-(\xi-1)}$

$(x-1)^{n+1}\Big]$；

(3) $1 + \dfrac{1}{2}(x-1) - \dfrac{1}{4!!}(x-1)^2 + \cdots + (-1)^{n-1}\dfrac{(2n-3)!!}{(2n)!!}(x-1)^n + (-1)^{n-1}$

$\dfrac{(2n-1)!!}{(2n+2)!!}\xi^{-\frac{2n-1}{2}}(x-1)^{n+1}$；

(4) $-5 + 9(x+1) - 11(x+1)^2 + 10(x+1)^3 - 5(x+1)^4 + (x+1)^5$.

3. (1) $\dfrac{1}{3}$；　(2) $-\dfrac{1}{45}$；　(3) 0；　(4) $-\dfrac{1}{2}$；　(5) $-\dfrac{1}{4}$；　(6) $\dfrac{1}{2}$.

2.9　其他应用

1. 求下列函数的凹凸区间及拐点.

(1) 在 $\left(-\infty, -\dfrac{1}{\sqrt{2}}\right)$ 及 $\left(0, \dfrac{1}{\sqrt{2}}\right)$ 内凹，在 $\left(-\dfrac{1}{\sqrt{2}}, 0\right)$ 及 $\left(\dfrac{1}{\sqrt{2}}, +\infty\right)$ 内凸，拐点：$x = 0$,

　　$\pm\dfrac{1}{\sqrt{2}}$；

(2) 在 $(-\infty, 0)$ 内凹，在 $(0, +\infty)$ 内凸，拐点：$x = 0$；

(3) 在 $\left(-\infty, \dfrac{1}{5}\right)$ 内凹，在 $\left(\dfrac{1}{5}, +\infty\right)$ 内凸，拐点：$x = \dfrac{1}{5}$；

(4) 在 $(-\infty, 2)$ 内凹，在 $(2, +\infty)$ 内凸，拐点：$x = 2$；

(5) 在 $\left(2k\pi, 2k\pi + \dfrac{2\pi}{3}\right)$ 及 $\left(2k\pi + \pi, 2k\pi + \dfrac{4\pi}{3}\right)$ 内凹，在 $\left(2k\pi + \dfrac{2\pi}{3}, 2k\pi + \pi\right)$ 及

　　$\left(2k\pi + \dfrac{4\pi}{3}, 2k\pi + 2\pi\right)$ 内凸，拐点 $x = k\pi, \pm\dfrac{2\pi}{3} + 2k\pi$；

(6) 在 $(0, 1)$ 内凹，在 $(-\infty, 0)$ 及 $(1, +\infty)$ 内凸，拐点：$x = 1$.

2. $a = -\dfrac{3}{2}, b = \dfrac{9}{2}$.

第 3 章　　一元函数积分学

3.1　不定积分的概念及简单运算

1. (1) $\dfrac{3}{5}x^{5/3} - 2x^{1/2} + 2\ln|x| + C$；　(2) $\dfrac{2^x}{\ln 2} + \dfrac{1}{3}x^3 + C$；

(3) $\dfrac{3}{2}x^{2/3}+\dfrac{18}{7}x^{7/6}+\dfrac{9}{5}x^{5/3}+\dfrac{6}{13}x^{13/6}+C$;　(4) $\dfrac{3^x e^x}{\ln3+1}+C$;　(5)$2e^x+\dfrac{x^2}{2}+C$;

(6) $-\cot x-\tan x+C$;　(7) $-\cot\varphi-\varphi+C$;　(8)$\ln|x|+\arctan x+C$;

(9)$\tan x-\cot x+C$;　(10) $\dfrac{1}{2}\varphi-\dfrac{1}{2}\sin\varphi+C$;

(11)$\displaystyle\int e^{-|x|}\,\mathrm{d}x=C+\begin{cases}e^x, & x<0\\ 2-e^{-x}, & x\geqslant0\end{cases}$;

(12)$\displaystyle\int \max\{1,x^2\}\,\mathrm{d}x=C+\begin{cases}x, & |x|\leqslant1\\ \dfrac{1}{3}x^3+\dfrac{2}{3}\operatorname{sgn}x, & |x|\geqslant1\end{cases}$.

2. $f(x)=x-\dfrac{1}{2}x^2+C,0\leqslant x\leqslant1$.

3.设 $f(0)=0,f(x)=C+\begin{cases}x, & -\infty<x\leqslant0\\ e^x-1, & 0<x<+\infty\end{cases}$.

4. $s=-t^3+3t^2$.

5. $y=\dfrac{1}{2}x^2+\dfrac{5}{2}$.

3.2　不定积分的换元积分法与分部积分法

1. (1) $-\dfrac{1}{2}\cos2x+C$;　(2) $\dfrac{1}{7}(1+x)^7+C$;　(3) $\dfrac{2}{3}\sqrt{3x+1}+C$;

(4) $-\dfrac{1}{198}\dfrac{1}{(1+x^2)^{99}}+C$;　(5) $\dfrac{1}{3}\sqrt{(1+x^2)^3}+C$;　(6) $\dfrac{1}{2}e^{x^2}+C$;

(7) $\dfrac{1}{4}(\ln x)^4+C$;　(8)$\ln|\sin x|+C$;　(9) $\dfrac{1}{2}\arctan x^2+C$;　(10)$\ln\left|\dfrac{x-3}{x-2}\right|+C$;

(11) $\dfrac{1}{3}\cos^3 x-\cos x+C$;　(12) $-\dfrac{1}{22}\cos11x-\dfrac{1}{10}\cos5x+C$;

(13) $-\dfrac{1}{5}\sqrt{(1-2x)^5}+C$;　(14) $(\arctan\sqrt{x})^2+C$;　(15)$\ln\left|\cos\dfrac{1}{x}\right|+C$;

(16) $\dfrac{3}{2}\sqrt[3]{(\cos x+\sin x)^2}+C$;　(17)$\arcsin\dfrac{x-1}{\sqrt2}+C$;　(18)$\ln(1+\sin^2 x)+C$;

(19) $\dfrac{1}{4}\dfrac{1}{1-x^4}+C$;　(20) $\dfrac{1}{6}\ln\left|\dfrac{x^3-1}{x^3+1}\right|+C$;　(21)$x-\ln(1+e^x)+C$;

(22)$\arctan e^x+C$;　(23)$x+\dfrac{1}{\sqrt2}\arctan\dfrac{\cot x}{\sqrt2}+C$;

(24) $\dfrac{1}{5}(1+x^2)^{5/2}-\dfrac{1}{3}(1+x^2)^{3/2}+C$;　(25)$x+\cot x-\csc x+C$;

(26) $\dfrac{2}{3}\tan^{3/2}x-2\tan^{-1/2}x+C$;　(27) $\dfrac{1}{4}\ln\left|\dfrac{x-1}{x+1}\right|-\dfrac{1}{2}\arctan x+C$.

2. (1) $\dfrac{2}{7}(\sqrt{1+x})^7-\dfrac{4}{5}(\sqrt{1+x})^5+\dfrac{2}{3}(\sqrt{1+x})^3+C$;　(2)$2\arctan\sqrt{x}+C$;

(3) $\dfrac{3}{5}(\sqrt[3]{1-x})^5 - \dfrac{3}{2}(\sqrt[3]{1-x})^2 + C$;   (4) $\ln\left|x+\sqrt{x^2-1}\right| + C$;

(5) $\dfrac{1}{2}\left(x\sqrt{a^2-x^2} + a^2\arcsin\dfrac{x}{a}\right) + C$;   (6) $-\sqrt{a^2-x^2} + C$;

(7) $\sqrt{x^2-a^2} - a\cdot\arccos\dfrac{a}{x} + C$; (8) $\dfrac{x}{a^2(x^2+a^2)^{1/2}} + C$;   (9) $-\dfrac{\sqrt{1+x^2}}{x} + C$;

(10) $\mathrm{sgn}x\cdot\arccos\dfrac{1}{x} + C\ |x|\geqslant 1$;   (11) $\ln\dfrac{\sqrt{1+e^x}-1}{\sqrt{1+e^x}+1} + C$;

(12) $\dfrac{1}{4}\dfrac{x+1}{\sqrt{x^2+2x+5}} + C$.

3. (1) $-x\cos x + \sin x + C$;   (2) $x\ln x - x + C$;   (3) $-xe^{-x} - e^{-x} + C$;

(4) $x\arcsin x + \sqrt{1-x^2} + C$;   (5) $\dfrac{1}{3}x^3\ln x - \dfrac{1}{9}x^3 + C$;

(6) $\dfrac{1}{2}x^2\arctan x + \dfrac{1}{2}\arctan x - \dfrac{1}{2}x + C$;   (7) $x\tan x + \ln|\cos x| - \dfrac{1}{2}x^2 + C$;

(8) $x - \sqrt{1-x^2}\arcsin x + C$;   (9) $-\dfrac{1}{2}(x\csc^2 x + \cot x) + C$;

(10) $\dfrac{x}{2}[\cos(\ln x) + \sin(\ln x)] + C$;   (11) $\dfrac{1}{17}e^{-2x}\left(\cos\dfrac{x}{2} + 4\sin\dfrac{x}{2}\right) + C$;

(12) $\dfrac{e^x}{1+x} + C$;   (13) $-\dfrac{\ln x}{\sqrt{1+x^2}} + \ln\left|\dfrac{\sqrt{1+x^2}-1}{x}\right| + C$;

(14) $(2x-4)\sqrt{1+e^x} - 2\ln\left|\dfrac{\sqrt{1+e^x}-1}{\sqrt{1+e^x}+1}\right| + C$;   (15) $\arctan f(x) + C$;

(16) $e^{f(x)} + C$;   (17) $xf'(x) - f(x) + C$.

4. $\dfrac{1}{2}\ln\left|\dfrac{1+2\sqrt{x-x^2}}{1-2x}\right| - \sqrt{x-x^2} + C$.

5. (1) $I_n = \dfrac{\sin x}{(n-1)\cos^{n-1}x} + \dfrac{n-2}{n-1}I_{n-2}$;   (2) $J_n = x^n e^x - nJ_{n-1}$;

3.3 有理函数与三角函数有理式的不定积分

1. (1) $\dfrac{1}{x+1} + \ln|x+1| + C$;

(2) $\dfrac{1}{3}x^3 + \dfrac{1}{2}x^2 + x + 8\ln|x| - 3\ln|x-1| - 4\ln|x+1| + C$;

(3) $\dfrac{1}{6}\ln\dfrac{(x+1)^2}{x^2-x+1} + \dfrac{1}{\sqrt{3}}\arctan\dfrac{2x-1}{\sqrt{3}} + C$;   (4) $\dfrac{1}{2}\ln|x^2-1| + \dfrac{1}{x+1} + C$;

(5) $x + \dfrac{1}{3}\arctan x - \dfrac{8}{3}\arctan\dfrac{x}{2} + C$;   (6) $\dfrac{1}{\sqrt{2}}\arctan\dfrac{x^2-1}{\sqrt{2}x} + C$;

(7) $\dfrac{1}{2\sqrt{2}}\arctan\dfrac{x^2-1}{\sqrt{2}x} - \dfrac{1}{4\sqrt{2}}\ln\dfrac{x^2-\sqrt{2}x+1}{x^2+\sqrt{2}x+1} + C$;

(8) $\dfrac{1}{8}\ln\left|\dfrac{x^2-1}{x^2+1}\right|-\dfrac{1}{4}\arctan x^2+C$;　(9)$\ln|x|-\dfrac{2}{7}\ln|1+x^7|+C$.

2. (1) $\dfrac{1}{4}\ln\left|\dfrac{2+\tan(x/2)}{2-\tan(x/2)}\right|+C$;　(2) $\dfrac{1}{\sqrt5}\arctan\dfrac{1+3\tan(x/2)}{\sqrt5}+C$;

(3)$x+\dfrac{1}{1+\tan x}+C$;　(4) $\dfrac{1}{2}\cos^2x-2\cos x+3\ln(\cos x+2)+C$;

(5) $\dfrac{1}{\sqrt2}\arctan\dfrac{\tan x}{\sqrt2}+C$;　(6) $\dfrac{1}{2}\tan\dfrac{x}{2}-2\ln\left|\cos\dfrac{x}{2}\right|+C$;

(7) $\sqrt{x^2+2x-3}-\ln|x+1+\sqrt{x^2+2x-3}|+C$;

(8)$\ln\left|\dfrac{1-2\sqrt{x-x^2}}{2x-1}\right|+C$;　(9) $\sqrt{1-x^2}+\arcsin x+C$;

(10) $-2\sqrt{1+x}+6\sqrt[6]{1+x}+3\ln(\sqrt[3]{1+x}+1)-6\arctan\sqrt[6]{1+x}+C$.

3. (1) $\dfrac{1}{2}\dfrac{1+x}{\sqrt{1+x^2}}e^{\arctan x}+C$;　(2) $\sqrt{1+x^2}\arctan x-\ln(x+\sqrt{1+x^2})+C$;

(3)$\ln|\csc x-\cot x|-\cos x\cdot\ln(\tan x)+C$;

(4)$x-e^{-x}\arcsin e^x-\ln(1+\sqrt{1-e^{2x}})+C$;　(5) $\dfrac{x}{\ln x}+C$;

(6)$x\ln(\ln x)+C$;　(7)$e^x\ln x+C$;(8)$\dfrac{x}{x-\ln x}+C$.

3.4　定积分概念与牛顿 — 莱布尼兹公式

1. (1)3;　(2)$\dfrac{1}{4}$;　(3)1.

2. (1)2;　(2)$\dfrac{\pi}{2}$;　(3)1.

3. (1)$\dfrac{\pi}{4}$;　(2)$-\ln2$;　(3)$-\dfrac{2}{3}\ln2$;　(4)2;　(5)$\dfrac{\pi}{3}$;　(6)$1-\dfrac{1}{\sqrt3}+\dfrac{\pi}{12}$;

(7)$1-\dfrac{\pi}{3}$;　(8)$\dfrac{4}{3}$;　(9)$\ln2$;　(10)$\sqrt3-\dfrac{\pi}{3}$;　(11)$\dfrac{3}{4}+\dfrac{1}{e}-\dfrac{1}{e^3}$.

4. (1)$\ln2$;　(2)$\dfrac{\pi}{4}$;　(3)$\dfrac{2}{3}(2\sqrt2-1)$;　(4)$\dfrac{1}{p+1}$　$(p>1)$.

3.5　可积函数类与定积分的性质

5. (1)$\displaystyle\int_0^1\sin^2x\,dx>\int_0^1\sin^3x\,dx$;　(2)$\displaystyle\int_0^1e^x\,dx>\int_0^1e^{x^2}\,dx$.

3.6　微积分学基本定理、定积分计算(续)

1. (1)$2x\sqrt{1+x^4}$;　(2)$\dfrac{3x^2}{\sqrt{1+x^{12}}}-\dfrac{2x}{\sqrt{1+x^8}}$;

(3)$-\sin x\cdot\cos(\pi\cos^2x)-\cos x\cdot\cos(\pi\sin^2x)$.

2. (1) 1;　(2) $\dfrac{\pi^2}{4}$;　(3) $\dfrac{1}{2}$.

3. (1) $\dfrac{1}{4} - \dfrac{3}{4e^2}$;　(2) $6\ln 2 - 2$;　(3) $2 - \dfrac{2}{e}$;　(4) $\dfrac{1}{3}$;　(5) $\dfrac{\pi}{2}$;　(6) $\dfrac{2}{7}$;

(7) $\arctan e - \dfrac{\pi}{4}$;　(8) $6 - 2e$;　(9) $\dfrac{1}{2}(e^{\pi/2} + 1)$;　(10) $\dfrac{2}{15}$;　(11) $\ln(1 + \sqrt{2})$;

(12) $\dfrac{\sqrt{3}}{2} + \dfrac{\pi}{3}$;　(13) $\dfrac{\pi}{4}$;　(14) $\dfrac{2 - \pi}{16}$;　(15) $\dfrac{\pi}{6}$;　(16) $\dfrac{2}{\sqrt{5}} \arctan \dfrac{1}{\sqrt{5}}$.

4. $\displaystyle\int_0^\pi \dfrac{x\sin x}{1 + \cos^2 x}\, \mathrm{d}x = \dfrac{\pi^2}{4}$; $\displaystyle\int_0^\pi x\sin^3 x \cos^4 x\, \mathrm{d}x = \dfrac{2\pi}{35}$.

5. $\displaystyle\int_{-\pi/4}^{\pi/4} \dfrac{1}{1 + \sin x}\, \mathrm{d}x = 2$.

3.7　定积分的几何应用

1. (1) $\dfrac{3}{2} - \ln 2$;　(2) $\dfrac{4}{3} + 2\pi$;　(3) $4ab\arctan\dfrac{a}{b}\ (0 < a < b)$;　(4) $\dfrac{1}{6}a^2$;

(5) $3\pi a^2$;　(6) a^2;　(7) $\dfrac{5\pi}{4}$.

2. $\dfrac{400}{3}$.

3. (1) $\dfrac{1}{2}\pi^2$, $2\pi^2$;　(2) $\dfrac{\pi}{84}$;　(3) $5\pi^2 a^3$, $6\pi^3 a^3$;　(4) $\dfrac{8\pi}{3}$.

4. (1) $\dfrac{8}{27}(10\sqrt{10} - 1)$;　(2) $\dfrac{1}{2}[\sqrt{2} + \ln(1 + \sqrt{2})]$;　(3) $6a$;　(4) $8a$.

5. (1) $\dfrac{\sqrt{2}}{4}$;　(2) 2;　(3) $\dfrac{2}{3a}$.

6. (1) $\dfrac{5\sqrt{5} - 1}{6}\pi$;　(2) $\dfrac{12}{5}\pi a^2$;　(3) $16\pi^2 a^2$;

(4) $b = a$ 时, $S = 4\pi a^2$, $b < a$ 时, $S = 2\pi b\left(b + \dfrac{a^2}{\sqrt{a^2 - b^2}}\arccos\dfrac{b}{a}\right)$, $b > a$ 时, $S = 2\pi b\left[b + \dfrac{a^2}{\sqrt{b^2 - a^2}}\ln\dfrac{\sqrt{b^2 - a^2} + b}{a}\right]$.

3.8　定积分在物理学中的应用

1. $18k$.　　　2. $\dfrac{4400}{3}$(t).　　　3. $\dfrac{GmM}{r(r + l)}$.　　　4. $\dfrac{2GmM}{r\sqrt{4r^2 + l^2}}$.　　　5. $\dfrac{\pi}{4}R^4$.

3.9　无穷积分与瑕积分

1. (1) $\ln 2$;　(2) $\dfrac{1}{2}$;　(3) $\dfrac{\pi}{4}$;　(4) $\dfrac{1}{2}$;　(5) $\dfrac{\pi}{4} + \dfrac{1}{2}\ln 2$;　(6) $\dfrac{\pi}{3}$;

(7)1;　　(8)-1;　　(9)π;　　(10)$\dfrac{\pi}{2}$;　　(11)π;　　(12)π.

2.(1) 收敛;　　(2) 收敛;　　(3) 收敛;　　(4)$n-m>1$ 时收敛,其余情形发散;

(5) 发散;　　(6)$n>1$ 时收敛,$n\leqslant 1$ 时发散;　　(7) 发散;　　(8) 发散;　　(9) 收敛;

(10) 收敛;　　(11)$p<3$ 时收敛,$p\geqslant 3$ 时发散;　　(12)$\max\{\alpha,\beta\}<1$ 时收敛,其余情形发散;

(13)$\max\{p,q\}>1$ 且 $\min\{p,q\}<1$ 时收敛,其余情形发散;　　(14) 收敛;　　(15) 收敛.

3.(1)$0<p\leqslant 1$ 条件收敛,$p>1$ 时绝对收敛;　　(2) 条件收敛;　　(3) 条件收敛;

(4) 条件收敛;　　(5)$\alpha<1$ 时绝对收敛,$1\leqslant\alpha<2$ 时条件收敛,$\alpha\geqslant 2$ 时发散.

6.(1)$n!$;　　(2)$\dfrac{(2n-3)!!}{(2n-2)!!}\cdot\dfrac{\pi}{2}$ $(n\geqslant 2)$;

(3) 当 $n=2m$ 时,$J_n=\dfrac{(2m-1)!!}{(2m)!!}\cdot\dfrac{\pi}{2}$,当 $n=2m+1$ 时,$J_n=\dfrac{(2m)!!}{(2m+1)!!}$;

(4)$(-1)^n n!$.

参 考 文 献

[1] Г. М. 菲赫金哥尔茨.微积分学教程(第一卷).杨弢亮等译.北京:高等教育出版社.2006.

[2] Г. М. 菲赫金哥尔茨.微积分学教程(第二卷).徐献瑜等译.北京:高等教育出版社.2006.

[3] Г. М. 菲赫金哥尔茨.微积分学教程(第三卷).路可见等译.北京:高等教育出版社.2006.

[4] 华东师范大学数学系.数学分析.北京:高等教育出版社.2012.

[5] 江泽坚,吴智泉,数学分析.北京:人民教育出版社.1978.

[6] Б.П.吉米多维奇.数学分析习题集.李荣涷,李植译.北京:高等教育出版社.2011.

[7] 上海师范大学,中山大学,上海师院.高等数学(化、生、地).北京:高等教育出版社,1978.

[8] 钱吉林等.数学分析解题精粹.武汉:崇文书局,2009.